Manual del Humabono

CUARTA EDICIÓN
LA CACA EN BREVE
Traducción de The Humanure Handbook

Escrito por Joseph C. Jenkins

Traducido por Francisco Rubio Michaus
Derechos de autor 2025, Joseph C. Jenkins
ISBN: 978-1-7336035-8-4
Número de control de la Biblioteca del Congreso: 2025907076
Primera edición en español: junio de 2025
Impreso en EE.UU.

Otros títulos de Joseph Jenkins:
The Compost Toilet Handbook (2021)
The Slate Roof Bible 3rd edition (2016)
The Balance Point (2018)
Self Publishing Top Ten Tips (2022)
Direct Democracy (2024)

Se permite la copia y la distribución de porciones de este libro bajo las siguientes condiciones: (a) no se altere la información; (b) se dé crédito a las fuentes publicadas; y (c) se distribuya sin fines de lucro. Si estás usando un inodoro de compostaje y tienes problemas con las autoridades, donaremos, sin costo alguno, una copia de The Humanure Handbook [Manual del Humabono], cuarta edición a cualquier autoridad gubernamental legítima, sin necesidad de hacer preguntas (simplemente mandanos una solicitud).

Publicado por Joseph Jenkin,s Inc.
143 Forest Lane, Grove City, PA 16127 EUA
Teléfono: 1-814-786-9085 - Página web: JosephJenkins.com

Cita textual de una bibliotecaria de la Ciudad de Arizona.

Un agradecimiento especial para los compostadores del mundo, en particular a aquellos que trabajan a nivel global para enseñar a las personas que carecen de inodoros a hacer composta. Me siento agradecido hacia Samuel (Autran Dourado) Souza y hacia Alisa Puga Keesey, por haber tenido la fortaleza, el valor y la fuerza para establecer proyectos de compostaje de humabono en varios continentes, los cuales pude participar, revisar y documentar. Gracias también a Particia Arquette por haber tenido la sabiduría de crear una fundación (Give Love.org) que ayuda a las personas a aprender sobre el compostaje como una alternativa de saneamiento.

El diseño de la portada es una modificación de la portada utilizada en la edición en inglés de este libro, que fue diseñada por DTPerfect.com.

La mayoría de los dibujos fueron creados por Tom Griffin, Mercer, Pensilvania.
Las fotografías pertenecen al autor, salvo aquellas que indican lo contrario.

El autor, Joseph C. Jenkins y Joseph Jenkins Inc. han tomado todas las precauciones razonables para verificar la información contenida en esta publicación. Sin embargo, el material publicado está siendo distribuido sin garantía alguna, ni expresa ni implícita. La interpretación y el uso de este material es responsabilidad del lector. En ningún caso Joseph C. Jenkins o Joseph Jenkins Inc. se harán responsables por daño alguno asociado a su uso.

JosephJenkins.com, HumanureHandbook.com, JenkinsPublishing.com

Tabla de Contenido

Introducción 1

1 - Encuentros Cercanos de Tipo Apestoso 5

2 - Los Seres Invisibles 9

3 - Microbios: ¿Amigos o Enemigos? 15

4 - La Guerra Contra los Microbios 21

5 - Termófilos 29

6 - Inmersos en la Caca 33

7 - Un Día en la Vida de un Mojón 47

8 - Composta 71

9 - El Mecanismo de la Composta 81

10 - Milagros de la Composta 105

11 - Mitos Sobre la Composta 127

12 - Baños Composta y Baños Secos 141

13 - Lombrices y Enfermedades 171

14 - El Tao de la Composta .211

15 - Calumnias 261

Conversiones de Temperatura 275

Glosario 276

Referencias 278

Índice Alfabético 301

Introducción

Este libro comenzó como mi tesis de graduación para el programa de Maestría en Ciencias de Sistemas Sostenibles de la Slippery Rock University, en el noroeste de Pensilvania, a mediados de la década de 1990. Había vivido de forma autónoma durante diez años y había utilizado un sistema de baño composta de mi propio diseño durante 15 años. Nada ostentoso, un sistema muy simple, pero quería investigar lo que estaba sucediendo dentro de él, así que elegí mi inodoro como el tema de mi tesis.

Nunca entregué mi tesis al comité de revisión, ni tampoco acabé el programa de maestría. En vez de esto, traduje el manuscrito a un lenguaje «popular» (en vez de un lenguaje «académico») y después lo publiqué como un libro amateur. Quería aprender a publicar mi propio trabajo. Esto sucedió antes del internet y antes de las computadoras personales, si pueden imaginarlo. Tampoco había teléfonos celulares. Empecé escribiendo con pluma y papel, para después evolucionar hacia una máquina de escribir manual y una electrónica, cuando estas se volvieron comerciales. Ensamblé mi primera computadora en el piso de mi oficina en 1995, el año en que se publicó la primera edición del *Manual del Humabono*.

A pesar de encontrar el tema de mi libro fascinante, pensé que a nadie más le interesaría, así que imprimí solamente seiscientas copias y asumí que pasaría el resto de mi vida contemplándolas, apiladas en mi cochera, regalado uno que otro libro de vez en cuando a quien se atreviera a tomarlo. «En caso de emergencias, podían usar las páginas como papel de baño», les decía.

Bueno, pues me equivoqué. La primera edición vendió diez mil copias en poco tiempo, así que decidí escribir una segunda edición. Esta se vendió igual de bien, así que condensé y rediseñé la información para publicar una tercera edición. Hoy, con ochenta mil copias impresas, estoy en la tercera impresión de la cuarta edición. Las diferentes ediciones fueron traducidas a 23 idiomas. La primera traducción fue publicada en Corea del Sur, la segunda en Israel y luego vinieron ediciones en francés, noruego, portugués, finés, chino, japonés, polaco y traducciones parciales en camboyano, neerlandés, alemán, húngaro, italiano, suajili, mongol, ruso, esloveno, español y vietnamita. Ofrecí los derechos a quien me los solicitó, pidiendo poco o nada a cambio.

Durante los años en que el libro ha estado en circulación, continué haciendo composta de «humabono» y continué refinando y ajustando mi metodología conforme mi experiencia y conocimiento aumentaron. Hice mi primera pila de composta en 1975. Mi primera composta de humabono la hice en 1976. Desde entonces y hasta ahora, mientras escribo estas palabras, cuarenta y seis años después, siempre he tenido una pila de composta o varias y siempre las he alimentado con humabono. También he utilizado toda la composta terminada para crecer mi comida (una cantidad ha sido aplicada a plantas ornamentales) y he criado una familia saludable gracias a la cosecha de mi jardín.

Hoy día me doy cuenta de que somos una nación *«iletrada en términos de caca»*. Cualquier sociedad que ha crecido con inodoros que funcionan con agua, conocidos también como escusados, parece tener un retraso de crecimiento en materia de reciclaje de materiales orgánicos, en especial aquellos que provienen de sus propios cuerpos.

Mis viajes asociados a la composta me han abierto los ojos a varias realidades, en especial aquellos que hice en lugares del mundo en los que la gente no usa escusados porque no los tienen. Los estadounidenses representan el 4% de la población mundial, lo cual implica que el 96% del mundo no son estadounidenses, por lo que no piensan y actúan como estadounidenses. Alrededor de dos mil millones de aquellas personas no utilizan escusados. Nunca han tenido inodoros, sus ancestros, remontándose al principio de los tiempos, nunca los tuvieron y parece muy probable que sus descendientes tampoco los tendrán. La infraestructura, el agua y los recursos monetarios simplemente no existen en una gran parte del mundo. Debe existir algo más para ellos, una forma alternativa para tener un inodoro. La mayoría de las personas que tienen un inodoro que funciona con agua no se interesan para nada en esto; no pueden entender la gravedad ni la magnitud enorme del problema de saneamiento mundial, por lo que tienen pocos consejos constructivos que aportar al respecto.

Este inverosímil libro me ha llevado tres veces a Mongolia. Me ha llevado a Haití cuatro veces, a Finlandia cuatro veces, a Marruecos, Mozambique, Nicaragua, India, Tanzania, Kenya, Uganda y de costa a costa dentro de Estados Unidos y hasta Canadá. He tenido que declinar varias invitaciones de viajes internacionales para ayudar a personas, escuelas y pueblos a instalar sistemas de baños composta debido a que simplemente no hay suficientes días en el año y porque tengo un jardín que atender en casa. No sé a cuántos países más viajaré antes del fin de mis días, pero sospecho que mis viajes no han terminado.

Mi reto con la cuarta edición de este libro fue el destilar más de cuarenta años de experiencia dentro del menor número de páginas posible. También necesitaba corregir y actualizar algunos términos utilizados en las versiones anteriores. He aprendido tanto y me parece tan importante que creo que el esfuerzo vale la pena. No había forma en que pudiera escribir todo lo aprendido en un solo libro, por lo que publiqué otro libro en 2021, el *Compost Toilet Handbook* (Manual del Baño Composta).

Este se concentra más concretamente en el baño composta y va dirigido a una audiencia internacional. Está lleno de fotografías a color (una imágen vale mil palabras) y se espera que su traducción pueda ser más sencilla. Pueden encontrarlo en CompostToiletHandbook.com

Joseph Jenkins, enero de 2019.

¡Atención terrícolas! Soy Girdlock, del planeta Troncock, en la constelación Alfa Romeo. Hemos descubierto un antiguo manuscrito en una de nuestras ruinas arqueológicas. Sorprendentemente está escrito en inglés terrícola y habla sobre sus olorosas excreciones. Se titula el Manual del Humabono y es la llave para la salvación espiritual de su insignificante especie. Como demostración de buena voluntad intergaláctica, hemos decidido publicar y distribuir este libro en la Tierra. No esperamos nada a cambio. etc... etc...
brip...   brip...

Capítulo Uno

Encuentros Cercanos de Tipo Apestoso

Una vez fui acusado de haber sido abducido por extraterrestres.
Puede que esta no sea la forma más sabia de comenzar un libro. Los escépticos, incluyéndome a mí, podrían considerarlo como «empezar con el pié izquierdo». Pero la acusación es verídica y proviene de una historia interesante.

Mi bien intencionada amiga se había tomado un par de cervezas antes de presentar su postulado. «¿Por qué otra razón alguien escribiría un libro como el *Manual del Humabono*?», preguntó.

Elaboró una teoría sobre cómo de alguna forma había sido succionado por una nave extraterrestre, sin mi conocimiento, en donde los extraterrestres insertaron un chip en alguna parte de mi cuerpo y luego me regresaron a la tierra con una misión codificada de manera segura dentro del chip.

—¡*Urano*! —exclamó, riendo.

—¿Qué?

—¡De Urano, de ahí vienen! —dijo y después se soltó a reír como una paciente en un asilo para locos.

Más tarde decidí divertirme un poco con la teoría de mi amiga cuando me pidieron hablar sobre el humabono en una conferencia nacional. Decidí titular mi plática *«Encuentros Cercanos de Tipo Apestoso»*, un título que causó cierto grado de consternación entre los organizadores de la conferencia; algunos de entre ellos no querían palabras pestilentes en el panfleto de la conferencia. Persistí y me encontré frente a la multitud una tarde soleada en el norte de California. El lugar estaba lleno a su máxima capacidad, con un buen número de personas paradas detrás de aquellas que se encontraban sentadas.

Comencé mi plática con la teoría de mi amiga sobre mi abducción y fui particularmente serio al respecto. La audiencia estaba claramente confundida. Cualquiera que se atreve a hablar de OVNIs, aliens o de abducciones se vuelve un sospechoso frente a los ojos de muchas personas, incluyendo a muchos de los asistentes a esta conferencia.

—Asumamos que la teoría de mi amiga es acertada —Comencé. —Asumamos que una civilización avanzada con un nivel de inteligencia mucho mayor al que pudiéramos imaginar, capaces de viajar años luz a través de sistemas solares y galaxias, me succionó dentro de su nave una noche y me devolvió a la tierra con un chip escondido en mi trasero. ¿Con qué misión me habían programado? ¿Qué es lo que querían que les comunicara a las personas de la Tierra?

Había una mujer en primera fila que se retorcía en su asiento, frunciendo el cejo y mirándome fijamente con escepticismo. Me paré delante de ella con el micrófono en la mano.

Extendí mi mano libre frente a mí con los dedos extendidos y recorrí con ella a la audiencia lentamente.

—¿Alguien tiene alguna idea? ¿Qué creen que los extraterrestres quieren que les diga? ¿Cuál es el mensaje que quieren que les entregue? ¿Qué información quieren que les transmita a ustedes los seres humanos?

Nadie respondía. No se escuchaba ni una mosca.

—Bueno, yo se lo quieren que les diga. —dije, haciendo después una pausa como efecto dramático.

—Quieren que les hable de los «Seres Invisibles». ¿Quién aquí ha «visto» a los *seres invisibles*?

Para entonces, mi mano extendida se convirtió en un dedo apuntando mientras recorría lentamente a la multitud.

—¿Alguien? ¿Alguien los ha visto, a estos «*Seres Invisibles*»?

Por supuesto que la pregunta era ridícula, puesto que no podemos ver algo que es invisible. Nadie diría que ha visto nada invisible. Los haría verse tan locos como me estaba viendo yo en ese momento. La mujer de la primera fila tenía los ojos completamente abiertos y su mandíbula colgaba hasta su cuello. Su boca estaba tan abierta que las moscas podrían entrar y salir de ella. Aparentemente se había percatado de que había un lunático delirante frente a ellos. Era uno de aquellos que creen en aliens y en gente invisible. El shock podía leerse sobre toda su cara. Y el resto de la multitud no se quedaba muy atrás.

—*¿Quién aquí ha visto a los seres invisibles?* —pregunté otra vez más fuerte y con mayor seriedad, empezando a sonar impaciente, apuntando hacia la audiencia con el brazo extendido frente a mí, moviendo mi dedo de una persona a la otra, poniéndolos a todos nerviosos, mientras permanecían sentados pero inquietos sobre sus sillas.

—¡Los extraterrestres quieren que les hable sobre los seres invisibles! ¿Alguien los ha visto?

Nadie se movió. Nadie dijo una palabra. La audiencia estaba helada. Me quedé parado sin moverme y en silencio frente a ellos, apuntando.

Entonces, la mano de una persona sentada atrás entre el público se elevó lentamente.

—¡TU! —grité, apuntando directamente hacia ella. —¿En dónde «*viste*» a los seres invisibles?
—¿En un microscopio? —susurró.
—¿Qué? No puedo escucharte...
—¡EN UN MICROSCOPIO!
—¡VICTORIA!

Instantáneamente, mi plática se desvió hacia una discusión sobre los organismos microscópicos, seres tan pequeños que resultan invisibles al ojo humano sin aumento. Pero antes, sermonee a la multitud acerca de no emitir juicios basándose en la ignorancia. De acuerdo, el ángulo de los extraterrestres fue bastante exagerado y lo incluí simplemente por el efecto, sin embargo la mención de los seres invisibles era perfectamente racional, factual e indispensable para mi discurso. Les dije que históricamente se ha condenado, encarcelado, torturado y matado a personas que expresaban información factual, pero mal interpretada. Las personas que podían curar enfermedades usando hierbas y procedimientos naturales hace un par de siglos, por ejemplo, fueron llamadas brujas y fueron ejecutadas por la iglesia. Galileo es quizá uno de los científicos mejor conocidos de los cuales fueron perseguidos por haber presentado información científica factual, pero mal interpretada. La idea de que la Tierra orbitara alrededor del sol contradecía las enseñanzas de la iglesia en esa época, por lo que Galileo fue tachado de hereje y fue obligado a pasar la última década de su vida bajo arresto domiciliario.

El hecho de que no entendamos lo que una persona nos está diciendo no significa que esté equivocada. Es importante mantener la mente abierta y escuchar a las personas antes de llegar a nuestras conclusiones. Les dije todo eso y luego procedí a hablar sobre los seres invisibles.

DIBUJOS DE MICROBIOS
1750

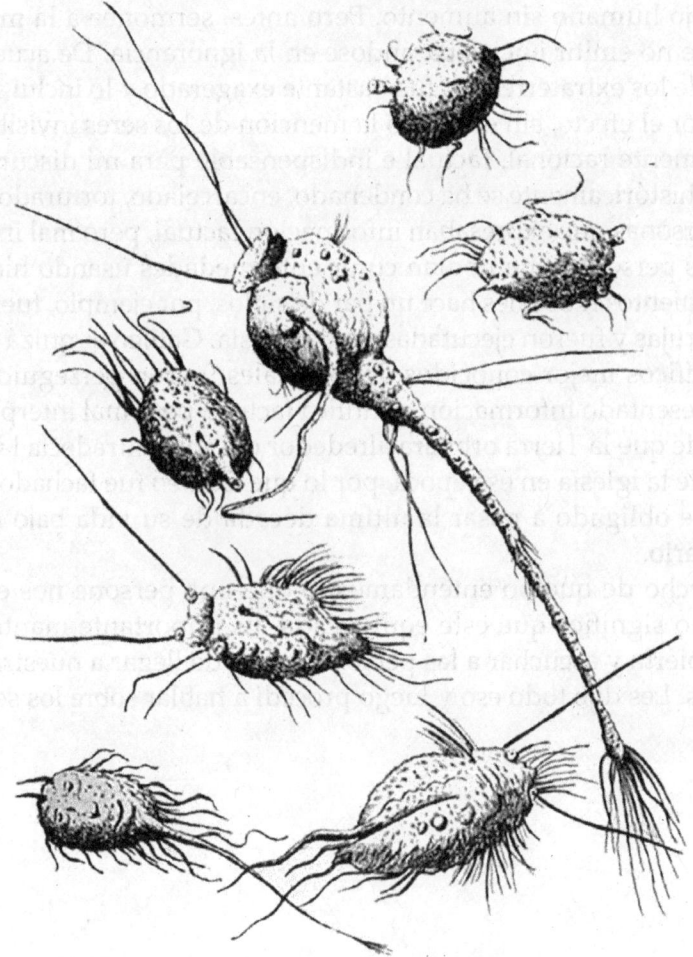

Fuente: https://collections.nlm.nih.gov/catalog/nlm:nlmuid-101403151-img

Capítulo Dos
Los Seres Invisibles

Aquel que dijo «Bienaventurados los humildes, pues ellos heredarán la Tierra» debió ser un microbiólogo, a pesar de que esto sucedió cientos de años antes de que existiera la microbiología. De hecho, los microbios (organismos microscópicos o «seres invisibles») son los dueños de la Tierra, siempre lo han sido y permiten a los humanos tomarla prestada, brevemente. Una vez que los seres humanos nos exterminemos a nosotros mismos mediante la contaminación, el consumismo, la avaricia, el odio, la guerra, las enfermedades y la extinción, nuestro breve periodo de existencia sobre este planeta habrá terminado y los microbios continuarán su vida como si nada hubiera pasado, como lo han hecho desde hace miles de millones de años.

Los científicos estiman la edad de la Tierra en aproximadamente cuatro mil quinientos millones de años, pero durante los primeros quinientos millones de años, consideran que no existía ninguna forma de vida como la conocemos hoy sobre la Tierra. Y sin embargo, de alguna forma, las moléculas complejas fueron creadas por fuerzas de la naturaleza (pensemos en calor, presión, quizás relámpagos y meteoritos). Las moléculas se combinaron y se aglomeraron hasta que eventualmente los organismos unicelulares evolucionaron sobre nuestro planeta hace mucho tiempo, como lo evidencian los restos microbiológicos de tres mil quinientos millones de años encontrados en Australia y Sudáfrica.[1]

Recuerdo bien el día en que me encontré parado en una ladera de las montañas remotas de África, donde llevé a cabo una presentación al aire libre sobre baños composta para la tribu local. –La mitad de toda la vida en la Tierra es invisible –Les dije. –Además, si juntaramos todos los microorganismos que se encuentran sobre y dentro de tí, organismos unicelulares que no son tú, la masa resultante tendría el peso equivalente al de tu cerebro.– Me miraron como si no hubieran registrado en lo absoluto lo que venìa de decirles y probablemente no lo habían hecho (probablemente tú tampoco). Permíteme elaborar.

El número de microbios individuales sobre nuestro planeta actualmente se estima en un valor tan alto como 1030 (un «quintillón»[2]). Diez a la décima potencia es un billón, por lo que diez a la potencia 30 es un número imposible de entender. Para ponerlo en perspectiva, los científicos estiman que existen 1024 estrellas en el universo, relativamente similar al número de granos de arena sobre la Tierra (mucho menos que un «quintillón»). El número de microbios sobre la Tierra eclipsa al número de estrellas en el universo conocido, por un factor de entre un millón y 100 millones, dependiendo a quién le preguntemos. El número de organismos unicelulares («seres invisibles») sobre nuestro planeta, con un número estimado de especies de entre diez millones y mil millones, es tan inmensa que su masa colectiva es mayor que la de todas las plantas y los animales combinados.[3]

Se pueden encontrar cien millones de microbios en un solo litro de agua proveniente de un estanque o del mar, incluyendo probablemente treinta y siete mil tipos diferentes de bacterias. Resulta increíble que la cantidad de diferentes tipos de microbios es mayor en la tierra que en el agua de mar.[4]

Después tenemos a los vírus, las entidades biológicas más abundantes del planeta.[5] Puede haber diez millones de virus en forma de bacteriófagos (un virus que mata bacterias) por milímetro de agua de mar, lo cual equivale a diez mil millones en un litro, superando en número a las bacterias de cien a uno. Los virus son criaturas acelulares, parásitas, no vivas (¡imaginen eso!) que deben infectar a células de bacterias huéspedes para reproducirse.[6] Parecen tener papeles cruciales y benéficos en el funcionamiento del planeta.[7]

Los seres humanos evolucionaron sobre un planeta que ya rebosaba de vida, la mayoría de ella microscópica. Si extiendes tu brazo y lo usas como una medida de tiempo desde que la vida empezó sobre la Tierra, los seres humanos representan únicamente la orilla de la uña más lejana; o, si la vida sobre la Tierra se compactara en veinticuatro horas, los humanos hubieran aparecido hace dos segundos.[8]

Esto significa que los microbios estuvieron ahí durante miles de millones de años antes de la llegada de los humanos. También significa que la evolución de los seres humanos no ocurrió de forma independiente de los microbios; por lo contrario, evolucionamos dentro de una sopa de microbios; *coevolucionamos* con los microbios, como lo hicieron el resto de los seres vivos. Los microbios están dentro de nosotros y también sobre nosotros y ahí pertenecen. Las estadísticas son impresionantes. Por ejemplo, los científicos estiman que existen al menos diez veces y hasta cien veces más células bacterianas sobre nuestra piel, dentro de nuestra boca y en nuestro tracto intestinal (nuestro sistema digestivo, de la boca al ano y todo lo comprendido en medio) que el número total de células humanas pertenecientes a nuestro cuerpo. ¿Entiendes eso? ¡De diez a cien veces más células sobre y dentro de nosotros que no son nuestras células!

Esto podría representar diez mil especies o cepas no-humanas de microbios[9] hospedándose sobre y dentro de tí y de mí. Así mismo, representa cientos de billones de células bacterianas en de cada persona, nos guste o no nos guste.[10] Debería agradarnos, debido a que los microbios juegan un papel crítico sobre nuestros sistemas inmunes y digestivos, ayudándonos a resistir a las enfermedades.[11] Nos resultaría difícil o incluso imposible comer, respirar y sobrevivir sobre este planeta sin nuestros microorganismos residentes y sin embargo los microbios de la Tierra podían vivir tranquilamente sin nosotros.[12] ¿Qué significan otros mil millones de años para ellos? Mientras nosotros los humanos nos preocupamos por que el cambio climático o la guerra nuclear no nos eliminen antes del fin de *este siglo*.

De acuerdo con el diccionario, un «bioma», es «una comunidad grande y de ocurrencia natural de animales y plantas que ocupan un hábitat mayor». Si dichas «plantas y animales» son microscópicos, se le llama un «microbioma». Este es un término que todos deberían aprender y memorizar. Se refiere a la población de microorganismos que tenemos sobre y dentro de nosotros, nuestro microbioma, que no solo es importante, sino que el de cada uno de nosotros es único, casi como una huella digital.[13]

Cada cuerpo humano es un ecosistema en sí mismo. Por ejemplo, en la mayoría de los mamíferos (incluyendo a los humanos) estudiados hasta hoy, las áreas más densamente pobladas del tracto intestinal, las «tripas» pueden contener cien mil millones de organismos unicelulares por gramo, sumando en total 1,5 kg en el ser humano promedio.[14] En perspectiva, un cuarto de cucharadita de azúcar pesa un gramo; agrégale cien mil millones de bacterias y te darás una idea de lo que hay dentro de tu cuerpo. Así que si tu cuerpo contiene 1,5 kg de microbios, ahora tienes algo nuevo que pensar la próxima vez que vayas a pesarte en la báscula del baño. No te estás pesando solo a tí mismo; estás pesando a tus microbios residentes también, tus vecinos invisibles.

Los intestinos no están poblados únicamente por bacterias; también albergan protozoarios residentes, levaduras y hongos[15], lo que lo convierte en uno de los ecosistemas más densamente poblados sobre la Tierra. Incluso tu boca puede contener más de seiscientas especies de bacterias[16]. En algunas partes de tu cuerpo, diez millones de bacterias pueden estar viviendo dentro de un centímetro cuadrado de tu piel. En promedio, pueden haber 150 diferentes especies de bacterias viviendo

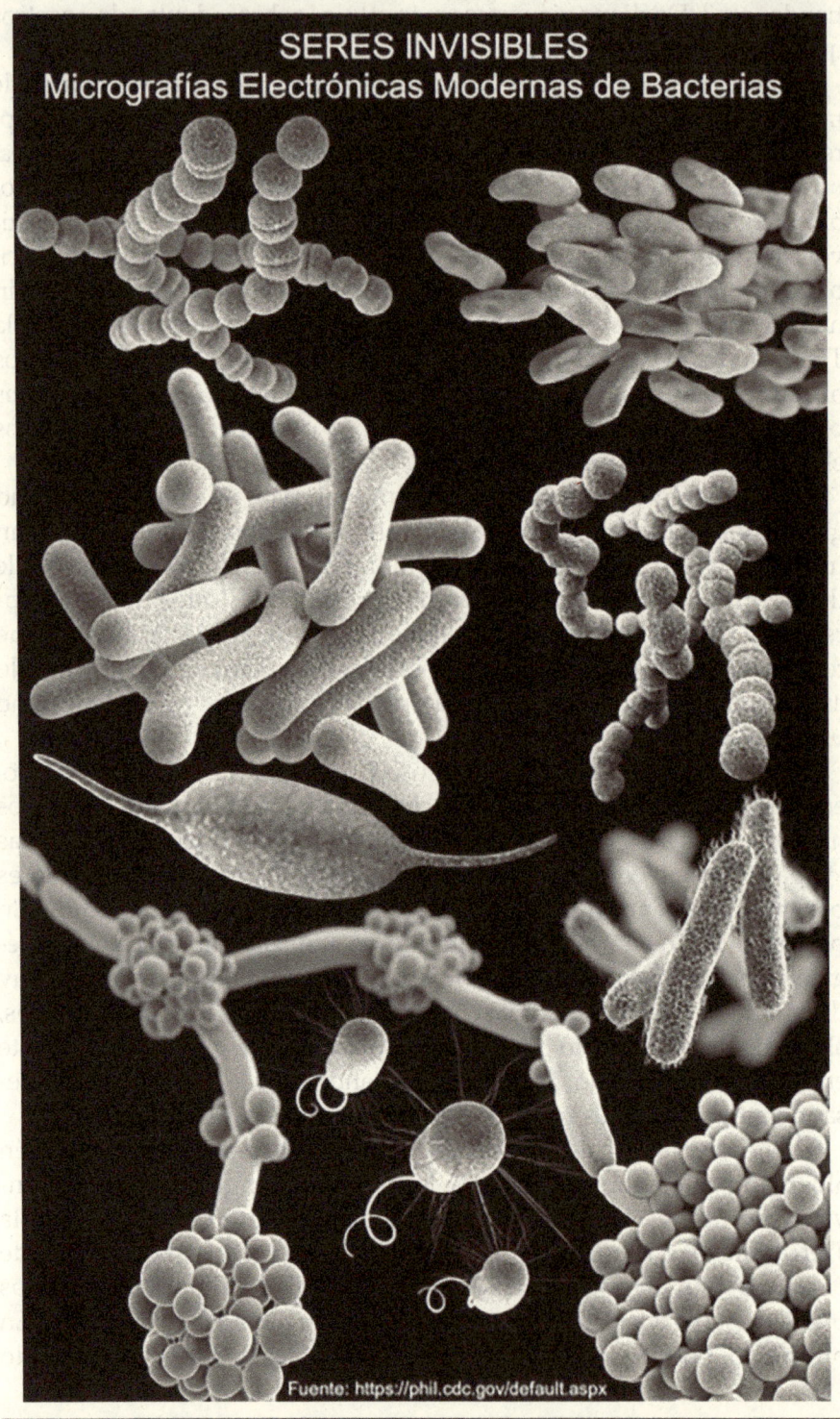

sobre la palma de tu mano[17]. ¡Piensa en eso la próxima vez que alguien te lea la mano o cuando saludes a alguien!

Por supuesto, los microbios también coevolucionaron con todo lo demás en nuestro planeta[18] y sus relaciones con otros animales pueden resultar asombrosas. De hecho, cada especie animal parece poseer su propia microbiota intestinal[19]. Las termitas digieren madera gracias a las bacterias dentro de sus intestinos. Los mamíferos no pueden digerir celulosa vegetal[20] sin la ayuda de los microbios que coevolucionaron con ellos dentro de sus estómagos. Por lo tanto, las vacas y otros rumiantes digieren pastos gracias a sus bacterias intestinales[21], sin embargo sus estómagos también contienen virus, hongos y protozoarios[22]. Los peces con órganos luminosos deben su luz a las bacterias bioluminiscentes[23]. La relación simbiótica entre las hormigas podadoras y los hongos existe desde hace cincuenta millones de años[24]. Las hormigas mastican las hojas haciéndolas pulpa, adicionan caca (¿hormigabono?), después la inoculan con hongos, lo cual produce alimento de hormiga. Hay medio millón de bacterias dentro de cada áfido hembra, ayudándole a digerir la savia que ingiere, una relación simbiótica que se remonta a cien millones de años atrás[25].

Los microbios hacen de la Tierra una entidad viva; llamémosle Madre Tierra, Gaia o Madre Naturaleza, pero sin ella estamos fritos. La delicada atmósfera de la Tierra, una delgada capa de gases que alberga al planeta con toda su vida compactada dentro, puede serle adjudicada a los microbios. De hecho, la mitad de toda la fotosíntesis, la responsable de la producción de oxígeno atmosférico, se le atribuye al fitoplancton microscópico de los océanos, de los cuales, el más pequeño y el más abundante (*Prochlorococcus*) fue descubierto por el ser humano tan solo en 1986[26]. Una relación simbiótica entre virus y fitoplancton en los océanos parece incrementar la capacidad del fitoplancton para prolongar la fotosíntesis, lo cual no sería posible de otra forma. Y debido a que cien millones de dichos virus pueden residir en un milímetro de agua de mar, una parte significativa del oxígeno en la atmósfera puede ser atribuible a la influencia de los virus sobre las bacterias productoras de oxígeno[27].

La relación entre los microbios y nosotros, nuestros cuerpos y nuestro planeta es increíblemente compleja y desconocida en su mayoría. Nuestras actitudes primitivas nos hacen tender a considerar a los microbios como seres peligrosos (algo que debe ser destruido y eliminado). No podríamos estar más equivocados.

MICROBIOS

Descritos por Científicos Célebres y Avanzados
1887

La palabra Microbio significa vida pequeña, derivada del griego Mikros, pequeño; bios, vida. Fue acuñado por la finada eminencia de la cirugía, el francés Sedillot, durante una discusión sucedida en la Academia de las Ciencias de París, el 11 de marzo de 1878. Pensó que sería la mejor palabra que podía emplearse, ya que se refería únicamente a la vida diminuta, ya fuera vegetal o animal, sin expresar nada sobre la naturaleza de los seres en cuestión. Desde entonces ha sido adoptado por los líderes científicos del país y su uso se ha generalizado rápidamente. Y así debió ser, ya que la Teoría de los Gérmenes comprende un vasto campo para la investigación del cual las masas no habían sabido gran cosa hasta el momento. Dicho estado de las cosas no puede prolongarse por mucho más tiempo, ya que la influencia ejercida por los microorganismos, conocidos popularmente como gérmenes, es demasiado vasta para permitirnos consentir a vivir en la ignorancia respecto al papel que estos desempeñan en la economía general de la naturaleza.

Además de los microbios útiles, existen otros que pueden ser perjudiciales para nosotros, causando un gran número de enfermedades a las cuales los seres humanos y los animales domésticos están expuestos. Los gérmenes de dichas enfermedades, que son tan sólo las esporas o semillas de dichos microbios, flotan en el aire que respiramos y en el agua que bebemos, entrando así a nuestros cuerpos.

Estos hechos denotan la importancia de informarnos a propósito de los microbios. Son los «agentes invisibles de la vida y de la muerte».

A principios del siglo pasado, el gran naturalista sueco Linnaeus dijo: — Una cierta cantidad de enfermedades son el resultado de partículas animadas invisibles, que son dispersadas en el aire.

MONSIEUR PASTEUR, quien los ha vuelto su sujeto de estudio durante varios años, descubrió por primera vez que estos diminutos insectos eran la causa de la diseminación de los más mortales contagios mediante su increíble capacidad de reproducción. Pasteur los encontró por millares en la sangre humana, en borregos, conejos y ratas. Encontró al microbio que era directamente causante de la viruela, la bronquitis, la fiebre amarilla y otras enfermedades contagiosas.

El microbio dentro de un cuerpo humano que es atacado por la viruela, tiene forma de hilo, cilíndrica, ligeramente hinchada. Es el más pequeño entre los organismos animales poderosamente magnificados. Se reproduce a un ritmo de miles por minuto. Después de haber realizado un estudio cercano del microbio, Pasteur descubrió que la forma más rápida para exterminarlo era mediante la inhalación libre de gas de oxígeno o mediante líquidos cargados por dicho gas, y sin embargo admite que EL DÍA LLEGARÁ EN QUE SE DESCUBRA UN LÍQUIDO QUE DESTRUIRÁ EFECTIVAMENTE AL MICROBIO; DICHO LÍQUIDO DEBERÁ CONTENER LAS COMBINACIONES GASEOSAS NECESARIAS PARA DESTRUIR DIRECTAMENTE DICHOS GÉRMENES O MICROBIOS PATÓGENOS EN EL CUERPO HUMANO.

El PROFESOR TYNDALL dice, al respecto de los microbios: —Se encuentran por millares y en un sinfín de formas, flotando en el aire, destruyendo tanto al hombre como a las bestias y a la vegetación. El triunfo virtual del sistema antiséptico de la cirugía está basado en el reconocimiento de los agentes de contagio o microbios como agentes de putrefacción y, habiendo hecho tal descubrimiento, se vuelve un deber supremo su estudio minucioso a cargo de médicos, cirujanos, químicos, agrónomos (de hecho, de todo el mundo), en un esfuerzo para descubrir una PODEROSA SUSTANCIA LÍQUIDA FUERTEMENTE CARGADA DE UNA SUSTANCIA GASEOSA AÚN DESCONOCIDA QUE SEA CAPAZ DE PENETRAR DENTRO DE CADA TEJIDO DEL SISTEMA HUMANO, ANIMAL O VEGETAL Y QUE LOGRE DESTRUIR EFECTIVAMENTE AQUELLA PESTE MORTAL, EL MICROBIO.

Capítulo Tres

Microbios: ¿Amigos o Enemigos?

No me resulta sorprendente que la persona que descubrió a los microbios no haya sido doctor ni científico. Antonio van Leeuwenhoek, nacido en 1632, era comisario de la oficina del alguacil en el ayuntamiento de Delft, Holanda, en el siglo XVII. También era supervisor y medidor de vinos (medía la cantidad de vino en los barriles), pero seguramente fue el comercio de cortinas, negocio que comenzó a ejercer a los veintidós años, que le haría meritar su lugar en la historia[1].

Leeuwenhoek nunca publicó un artículo científico, nunca escribió un libro, ni inventó el microscopio, pero sí lo refinó. En 1654 tenía la necesidad de examinar de cerca las fibras de sus cortinas, presumiblemente para poder contar los hilos. Cualquiera que esté en este negocio podría imaginar cómo eran las cosas en esos días. En el siglo XVII, existían lentes de vidrio bruto para la magnificación. Las personas que utilizaban estos lentes en sus oficios se veían limitados por sus modestas capacidades, que resultaban sin duda frustrantes por momentos. Un comerciante inteligente e ingenioso intentará mejorar las herramientas de su oficio, de ser posible. Eso es lo que parece haber hecho Leeuwenhoek.

Se volvió tan adepto a la fabricación de lentes para magnificar que logró ver los detalles más finos en los hilos de sus cortinas. Su curiosidad lo absorbió y pronto comenzó a observar con sus lentes en otros lugares, hasta llegar al agua de los lagos y al agua de lluvia, en las cuales vio sus primeros microbios, criaturas fantásticas llamadas «animálculos» o pequeños animales[2]. Tenía alrededor de cuarenta años cuando le escribió su primera carta a la Sociedad Real, describiendo sus primeras observaciones con sus microscopios. Por supuesto que fueron pocos los que habrían de creerle, en especial entre los científicos de la época, hasta que vieran por ellos mismos a través de sus lentes patentados aquello que él había visto dentro del mundo invisible.

Eventualmente, la comunidad científica admitió, quizás a regañadientes, que un no científico había hecho uno de los descubrimientos científicos más importantes de todos los tiempos. A pesar de que Leeuwenhoek no hizo contribuciones a la ciencia hasta los cuarenta años[3], a sus cuarenta y ocho años fue elegido miembro de la Sociedad Real de Londres, un privilegio otorgado a aquellos individuos que realizan aportes significativos para el avance en el conocimiento en matemáticas,

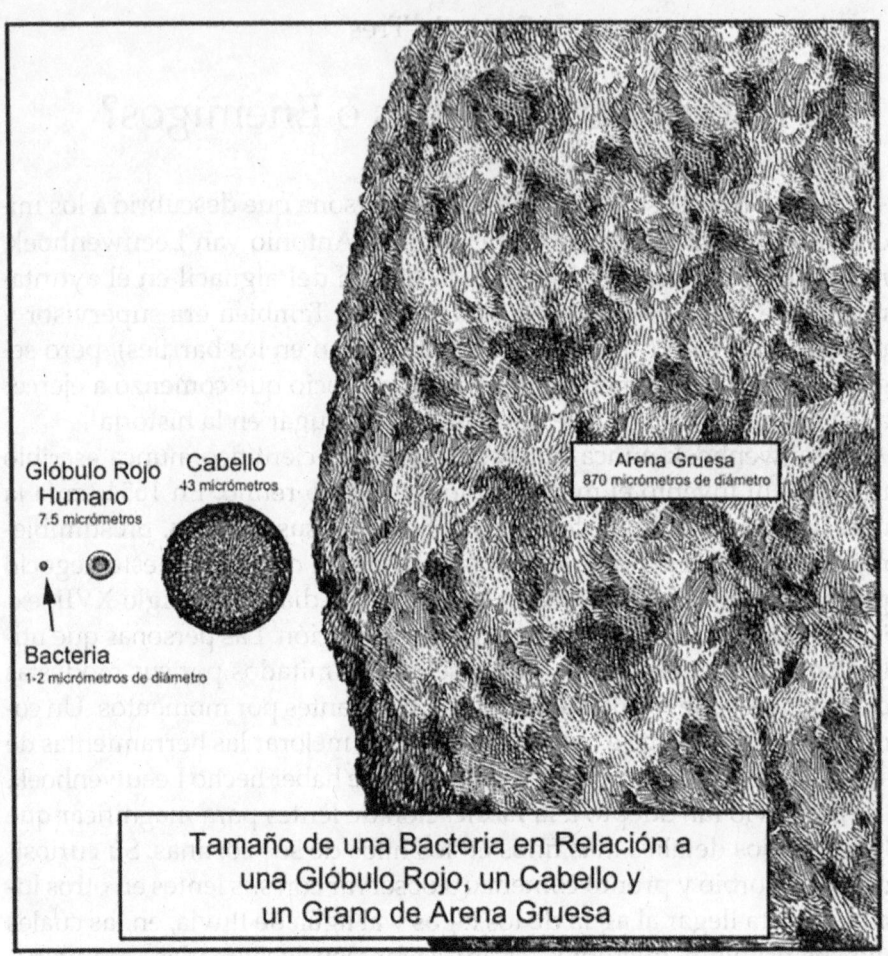

Fuente: Gest, Howard (1993). Vast Chain of Being [La Vasta Cadena de la Existencia]. *Perspectives in Biology and Medicine* [Perspectivas en Biología y Medicina]. Vol. 36, No. 22. Universidad de Chicago, División de Ciencias Biológicas. p. 186.

en las ciencias de la ingeniería y en la ciencia médica.

Leeuwenhoek murió a los noventa y un años de edad, en 1723[4], otro logro destacable, considerando que la expectativa de vida promedio en esos tiempos era de treinta y cinco años. Cuando murió, Leeuwenhoek dejó 247 microscopios y 172 lentes, sin haberle enseñado a nadie como usarlos[5].

Fue casi un siglo y medio después, en 1860, que nació la ciencia de la microbiología, en gran parte gracias al trabajo de Louis Pasteur. Pasteur demostró que la fermentación es el resultado del trabajo de criaturas microscópicas, algunas de las cuales podían ser cultivadas en un laboratorio[6]. También se dio cuenta que cuando la fermentación salía mal, como en la industria de la cerveza, la presencia de microorganismos indeseados había contaminado dicho lote. ¡Es ahí que empezó la caza de microbios, especialmente los malos!

A principios del siglo XIX, los doctores no conocían la causa de las enfermedades cuando estaban involucrados los microorganismos, debido a que no sabían de la existencia de patógenos microscópicos e incluso cuando oían hablar de su existencia algunos se burlaban de una idea tan absurda como la de los seres invisibles (como la mujer de la primera fila). Los doctores tenían sus propias ideas sobre cómo curar la enfermedad, drenando a menudo la sangre de las personas y envenenándolas con mercurio. Consideremos el cólera como ejemplo, una enfermedad que ahora sabemos es causada por agua contaminada con *Vibrio cholerae*, una bacteria microscópica.

Durante la epidemia de cólera de 1832 en América, los doctores intentaron curar a sus pacientes mediante el drenado de sangre y la administración del «el grán remedio, mercurio», conocido por el nombre calomelano, el remedio contra el cólera más común de la época. Otras formas de tratar a los pacientes, o a las víctimas, dependiendo de cómo lo veamos, incluían enemas de humo de tabaco, descargas eléctricas, inyecciones de soluciones salinas dentro de las venas, estricnina, morfina e inmersión en agua helada[7].

Actualmente, el calomelano es utilizado como fungicida e insecticida y se le considera altamente tóxico para los seres humanos. La dosis letal promedio de mercurio inorgánico es de alrededor de un gramo. Causa quemaduras en la boca y la garganta, dolor de estómago, vómito, diarrea con sangre, pulso rápido y débil, respiración superficial, palidez, cansancio, temblores y colapso. Puede incluso ocurrir la muerte posterior por fallos renales. Esto nos hace cuestionarnos acerca de cuántas muertes fueron causadas verdaderamente por el cólera provocado por las bacterias y cuantas fueron causadas por los tratamientos.

En el siglo XIX, el cólera se atribuía a la «fruta verde inmadura, en especial un tipo de grosello, las manzanas, las peras y el maíz verde»[8]. Algunos doctores atribuyeron la epidemia de cólera a «pequeños insectos voladores invisibles a simple vista»[9]. Otros médicos argumentaron que la deficiencia de ozono en la atmósfera causaba el cólera, lo cual podría ser contrarrestado usando sulfuro; gracias a esto los remedios a base de sulfuro empezaron a venderse como pan caliente[10]. Los doctores decían que el cólera no era una enfermedad contagiosa. Publicaciones religiosas de 1832 le atribuían el cólera a «Dios Santo», que estaba arrasando con la gente mala, apilándola como una masa de suciedad[11].

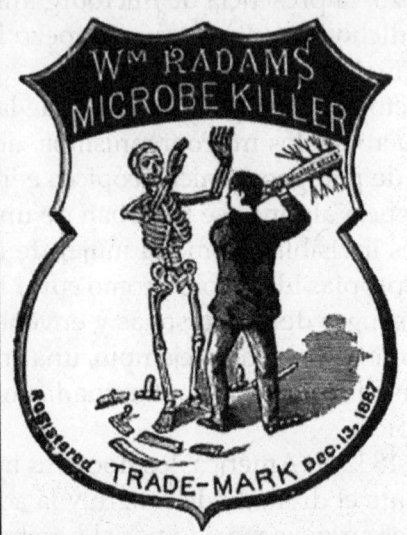

MICROBIOS

Y LA

TEORÍA DE LOS MICROBIOS

DEMOSTRANDO CÓMO LOS MICROBIOS

CAUSAN ENFERMEDADES

Y CÓMO SON DESTRUIDOS POR

El Eliminador de Microbios
de Wm. Radam

PARA PREVENIR Y CURAR ENFERMEDADES

Falacias y Delirios de la Profesión Médica

POR DR. ALEXANDER M. ROSS, TORONTO, 1888

HACE MENOS DE VEINTICINCO AÑOS miles y miles de seres humanos habían sido enterrados prematuramente a causa del bisturí. Los viejos como los jóvenes fueron sometidos a la falacia del drenado de sangre para remediar la<ùs dolencias más triviales; por lo tanto, generaciones enteras fueron puestas en la tumba de forma prematura debido a este delirio sangriento, el cual, por suerte para la actual generación, ha sido descartado.

HACE MENOS DE TREINTA Y CINCO AÑOS millones de personas habían sido enterradas prematuramente, rogando con piedad por un vaso con agua para enfriar sus labios resecos, mientras el fuego de la fiebre quemaba sus vidas. Los doctores de aquellos días decían: —El agua fría es la muerte; no les den ni una gota. Denle al paciente una dosis de calomelano y una cucharada de agua caliente. — No solo se les negó a los pacientes el agua fresca (el remedio natural contra la fiebre) sino que también se les negó el acceso a la luz y al aire puro; y se les drogó con calomelano y jalapa, mientras les drenaban la sangre de vida con el bisturí y en estado de inanición hasta que liberaran a su fantasma (un tributo a dicho delirio médico).

HACE MENOS DE VEINTE AÑOS se utilizaba el calomelano constantemente como el remedio soberano para todo mal que la carne humana hubiera heredado. Este delirio destructivo no fue descartado sino hasta después de haber llenado el mundo de ruinas desesperanzadas, sin huesos ni dientes. Cientos de las desdichadas víctimas de dicha falacia aun viven para maldecir el delirio destructivo de los médicos de esos tiempos.

UNO DE LOS DELÍRIOS MÉDICOS MÁS RECIENTES es la «teoría de los gérmenes».

En 1849, el Dr. John Snow publicó una teoría que proponía que el cólera era una enfermedad contagiosa causada por veneno en los cuerpos de las víctimas, propagado mediante las excretas y el vómito, así como por fuentes de agua contaminadas[12]. Llegó tan lejos como para deshabilitar una bomba de agua en la calle de Broad, quitándole la manija. A dicha acción se le acredita el fin del brote de cólera de 1854 en la calle en la que se había utilizado el pozo contaminado[13].

En 1883, un doctor llamado Robert Koch habría aislado el organismo causante del cólera, *Vibrio comma* (como se le conocía en ese entonces), una bacteria curva, en forma de coma[14]. Hoy se considera a Koch como el fundador de la bacteriología, pero en ese entonces tenía sus detractores, en especial aquellos médicos que pensaban que la teoría sobre las bacterias causantes de cólera era una locura. Las publicaciones oficiales de 1885 argumentaban que «*ni el bacilo en forma de coma, ni el agua contaminada, ni las condiciones insalubres, ni ninguna otra causa aislada tiene ninguna relación con el avance del cólera en un país y Koch no ha logrado probar satisfactoriamente ninguna conexión causal entre dichos bacilos y el cólera*». Uno de ellos llegó a decir que los postulados del Dr. Koch «*provenían de la imaginación de los tímidos e incontables enjambres de átomos invisibles que propagan la muerte, para los cuales no existe defensa alguna, lo cual resulta el tejido de un sueño sin fundamento*»[15].

Dichos esfuerzos para desacreditar a Koch pudieron venir del ímpetu detrás de ciertos investigadores que estaban consumiendo agua contaminada con grandes cantidades de bacterias de cólera, tras lo cual no demostraban síntomas de la enfermedad. Esto resultaba prueba suficiente de que Koch estaba equivocado, en lo que a ellos concernía. Sin embargo, hoy sabemos que la multiplicación de una bacteria virulenta dentro del cuerpo humano no se expresa necesariamente como enfermedad. Por ejemplo, cuando se experimentó cerca del año 1900 con personas que ingirieron enormes cantidades de Vibrios cholerae, procedentes de agua contaminada, algunos sufrieron de una diarrea leve, pero ninguno desarrolló cólera. Durante otros experimentos en los que se infectó intencionalmente a voluntarios con disentería mediante ingestión oral resultó en solo algunas personas que desarrollaron síntomas de disentería, mientras que la mayoría no fueron afectados[16]. Lo que no se conocía en ese entonces es que los seres humanos contamos con un microbioma que nos protege contra los organismos patógenos invasores. Hablaremos más al respecto más adelante. Volvamos al siglo XIX, cuando el humabono empezó a ganarse su mala reputación.

En 1865 las condiciones de vida en Nueva York eran insalubres y de hacinamiento. Hasta noventa personas podían vivir dentro de una casa de cinco pisos con letrinas a tan solo dos metros del edificio. Podían haber hasta cien personas viviendo en una casa de dos pisos con tan solo una letrina disponible para todos[17]. Una parte del sureste tenía hasta mil personas viviendo en un área más pequeña que un campo de fútbol americano[18]. No cabe duda de por qué el excremento humano estaba contaminando los suministros de agua potable y tampoco cabe duda de por qué las epidemias de cólera se desencadenaban de vez en cuando. Otras epidemias de enfermedades ocurrieron en poblaciones en las que las condiciones prevalecientes eran de hacinamiento, agua sucia, aire contaminado, suministros de alimento inadecuados e insalubridad generalizada. En el momento en el que las bacterias provenientes del excremento humano contaminaron el agua potable causando epidemias de enfermedades, la *Guerra Contra la Mierda* empezó. Y la *Guerra Contra la Mierda* se transformó en la *Guerra Contra los Microbios*.

Resulta irónico pensar que el excremento humano puede volverse un recurso seguro en términos de salubridad, libre de enfermedades, útil y valioso con tan solo alimentarlo a aquellos molestos microbios a través de un proceso llamado *compostaje*. Pero eran pocos los que conocían este fenómeno en los tiempos de las epidemias masivas y en cuanto dedujeron que el excremento humano crudo podría ser un «vector» en la transmisión de enfermedades, la reacción inmediata fue deshacerse del excremento, tan rápido y tan lejos como fuera posible. Los microbios son el problema, o por lo menos es lo que las personas pensaban.

Capítulo Cuatro

La Guerra Contra los Microbios

Se le atribuye al científico británico Alexander Fleming el descubrimiento del primer antibiótico, la *penicilina*, a finales de la década de 1920. Su equipo de científicos fue capaz de producir un medicamento milagroso justo a tiempo para la Segunda Guerra Mundial, a principios de la década de 1940. Fleming recibió el Premio Nobel de medicina por su trabajo en 1945[1]. El ser humano había descubierto las bacterias, había deducido que eran causantes de enfermedades y ahora tenían el armamento para combatirlas: ¡los antibióticos!

Si avanzamos el tiempo algunas generaciones, nos encontramos con humanos que empiezan a parecer drogadictos en una carrera que no pueden parar, ni siquiera bajar el ritmo. Estamos atacando a los microbios que viven dentro de nosotros y no sabemos realmente lo que estamos haciendo. En efecto, algunas bacterias son causantes de enfermedades, pero la mayoría de ellas son benéficas y necesarias para nuestra salud, pero eso no impedirá que acabemos con todas ellas. En el proceso de nuestra masacre masiva de microbios, estamos causando el desarrollo inadvertido de bacterias resistentes a los antibióticos, o superbichos.

La industria de los antibióticos se ha vuelto un gran negocio, con una producción global de más de 90,7 millones de kilogramos anuales[2]. El consumo mundial de antibióticos aumentó en un 65 por ciento tan sólo entre el año 2000 y 2015[3]. En Estados Unidos se consumen 17 millones de kilogramos de antibióticos cada año, de los cuales el 80 por ciento son consumidos por animales destinados a la producción de carne[4]. Recordemos que desde el principio de los tiempos y hasta antes de 1940 no se habían consumido antibióticos en todo el planeta.

En 2015, aproximadamente 9,7 millones de kilogramos de antibióticos considerados importantes para el consumo humano fueron vendidos para su uso en la ganadería[5]. Los animales que consumen antibióticos desarrollan bacterias resistentes a los antibióticos. Dichas bacterias desagradables terminan en la carne, encontrando su camino hasta tu cuerpo cuando manipulas la carne cruda en tu cocina. La evidencia demuestra que cuarenta mil personas o más en los Estados Unidos contraen infecciones del tracto urinario e infecciones renales ocasionadas por la bacteria E. coli procedente del pollo[6].

Para el año 2010, tan solo en los Estados Unidos se habían prescrito 258 millones de recetas de antibióticos, sumando 833 prescripciones por cada mil personas, muchos de los cuales fueron prescritos a bebés. De hecho, la infancia en EUA recibía 1,365 tratamientos con antibióticos por cada mil infantes. El niño promedio en los Estados Unidos recibe casi tres tratamientos con antibióticos en sus primeros dos años de vida y después un tratamiento adicional al año por los próximos ocho años; diecisiete tratamientos en promedio al llegar a los veintiún años y treinta tratamientos al llegar a los cuarenta años[7]. Cada tratamiento puede tener efectos profundos en la microbiota del cuerpo y dichos efectos pueden durar años.

En 2014, los médicos prescribieron 266 millones de tratamientos con antibióticos a pacientes ambulatorios, es decir 835 prescripciones por cada mil personas[8]. Sin embargo, por lo menos el 30 por ciento de los antibióticos orales prescritos son innecesarios. Del total del exceso de prescripciones, casi tres cuartos fueron administrados para tratar condiciones respiratorias agudas incluyendo asma, alergias, resfriados y otras infecciones que no son provocadas por bacterias y por lo tanto no son tratables con antibióticos. Aunado a esto, a un tercio de los pacientes que recibieron antibióticos para el tratamiento de condiciones respiratorias se les prescribió el antibiótico equivocado[9].

El setenta por ciento de los niños que atienden a al consultorio del pediatra salen con una prescripción de antibióticos, aun cuando padecen de una enfermedad en las vías respiratorias altas causada por un virus, sobre el cual los antibióticos no tienen ningún efecto[10]. Alrededor de 40 por ciento de la mujeres reciben antibióticos durante el parto y casi todos los bebés nacidos en los hospitales reciben antibióticos inmediatamente después de nacer[11]. Nuestro mundo está tan saturado de antibióticos que hoy, un infante que toma dos tazas de leche diarias estaría consumiendo alrededor de cincuenta microgramos del antibiótico tetraciclina diariamente, como residuo en la leche de vaca derivado de las prácticas de producción en la industria de los lácteos[12].

¿Y eso qué? ¿No se supone que la *Guerra contra los Microbios* debería mantenernos más limpios y seguros? La respuesta, en una palabra, es: no. El abuso de los antibióticos genera serios problemas. Arruina nuestro microbioma, compuesto de los seres invisibles que habitan naturalmente en nuestros cuerpos. No obstante, algunos de estos microbios pueden adaptarse a nuestra matanza antibiótica, desarrollando resistencia a estos últimos (su defensa en contra de nuestra artillería). Aquellos que sobreviven a los antibióticos pueden ser muy desagradables y debido a que nuestra población natural de microbios ha sido arrasada por los medicamentos, estos bichos malos pueden reproducirse libremente y pueden llegar a matarnos.

Primero descubrimos a los microbios; luego encontramos como destruirlos. Pero ahora estos bichitos se están volviendo más astutos que nosotros. O, en las palabras de los científicos: «*La esperanza inicial de que los antibióticos erradicaran las enfermedades infecciosas ha resultado ser completamente ingenua y errónea. No hemos podido darnos cuenta de que el uso de antibióticos... nos embarcaría en una guerra a largo plazo contra todo el mundo bacteriano*»[13].

Si consideramos que los microbios han poblado la Tierra durante los últimos cuatro mil millones de años y que aún son las formas de vida más abundantes del planeta[14], quizás deberíamos mostrarles un poco de respeto. Algunas bacterias, por ejemplo la *E. coli*, pueden reproducirse cada veinte minutos. Esto significa que una célula individual que empieza a reproducirse en la mañana puede transformarse en diez millones de células cuando llega la tarde[15]. Esto se traduce en muchas generaciones en poco tiempo, lo cual permite muchas oportunidades para su evolución (hablando de mutaciones genéticas y ese tipo de cosas ¿sabes?). Por cierto, las bacterias poseen una asombrosa capacidad de intercambiar genes con otras especies; también pueden transmitir la resistencia a los antibióticos hacia otras bacterias mediante un proceso conocido como transmisión horizontal de genes[16]. Y, adivina qué... Eso es exactamente lo que están haciendo. Cuando nos saturamos, a nosotros y a nuestros hijos con antibióticos, aquellos microbios que desarrollan inmunidad a los medicamentos son los que siguen viviendo y multiplicándose. Estamos *creando* bacterias resistentes a los antibióticos, una práctica que quizás algún día se considerará un error médico similar al drenado sanguíneo. Pero, ¿qué estábamos pensando?

De acuerdo con la Organización Mundial de la Salud, la resistencia a los antibióticos es una de las tres mayores amenazas a la salud humana y uno de los retos de salud más grandes de nuestros tiempos. En febrero de 2017, la OMS publicó su primera lista de «patógenos prioritarios» resistentes a los antibióticos: doce familias de bacterias que representan la mayor amenaza para la salud humana. Dichas bacterias resisten a los antibióticos y son capaces de transferir material genético hacia otras bacterias para hacerlas resistentes a su vez[17].

Cada año en los Estados Unidos, al menos dos millones de personas contraen infecciones relacionadas con bacterias resistentes a los antibióticos y al menos 23 000 mueren[18]. Un estudio de 2009 encontró que en varias ciudades de los Estados Unidos se pueden encontrar bacterias resistentes a los antibióticos incluso en el agua potable[19]. Cepas de bacterias cada vez más resistentes se propagan en los ambientes médicos en los cuales la tasa de lavado de manos no excede generalmente el 60 por ciento. Aunque resulte increíble, se reporta que los doctores tienen el el peor historial de lavado de manos[20]. Esta podría ser una de las razones por las cuales un estudio de la Universidad Johns Hopkins afirma que más de 250 000 personas en los Estados Unidos mueren cada año debido a errores médicos, convirtiéndola en la mayor causa de mortalidad después de las enfermedades cardiovasculares y el cáncer. Otros reportes señalan que las cifras podrían ser tan altas como 440 000[21].

Después tenemos a nuestro microbioma personal. La población de microbios que residen en nuestro cuerpo desempeña un papel importante en el desarrollo de nuestra inmunidad, protegiéndolo de patógenos específicos. Dichas criaturas microscópicas protegen nuestra salud y nos permiten aprovechar los alimentos de forma más eficiente. Debido a que algunos tipos de bacterias se desarrollan mejor en presencia de otras bacterias, la destrucción de cepas específicas por medio de antibióticos puede alterar nuestra microbiota en formas inimaginables[22].

La alteración de nuestros microbios residentes está relacionada con la inflamación del colon, entre otras enfermedades. Estas incluyen reflujo, asma, obesidad, diabetes, intolerancia al gluten, alergias a alimentos, enfermedad celíaca, enfermedad de Crohn, lupus, osteoporosis y autismo, sin mencionar las infecciones directas, incluyendo las infecciones por bacterias resistentes a los antibióticos, como la *Clostridium difficile* (*C. diff*)[23]. Un tratamiento de una semana con antibióticos puede provocar la persistencia de organismos resistentes a los antibióticos en el cuerpo durante años[24].

Algunas formas de autismo y trastornos del espectro autista pueden relacionarse con un microbioma disfuncional en los intestinos. Cuando investigadores alimentaron a ratones que padecían dichos desórdenes con la bacteria probiótica *Bacteroides fragilis*, los cambios resultantes en su microbiota intestinal demostraron mejoras en los comportamientos relativos al autismo y aliviaron síntomas relacionados con trastornos del espectro autista[25].

Con respecto a las infecciones, cuando se alimentó a ratones con la bacteria patógena *Salmonella enteritidis*, una cantidad de cien mil bacterias provocó infecciones en casi la mitad de los ratones. Sin embargo, para aquellos ratones a los que se les administró el antibiótico *estreptomicina* varios días antes de recibir el patógeno, ¡se requirieron tan solo *tres* bacterias para causar una infección! Se obtuvieron resultados similares con la administración de otros antibióticos como la *penicilina*. Este fenómeno se demostró también en humanos[26]. La alza en la susceptibilidad hacia nuevas infecciones es un efecto colateral del uso de antibióticos, probablemente debido a que los microbios que viven dentro de tí y que te defienden naturalmente (al fin y al cabo tú eres su hogar) son eliminados mediante medicamentos.

La pérdida de bacterias intestinales amigables durante la infancia temprana puede llevar a la obesidad[27], la cual actualmente representa una epidemia en los Estados Unidos. Los Centros para el Control y la Detección de Enfermedades de los Estados Unidos publicaron un estudio en 2017 en el que se postulaba que casi el 40 por ciento de los estadounidenses adultos y casi el 20 por ciento de los adolescentes son obesos (las tasas más altas jamás registradas en EUA)[28]. ¿Coincidencia? La diversidad total de la microbiota se ve reducida en personas con obesidad[29]. Parece que los antibióticos pueden tener algo que ver con esto y el hecho de que se agregue azúcar a la mayoría de los alimentos comprados en las tiendas tampoco ayuda. Algunas bacterias han evolucionado tan cercanamente con la especie humana al punto que sus secreciones pueden, en teoría, estimular a sus anfitriones para que coman ciertos alimentos[30]. Imagínate a estas bacterias unicelulares conduciendo a su anfitrión como un robot gigante hacia el mostrador de las donas o hacia la leche con chocolate. ¡Puede que haya mucho acerca de la epidemia de obesidad que aún no comprendemos!

El uso de antibióticos en el primer año de vida está asociado con un riesgo significativamente más elevado de desarrollar asma a los siete años[31]. Solo podemos preguntarnos si el microbioma afectado de un niño pudiera desencadenar problemas de salud a largo plazo en sus vidas. Pero ¿cómo consiguen los niños a sus microbios residentes? En teoría, no existen bacterias en el útero, sin embargo la inoculación sucede cuando pasan a través de la vagina[32]. El paso por el canal de parto durante un parto natural resulta en nuestra primera inoculación bacteriana, principalmente por *lactobacilos*, las bacterias que residen naturalmente en la vagina y que ayudan a los bebés a digerir la leche[33]. La evolución conjunta de los seres humanos junto con sus bacterias resulta evidente en este caso. Los bebés nacidos por operación cesárea carecen de dicho adoctrinamiento bacteriano inicial cuando llegan al mundo y ¡las cesáreas en los Estados Unidos en 2011 se llevaron a cabo en una de tres mamás[34]! La mayoría de nuestras bacterias viven en nuestro colon, la parte baja de nuestro intestino grueso, dentro del cual una muestra de un milímetro (un quinto de una cucharadita) contiene más bacterias que el número de personas sobre la Tierra[35]. Así que cuando pasamos a través del canal de parto, hay fuertes posibilidades de contacto con dichas bacterias. La próxima vez que tengas la oportunidad, mide la distancia entre la vagina y el ano. Te darás cuenta de que están a alrededor de 3,8 cm de separación; lo suficientemente cerca para la transferencia bacteriana hacia un bebé recién nacido.

Si se reduce el consumo de antibióticos o se elimina por completo, por ejemplo con una dieta basada en alimentos orgánicos o fermentados, se puede esperar un microbioma con una mayor diversidad bacteriana[36]. Las granjas orgánicas que producen lácteos tienen menores índices de bacterias resistentes a diversos medicamentos que las granjas convencionales[37], un hecho que se le puede atribuir a la ausencia de antibióticos.

Algunas personas pueden preguntarse de qué forma podría evitarse el consumo de antibióticos. Los necesitamos, ¿o no? No hay forma en que alguien pueda criar niños en estos tiempos sin administrarles antibióticos, ¿cierto? Mientras escribo estas palabras, a mis sesenta y seis años, puedo decir con toda honestidad que nunca le dí a ninguno de mis hijos un antibiótico. Mi hijo de treinta y tres años nunca ha consumido un antibiótico y podemos presumir que posee un microbioma natural intacto, al igual que todos mis otros hijos. Eso hace de sus heces un recurso valioso en nuestros días. Y ¿por qué? Debido a la TMF.

Sí, existe una cura para una microbiota enferma y no te va a gustar. La cura es caca. El Trasplante de Microbiota Fecal (TMF), para ser precisos. El TMF es la transferencia deliberada de heces fecales de una persona hacia otra. Una persona que posee un microbioma intacto, de gran diversidad natural puede transferirle estos microbios a una persona que sufre lo que llamamos intoxicación por antibióticos, o el abuso de antibióticos al grado que las bacterias tóxicas resistentes a los antibióticos han tomado el mando y están matando a su anfitrión. *C. diff* es una de dichas peligrosas bacterias resistentes a los antibióticos. El tratamiento de *C. diff* con TMF en un ensayo clínico tuvo éxito en un 94 por ciento comparado con un 31 por ciento utilizando medicamentos[38], lo cual resulta increíble si pensamos que conseguir materia fecal es mucho más fácil que fármacos. Esto demuestra lo importantes que son los microbios naturales para nuestros cuerpos y el por qué debemos tratar de mantenerlos intactos. Y a pesar de que el trasplante de materia fecal a partir del donante correcto puede curar a un candidato enfermo, por favor no lo intentes en casa.

Como puedes apreciar, el humabono tiene un par de ases bajo la manga. O mejor dicho, los residentes del humabono tienen haces bajo sus trillones de mangas. Los microbios han habitado la Tierra desde hace miles de millones de años. Nosotros los humanos apenas llegamos y tenemos que aprender a vivir con nuestros vecinos invisibles. Si lo logramos, podemos emplearlos para que desempeñen tareas importantes para nosotros, como comerse nuestra popo. Cuando alimentamos a los microbios con humabono y otros materiales orgánicos, los transforman en tierra. A esto le llamamos compostaje.

INVESTIGACIONES TEMPRANAS SOBRE BACTERIAS TERMÓFILAS			
INVESTIGADOR	ORGANISMOS	ORIGEN	TEMPERATURA
Miquel (1879-88)	*Bacillus thermophilus*	Agua del Río Sena;: desechos del drenaje; polvo; aire	42°-70°C. 65°-70°C. óptimo
Van Tieghem (1881) Certes y Garrigou (1886)	(1) Estreptococos (2) Bacilos (1) Pequeñas barras (2) Filamentos	Agua en la que habían sido hervidos frijoles Aguas termales en Luchon	Hasta 74°C. Hasta 77°C 45°-64°C.
Globig (1888)	Muchos bacilos (30 tipos)	Tierra de jardín	50°-70°C.
Burrill (1889)	Dos bacilos	Forraje; abono	60°-70°C.
Schloessing (1889) Cohn (1893)		Abono de establos	Hasta 79,5°C.
Flügge (1894)	Muchas bacterias	Leche esterilizada	24°-44°C o 27°-54°C.
Leichman (1894)	Un bacilo	Leche viscosa	45°-50°C.
MacFadyen y Blaxall (1894)	Muchos bacilos	Tierra, agua de río y de mar, lodo de río, polvo en el aire, paja y heces humanas, de ratón y de gallina	60°-65°C.
Gorini (1895)		Leche	37°C
Karlinski (1895)	(1) *Bacillus Illidzensis capsulatus* (2) *Bacterium Ludwigi*	Aguas termales en Illidze, Bosnia	50°-58°C. 55°-57°C.
Rabinowitsch (1895)	Ocho especies de bacterias termófilas	Varias fuentes; distribuidas ampliamente en la naturaleza	34°-75°C.
Weber (1895)	Bacilo I Bacilo II Bacilo III	Leche "esterilizada"	22°-60°C. 22°-60°C. 30°-65°C.

Fuente: Morrison, Lethe E. y Tanner, Fred M. (1921). *Studies on Thermophilic Bacteria: Aerobic Thermophilic Bacteria from Water* [Estudios Sobre Bacterias Termófilas: Bacterias Termófilas Aeróbicas del Agua]. Departamento de Bacteriología, Universidad de Illinois Urbana.

Capítulo Cinco

Termófilos

No todos los microbios tienen un paladar lo suficientemente refinado como para deleitarse con caca humana, pero muchos sí. Y de entre ellos, probablemente los más misteriosos e impresionantes son los *termófilos*, o amantes del calor.

De manera general, las bacterias se dividen en tres clases dependiendo de las temperaturas a las cuales se desarrollan. A las bacterias que se desarrollan a bajas temperaturas se les llama *psicrófilas* y su temperatura óptima de vida es de 15°C o menor[1]. Las *mesófilas* viven a temperaturas templadas de entre 20°C y 45°C. Las *termófilas* se desarrollan mejor arriba de los 45°C y algunas pueden vivir a la temperatura de ebullición del agua e incluso a temperaturas más altas[2].

En la década de 1930, los científicos descubrieron que entre los termófilos figuraban *los estreptococos, los lactobacilos, el grupo de bacterias del colon, algunas anaeróbicas y especialmente las aeróbicas en forma de barra que producen esporas*. Dichas bacterias en forma de barra llamaron la atención de los científicos debido a que fueron encontradas en la leche pasteurizada. Las altas temperaturas de la pasteurización no las estaban matando; no solo eso, sino que se desarrollaban mejor a dicha temperatura. Los científicos estaban encontrando termófilos en la leche pasteurizada, en el abono de vaca, en la tierra, el polvo, sobre las hojas de las plantas e incluso sobre la superficie de cualquier material[3].

Si quieres conducir un experimento para constatar la presencia de termófilos por tí mismo, la próxima vez que hagas despedazar un árbol con una trituradora mecánica, apila las astillas de madera en un montículo ordenado y clávale un termómetro para composta. Observaras que dentro de las primeras setenta y dos horas, la temperatura interna del árbol triturado será de entre 49°C y 54°C, si la pila es lo suficientemente grande. El calor proviene de las bacterias termófilas. Son amantes de los ambientes cálidos y se encargan de generarlos, si tienen la oportunidad. Pero, en primer lugar: ¿por qué están ahí? Y segundo, ¿de dónde vienen?

Un termófilo destacado es el *Geobacillus*, antiguamente llamado *Bacillus stearothermophilus*. Es una bacteria aeróbica con forma de barra que produce esporas. Su rango de temperatura de crecimiento puede ser tan bajo como 35°C, o tan alto como 80°C, pero su temperatura de vida normal es de entre 45°C y 70°C$_4$. A pesar de su elevado rango de temperatura óptima, estos misteriosos termófilos pueden encontrarse sobre toda la superficie terrestre, en un planeta con una temperatura superficial promedio de entre 7°C y 10°C.

Se han encontrado bacterias termófilas en los siete continentes, en el océano Pacífico, en el mar Medficterraneo, en los Andes bolivianos, a una altura de 3 658 metros sobre el nivel del mar e incluso en la troposfera, a 9,65 kilómetros de altura. Han sido encontradas en pozos petroleros a 2 134 metros bajo la tierra, en minas de oro a 3 050 metros bajo tierra y dentro de los océanos, a más de 9,65 kilómetros de profundidad[5].

A estas bacterias les encanta comer excremento humano, material orgánico desechado y animales muertos, sin embargo, sus lugares favoritos son las aguas termales, suelos geotérmicos, calientes pozos petroleros bajo la tierra, pozos de gas natural y chimeneas hidrotérmicas[6]. También las pilas de composta.

Los termófilos no son una novedad para la ciencia. El término *termófilo* fue probablemente empleado por primera vez por Miquel, en 1879, para describir a aquellos organismos capaces de vivir a temperaturas aparentemente letales[7]. Los primeros recuentos que describen organismos que viven a tales temperaturas fueron publicados por Pierre Sonnerat en 1774, mientras reportaba la existencia de peces que viven en aguas con una temperatura de 69°C. Otros investigadores reportaron el crecimiento de algas en las aguas termales de Karlsbad a 70°C en 1837; en otra fuente de aguas termales crecían a 98°C en 1846; cianobacterias en un geiser caliente, a 83°C en 1866, entre muchos otros reportes[8].

En fechas más recientes, ha habido múltiples reportes sobre grandes cantidades de termófilos encontrados en tierras frías y sedimentos oceánicos a bajas temperaturas. Se encontraron bacterias termófilas en los suelos de Islandia, donde la temperatura promedio es de 14°C, así como en tierras frías del norte de Irlanda, los Andes y el norte de los Estados Unidos. Las tierras estudiadas en el norte de Irlanda nunca alcanzaron las temperaturas mínimas de crecimiento para estas bacterias. Los científicos se preguntan cómo dichas bacterias termófilas pueden encontrarse en grandes cantidades en ambientes en los que no pueden crecer, sin embargo especulan que la población total de termófilos sobre la Tierra es «enorme». Se encontraron bacterias termófilas incluso en las capas del fondo del océano Pacífico, en sedimentos que datan de casi seis mil años[9].

La respuesta parece encontrarse en la habilidad de las bacterias termófilas para producir esporas. Cuando las condiciones de crecimiento no son favorables (es decir si las temperaturas no son lo suficientemente elevadas), forman «endósporas», una condición de su ciclo de vida que les permite sobrevivir a largo plazo[10] (a muy largo plazo). Un científico estimó que las endósporas de los termófilos pueden sobrevivir la impresionante cantidad de mil novecientos millones de años a una temperatura de 43°C, e incluso más tiempo si las temperaturas son menores[11]. Existe una teoría que sugiere que los termófilos estuvieron entre los primeros organismos vivos en habitar este planeta, habiéndose desarrollado y evolucionado durante el nacimiento primordial de la Tierra, cuando las temperaturas eran bastante elevadas. Por esta razón se les atribuye el nombre de *ancestros universales*, estimando su edad en tres mil seiscientos millones de años. Esto indica que los termófilos podrìan ser el antepasado común de todas las formas de vida en nuestro planeta[12].

Es evidente que los termófilos han evolucionado para descomponer la materia orgánica, casi como los conserjes de la Tierra, o los ayudantes invisibles de la Madre Naturaleza, limpiandolo todo como lo han hecho durante eones. Trabajan en equipo junto con las bacterias mesófilas, las cuales deben elevar la temperatura de una masa de materia orgánica lo suficiente para que se detone el crecimiento termófilo. Es como una carrera de relevos de microbios: los mesófilos empiezan la descomposición de material orgánico; esto genera la suficiente temperatura para despertar a las esporas termófilas; entonces es el turno de los termófilos, los cuales toman el control y trabajan para generar un ambiente febril, consumiendo el material orgánico, sea lo que sea (caca, basura, animales muertos) y volviéndolo una vez más parte de la Madre Tierra. Durante este proceso, si existen patógenos que pudieran dañar al ser humano dentro del material orgánico (piensa en popo), estos no serán contendientes para los termófilos. Una masa humeante de material orgánico es el infierno sobre la Tierra para los organismos que causan enfermedades en los seres humanos. Y ese es precisamente el lugar a donde deberían ir a morir los organismos patógenos y así lo harán.

La Madre Tierra también tiene un par de ases bajo la manga. En cada metro cuadrado de su superficie, puede haber un tráfico de entre cincuenta y doscientas bacterias por segundo. Estas pueden ser elevadas por el viento, en donde pueden permanecer durante entre dos y quince días antes de caer de regreso a la Tierra. Seguramente se debe a esto el hecho de que se encontraran algunos termófilos en la troposfera. Si consideramos los eventos de viento masivos, como las tormentas de arena del desierto, que pueden mover hasta mil millones de toneladas de tierra cada año, observaremos que las bacterias pueden cruzar el océano Atlántico en tan solo tres a cinco días y el océano Pacífico en una semana a diez días. Las esporas de los termófilos se endurecen para sobrevivir. Resisten a la luz ultravioleta, a la deshidratación y a temperaturas extremas, las cuales matarían casi a cualquier bacteria[13]. Así que la Madre Tierra las esparce alrededor del planeta en forma de esporas microscópicas, una forma que resulta increíblemente durable. Se asientan en la Tierra y esperan pacientemente, mil millones de años de ser necesario, hasta el momento de ser despertadas otra vez. Son los sirvientes de la Madre Tierra, esperando pacientemente para servirnos.

Cada año, miles de millones de litros de agua contaminada se fugan de los drenajes en Estados Unidos (lo suficiente para inundar el estado de Pensilvania hasta las rodillas). Un mapa no nos bastará para encontrar nuestra salida de esta situación.

Capítulo Seis

Inmersos en la Caca

«Jesús pudo haber transformado el agua en vino, pero nosotros transformamos la caca en comida». El Papa de la Caca

Hablar de microbios y de bacterias no te hará el alma de la fiesta. Si quieres que alguien cambie de tema súbitamente, puedes hablar de las seiscientas especies de bacterias que viven en tu boca. Menciona que tu caca es consumida por seres invisibles que se encuentran en todos lados y que puedes probarlo y notaras que la persona con quien estas hablando comenzará a alejarse lentamente, mirando de reojo antes de escapar.

Pero pueden suceder cosas muy interesantes de camino a la pila de compota. Poco tiempo después de haber publicado la primera edición de este libro, una monja me llamó. Había impreso seiscientas copias y había asumido que se descompondrían en un almacén durante el resto de mi vida porque a nadie le interesaría el tema del «humabono». Pero tan solo algunos días después de que el libro saliera a la venta, la Associated Press publicó un artículo anunciando que había escrito un libro sobre mierda. Después recibí la llamada.

—Sr. Jenkins, compramos recientemente una copia de su libro, *Humabono* y quisiéramos que viniera a dar una plàtica a nuestro convento.

—Y ¿de qué quisiera que hable?

—Sobre el tema de su libro.

—¿Sobre el compostaje?

—Si, pero particularmente sobre compostaje de *humabono*.

Para entonces yo ya no tenía palabras. No podía entender cómo las monjas podrían estar interesadas en compostar caca, presumiblemente su propia caca. Intentaba imaginarme en un cuarto lleno de monjas, hablando sobre mierda. Pero intenté reducir el tartamudeo al mínimo y acepté la invitación.

Era el Día de la Tierra, en 1995. La presentación salió bien. Después de mi plática, el grupo mostró diapositivas de sus jardines y sus pilas de composta; después fuimos a su área de composta y husmeamos en sus contenedores de lombrices. Después vino una comida deliciosa, durante la cual aproveché para preguntarles por qué estaban interesadas en compostar humabono.

—Somos *hermanas de la humildad*, —respondieron, —Las palabras «humilde» y «humus» tienen la misma raíz semántica, que significa «tierra». También pensamos que estas palabras están relacionadas con la palabra «humano». Por lo tanto, como parte de nuestro voto de humildad, trabajamos con la tierra. Hacemos composta. Y ahora queremos aprender a hacerla a partir del humabono. Estamos pensando en comprar un baño composta comercial, pero primero queremos saber más sobre los conceptos generales. Por eso le pedimos que viniera.

Este era un asunto profundo. Alguien más estaba interesado en utilizar el poder de los microorganismos para reciclar su excremento. Nada más y nada menos que las monjas. Se me prendió el foco. Por supuesto, el compostaje es un acto de humildad. Aquellas personas a las que les importa la Tierra lo suficiente para reciclar la materia orgánica lo hacen como un acto de humildad, ya sea que lo hagan de manera consciente o inconsciente. No se volverán ricos y famosos haciéndolo, pero es una práctica que los hace mejores personas y hace de la Tierra un mejor lugar. Los compostadores de humabono pueden observar el cielo de noche, contemplando el firmamento y sabiendo que, cuando la naturaleza llama, sus excreciones no contaminarán el planeta. Por lo contrario, dichas excretas serán recolectadas humildemente, alimentadas a microbios amigables y regresadas a la Tierra como medicina para los suelos.

Por otro lado, la humanidad parece haberse alejado mucho de una relación simbiótica con nuestro planeta y ha adoptado en vez la apariencia e incluso el comportamiento de patógenos planetarios. Sin embargo, los seres humanos, así como todos los otros seres vivos del planeta, están intrínsecamente entrelazados con los elementos de la naturaleza. Somos tan solo hilos en el tejido de la vida. Inhalamos el aire de la atmósfera que rodea al planeta; bebemos los líquidos que fluyen constantemente dentro y fuera de su superficie; nos alimentamos de los organismos que crecen sobre la piel de la Tierra. Desde el momento en que un espermatozoide y un óvulo se unen para detonar nuestra existencia, cada uno de nosotros crece y se desarrolla gracias a los elementos que nos proveen la Tierra y el sol. En esencia, la tierra, el aire, el sol y el agua se combinan en el vientre de nuestra madre para moldear una nueva criatura. Y nueve meses después, nace otro ser humano.

Los humanos no pueden entender por completo la naturaleza de su existencia, por lo que inventan historias. Algunos mitos afirman que los seres humanos son la punta de lanza de la creación y que el universo entero fue creado por alguien de nuestra propia especie.

Hoy día están emergiendo perspectivas más realistas sobre la naturaleza del ser humano. Se está reconociendo a la Tierra misma como una entidad viva, un nivel de Ser mucho más grande que el nivel humano. La galaxia y el universo son vistos como niveles más elevados de existencia, junto con múltiples universos teóricos existiendo en niveles aún mayores. Se piensa que todos estos niveles de Ser están dotados de la energía de vida, así como con una forma de consciencia que aún no podemos empezar a entender. Mientras los humanos expandimos nuestro autoconocimiento y reconocemos nuestro verdadero lugar en el vasto espectro de las cosas, debemos remitirnos a la realidad. Debemos admitir nuestra dependencia absoluta del ecosistema que llamamos Tierra e intentar balancear nuestros sentimientos de importancia personal con nuestra necesidad de vivir en armonía con el gran mundo que nos rodea. Una forma de armonizar con el planeta es reciclando la materia orgánica, eliminando así la basura orgánica.

Los asiáticos reciclaron el excremento humano durante miles de años. Los chinos han usado el humabono en la agricultura desde la Dinastía Shang, hace tres a cuatro mil años. Los chinos, los coreanos, los japoneses y otros pueblos evolucionaron en su entendimiento del excremento humano como un recurso natural, en vez de un material de desperdicio. Ahí donde los occidentales tenían «desperdicios humanos», los asiáticos tenían «tierra nocturna». Nosotros producíamos desperdicios y contaminación; ellos producían nutrientes para la tierra y comida. Los asiáticos llevan cuatro mil años desarrollando la agricultura sustentable. Durante cuatro mil años, esta gente ha trabajado las mismas tierras con el empleo mínimo o nulo de fertilizantes químicos y, en muchos casos, han producido mayores rendimientos en sus cultivos que los granjeros occidentales, quienes estaban destruyendo rápidamente los suelos de sus países mediante el agotamiento y la erosión.

Un hecho ignorado en gran medida por la agricultura occidental es que la tierra agrícola debe producir *mayores* rendimientos con el paso del tiempo. La población humana está en constante crecimiento; la tierra de cultivo disponible no lo está. Por lo tanto, nuestras prácticas agrícolas deberían brindarnos una tierra *más* fértil cada año y no *menos* fértil.

En 1938, el Departamento de Agricultura de los Estados Unidos llegó a la alarmante conclusión de que el 61 por ciento del área total de cultivo de EUA en ese entonces ya había sido destruida completa o parcialmente, o había perdido la mayor parte de su fertilidad[1]. Y sin embargo seguimos produciendo nutrientes para la tierra en forma de materiales orgánicos desechados todos los días y nos deshacemos de ellos, enterrandolos en rellenos sanitarios o incinerándolos.

¿Por qué no estamos siguiendo el ejemplo asiático de reciclaje de agronutrientes? Seguro que no se debe a una falta de información. El Dr. F. H. King escribió un libro interesante, publicado en 1910, titulado *Farmers of Forty Centuries*[2] (Granjeros Durante Cuarenta Siglos). El Dr. King, exjefe de la División de Administración del Suelo del Departamento de Agricultura de los Estados Unidos, viajó a Japón, Corea y China a principios del siglo XX como visitante agrícola. Estaba interesado en descubrir cómo la gente podía labrar los mismos campos por milenios sin acabar con su fertilidad. El Dr. King Escribió:

«Una de las prácticas agrícolas más asombrosas adoptadas por un pueblo civilizado es la conservación y utilización universal de todo el [humabono], practicada durante siglos de manera muy cercana en China, Corea y Japón, convirtiéndola en una maravillosa medida para el mantenimiento de la fertilidad de la tierra y para la producción de comida. Para entender esta evolución se debe reconocer que hasta hace muy pocos años, los fertilizantes minerales tan extensamente utilizados en la agricultura occidental moderna han sido físicamente inaccesibles para toda la gente. A este hecho se debe asociar la longevidad continua de estas naciones y el vasto número de personas que los granjeros se han visto forzados a alimentar.

Cuando reflexionamos acerca de la fertilidad agotada de nuestras tierras más antiguas, pocas de las cuales han dado un siglo de servicio y acerca de la enorme cantidad de fertilizantes minerales que se les han aplicado anualmente con el fin de asegurar su rendimiento, se vuelve evidente que ha llegado el momento de brindarles profunda consideración a las prácticas que la raza [asiática] ha mantenido por muchos siglos, las cuales permiten decir de China que 647 m2 (un sexto de acre) de buena tierra son suficientes para mantener a una persona, y las cuales están alimentando a un promedio de tres personas por cada 4 046 m2 (un acre) de tierra de cultivo en las tres islas más al sur de Japón.

[La humanidad occidental] es la aceleradora de desperdicios más extravagante que el mundo jamás haya tenido que soportar. Su desdeñosa aniquilación ha caído sobre toda forma de vida a su alcance, incluyéndose a ella misma; y su escoba de destrucción en las manos descontroladas de una generación ha barrido hacia el mar la fertilidad de la tierra que solamente siglos de vida pudieron acumular y, sin embargo, dicha fertilidad es el substrato de todo lo vivo»[3].

De acuerdo con las investigaciones de King, la excreta promedio diaria del humano adulto pesa alrededor de 1,3 kilogramos, o 374,2 millones de kilogramos de humabono diarios, día y noche, producidos y desperdiciados, tan solo en los Estados Unidos. Otros investigadores estiman que el humabono contiene alrededor de 5 kilos anuales por persona de nutrientes agrícolas como el nitrógeno, fósforo y potasio (N, P y K). Si lo multiplicamos por 330 millones, un estimado de la población de los Estados Unidos a principios del siglo XXI, los estadounidenses producen 1 600 millones de kilogramos de nutrientes agrícolas valiosos[4] con tan solo sentarse a aliviar sus necesidades. Casi todo este material es desechado hacia el ambiente en forma de material de desperdicio o contaminación, o, como lo indica el Dr. King: «vertido en los océanos, lagos o ríos y hacia las aguas subterráneas».

De acuerdo con King, «*La Concesión Internacional de la Ciudad de Shanghai, en 1908, le vendió a un contratista chino el privilegio de entrar en las residencias y lugares públicos, temprano cada mañana y remover la tierra nocturna, recibiendo de esa forma $31 000 en oro, por 78 000 toneladas de [humabono]. No sólo tiramos todo esto, sino que gastamos cantidades mucho mayores haciéndolo*»[5].

En caso de que no hayas entendido, el contratista pagó $31 000 en oro *por* el humabono, llamado «tierra nocturna»" e incorrectamente llamado «desperdicio», por el Dr. King. La gente no paga para comprar desperdicios; pagan dinero por cosas de valor. Aunado a esto, usando las cifras del Dr. King, la población de EUA produjo aproximadamente 136 mil millones de kilogramos de material fecal al año a principios del siglo XXI. Esto representa un porcentaje del producto interno bruto.

Hemos de admitir que la práctica de esparcir excremento humano crudo sobre los campos, como se hace en Asia, nunca será culturalmente aceptado en los Estados Unidos y con razón. El uso agrícola del estiércol crudo representa una agresión al sentido del olfato y provee de una ruta de transmisión para varios organismos causantes de enfermedades en los humanos. Los estadounidenses que han viajado al extranjero y han sido testigos del uso de excremento humano crudo en aplicaciones agrícolas han sentido repulsión ante la experiencia. Tal repulsión ha inculcado en muchos otros estadounidenses de la tercera edad un perjuicio intransigente en contra, e incluso un miedo hacia el uso del humabono para enriquecer la tierra. Sin embargo, pocos son los estadounidenses que han presenciado el compostaje de humabono como paso preliminar a su reciclaje. El compostaje adecuado convierte el humabono en un material de olor agradable, desprovisto de patógenos humanos.

A pesar de que el uso agrícola del excremento humano crudo nunca se convertirá en una práctica común en EUA, el uso de los desechos humanos compostados, incluyendo el humabono, residuos de comida y otros desechos orgánicos debería volverse una práctica generalizada y culturalmente impulsada.

¿Cómo puede ser que los pueblos asiáticos desarrollaran el entendimiento del reciclaje de nutrientes humanos hace siglos y nosotros no? ¿No se supone que somos la nación más avanzada, desarrollada y científica? El Dr. King hace una observación interesante al respecto de los científicos occidentales:

> *«No fue sino hasta 1888 y después de eso tras una prolongada guerra de más de treinta años, propiciada por los mejores científicos de toda Europa, que finalmente se aceptó como demostrado el hecho de que las plantas leguminosas, que actúan como anfitriones de seres inferiores que habitan en sus raíces, son en su mayoría responsables por el mantenimiento del nitrógeno en el suelo, adquiriéndolo directamente del aire, al cual regresa a través del proceso de descomposición. Pero los agricultores del lejano oriente aprendieron, durante siglos de práctica, que el cultivo y la utilización de estas plantas resulta esencial para la durabilidad de la fertilidad, por lo que en cada uno de los tres países el cultivo de leguminosas, en rotación con otros cultivos, es muy extensivo, con el objetivo expreso de fertilizar la tierra, siendo esta una de sus antiguas prácticas inalterables»*[6].

En efecto, resulta extraño que aquellas personas que obtienen su conocimiento en la vida real, a través de la práctica y de la experiencia, en ocasiones son ignoradas o trivializadas por el mundo académico y las agencias gubernamentales asociadas. Dichas agencias únicamente dan crédito al conocimiento proveniente de un marco institucional. No es de extrañarse que el avance de la humanidad occidental hacia una existencia durable en la Tierra parezca tan lento.

«Tan extraño como parece», dice King, *«no existen hoy en día [inicios del siglo XX] y aparentemente nunca han existido, incluso en las ciudades más grandes y antiguas de Japón, China y Corea, nada que se asemeje a los sistemas de drenaje hidráulico utilizados por las naciones occidentales. Al preguntarle a mi intérprete si no era una práctica común, durante los meses de invierno, el desechar su tierra nocturna en el mar, como una forma más rápida y barata para deshacerse de ella [que el reciclaje], su respuesta fue rápida y aguda 'No, eso sería un desperdicio. No tiramos nada. Vale demasiado dinero»*[7]. El Dr. King continúa, *«El chino no desperdicia nada, mientras que el deber sagrado de la agricultura es la prioridad más importante en su mente»*[8].

Mientras los asiáticos practicaban una agricultura sostenible y reciclaban sus recursos orgánicos durante milenios, ¿qué estaban haciendo las personas en occidente? ¿Por qué nuestros ancestros europeos no devolvían sus abonos a la tierra de la misma forma? Después de todo, sí que hace sentido. Al reciclar sus abonos, los asiáticos no solo utilizaban un recurso y reducían la contaminación, sino que al regresar sus excrementos a la tierra, lograban reducir riesgos a su salud. No había drenajes pútridos coleccionando y criando gérmenes patógenos y atrayendo a las ratas. Por lo contrario, la mayoría del humabono estaba pasando por un proceso natural de purificación dentro de la tierra. Incluso mediante su aplicación en forma cruda, el regresarle el humabono a la tierra logra destruir muchos patógenos del ser humano y regresarle nutrientes a la tierra.

¿Qué es lo que sucedía en Europa en materia de higiene pública a partir del siglo XIV? Las grandes pestes recorrieron Europa durante la historia documentada. La Peste Negra acabó con más de la mitad de la población de Inglaterra durante el siglo XIV. En 1552, tan solo en París, murieron sesenta y siete mil pacientes debido a la plaga. Las portadoras de dicha enfermedad eran las pulgas de las ratas infectadas. ¿Es posible que las ratas comieran de las pilas de desechos humanos o de la basura en descomposición? Otras pestilencias incluyeron la enfermedad de la sudoración excesiva (atribuída a la insalubridad), el cólera (diseminado mediante la comida y el agua contaminadas por el excremento de las personas infectadas), la «fiebre de la cárcel» (causada por falta de salubridad en las cárceles), la fiebre tifoidea (contagiada por el agua contaminada con heces humanas), entre muchas otras.

Andrew White, cofundador de la Universidad de Cornell, escribió *«A casi veinte siglos del nacimiento del cristianismo y hasta una época más cercana a la memoria viva, ante la aparición de cualquier pestilencia, las autoridades de la iglesia, en vez de implementar medidas sanitarias, han predicado generalmente la necesidad de redención de las ofensas hacia el Todo Poderoso. En las poblaciones principales de Europa, así como a lo largo y ancho del país, hasta hace poco tiempo, se negligieron las medidas sanitarias más básicas y las pestilencias continuaron siendo atribuidas a la ira de Dios o a la malicia de Satanás»*[9].

Hoy se sabe que la principal causa de tal inmenso sacrificio de vidas humanas se debió a la falta de prácticas de higiene adecuadas. Se debate el hecho de que cierto razonamiento teológico en aquella época opusiera resistencia a la evolución de la higiene apropiada. De acuerdo con White, «Durante siglos, prevaleció la idea de que la suciedad equivalía a la santidad». El vivir en la suciedad era considerado entre los hombres santos como evidencia de santidad, de acuerdo con White, quien enlista numerosos santos que nunca lavaban ciertas partes o incluso ninguna parte de sus cuerpos, por ejemplo San Abraham, quien no se lavó ni las manos ni los pies durante cincuenta años, o Santa Silvia, quien nunca lavó ninguna parte de su cuerpo a excepción de sus dedos[10].

Resulta interesante que, después de la Peste Negra dejara su estela de muerte a través de Europa, «una creciente proporción de la tierra pública y privada de todos los países de Europa estuviera en manos de la iglesia»[11]. Aparentemente, la iglesia estaba sacando provecho de la las muertes de enormes cantidades de personas. Probablemente la iglesia tenía un interés encubierto en mantener la ignorancia pública alrededor de las fuentes de enfermedad. Dicha insinuación resulta casi demasiado diabólica para considerarla seriamente. ¿O no?

De cierto modo, alrededor del siglo XV se desarrolló la idea de que los judíos y las brujas eran los causantes de las pestes. Los judíos se volvieron sospechosos debido a que por alguna razón no sucumbían a las pestilencias tan a menudo como la población cristiana, probablemente debido a que empleaban un sistema de higiene propia más afín a la limpieza, incluyendo el consumo de alimentos kósher. Sin embargo, la población cristiana concluyó que la inmunidad de los judíos resultaba de la protección de «Satanás». Como resultado de esta visión, se llevaron a cabo intentos en toda Europa para erradicar las plagas mediante la tortura y el asesinato de judíos. Se reportó la quema de doce mil judíos tan solo en Bavaria durante los tiempos de la plaga y se asesinó a miles más en el resto de Europa[12].

En 1484 el «infalible» Papa Inocencio VIII emitió una proclamación apoyando a la opinión de la iglesia sobre el hecho de que las brujas eran causantes de enfermedades, tormentas y una variedad de males que afectaban a la humanidad. Se resumió la opinión de la iglesia en esta frase: «No deberá sufrirse la existencia de una bruja». Desde la mitad del siglo XVI hasta la mitad del siglo XVII, tanto mujeres como hombres fueron torturados y asesinados por millares por las autoridades de las Iglesias católica y protestante. Se estima que el número de víctimas sacrificadas durante ese siglo, en Alemania únicamente, asciende a más de cien mil.

El caso siguiente, en Milán, Italia, resume las ideas entorno al saneamiento en Europa durante el siglo XVII: La ciudad estaba bajo el control de España y había recibido un comunicado del gobierno español diciendo que las brujas estaban en camino a Milán para «ungir las paredes» (embarrar las paredes con ungüentos causantes de enfermedades). La Iglesia sonó la alarma desde el púlpito, advirtiendo a la población. Una mañana en 1630, una anciana vió a través de su ventana a un hombre caminando por la calle que estaba limpiándose los dedos en una pared. El tipo fue prontamente reportado a las autoridades. Argumentó que simplemente se estaba limpiando la tinta de los dedos que había quitado de sobre el cuerno de tinta que cargaba consigo. Insatisfechas con su explicación, las autoridades lo arrojaron en prisión y lo torturaron hasta que «confesó». Las torturas continuaron hasta que el hombre dió los nombres de sus «cómplices», los cuales fueron subsecuentemente reunidos y torturados. Ellos a su vez delataron a sus propios cómplices y el proceso continuó hasta que los miembros de las familias más prestigiosas fueron incluidos en las acusaciones. Finalmente, un gran número de personas inocentes fueron sentenciadas a muerte[13].

Una repugnante enfermedad, entre los siglos XVI y XVIII, fue la «fiebre de la cárcel». Las prisiones de aquella época estaban sucias. La gente estaba confinada en calabozos conectados a las cloacas con poca ventilación y escaso drenaje. Los prisioneros incubaban la enfermedad y la esparcían entre la población, en especial a los policías, abogados y jueces. En 1750, por ejemplo, la enfermedad mató a dos jueces, al alcalde, a varios concejales y muchos otros en Londres, incluyendo por supuesto a los prisioneros[14].

Las pestes en las colonias protestantes de América también se atribuyeron a la ira divina o la malicia satánica, pero cuando las enfermedades afectaron a los nativos americanos, fueron consideradas benéficas. «La pestilencia entre los indios, previa a la llegada de la Colonia de Plymouth, fue atribuida en una notoria obra de la época al propósito divino de limpiar la Nueva Inglaterra para los heraldos del Evangelio»[15].

Probablemente la razón por la cual los países asiáticos tienen poblaciones tan numerosas en comparación con los países occidentales se deba a que se libraron de algunas de las pestes comunes en Europa, en especial aquellas pestilencias propagadas debido al fracaso del reciclaje responsable del excremento humano. Incorporaban sus abonos a la tierra mediante el arado, mientras que los occidentales estaban ocupados quemando brujas y judíos con el apoyo incondicional de la Iglesia.

Eventualmente, nuestros ancestros lograron entender que la higiene inapropiada era un factor causal de las enfermedades epidémicas. Sin embargo, no fue sino hasta finales del siglo XIX que en Inglaterra se sospechó del saneamiento inadecuado y del drenaje como causas. En esa época, aún morían enormes cantidades de personas debido a las pestes, en especial por el cólera, el cual terminó con la vida de 130 000 personas en Inglaterra entre 1848 y 1849 únicamente. El Dr. Snow publicó una teoría que proponía que el cólera se propagaba a través del agua contaminada con aguas del drenaje. A pesar de esto, aun en las zonas en las que el drenaje estaba siendo entubado para alejarlo de la población, las aguas negras aún contaminaban las fuentes de agua potable.

El gobierno inglés no se preocupó por el hecho de que cientos de miles de ciudadanos, principalmente pobres, perecieran como moscas año con año, por lo que rechazó un proyecto de ley en torno a la salud pública en 1847. Un proyecto de ley finalmente fue adoptado en 1848 frente al último brote, pero no fue muy efectivo. Sin embargo, lo que logró fue llevar la falta de salubridad a la atención del público, como lo implica la siguiente declaración de la Junta General de Salud de 1849: «*Los propietarios de todas las clases deben ser advertidos sobre el hecho de que su principal medio de seguridad recae en la remoción de montañas de excremento y de la suciedad sólida y líquida de todos tipos de debajo o alrededor de sus casas y propiedades*». Esto nos hace preguntarnos si una pila de composta hubiera sido considerada como una «montaña de excremento» y por lo tanto hubiera sido prohibida.

El saneamiento en Inglaterra era tan malo a mediados y finales del siglo XIX que, «*en 1858, cuando la reina y el Príncipe Alberto habían intentado dar un paseo placentero en el río Támesis, sus aguas malolientes los hicieron volver a tierra después de unos minutos. En aquel verano, una prolongada ola de calor y sequía habían expuesto sus orillas, que se pudrían con los residuos de una ciudad sobrepoblada y sin drenaje. Debido al mal olor, la sesión del Parlamento tuvo que levantarse de forma anticipada*». Otra historia describe a la Reina Victoria mirando hacia el río y preguntando acerca de los abundantes pedazos de papel que flotaban en él. Su compañero no quiso admitirle a la reina que se trataba de papel de baño usado, por lo que respondió «*aquellas, su alteza, son advertencias sobre la prohibición de nadar en el río*»[16].

Los Tories o «conservadores» del gobierno inglés aún creían que el gasto en servicios públicos era una pérdida de dinero y una violación inacceptble por parte del gobierno hacia el sector privado (¿te suena familiar?). Un renombrado periódico, el *Times*, sostuvo que el riesgo de cólera era preferible a la intimidación por parte del gobierno para proveer servicios públicos de drenaje. Sin embargo, en 1866 finalmente se adoptó una legislación, la Ley de la Salud Pública, con el apoyo reticente de los conservadores. Una vez más, el cólera estaba arrasando con la población y fue probablemente por esa razón que se adoptó una ley al respecto. Finalmente, a finales de la década de 1860, se estableció un marco de trabajo en torno a la salud pública en Inglaterra. Por fortuna, la epidemia de cólera de 1866 fue la última y la menos desastrosa[17].

Eventualmente, el poder de la Iglesia disminuyó lo suficiente para que los científicos y los médicos tuvieran una tan esperada opinión al respecto de los orígenes de la enfermedad. Nuestros sistemas de saneamiento modernos finalmente propiciaron una vida segura para la mayoría de la población, a pesar de sus numerosas deficiencias. La solución desarrollada por occidente fue la recolección de excremento humano mediante el uso del agua potable, después desechar las aguas negras, intentando probablemente separar antes el excremento (a través de procedimientos químicos, incineración o deshidratación) y por último liberar el producto final hacia los océanos, hacia la atmósfera, hacia la superficie de la tierra y los rellenos sanitarios.

En la actualidad, los asiáticos están abandonando las armoniosas prácticas agrícolas observadas por el Dr. King hace casi un siglo. En Kioto, Japón, por ejemplo, «la tierra nocturna es recolectada de manera higiénica para la satisfacción de los usuarios, para después ser diluída en un punto de recolección central y descargada hacia el sistema de drenaje para su subsecuente tratamiento en una planta de aguas negras convencional»[18].

Un lector del *Manual del Humabono* escribió un interesante recuento acerca de los inodoros japoneses en una carta dirigida al autor, parafraseada a continuación:

«Mi única experiencia real [con el humabono]... viene de mi experiencia viviendo en Japón, entre 1973 y 1983. Debido a la antigüedad de mi experiencia, las cosas pueden haber cambiado, (probablemente para mal debido a que los inodoros y la vida en general estaban siendo 'occidentalizados', incluso hacia finales de mi estancia en Japón).

Mi experiencia proviene del tiempo que pasé viviendo en pequeños pueblos rurales así como en áreas metropolitanas (capitales provinciales). Las casas y los negocios contaban con 'letrinas interiores'. La Cámara: únicamente la orina y las heces se depositaban en el gran contenedor metálico bajo el inodoro (concebido para usarse en cuclillas, encastrado ligeramente en el suelo y hecho de porcelana). No se utilizaba material de cobertura ni materia carbonosa. ¡Apestaba! No solo el baño, ¡sino la casa entera! Había muchas moscas a pesar de que las ventanas tenían mosquiteros. Los gusanos eran el principal problema. Subían por los lados de la cámara, sobre el escusado y el suelo y en ocasiones lograban salir de la sala de baño hacia los pasillos. La gente vertía constantemente algún líquido tóxico dentro de la cámara para controlar el olor y a los gusanos. Esto no ayudaba (de hecho, los gusanos salían por hordas de la cámara, escapando de los químicos). De vez en cuando, una sandalia (usábamos 'sandalias de baño' especiales, en vez de las 'sandalias de casa' para entrar al baño) caía dentro de la asquerosa cámara infestada con gusanos. ¡No podías ni empezar a pensar en cómo la sacarías de ahí! No se podía dejar a los niños pequeños usar el baño sin que un adulto los suspendiera sobre el escusado. ¡Podrían caer dentro! Eliminación: Cuando se llenaba la cámara (aproximadamente cada tres meses), se llamaba a un camión privado con una aspiradora que utilizaba una enorme manguera que pasaba por una apertura exterior para succionar la masa líquida. Se les pagaba por sus servicios. No estoy seguro de qué es lo que sucedía con el humabono después, pero en las áreas agrícolas, cerca de los campos había grandes tanques cilíndricos (de tres metros de diámetro) de concreto, similares en apariencia a una piscina superficial. Me dijeron que en los contenedores se encontraba el humabono de los 'camiones aspiradora'. Era un líquido verdoso y café, con algas creciendo en su superficie. Me dijeron también que este material se esparcía sobre los campos de cultivo».

En 1952, alrededor del 70 por ciento del humabono en China era reciclado. Estas cifras crecieron hasta el 90 por ciento para 1956 y formaban un tercio de todos los fertilizantes utilizados en el país[19]. Sin embargo, en últimas fechas, el reciclaje de humabono en China se está yendo por el drenaje. El uso de fertilizantes químicos aumentó en un 600 por ciento entre mediados de la década de 1960 y mediados de 1980. Entre 1949 y 1983, los insumos de nitrógeno y fósforo en la agricultura aumentaron diez veces, mientras que los rendimientos agrícolas solamente se triplicaron[20]. Los agricultores chinos utilizan alrededor de 302 kg de nitrógeno por hectárea cada año (más de cuatro veces el promedio mundial). El consumo de fertilizantes en Asia ha crecido más rápido que el del resto del mundo[21].

El enorme uso de nitrógeno como fertilizante en China contribuye actualmente a problemas ambientales de amplio espectro, tales como el deterioro de la calidad del agua, la acidificación del suelo, las emisiones de gases de efecto invernadero y la perturbación del ciclo global del nitrógeno. El primer estudio nacional sobre contaminación de China llevado a cabo en 2010 identificó a la agricultura como un actor importante en la contaminación[22].

China producía más de 3,5 toneladas de desechos de aguas negras anualmente en 2008. Se estima que seiscientos millones de chinos beben agua contaminada por desechos humanos o animales en la actualidad[23]. Las aguas superficiales monitoreadas en más de doce mil sitios alrededor de China revelaron que una de cinco fuentes de agua no resultaban adecuadas para el contacto humano y 13 por ciento estaban demasiado contaminadas para ser utilizadas para cualquier propósito. En Shanghái, una de las ciudades chinas más modernas, cincuenta y dos de sesenta y cinco de los sitios monitoreados demostraron tener agua no apta para el contacto humano, de acuerdo con un reporte de 2017[24]. Ochenta y cinco por ciento del agua en los ríos de Shanghái no era apta para beber para 2015 y más del 56 por ciento resultó inapropiada para cualquier uso. En Pekín, casi el 40 por ciento del agua estaba tan contaminada que tampoco era posible su uso para cualquier actividad. En Tianjin, una ciudad al norte de China, con una población de 15 millones de habitantes, menos del 5 por ciento del agua es potable. En 2015, se vertieron 3,78 mil millones de metros cúbicos de aguas negras sin tratamiento alrededor de China, incluyendo 1,98 millones de metros cúbicos en Pekín únicamente. Esta agua, que no puede usarse en la agricultura, en la industria y ni siquiera para fines decorativos, se vierte en ríos y lagos[25].

Se estima que en un año se vierten casi quinientas mil toneladas de humabono hacia el Río Huangpu únicamente. En 1988, en Shangai, ocurrieron medio millón de casos de hepatitis A, propagada por el agua contaminada. *«Las autoridades urbanas en China están alineándose de forma creciente hacia la incineración y los rellenos sanitarios como formas de deshacerse de sus residuos sólidos en vez de reciclarlos y compostarlos, lo que implica que China, como el occidente, está colocando el problema sobre los hombros de las generaciones futuras[26]»*.

Pero dejemos de enfocarnos en China. India también tiene problemas masivos de contaminación del agua, así como muchos otros lugares alrededor del mundo. El Rio Yamuna, en India, con 1376 kilómetros de longitud, que fluye a través de Deli, tiene la reputación de ser un río de «lodos negros olorosos», contaminado con químicos industriales, plásticos flotantes y «desechos humanos» (en realidad, todas las anteriores son «desechos humanos»). En 2017, el río contenía 22 *millones* de coliformes fecales por cada 100 ml de agua. En comparación, en el estado de Vermont, si el agua llega a tener tan solo 235 coliformes fecales por cada 100 ml se le considera demasiado contaminada para poder bañarse en ella[27].

La India produce cerca de dos millones de toneladas de excremento humano diariamente y a pesar de que el 80 por ciento de las aguas negras domésticas abandonan las casas en forma de drenaje, aproximadamente entre un 80 y un 90 por ciento no son tratadas[28]. Cerca de 38 mil millones de litros de aguas negras fluyen hacia los ríos de la India diariamente[29], convirtiendo a las aguas negras no tratadas en la principal causa de contaminación del agua y causando la muerte de 350 000 niños indios cada año debido a la diarrea[30].

Y ¿qué sucede en los Estados Unidos? Las plantas de tratamiento de aguas residuales en EUA procesan alrededor de 128 mil millones de litros de aguas negras diariamente[31]. A pesar de esto, 3,5 millones de estadounidenses enferman cada año tras haber nadado, paseado en bote, pescado o tan solo haber tocado el agua contaminada con «desechos humanos», químicos del hogar, productos de higiene personal, fármacos y todo lo demás que arrojamos dentro de nuestros escusados.

Cada año más de 3,25 billones de litros de agua contaminada se fugan de los drenajes en EUA (suficiente para inundar por completo el estado de Pensilvania hasta las rodillas)[32]. De acuerdo con la Agencia de Protección Ambiental (EPA, por sus siglas en inglés), entre veintitrés mil y setenta y cinco mil desbordes de aguas residuales suceden en EUA anualmente y se vierten entre 11 y 38 mil millones de litros de aguas negras sin tratamiento hacia el ambiente[33].

¿Tus hijos se enferman del estómago? Podría ser a causa de la lluvia. Los investigadores han mostrado una alza del 11 por ciento en las visitas al médico de niños en los Estados Unidos debido a enfermedades gastrointestinales en un periodo de cuatro días posteriores a fuertes lluvias, en su mayoría causados por contaminantes fecales como bacterias, protozoarios y virus provenientes de los drenajes que se infiltran en las líneas de agua potable y contaminan los acueductos locales[34].

Una publicación de 2012 acerca del valor del humabono en la nación africana de Níger demostró que la producción de excrementos anual por familia equivale aproximadamente a 91 kg de fertilizantes químicos[35]. Estas personas no tienen los recursos para comprar dichos fertilizantes, pero pueden producirlos ellos mismos mediante procesos naturales y no se han dado cuenta. ¿Cómo se transforma el excremento en comida? ¿Cuál es el proceso? ¿Es seguro? La respuesta, en una palabra, es *compostaje*. Pero primero observemos que le sucede habitualmente al Sr. Mojón en un día cualquiera en los Estados Unidos.

Capítulo Siete

Un Día en la Vida de un Mojón

Durante mi juventud, escuchaba a los veteranos hablar sobre su servicio en la Guerra de Corea. Usualmente, después de beber una o dos cervezas, la conversación se centraba en los «retretes exteriores» utilizados por los coreanos. El hecho de que los coreanos intentaran atraer a los transeúntes hacia sus letrinas, haciéndolas especialmente atractivas, les resultaba impresionante e incluso desconcertante. La idea de que alguien deseara la caca de otro siempre producía ruidosas carcajadas entre los veteranos. Dicha opinión resume la actitud de casi cualquier persona que creció utilizando un escusado con agua. El humabono es un producto de desecho del que debemos deshacernos y únicamente los locos pensarían de otra forma. Una de las consecuencias de dicha actitud es el hecho de que los estadounidenses no saben (y probablemente no les importa) hacia dónde se dirigen sus «desechos humanos» tras haber abandonado sus traseros, siempre y cuando no tengan que lidiar con ellos.

DEFECACIÓN AL AIRE LIBRE

El destino de dichos materiales depende del «sistema de manejo de desechos» empleado. Comencemos con el más sencillo, el biodigestor mexicano, conocido también como el perro callejero. Pasé algunos meses en el sur de México a finales de la década de 1970, en Quintana Roo, un lugar situado en la Península de Yucatán. Ahí no había excusados disponibles; las personas utilizaban simplemente las dunas de arena a lo largo de la costa para hacer sus necesidades. Esto no representaba un problema. Alguno de los abundantes perros pequeños y mal cuidados esperaba cerca, con la boca salivando hasta que terminaras de hacer lo tuyo. El enterrar tu excremento en dichas circunstancias hubiera representado una falta de respeto hacia el perro, puesto que a nadie le gusta comer arena. Un buen mojón, sano y humeante, al alba, en la costa caribeña, nunca duraba más de sesenta segundos antes de convertirse en un platillo caliente para el mejor amigo del hombre. ¡Delicioso!

A la fecha, alrededor de 892 millones de personas aún practican la

Estela de contaminación subterránea de una letrina en tierra seca.

Manual del Humabono Cuarta Edicion — Capítulo Siete

Estela de contaminación subterránea de una letrina en tierra húmeda.

defecación al aire libre, comparado a los 1 200 millones que lo hacían en el año 2000. Entre aquellos que aún hacen sus necesidades afuera, el 90 por ciento viven en el centro y sur de Asia y en el África Subsaharaiana[1].

LETRINAS

En el siguiente peldaño de sofisticación se encuentran las letrinas a la antigua, también conocidas como inodoros exteriores. En términos prácticos, se hace un hoyo en la tierra y se defeca dentro una y otra vez hasta que este se llena; después se cubre con tierra. Resulta agradable contar con una pequeña construcción o «privado» sobre el hoyo para tener algo de intimidad y abrigo. En la actualidad se utilizan millones de letrinas alrededor del mundo. En los Estados Unidos, aún enterramos nuestro excremento en forma de los lodos residuales dentro de hoyos en los rellenos sanitarios.

Las letrinas representan problemas para la salud, ambientales y estéticos. El hoyo resulta accesible para las moscas y los mosquitos, los cuales pueden transmitir enfermedades. Las letrnas lixivian contami-

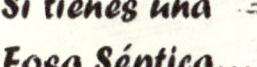

Si tienes una Fosa Séptica...

nantes hacia la tierra, incluso en terrenos secos y los olores que emanan implican un castigo al olfato; los niños que viven en países en vías de desarrollo preferirían defecar al aire libre que usar una letrina apestosa. En tierras secas, las letrinas pueden contaminar hasta tres metros (10 pies) de profundidad bajo el hoyo y hasta un metro (3 pies) hacia los lados. En tierras húmedas, pueden contaminar quince metros (50 pies) hacia los lados, siguiendo la dirección de las aguas subterráneas.

FOSAS SÉPTICAS

Un peldaño superior en la escala de salubridad es el de las fosas sépticas, un método común de eliminación del excremento humano y las aguas residuales, utilizado en las zonas rurales y en los suburbios de los Estados Unidos. En este sistema, los mojones se excretan en un escusado que comúnmente funciona con agua potable y después se eliminan por medio de un drenaje. La palabra «séptico» proviene del griego septikos, que significa «generar putrefacción». En la actualidad, aún significa lo mismo, que equivale a «la descomposición de materia orgánica que resulta en la formación de productos malolientes».

En 1700 AC, hace casi cuatro mil años, el Rey Minos de Creta utilizaba escusados que funcionaban con el agua de lluvia. Casi tres mil años después, en 1596, se inventaron los escusados modernos a base de agua. Y casi trescientos años después de esto, en 1872, Thomas Crapper inventó un diseño mejorado, el cual se sigue utilizando en la actualidad. En 1855, George Vanderbilt fue el primero en tener una tina, un lavabo y un escusado con agua dentro de su hogar en Estados Unidos.[2]

Las fosas sépticas, diseñadas para recolectar las aguas negras provenientes de los escusados, aparecieron a finales del siglo XIX. A mediados del siglo XX, se popularizó el uso de campos de drenaje rellenos de grava para la descarga del excedente proveniente de las fosas.[3] Los mojones viajan a través de tuberías de drenaje y caen en grandes tanques de almacenamiento subterráneos hechos de concreto, fibra de vidrio o plástico. En el estado de Pensilvania, el tamaño mínimo de la fosa permitido para una casa con tres recámaras o menos es de 3 400 litros (900 galones).[4] Los sólidos más pesados se sedimentan en el fondo del

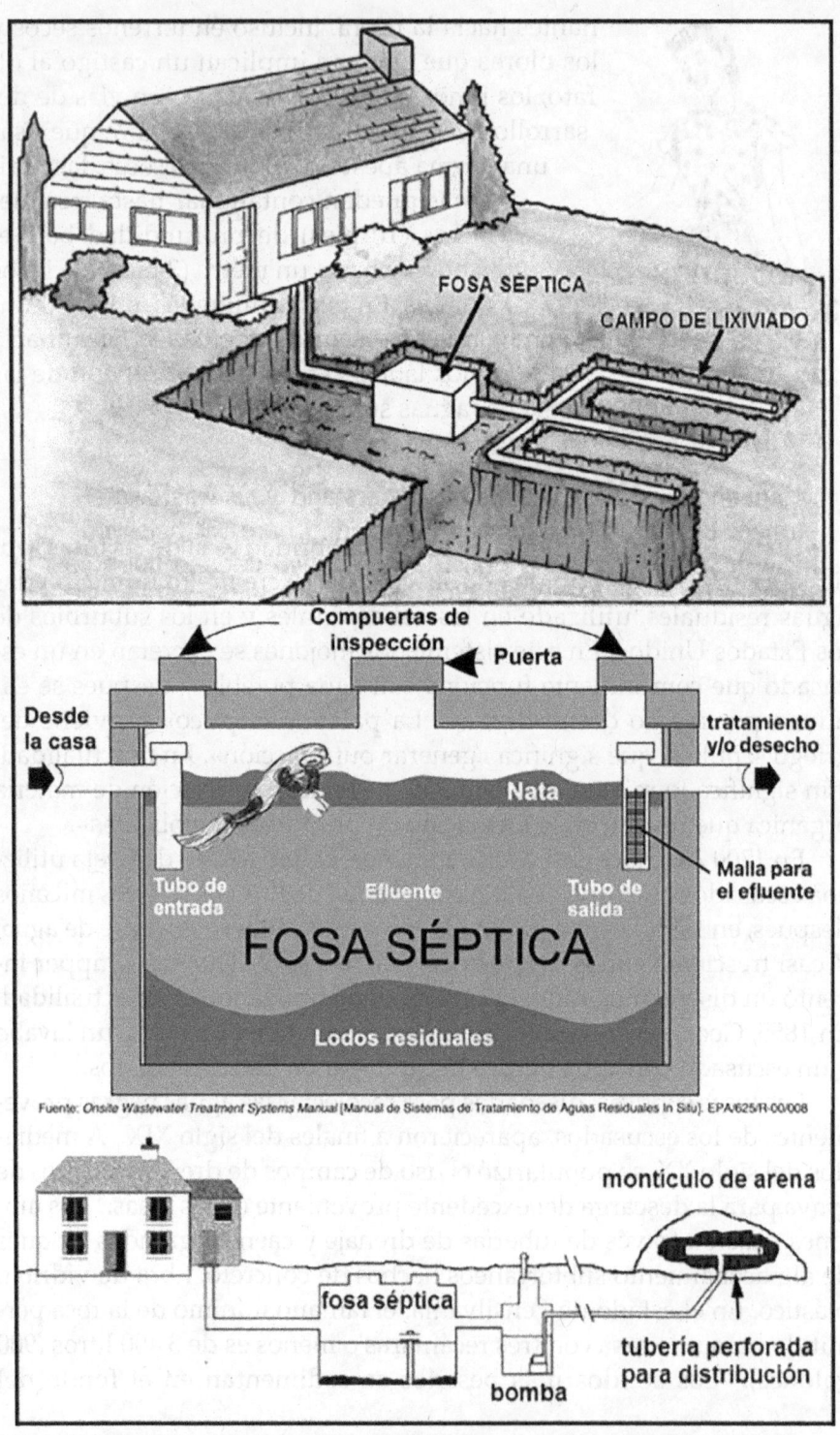

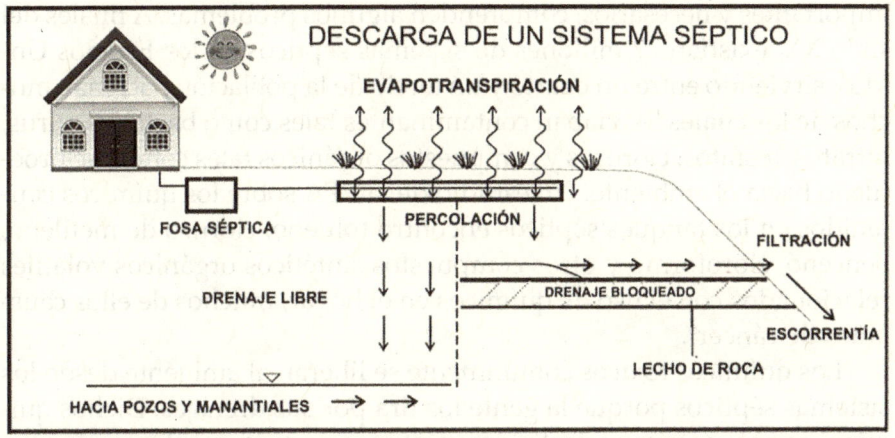

Fuente: *Onsite Wastewater Treatment Systems Manual* [Manual de Sistemas de Tratamiento de Aguas Residuales In Situ]

tanque, mientras que el excedente líquido se canaliza hacia un campo de drenaje, que consiste en un grupo de tubos perforados situados bajo el suelo, permitiendo que el líquido fluya hacia la tierra. Se espera que las aguas negras pasen por un proceso de descomposición anaeróbica dentro de la fosa. Cuando esta última se llena, debe ser vaciada mediante un camión cisterna aspirador y el contenido debe ser transportado hacia una planta de tratamiento de aguas residuales.

En suelos con drenaje inadecuado, ya sea demasiado bajos o con un alto contenido de arcilla, un campo de drenaje convencional resultará ineficiente, en especial cuando la tierra se encuentre saturada por agua de lluvia o agua procedente del derretimiento de la nieve. El agua de desecho no fluirá hacia un terreno que se encuentre saturado con agua. Es en estos casos que se utiliza un montículo de arena para deshacerse de las aguas negras. Cuando la fosa séptica no drena correctamente, se activará una bomba que impulsará el exceso de líquido hacia un montículo de arena. Dichos montículos se encuentran cubiertos normalmente por tierra y pasto. En el estado de Pensilvania, los montículos de arena deben estar situados a treinta metros (100 pies) cuesta debajo de cualquier pozo o manantial, a quince metros (50 pies) de un arroyo y a uno y medio metros (5 pies) del límite de una propiedad.[5] De acuerdo con los contratistas de excavación locales, la construcción de un montículo de arena costaba entre $5 000 y $12 000 dólares, a principios del siglo XXI. Deben ser construidos exactamente de acuerdo a las especificaciones gubernamentales y no pueden ser utilizados antes de pasar una inspección oficial.

A pesar de que los sistemas sépticos son ampliamente utilizados en la actualidad y son considerados sistemas de eliminación de desechos importantes y necesarios, comprenden algunos problemas. A finales del siglo XX, existían 22 millones de sistemas sépticos en los Estados Unidos, sirviendo entre un cuarto y un tercio de la población nacional, muchos de los cuales lixiviaban contaminantes tales como bacterias, virus, nitratos, fosfatos, cloruros y compuestos orgánicos tales como tricloroetileno hacia el ambiente. Un estudio de la EPA sobre los químicos contenidos en los tanques sépticos encontró tolueno, cloruro de metileno, benceno, cloroformo y otros compuestos sintéticos orgánicos volátiles relacionados con el uso de químicos en el hogar, muchos de ellos causantes de cáncer[6].

Los químicos tóxicos comúnmente se liberan al ambiente desde los sistemas sépticos porque la gente los tira por sus drenajes. Dichos químicos se encuentran en pesticidas, pintura, productos de limpieza para baños y cañerías, desinfectantes, solventes para lavandería, anticongelantes, productos anti óxido, limpiadores de fosas sépticas y pozos y muchas otras soluciones para limpieza. De hecho, más de 1,5 millones de litros (400,000 galones) de líquidos para la limpieza de tanques sépticos que contienen químicos sintéticos orgánicos fueron usados en un año por los residentes de Long Island únicamente. Aunado a esto, algunos químicos tóxicos pueden corroer las tuberías, causando así que metales pesados entren a los sistemas sépticos[7].

En 1960, catorce millones de hogares estadounidenses poseían sistemas sépticos. El número ascendió a diecisiete millones para 1970 y alrededor de veintiséis millones para 2005, produciendo alrededor de quince mil millones de litros (cuatro mil millones de galones) de aguas negras diariamente. Las fallas en los sistemas sépticos, debidas en general al mal mantenimiento de los mismos, están asociadas con la contaminación de las aguas subterráneas, lagos y las aguas de las costas. Un estudio de la Bahía de Chesapeake encontró que dos millones de sistemas sépticos circundantes vertieron alrededor de 4 millones de kilogramos (9 millones de libras) de nitrógeno hacia dicha bahía cada año. La Laguna Indian River, en Florida, recibe 700 mil kilogramos (un millón y medio de libras) de nitrógeno al año provenientes de sus cuarenta y cinco mil sistemas sépticos circundantes. Tres cuartos del nitrógeno que ingresa en la Bahía de Buttermilk, en el estado de Massachusetts, también provienen de sistemas sépticos. En el estado de Minnesota, entre el 50 y el 70 por ciento de los sistemas sépticos presentaban fallas; 60 por ciento en el estado de Virginia del Oeste, 50 por ciento en Luisiana, 40 por ciento en Nebraska, entre 30 y 50 por ciento en Misuri, entre 25 y 30 por ciento en Ohio y el 25 por ciento en Massachusetts. En el estado de Indiana, un estudio reportó que hasta el 70 por ciento de los ochocientos mil sistemas del estado presentaban fallas. Mientras tanto, de acuerdo con la EPA, 168 000 enfermedades virales y 34 000 enfermedades bacterianas pueden atribuirse a las fosas sépticas mal mantenidas cada año[8].

Los sistemas sépticos no están diseñados para eliminar los patógenos del ser humano que pudieran entrar dentro de la fosa séptica. En vez de esto, están diseñados para recolectar las aguas negras del ser humano para después drenarlas hacia el suelo. Por este motivo, los sistemas sépticos pueden tener una alta carga de patógenos, permitiendo la transmisión de bacterias, virus, protozoarios y parásitos intestinales causantes de enfermedades a través del sistema. Un alto número de sistemas sépticos en cualquier área sobrepasará la capacidad natural del suelo para purificar el agua y permitirá que grandes cantidades de aguas negras contaminen los mantos freáticos. Una densidad de más de 15 casas por kilómetro cuadrado (40 casas por milla cuadrada) provocará que el área sea un blanco potencial para la contaminación de las aguas subterráneas, de acuerdo con la EPA[9].

En muchos casos, las personas que poseen sistemas sépticos se verán forzados a conectarse a las líneas de drenaje cuando estas últimas estén disponibles. Un caso de la Suprema Corte de los Estados Unidos, en 1992, revisó la situación en la que se había forzado a miembros del poblado de New Hampshire a conectarse a una red de drenaje que simplemente descargaba las aguas residuales crudas y sin tratar al Río Connecticut y lo había hecho así durante 57 años. A pesar del rudimentario método de desecho de aguas residuales, una ley del estado requería que las propiedades que se encontraran dentro de un radio de 30,5 metros (100 pies) del sistema de drenaje del pueblo se conectaran a este. Este primitivo sistema de desecho de aguas residuales aparentemente continuó operando hasta 1989, cuando las leyes estatales y federales de tratamiento de aguas residuales obligaron a que se detuviera el vertimiento de aguas negras hacia el río. Los residentes demandaron al gobierno local para obtener una compensación en cuanto se terminó de construir el sistema de drenajes (¡y ganaron!)[10].

PLANTAS DE TRATAMIENTO DE AGUAS RESIDUALES

Existe un nivel de sofisticación aún más alto en la escala del tratamiento de aguas residuales: la planta de tratamiento de aguas residuales o planta de aguas negras. La planta de tratamiento de aguas residuales es como una fosa séptica enorme y muy sofisticada porque recolecta el excremento de muchos humanos. De forma inevitable, cuando orinamos o defecamos en el agua, la estamos contaminando. Con el fin de evitar la contaminación, el «agua residual» debe volverse apta de alguna forma para regresar al ambiente. Las aguas residuales que entran a las plantas de tratamiento constan de 99 por ciento de líquido, ya que toda el agua procedente de lavabos, regaderas y todas las demás aguas domésticas que se van por el drenaje, también terminan en las plantas de tratamiento. En algunos casos, el agua de lluvia también llega a las plantas de tratamiento de aguas residuales por medio de la combinación de desagües. Las industrias, hospitales, gasolineras y cualquier lugar con un drenaje contribuyen a la mezcla de contaminación del flujo de aguas residuales.

Existen casi quince mil plantas de tratamiento en EUA que recolectan las aguas residuales y proveen los servicios de tratamiento y desecho a casi 240 millones de personas[11]. Dichos sistemas de drenaje tienen una vida útil de cincuenta años, sin embargo, el equipo utilizado en las plantas de tratamiento tan solo dura entre quince y veinte años. De nuestros novecientas cincuenta mil kilómetros (seiscientas mil millas) de líneas de drenaje, se espera que el 44 por ciento estén deterioradas para 2020[12]. En 2012, el gasto en el mantenimiento de las plantas de tratamiento de aguas residuales en EUA se estimó en $102 mil millones. Agreguemos otros $96 mil millones destinados a la reparación o el reemplazo de las tuberías de drenaje y casi $50 mil millones para remediar la contaminación por combinación por drenajes desbordados[13] y resultará obvio que tenemos que empezar a cuidar nuestro dinero. En comparación, el estimado de $250 mil millones que utilizamos en toda la infraestructura de manejo de aguas residuales en EUA es lo que se gasta el Departamento de «Defensa» en alrededor de catorce semanas. Además, debido a las malas condiciones de muchos de nuestros sistemas de manejo de aguas residuales, con tuberías viejas y capacidad inadecuada, un estimado de 3,4 billones de litros (900 mil millones de galones) de aguas negras sin tratar son vertidas hacia el ambiente cada año[14]. En lugar de gastar dinero en «defensa», ¿por qué no nos defendemos de la contaminación ambiental y usamos una parte de ese dinero para mejorar nuestros sistemas de drenaje? En vez de esto, el 53 por ciento de los ríos y arroyos evaluados por la EPA, 71 por ciento de los lagos, 79 por ciento de la superficie de los estuarios y 98 por ciento de las orillas de los Grandes Lagos fueron clasificadas como afectadas debido a la contaminación[15].

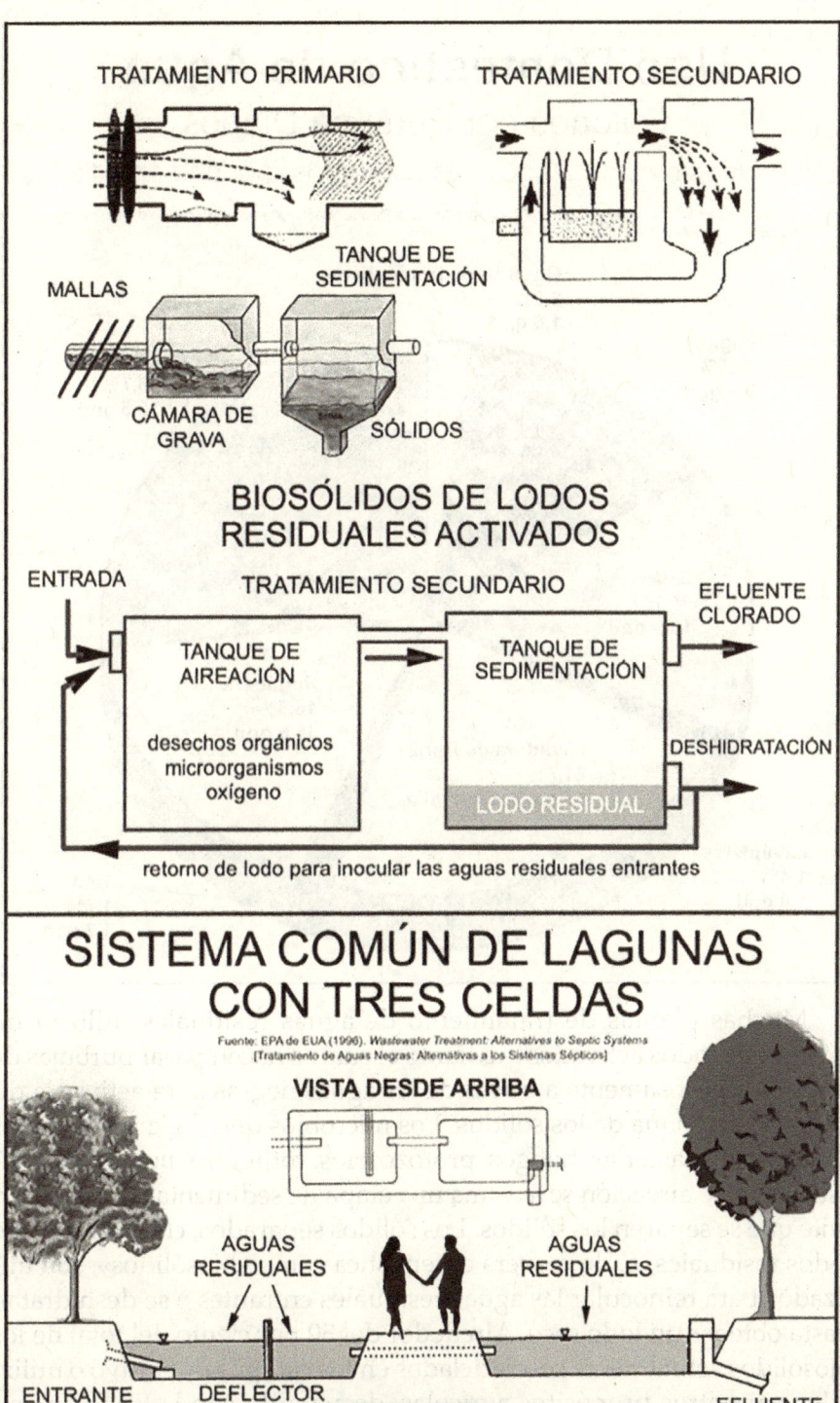

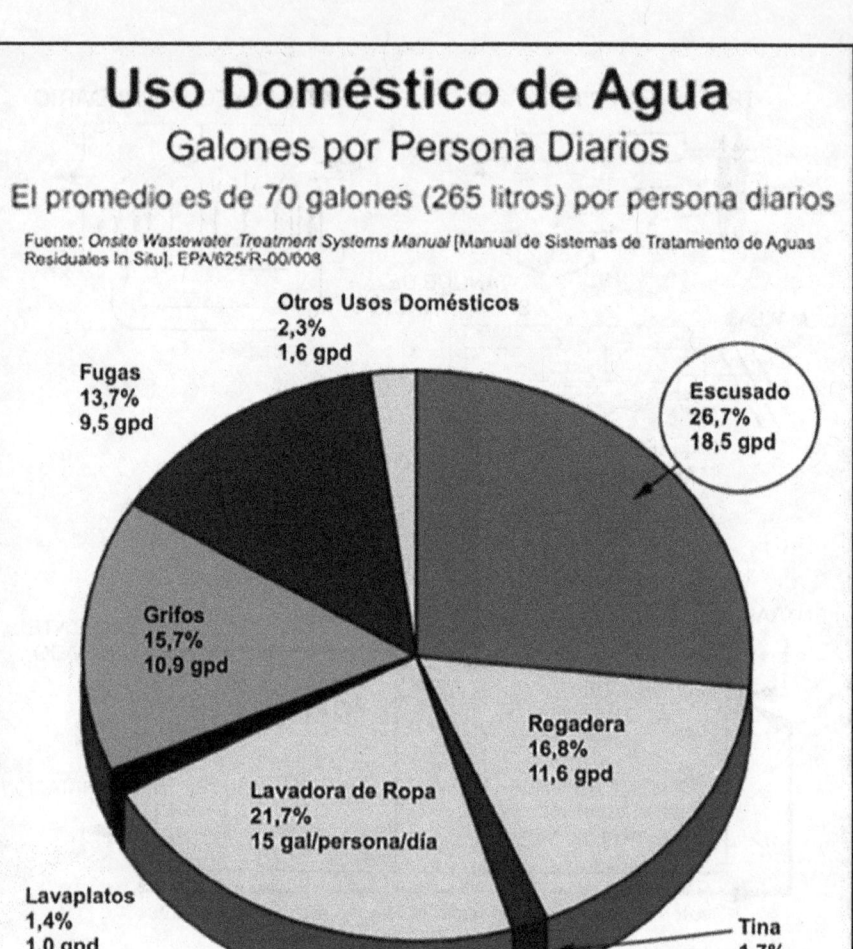

Muchas plantas de tratamiento de aguas residuales utilizan un proceso de lodos activados mediante el cual se hacen pasar burbujas de oxígeno vigorosamente a través de las aguas negras para activar la digestión bacteriana de los sólidos. Los microbios que digieren los lodos consisten en bacterias, hongos, protozoarios, rotíferos y nemátodos[16]. A esta etapa de aireación se le suma una etapa de sedimentación, que permite que se separen los sólidos. Los sólidos separados, conocidos como lodos residuales, o, de manera eufemística como «biosólidos», son utilizados para reinocular las aguas residuales entrantes o se deshidratan hasta obtener un lodo seco. Alrededor del 50 por ciento del total de los biosólidos actualmente son reciclados en los campos de cultivo o utilizados para otros propósitos agrícolas, de acuerdo con la EPA; sin embargo, los biosólidos son utilizados en menos del 1 por ciento de las tierras agrícolas a nivel nacional[17]. Una parte de esto se composta.

En 2004, alrededor de 7,2 millones de toneladas de biosólidos secos fueron utilizados o desechados de forma benéfica en EUA[18]. Tan solo la ciudad de Nueva York produce mil doscientas toneladas de biosólidos diariamente. Antes vertían los lodos residuales en el océano, hasta su prohibición en 1988. En la actualidad, los biosólidos de Nueva York son llevados a los rellenos sanitarios de Pensilvania, Virginia y del estado de Nueva York. Algunos de los biosólidos de dicha ciudad son estabilizados con cal en instalaciones de los estados de Pensilvania y Colorado[19]. La cal eleva el pH, lo cual elimina a las bacterias. Los lodos estabilizados con cal pueden ser posteriormente compostados junto con otros materiales orgánicos o simplemente aplicados directamente sobre campos en los que la tierra requiera cal.

El resto de las aguas residuales son tratadas y posteriormente vertidas dentro de un cuerpo de agua. El efluente de aguas residuales municipales en EUA, en 2012, ascendió a 121 mil millones de litros (32 mil millones de galones) diarios, de los cuales únicamente entre el 7 y el 8 por ciento fueron reutilizados[20]. De acuerdo con un reporte de las Naciones Unidas, en Norteamérica se producen 70,8 billones de litros (18,7 billones de galones) de aguas residuales anualmente; de estas se tratan 50,7 billones de litros (13.4 billones de galones). Algunos estiman que esta cantidad de agua es equivalente al flujo anual de las Cataratas del Niágara. Únicamente el 3,8 por ciento de las aguas tratadas son reutilizadas[21].

A escala global, el 80 por ciento de las aguas residuales producidas por el ser humano son vertidas hacia los cuerpos de agua de la Tierra, creando problemas para la salud, problemas ambientales y contribuyendo significativamente a las emisiones de gases de efecto invernadero en forma de óxido nitroso y metano. El drenaje no tratado produce tres veces más emisiones que las aguas tratadas, representando un porcentaje importante de las emisiones globales de gases de efecto invernadero producidas por las ciudades alrededor del mundo[22].

La contaminación severa por *patógenos* afecta a alrededor del 25 por ciento de los ríos en América Latina, entre el 10 y el 25 por ciento de los ríos en África y hasta un 50 por ciento de los ríos de Asia, debido en gran medida a sistemas de drenaje que vacían las aguas negras sin tratar. La mayor fuente de contaminación por patógenos en Latinoamérica es el alcantarillado; en África son los desperdicios domésticos que no son entubados; y en Asia son los alcantarillados seguidos de cerca por

CUIDADO
Zona de Descarga en Temporada de Lluvia

ESTE DESAGUE PUEDE DESCARGAR AGUA DE LLUVIA MEZCLADA CON AGUAS NEGRAS DURANTE O DESPUÉS DE LAS LLUVIAS Y PUEDE CONTENER BACTERIAS CAUSANTES DE ENFERMEDADES.

SI DETECTA DESCARGAS EN TIEMPO DE SEQUÍA:
POR FAVOR LLAME AL 311 - REFERENCIA DE DESAGUE CSO #RH-031
O contacte: Departamento de Conservación Ambiental de Nueva York
Oficina Regional de la División de Aguas
47-40 21 St., Ciudad de Long Island, NY 1101
718-482-4900
Zona de Descarga de Temporada de Luvias del Estado de Nueva York
Permiso SPDES #NY 0027073

los desechos domésticos no entubados. Al haber alejado las aguas negras de las zonas más densamente pobladas, los sistemas de alcantarillado han reducido los riesgos a la salud en dichos lugares, sin embargo, al vaciar las aguas residuales dentro de las aguas superficiales, los alcantarillados simplemente han desplazado los riesgos sanitarios de un lugar a otro.

El 14 por ciento de todos los ríos en Latinoamérica, África y Asia sufren de contaminación *orgánica* severa, afectando principalmente a las personas pobres que viven en localidades rurales y quienes dependen del pescado como la principal fuente de proteína en sus dietas. La contaminación orgánica es provocada por el vaciado de grandes cantidades de materia orgánica dentro de las aguas superficiales. La descomposición de dichos materiales en el agua priva a los peces de oxígeno[23].

A pesar de que las plantas de tratamiento de aguas residuales previenen que las aguas negras contaminen los cuerpos de agua de la Tierra, evidentemente no son utilizadas en muchas partes del mundo. Por otro lado, los efluentes de las plantas de *tratamiento* de aguas negras pueden contener bacterias, virus, protozoarios y patógenos del tracto intestinal (helmintos). Puede haber cantidades significativas de bacterias en las aguas negras tratadas, aun después de la sedimentación, la clarificación secundaria, la coagulación y la floculación (separación de sólidos y líquidos). Las bacterias pueden ser destruidas mediante el uso de radiación ultravioleta, cloro u ozono, mientras que los virus resultan más complicados de eliminar que las bacterias debido a su diminuto tamaño y a su resistencia al cloro. También los protozoarios y los helmintos pueden ser resistentes al cloro[24].

Algunos datos curiosos: en 2014, los estadounidenses usaron casi $10 mil millones de dólares en papel de baño para deshacerse de toda su popó en sus escusados; se especula que las ventas de este producto crezcan 2 por ciento anualmente[25]. Según algunas estimaciones, los estadounidenses utilizan alrededor de 22,7 kilogramos (50 libras) de papel higiénico al año, o alrededor de 7,5 mil millones de kilos (16,5 mil millones de libras) anualmente a nivel nacional, 50 por ciento más que la población europea. La cantidad anual de papel higiénico de cada estadounidense se extendería sobre 4,5 kilómetros (2,8 millas) de largo, utilizando 284 árboles en una vida. ¡Puedes contemplar estos hechos mientras pasas un promedio de *tres años* de tu vida sentado en el retrete[26]!

ESTANQUES DE ESTABILIZACIÓN DE DESECHOS

Probablemente uno de los métodos más antiguos de tratamiento de aguas residuales conocidos por el hombre son los estanques de estabilización de desechos, también conocidos como estanques o lagunas de oxidación. A menudo se encuentran en pequeñas áreas rurales donde hay tierra disponible y barata. Dichos estanques suelen tener una profundidad de un metro a un metro y medio (3 o 4 pies), pero su tamaño puede variar y pueden alcanzar los tres metros de profundidad (10 pies) o más.[27] Utilizan algas, bacterias y zooplancton para reducir el contenido orgánico del agua residual. Una laguna «sana» tendrá apariencia verde, por su densa población de algas. Estas lagunas requieren un área de 4 mil metros cuadrados (un acre) por cada 200 usuarios. Las lagunas aireadas mecánicamente requieren únicamente entre un tercio y una décima parte del área requerida por los estanques de estabilización sin aireación. Es una buena idea tener varias lagunas pequeñas en serie, en vez de una sola laguna grande; normalmente se utiliza un mínimo de tres «celdas». El lodo residual se acumula en el fondo y puede requerir ser removido cada cinco o diez años y dispuesto de manera adecuada[28].

CLORO

Antes de abandonar las plantas de tratamiento y ser liberadas hacia el ambiente, las aguas residuales suelen ser tratadas con cloro. Este compuesto químico ha sido utilizado desde inicios del siglo XX y es uno de los químicos industriales de mayor producción. Se producen más de 10 millones de toneladas en EUA cada año (con un valor de $72 mil millones de dólares)[29] Anualmente, aproximadamente el 5 por ciento, o 544 millones de kilogramos (1,2 mil millones de libras) del cloro producido se utiliza para el tratamiento de aguas residuales y la «purificación» del agua potable. Este líquido letal, o gas verde, se mezcla con las aguas residuales procedentes de las plantas de tratamiento con el fin de matar a los microorganismos causantes de enfermedades antes de descargar el agua hacia arroyos, ríos, lagos y mares. También se le agrega al agua para beber que se consume en los hogares por medio de los sistemas de tratamiento de aguas. El cloro mata a los microorganismos al dañar las membranas de sus células[30].

El cloro (Cl_2) no existe en la naturaleza. Es un potente veneno que reacciona con el agua para producir una solución altamente oxidante que puede dañar el tejido húmedo que cubre el tracto respiratorio humano. Entre diez y veinte partes por millón (ppm) de cloro en forma de gas en el aire irritan rápidamente el tracto respiratorio; incluso una breve exposición a concentraciones de 1 000 ppm (una parte por mil) puede resultar fatal[31].

En 1976, la Agencia de Protección Ambiental de los Estados Unidos reportó que el uso de cloro no solamente envenena a los peces, sino que también puede causar la formación de compuestos causantes de cáncer como el cloroformo. Algunos efectos de los contaminantes a base de cloro incluyen: problemas de memoria, impedimentos de crecimiento y cáncer en humanos; problemas reproductivos en visones y nutrias; problemas reproductivos, problemas de incubación y muerte en truchas de lago; y anormalidades embrionarias y muerte en tortugas lagarto[32].

En un estudio llevado a cabo en 6 400 plantas de tratamiento de aguas residuales de EUA, la EPA estimó que dos tercios de ellas utilizaban demasiado cloro, causando efectos letales en todos los niveles de la cadena alimenticia acuática. El cloro daña las branquias de los peces, inhibiendo su habilidad de absorción de oxígeno. También puede causar cambios en su comportamiento, afectando así sus migraciones y su reproducción. El cloro en los arroyos puede crear «represas» químicas que impiden el libre movimiento de algunos peces migratorios. Afortunadamente, desde 1984, ha habido una reducción del 98 por ciento en el uso de cloro por parte de las plantas de tratamiento de aguas residuales, sin embargo el uso del cloro aún es un problema generalizado, ya que muchas plantas de tratamiento aún lo descargan hacia pequeños cuerpos de agua receptores[33].

Otra controversia asociada al uso del cloro involucra a las «dioxinas», un término común para referirse a un gran número de químicos clorados clasificados como posibles cancerígenos para el ser humano por la EPA. Se sabe que las dioxinas causan cáncer en animales en el laboratorio, pero sus efectos en el ser humano aún están siendo debatidos. Las dioxinas, subproductos de la industria productora de químicos, se concentran a través de la cadena alimenticia y se depositan en los tejidos adiposos del ser humano. Un ingrediente clave en la producción de dioxinas es el cloro y existen pruebas de que un aumento en el uso de cloro resulta en el correspondiente incremento del contenido de dioxinas en el ambiente, incluso en áreas en donde la única fuente de dioxinas es la atmósfera[34].

En la parte superior de la atmósfera, las moléculas de cloro procedentes de la contaminación del aire engullen ozono; en su parte inferior, se adhieren al carbono para formar compuestos organoclorados. Entre los 11 000 compuestos organoclorados de uso comercial están incluidos algunos compuestos peligrosos como el DDT, los PCBs, el cloroformo y el tetracloruro de carbono. Los compuestos organoclorados raramente existen en la naturaleza y los seres vivos poseen pocas defensas contra ellos. No sólo han sido relacionados con el cáncer, sino también con daños neurológicos, supresión inmune y efectos negativos en la reproducción y el desarrollo. Cuando los productos que contienen cloro se van por el drenaje hacia las fosas sépticas, producen compuestos organoclorados. A pesar de que los microorganismos benéficos pueden degradar una variedad de químicos tóxicos y volverlos inocuos, los compuestos altamente clorados son preocupantemente resistentes a dicha biodegradación[35].

Se estima que el 79 por ciento de la población de los Estados Unidos está expuesta al cloro y no estoy hablando del cloruro de sodio (sal de mesa)[36]. Más del 98 por ciento de los sistemas de suministro de agua en EUA, encargados de desinfectar el agua potable utilizan cloro. La EPA *requiere* que el agua de la llave tratada tenga niveles detectables de cloro (hasta cuatro partes por millón), lo cual, de acuerdo con la agencia, «no representa riesgos conocidos o esperados a la salud [implicando] un rango de seguridad adecuado». No obstante, un estudio sugiere que al menos cuatro mil doscientos casos de cáncer de vejiga y seis mil quinientos casos de cáncer de recto se asocian anualmente en los EUA al consumo de agua potable clorada[37]. Dicho vínculo se ve incrementado en personas que han consumido agua clorada durante más de quince años[38]. El Servicio de Salud Pública de los Estados Unidos reportó que las mujeres embarazadas que rutinariamente beben o se bañan con agua clorada corren mayor riesgo de tener bebés prematuros o pequeños, o bebés con defectos congénitos[39].

De acuerdo con la industria del cloro, 87 por ciento de los sistemas de agua de EUA utiliza cloro libre, mientras que el 11 por ciento utiliza cloramina, una combinación de cloro con amoniaco. El tratamiento del agua con cloramina se está volviendo más común debido a las preocupaciones acerca del cloro[40].

HUMEDALES CONSTRUIDOS

Se están desarrollando nuevos sistemas para la purificación de aguas residuales. Uno de ellos son los sistemas de humedales construidos o artificiales, los cuales desvían las aguas residuales a través de un ambiente acuático que consta de plantas de agua como jacintos, juncos, lentejas de agua, lirios y aneas. Las plantas actúan como filtros y los microbios que habitan en sus raíces degradan los compuestos de nitrógeno y fósforo, así como los químicos tóxicos. Las plantas también absorben metales pesados; posteriormente pueden ser recolectadas para su incineración o para ser enterradas en rellenos sanitarios[41].

De acuerdo con la EPA, el surgimiento de la tecnología de humedales construidos demuestra un gran potencial como una alternativa costeable para el tratamiento de aguas residuales. Se dice que el método de humedales es relativamente barato, energéticamente eficiente, práctico y efectivo. La eficiencia de tratamiento de humedales bien construidos se puede comparar con los sistemas convencionales de tratamiento[42].

Otro sistema existente utiliza tecnología similar a los gases de efecto invernadero, impulsada con energía solar, para tratar aguas residuales. Este sistema se vale de cientos de especies de bacterias, hongos, protozoarios, lombrices, plantas y peces, entre otros seres vivos, para producir niveles avanzados de tratamiento de aguas residuales. Conocidos como «solar aquatics», estos sistemas son experimentales, pero parecen prometedores[43].

APLICACIÓN AGRÍCOLA DE LODOS RESIDUALES

Cuando le pregunté al supervisor de la planta de tratamiento de aguas residuales de mi localidad si los 3,8 millones de litros (un millón de galones) de lodos que produce la planta anualmente, de una población de 8 000 personas, estaban siendo aplicados a zonas de cultivo, me dijo «Para obtener un permiso para la aplicación al suelo se requieren seis meses y $5 000 dólares. Otro problema es que, debido a las regulaciones, el lodo no puede permanecer sobre la superficie de los campos una vez aplicado, así que tiene que integrarse a la tierra mediante el arado después de su aplicación. Cuando los granjeros obtienen las condiciones adecuadas para arar sus campos, lo hacen. No pueden esperarnos y no podemos tener el lodo listo para cuando llegue el tiempo del arado». Por lo tanto, los lodos van al relleno sanitario.

Algunos de los problemas asociados al uso agrícola de los lodos residuales incluyen la contaminación de aguas subterráneas, del suelo y los cultivos con patógenos, metales pesados, nitratos y compuestos orgánicos tóxicos causantes de cáncer[44]. El lodo residual es mucho más que un material orgánico. Puede contener DDT, PCBs, mercurio y otros metales pesados[45]. Un científico argumenta que más de 75,7 millones de litros (20 millones de galones) de aceite de motor usado se tiran por los drenajes anualmente en los Estados Unidos[46].

Las plantas industriales más grandes de EUA vertieron más de 250 millones de kilogramos (550 millones de libras) de contaminantes tóxicos hacia los drenajes tan solo en 1989, de acuerdo con el Grupo de Investigación del Interés Público de los Estados Unidos. Entre 1990 y 1994, 204 millones de kilogramos (450 millones de libras) adicionales de químicos tóxicos se desecharon hacia los sistemas de tratamiento de aguas residuales, pero se dice que los niveles actuales de descargas tóxicas son mucho más altos[47].

Estudios han demostrado que los metales pesados se acumulan en el tejido vegetal de las plantas en mayor medida que en las frutas, raíces o tubérculos. Por lo tanto, si uno requiere cultivar alimentos en suelos fertilizados con lodos residuales contaminados con metales pesados, sería inteligente producir patatas o zanahorias en vez de lechugas[48]. Durante un experimento, los conejillos de indias que fueron alimentados con acelgas crecidas en tierra fertilizada con lodos residuales no mostraron efectos toxicológicos aparentes a simple vista. Sin embargo, sus suprarrenales demostraron altos contenidos de antimonio, sus riñones tenían concentraciones altas de cadmio, había elevaciones en el manganeso en sus hígados y estaño elevado en varios otros tejidos[49].

Resulta irónico que, cuando el lodo residual se *composta*, puede ayudar a mantener a los metales pesados fuera de la cadena alimenticia. De acuerdo con un reporte de investigación, el lodo residual compostado redujo la absorción de plomo en lechugas plantadas deliberadamente en tierras contaminadas con dicho metal. La lechuga crecida en tierra contaminada que fue remediada con lodo compostado tenía una absorción de plomo 64 por ciento menor que la lechuga plantada en la misma tierra pero sin composta. La tierra compostada también disminuyó la absorción de plomo en espinaca, betabel y zanahorias en más de un 50 por ciento[50].

El lodo residual compostado microbiológicamente activo también puede utilizarse para desintoxicar áreas contaminadas con radiación nuclear o derrames de petróleo, de acuerdo con algunos investigadores. Claramente, el compostaje de lodos residuales es una alternativa muy poco utilizada; en vez de deshacerse de ellos en los rellenos sanitarios, su compostaje debería ser vigorosamente promovido[51].

Las concentraciones de metales pesados en la composta hecha con lodos residuales parecen ser lo suficientemente bajas para no ser consideradas problemáticas, principalmente porque los lodos contaminados con metales pesados se ven diluidos en gran medida por otros

materiales orgánicos limpios durante el proceso de compostaje[52].

Por otro lado, se estima que los lodos residuales contienen diez mil millones de microorganismos por gramo y pueden contener muchos patógenos del ser humano[53]. Por ejemplo, se sabe que más de 140 viruses entéricos podrían potencialmente entrar dentro de los drenajes domésticos y hacia los lodos residuales, algunos de ellos con una capacidad infecciosa de hasta diez partículas virales[54]. Una variedad de investigaciones en diversas partes del mundo han confirmado la presencia de bacterias intestinales patógenas y parásitos animales en el drenaje y los lodos residuales[55].

Debido a su tamaño y densidad, los huevos de gusanos parasitarios se sedimentan y concentran dentro de los lodos residuales en las plantas de tratamiento de aguas negras. Un estudio indicó que los huevos de las ascárides podían ser recuperados en cualquiera de las etapas del proceso de tratamiento de aguas residuales y que dos tercios de las muestras examinadas tenían huevos aún viables[56]. Por lo tanto, el uso del lodo residual puede infectar el suelo con 6 000 a 12 000 huevos viables de gusanos parasitarios por metro cuadrado, por año. Estos huevos, que serían rápidamente eliminados si fueran compostados, pueden persistir en algunos suelos durante cinco años o más[57]. Además, la bacteria de la *salmonela* en los lodos residuales puede permanecer viable en pastizales por varias semanas, volviendo necesaria la restricción del pastoreo en tierras de pastura tras la aplicación del lodo. La solitaria del ganado vacuno (*Taenia saginata*), la cual utiliza al ganado como su huésped intermedio y al humano como su huésped final, también puede infectar a los animales que se alimenten en tierras de pastura fertilizadas con lodos residuales. Los huevos de solitaria pueden sobrevivir en tierras de pastura fertilizadas con lodos durante un año completo[58].

Las bacterias sobrevivientes en el lodo residual muestran una alta resistencia a los antibióticos, en especial a la penicilina. Cualquier bacteria con capacidad de transferencia genética puede propagar sus genes de resistencia a los antibióticos hacia otras bacterias. Debido a que los antibióticos actualmente son un contaminante importante de los lodos residuales, las mutaciones pueden transmitirse hacia organismos dentro de los lodos y hacia microbios naturales[59].

Investigadores de la Universidad de Cornell han sugerido que los lodos residuales se pueden desechar por medio de aplicaciones superficiales en los bosques. Sus estudios sugieren que aplicaciones breves e intermitentes de lodos a las tierras boscosas no afectarían negativamente a la vida silvestre. Indican que la necesidad de encontrar formas de de-

NOMBRES DE MARCAS DE FERTILIZANTES A BASE DE LODOS RESIDUALES EN EL MERCADO	
CIUDAD DE ORIGEN	NOMBRE*
Akron, OH	Akra-Solilite
Battle Creek, MI	Battle Creek Plant Food
Boise, ID	B.I. Organic
Charlotte, NC	Humite & Turfood
Chicago, IL	Chicagro & Nitroganic
Clearwater, FL	Clear-O-Sludge
Fond du Lac, WI	Fond du Green
Grand Rapids, MI	Rapidgro
Houston, TX	Hu-Actinite
Indianapolis, IN	Indas
Madison, WI	Nitrohumus
Massillon, OH	Greengro
Milwaukee, WI	Milorganite
Oshkosh, WI	Oshkonite
Passadena, CA	Nitroganic
Racine, WI	Ramos
Rockford, IL	Nu-Vim
San Diego, CA	Nitro Gano
San Diego, CA	San-Diegonite
S. California	Sludgeon
Schenectady, NY	Orgro & Gro-hume
Toledo, OH	Tol-e-gro

*Los nombres son marcas registradas

Fuentes: Rodale, J. I. (1960). The Complete Book of Composting [El Libro del Compostaje]. Rodale Books, Inc., Emmaus, PA. p. 789, 790. y Collins, Gilbeart H., (1955) Commercial Fertilizers – Their Sources and Use [Fertilizantes Comerciales: Sus Orígenes y Usos]. Quinta edición, McGraw-Hill Book Co., Nueva York.

shacerse de los lodos residuales se intensifica por el hecho de que se espera que muchos rellenos sanitarios cierren y que está prohibido tirarlos al mar. Bajo el modelo de Cornell, 247 toneladas secas de lodo residual podrían ser aplicadas por kilómetro cuadrado (una tonelada por acre) de bosque cada año[60]. Tan solo el Estado de Nueva York produce 370 000 toneladas de lodo residual al año por sí sólo, lo cual requeriría de 1 500 kilómetros cuadrados (370 000 acres) de bosque anualmente para deshacerse de él. Considera el hecho de que otros cuarenta y nueve estados producen 7,6 millones de toneladas de lodos secos. Después tendríamos que idear cómo llevar el lodo a los bosques y cómo esparcirlo.

Asumamos que el mundo entero adoptara la filosofía de drenaje que tenemos en los Estados Unidos: defecar en el agua potable y después tratar de purificar el agua contaminada. ¿Cómo se vería este escenario? Bueno, para empezar, no puede suceder. Se requieren entre 1 000 y 2 000 toneladas de agua en varias etapas del proceso para arrastrar una tonelada de humabono por el drenaje. En un mundo de sólo seis mil millones de personas produciendo un estimado conservador de 1,3 millones de toneladas de excremento humano diariamente, la cantidad de agua requerida para arrastrarlo todo es inobtenible[61]. Considerando el creciente espacio en los rellenos sanitarios que se requeriría para desechar las cantidades cada vez mayores de lodos residuales y las toneladas de químicos tóxicos necesarias para «esterilizar» las aguas negras, nos podemos dar cuenta de que este sistema de manejo de desperdicios humanos está lejos de ser sustentable y no puede satisfacer las necesidades de la humanidad a largo plazo.

De acuerdo con Bárbara Ward, Presidenta del Instituto Internacional del Medio Ambiente y Desarrollo, «Los métodos convencionales 'occidentales' para el drenaje por medio de agua simplemente están fuera del alcance de la mayoría de las comunidades [del mundo]. Son demasiado costosos. Y a menudo demandan un nivel de consumo de agua que los suministros locales no pueden proveer».

Citando a Lattee Fahm, en su libro *The Waste of Nations - The Economic Utilization of Human Waste in Agriculture* (Los Desperdicios de las Naciones: Economía del Uso de Desperdicios Humanos en la Agricultura), «En el mundo de hoy [1980], alrededor de 4 500 millones de personas producen excreciones a un ritmo de alrededor de 5,5 millones de toneladas cada veinticuatro horas, cerca de dos mil millones de toneladas por año. [La humanidad] actualmente ocupa una dimensión de tiempo/crecimiento en la cual la población mundial se duplica cada treinta y cinco años o menos. En este nuevo universo, sólo hay una solución viable y ecológicamente consistente para los problemas de los desperdicios del cuerpo: el procesamiento y la aplicación del [humabono] por su contenido de agronutrientes»[62]. Los investigadores del Banco Mundial concuerdan con esta visión, declarando, «Se puede estimar que el retraso de más de mil millones de personas desprovistas de agua y servicios sanitarios crecerá, no disminuirá. También se ha estimado que la mayoría de las economías en desarrollo serían incapaces de financiar los sistemas de manejo de desechos por acarrea-

---

MINIMIZAR LAS AGUAS RESIDUALES

Nunca conectar los drenajes de agua de lluvia a los sistemas de drenaje de aguas negras ni los drenajes de aguas negras a los de agua de lluvia. Los drenajes de agua de lluvia llevan grandes cantidadez s de agua desde los techos, edificios, terrenos y áreas pavimentadas después de las lluvias. El hecho de conectar escusados y otros drenajes de aguas de desecho residenciales a los drenajes de agua de lluvia podría resultar en la contaminación de las alcantarillas con aguas negras. Esto constituye riesgos importantes a la salud y al ambiente.

Haz composta con tus residuos de cocina. Deshacerse de los desechos de cocina mediante un sistema de eliminación de desechos integrado en el lavabo aumenta la carga sobre los sistemas de tratamiento de aguas residuales y adiciona nitrógeno y fósforo a los cauces de agua. Intenta compostar en casa para transformar los residuos de cocina y jardín en composta.

Ahorra agua. Cierra el grifo mientras te lavas los dientes. Toma duchas más cortas. Arregla los grifos con fugas. Utiliza la lavadora de ropa únicamente cuando tengas una carga completa. Instala un escusado de doble descarga y una cabeza de ducha ahorradora.

Nunca viertas sustancias peligrosas en los lavabos y escusados, ni en los drenajes de agua de lluvia. La gasolina, grasa, aceites, pesticidas, herbicidas y solventes como removedores de pintura no deben ser vertidos en los lavabos, escusados ni en los drenajes de agua de lluvia.

Utiliza detergentes y jabones biodegradables y libres de fosfatos. Los detergentes libres de fosfatos adicionan menos nutrientes al sistema de aguas residuales.

Fuente:https://environment.des.qld.gov.au/water/-monitoring/wastewater.html

miento mediante el uso de agua incluso si hubiera fondos disponibles para préstamos»[63].

En efecto, las mil millones de personas que no contaban con escusados, mencionadas por los investigadores en 1980, aumentaron. En 2018, ascendieron a 2 300 millones. La Organización Mundial de la Salud y la UNICEF publicaron un reporte en 2017 en el que declararon que 4 500 millones de personas carecen de saneamiento adecuado, incluyendo a los 892 millones que aún practican la defecación al aire libre[64]. Un reporte de 2016 indicó que la falta de acceso a la salubridad le costó a la economía global $222 900 millones de dólares tan solo en 2015. Más de la mitad de dichos costos estuvieron asociados a muertes prematuras[65]. La contaminación del agua provocó 1,8 millones de muertes en 2015, mientras que las enfermedades asociadas al agua sucia afectan a alrededor de mil millones de personas al año. Los microbios patógenos procedentes del excremento de humanos y animales son una de las principales fuentes de contaminación del agua.

Las descargas de aguas negras procedentes de las plantas de tratamiento de aguas residuales, ya sean accidentales, ilegales o intencionales, contribuyen de forma importante a la contaminación de agua limpia por patógenos dañinos. De acuerdo con la EPA, año con año, 3,5 millones de estadounidenses padecen de problemas de salud tales como sarpullidos, conjuntivitis, infecciones respiratorias y hepatitis provenientes únicamente de aguas costeras contaminadas con aguas negras[66].

Pero el humabono es una sustancia natural que se le puede regresar a la tierra para producir comida para el ser humano. No tiene que ser un contaminante.

Capítulo Ocho

Composta

Al igual que la agricultura, el compostaje es una invención humana. No la encontramos en la naturaleza, de la misma forma que no se encuentra un campo de maíz, al menos que el ser humano lo haya creado. Tampoco encontraríamos hormigueros en la naturaleza, de no ser, claro, que las hormigas los hayan creado. Las hormigas construyen hormigueros, los seres humanos composta.

La composta se hace con la materia orgánica proveniente de plantas y animales. El ser humano coloca el material orgánico en montículos o pilas, en las cuales los microbios naturales y omnipresentes lo consumen (¿recuerdas a los termófilos, los conserjes de la Madre Naturaleza?). Mediante este proceso, los microbios convierten la materia orgánica en lo que algunas personas llaman «humus», otros «tierra», sin embargo su nombre correcto es «composta». El proceso microbiano que convierte la materia orgánica en composta, genera calor biológico interno, ocasionado por los microbios mismos, los cuales viven en presencia de oxígeno y por lo tanto son denominados aeróbicos.

Así que ahí lo tienes, la composta, por definición, consta de tres elementos: (1) los humanos la crean o la manejan, (2) su proceso genera calor biológico interno y (3) los organismos que proliferan en la composta lo hacen en presencia de oxígeno. Si no se cumplen estas tres condiciones, entonces no se trata de compostaje y por lo tanto, el producto resultante no debería llamarse composta.

En 2018, el Consejo de Compostaje de los Estados Unidos (USCC, por sus siglas en inglés) definió la composta como «*el producto resultante de la descomposición biológica controlada de materiales biodegradables bajo condiciones aeróbicas, Dicho producto ha pasado por temperaturas mesófilas y termófilas, lo cual reduce significativamente la viabilidad de patógenos y semillas de hierbas y estabiliza el carbono de forma benéfica para el crecimiento de las plantas».*

La Asociación de Oficiales para el Control de Plantas Destinadas a la Alimentación de EUA, AAPFCO, por sus siglas en inglés, aprobó la nueva definición para la composta, haciendo particular énfasis en el proceso de eliminación de patógenos del proceso termófilo, diferenciándolo así de muchos productos que a menudo se confunden con la composta. *«Esto ayuda a definir de manera más completa la naturaleza de nuestros porductos para que aquellos que quieran llamar a sus productos composta no puedan hacerlo si no cumplen con la definición»*, expresó Ron Alexander, intermediario de la USCC con la AAPFCO, quien trabajó por años en la definición actualizada[1].

Muchas personas llaman composta a una diversidad de productos, de manera errónea, lo cual está dañando a la industria del compostaje. *«No queremos que se confunda el producto de la industria del compostaje con otros productos después de todo el trabajo que hemos invertido en mejorar las prácticas y los estándares de calidad del producto»*, dijo Alexander. La nueva definición ayuda a los fabricantes de otros productos, desde el biocarbón, hasta el acolchado agrícola o la comida deshidratada, abonos de lombrices y digestato anaeróbico, para que puedan diferenciar sus productos de forma más clara como materiales que no son composta. Por ejemplo, el término «vermicomposta» es inapropiado. El nombre correcto es «vermicultura». El producto final de la vermicultura no es composta, sino abono de lombriz. La vermicultura no está dominada por organismos aeróbicos que generan calor biológico, sino que está dominada por lombrices rojas. Los microorganismos termófilos matarían a las lombrices. El producto final no es igual a la composta y por lo tanto no debería ser llamado composta. De igual manera, muchas otras cosas denominadas comúnmente como composta no deberían emplear este nombre.

Por ejemplo, los «baños composta» no son baños que producen composta. El compostaje no se lleva a cabo dentro de un inodoro al manos que se genere calor biológico interno, lo cual resulta muy improbable por razones que discutiremos más adelante. Lo que las personas llaman «baños composta» se llamaría correctamente «baño seco» o «baño biológico». Pero entraremos en esta discusión más a detalle en otro capítulo.

La definición de la palabra composta desarrollada en 2018 es importante debido a que la industria del compostaje ha trabajado arduamente para entrenar y educar a las personas sobre los procesos naturales que emplean microbios para reducir o eliminar los patógenos del ser humano. Esto resulta particularmente relevante para el compostaje de humabono.

No podemos culpar a nadie al llamar incorrectamente «composta» a cualquier porción de vegetación en descomposición o cualquier material orgánico de color café, pútrido o deshidratado. El compostaje es una ciencia joven y existen pocas personas entre el público general que saben lo suficiente al respecto. Debido a la marea de desinformación que circula en internet y por todas partes, no resulta extraño que haya tantos malos entendidos al respecto.

El término «composta» puede encontrarse en literatura que data del siglo XVII. El mismísimo Shakespeare empleó el término en su obra Hamlet (Acto 3, Escena 4): «*Confiésate a los cielos; /Arrepiéntete de lo pasado; evita lo que viene; /y no esparzas la composta en las hierbas; /Para hacerlas descomponerse*». En 1600, Leeuwenhoek ni siquiera había nacido y los microorganismos aún eran cosa del futuro. Tampoco existían los termómetros para la composta y por lo tanto resultaba imposible medir la temperatura de las pilas de composta, si acaso existía una elevación en la temperatura en lo absoluto.

Aparentemente, se denominaba «composta» a cualquier pila de materia orgánica en descomposición. Por ejemplo, una guía agrícola de 1831 aconsejaba, «Si no ha tenido tiempo para desenraizar todas las hierbas de su jardín, tratará al menos de prevenir que produzcan semillas cortando las partes altas con una hoz o una guadaña y resultaría favorable colocar los materiales resultantes en un granero, en el patio del granero o en una cama de composta». Agregan, «En general, el suelo apropiado para los bulbos, es una tierra ligera y rica en nutrientes, mezclada con una porción considerable de arena de mar fina; y la composta generalmente utilizada consta de un tercio de arena fina, un sexto de limo rico en nutrientes, un tercio de excremento de vaca y un sexto de hojas de árbol»[2].

Una receta médica publicada en 1834 recomienda el uso de «*composta de excremento, cenizas y tierra con nitrógeno*» para el crecimiento de semillas de amapola para fabricar opio[3].

De igual manera, un libro de 1851 brindaba consejo de forma poética para crecer tabaco: «*Sature su tierra con abono rico en nutrientes, o, aun mejor, mezcle bien la composta con arena; Después, con esta mezcla, cubra su tierra y esta le dará abundantes cosechas para su beneficio*»[4].

A pesar de que la gente utilizaba «composta» para su beneficio en la jardinería, la horticultura y la agricultura del siglo XIX, también se le menospreciaba en las áreas urbanas, como lo revela este reporte de la Junta de Salud de la Ciudad de Detroit: «*Este comité ha aprendido de los inspectores sanitarios de los hospitales y gracias a sus propias observaciones, que existen en varias partes de la ciudad callejones cubiertos por composta pútrida y desechos humanos, así como callejones y alcantarillas llenas de agua estancada...*»[5].

En 1885, los montones de composta también eran vistos como una amenaza para la salud pública: «*La parte más importante del trabajo de defensa contra la enfermedad... todos los vegetales en descomposición y germinación deberán ser removidos de toda acumulación de basura de cualquier tipo y la totalidad deberá ser destruida mediante la quema, o juntada en la pila de composta para ser transportada lejos del lugar*».

Parece como si la «composta» hubiera desarrollado una doble personalidad, una reputación al estilo Dr. Jekyll y Mr. Hyde; a veces buena, a veces mala, dependiendo a quien se le preguntara. Cualquier acumulación de basura, abono o cenizas de madera podía ser considerada composta. Y ni siquiera tenía que ser una pila; podía ser tan solo una «fosa». En 1911, en su libro *Farmers of Forty Centuries* (Granjeros de Cuarenta Siglos), el Profesor F.H. King describe las «fosas de composta» en China como depresiones llenas de materia vegetal, cenizas y tierra, cubiertas con lodo o agua, «*con el objetivo de lograr que la fibra de toda la materia orgánica se descompusiera por completo, dando como resultado un material con la consistencia de cemento*». Cemento mojado. Dicha «composta» se extiende posteriormente sobre el suelo para secar[6]. La palabra «fermentación», al igual que la palabra «composta», también se utilizaba liberalmente en ese entonces, considerándose que los contenidos de una pila de composta se estaban fermentando. Sin embargo, la fermentación, en bioquímica, se define como la extracción de energía a partir de carbohidratos en la *ausencia* de oxígeno[7], mientras que el compostaje es un proceso aeróbico, que ocurre en *presencia* de oxígeno. Los procesos anaeróbicos, saturados y sumergidos, no producen lo que hoy en día llamamos composta.

Esta distinción es importante (la transformación de la materia orgánica por parte de los microorganismos mediante el proceso de compostaje es un acto de magia). Consideremos el humabono y a todos los patógenos desagradables que pueden residir en las excreciones de personas infectadas. El compostaje de humabono eliminará dichos organismos causantes de enfermedades o al menos los reducirá hasta niveles indetectables. Como se indicó en la discusión anterior acerca de las plantas de tratamiento de aguas residuales, los procesos anaeróbicos no pueden ser atribuidos a la misma declaración.

No obstante, la composta está ganando una mala reputación por culpa de las personas que llaman a las cosas «composta» cuando no lo son. Por ejemplo, la revista National Geographic publicó un artículo en 2016 que declaraba, *«los agricultores chinos fertilizaban constantemente sus campos de arroz mediante técnicas de compostaje anaeróbico (sin oxígeno)[8]».* Pero no existen técnicas anaeróbicas de compostaje. Si es anaeróbico, no es compostaje. Un reporte de investigación en 2011 expuso, «Las letrinas de composta no alcanzan las temperaturas suficientes para eliminar a los patógenos», y «algunos patógenos, principalmente helmintos, aún persistían en composta guardada durante seis meses». Sin embargo estas letrinas no estaban llevando a cabo compostaje y no deberían llamarse letrinas de compostaje (no estaban produciendo composta). El mismo estudio también concluyó que «La mayoría de las letrinas en los países en vías de desarrollo no alcanzan temperaturas lo suficientemente altas para eliminar a los patógenos por completo»[9]. Esto se debe a que no son letrinas de *compostaje,* sino *baños secos,* un tema que revisaremos más adelante. Esto evidencia el hecho de que las palabras «composta» y «compostaje» están siendo empleadas incorrectamente.

Habiendo servido en la junta editorial del periódico de la industria *Compost Science and Utilization* (Ciencia y Utilización de la Composta) y habiendo revisado reportes de investigación relacionados con el «compostaje» y los «baños composta», poseo conocimientos suficientes sobre el malentendido que existe en torno a lo que es la composta, no solo entre el público general, sino también en la academia en general. Cuando los candidatos doctorales o los investigadores del postdoctorado reportan que sus «compostas» no eliminaron organismos patogénicos, cuando en realidad no estaban compostando y no tenían composta en lo absoluto, entonces la industria del compostaje se ve afectada. No se trata de incidentes aislados; se trata de un problema generalizado.

Parte del malentendido en torno al tema puede encontrarse en los orígenes de la ciencia de la composta. El libro de F. H. King *Farmers of Forty Centuries* ahonda en los detalles de los sistemas de «compostaje» chinos. King muestra fotografías de piscinas de agua poco profundas, a las cuales llama «fosas de composta». *«Durante la preparación de la composta, se cavan hoyos, como los que se muestran en la ilustración, y en ellos se vierte abono entero y fibras de paja u otros desechos disponibles, que terminan saturados por el suave lodo que se encuentra en el fondo de los depósitos»*[10].

King describe una «casa de composta» china, construida con el propósito de hacer composta. En la preparación de la «composta», *«los materiales se agregan diariamente y se esparcen sobre uno de los lados del suelo de la composta hasta que la pila alcanza un tamaño de 1,5 metros (5 pies). Tras haber sido esparcido y compactado a una altura de 30 centímetros (un pie), se agregan 3 centímetros (1,2 pulgadas) de tierra o lodo sobre la superficie y se repite este proceso hasta que se alcanza la altura deseada. Se adiciona suficiente agua para mantener la mezcla saturada y para mantener la temperatura debajo de la del cuerpo humano».* Pasadas algunas semanas, los «montones de composta» se *«voltean con un trinche y se transfieren al lado opuesto de la casa»*[11].

King describió otra fosa de «composta»: «En él había sido colocado todo el abono y [material orgánico] de la vivienda y de la calle, toda la paja y el material [orgánico] del campo, todas las cenizas que no fueran aplicadas directamente» [al suelo], así como un poco de tierra. «Se añadía suficiente agua por intervalos para mantener el contenido completamente saturado y casi sumergido...»[12].

Es evidente que aquello que King describe no es a lo que nos referimos hoy como composta. El sumergir la materia orgánica en agua o lodo crea condiciones anaeróbicas en las cuales la temperatura no se elevará por encima de la temperatura del cuerpo humano. Recuerda que las bacterias de la composta son aeróbicas y no se multiplican en un ambiente anaeróbico. No obstante, los escritos de King fueron influyentes en su época.

Gran parte de la popularidad actual de la composta en occidente se le puede atribuir al trabajo de Sir Albert Howard, quien escribiera *An Agricultural Testament* (Un Testamento Agrícola), en 1943 y muchas otras obras en torno a lo que hoy se conoce como agricultura orgánica. Las discusiones de Howard en torno a las técnicas de compostaje se enfocan en el proceso de compostaje Indore, un procedimiento que fue desarrollado en Indore, India, entre los años 1924 y 1931, tan sólo catorce años después de que King publicara su libro. Howard describe el proceso Indore como «un desarrollo simple del sistema chino»[13].

Howard estaba impresionado con la agricultura china. Expuso, *«El campesino chino ha encontrado una forma de añadir humus a sus campos mediante el proceso de fabricación de composta. Se llama composta al resultado de cualquier sistema que mezcle y descomponga [materia orgánica] natural en una pila o en una fosa para obtener un producto similar a lo que el bosque fabrica en sus suelos...»*[14]. Cualquier sistema de descomposición de materia orgánica producía «composta», de acuerdo con Howard. En la actualidad, conocemos la diferencia entre los sistemas aeróbicos como el compostaje y los sistemas anaeróbicos, ya que sus productos finales son completamente diferentes.

El proceso Indore fue descrito por primera vez en detalle en la obra de Howard de 1931, escrita en colaboración con Y. D. Wad, *The Waste Products of Agriculture* (Los Productos de Desecho de la Agricultura), en el cual los autores afirman, «El proceso Indore emplea todos los productos de la agricultura y produce un abono esencial». Agregan que cualquier sistema exitoso de manufactura de composta debe cumplir con las condiciones siguientes: esfuerzo mínimo, una relación de carbono-nitrógeno adecuada, un proceso aeróbico con suficiente agua, ninguna pérdida de nitrógeno, un producto final de abono, la estimulación microbiana del suelo al que se añade la composta y un proceso global limpio y sanitario[15]. Los compostadores modernos estarían completamente de acuerdo con todo lo anterior.

El compostaje del proceso Indore también se llevaba a cabo en «fosas». De acuerdo con Howard, *«El tamaño conveniente para una fosa de composta es de 9 metros por 4 metros y 0,6 metros de profundidad (30 pies por 14 pies y 2 pies de profundidad) con orillas inclinadas. La profundidad del hoyo es particularmente importante debido al factor de la aireación. No deberá exceder los 60 centímetros (24 pulgadas)»*. Las fosas se llenan con una mezcla de excremento, «tierra de orina», cenizas de madera, inoculantes fúngicos y bacterianos, residuos vegetales y residuos de los establos.[16] *«La tierra de orina y las cenizas de madera son tan esenciales en la fabricación de composta como los mismos residuos de las plantas»*[17]. Hoy sabemos que ni la tierra ni las cenizas son necesarias en la composta.

De acuerdo con varios recuentos de la vida en el siglo XIX en los Estados Unidos, se utilizaban fosas poco profundas en las granjas como depósito para la basura orgánica, las cenizas de madera y otros residuos domésticos y agrícolas. Probablemente estas fosas constituían lugares ideales para que los cerdos se bañaran y comieran, utilizando la depresión como contenedor del material para que los animales no lo esparcieran por todos lados, así como un medio para recolectar agua y lodo para que los cerdos pudieran disfrutar. La adaptación de dicho método para un sistema de reciclaje de materia orgánica haría sentido, debido a que las montañas de basura expuestas estarían infestadas con moscas y olerían mal, al menos hasta que los cerdos apisonaran la materia orgánica en el lodo, donde podría descomponerse de manera anaeróbica.

Una vez que los materiales se depositaban en la fosa, de acuerdo con Howard *«La masa en proceso de fermentación está ahora lista para el de-*

sarrollo de un crecimiento fúngico activo (la primera etapa en la fabricación de composta)»[18]. En tiempos modernos, el compostaje se lleva a cabo a nivel del suelo, no en fosas; la masa no se fermenta (anaeróbico), sino que pasa por un proceso de degradación aeróbica; y la primera etapa del compostaje es bacteriana, típicamente mesofílica y después termófila, más no fúngica. Hacer composta es mucho más sencillo de lo que Howard describe. No puedo imaginarme el tener que cavar una fosa para colocar en ella una pila de composta. Sal a cavar un hoyo de medio metro y verás a qué me refiero.

Hoard admite que las fosas se llenan de agua durante fuertes lluvias y recomienda construir «montones» de composta durante la temporada de lluvias, «*Las dimensiones de los montones no deben exceder los 2 metros por 2 metros (7 pies por 7 pies) en la parte superior, 2,4 metros por 2,4 metros (8 pies por 8 pies) en la base y medio metro (2 pies) de altura. Las dimensiones de dichos montículos del monzón... no deben superarse, de lo contrario se encontrarán dificultades para la aireación*»[19]. Dichas dimensiones no hacen ningún sentido en la actualidad, pero ahondaremos en el proceso de compostaje en otro capítulo.

En el proceso Indore, se sigue un riguroso horario de regado, «*de lo contrario, la descomposición se detendrá*», de acuerdo con Howard, y se requería voltear la masa orgánica tres veces para «*asegurar la uniformidad de la mezcla y la descomposición y para proveer la cantidad necesaria de agua y aire, así como una cantidad adecuada de bacterias*». Si las moscas o los olores se vuelven evidentes «*se deberá voltear inmediatamente el montón, agregando estiércol líquido y cenizas de madera*». La pila tenía que ser volteada por primera vez después de 16 días de su formación, por segunda vez después de un mes y la tercera a dos meses de su formación. No cabe duda por qué se recomendaba el volteo. Seguro que los 60 centímetros (24 pulgadas) inferiores de la pila, estando bajo tierra, tenían condiciones anaeróbicas y necesitaban ser traídos a la superficie para drenarse.

Tres meses después de haber construido la pila, «*el abono está listo y debe ser aplicado a la tierra. Si se conserva en los montículos durante más de tres meses, seguramente habrá pérdidas de nitrógeno*»[20]. Una vez más, y con todo respeto, la composta inmadura es fitotóxica (mata a las plantas) y nunca he hecho composta que estuviera lista y madura en tres meses, así como no he sido testigo de ninguna pérdida de nitrógeno derivada del hecho de dejar la composta madurar o «curar». Claro que he escuchado a otros declarar que su composta está lista en tres meses, pero probablemente no lo está y explicaré por qué en otro capítulo.

CÓMO HACER COMPOSTA
(Ejercito de EUA, 1940)

Parece que el ejército fue influenciado por los escritos de Sir Albert Howard en la década de 1930, a juzgar por el tamaño de la pila así como su forma rectangular y vertical. Casi ninguna información contenida en estas instruccipnes resulta relevante a la fabricación de composta en el siglo XXI, en especial el rociamiento de la pila con químicos tóxicos.

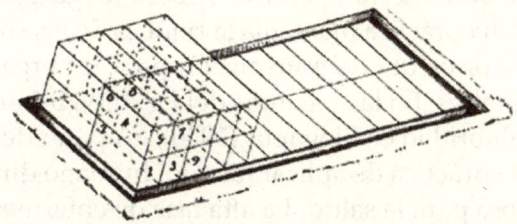

Una plataforma de composta se construye a partir del nivelamiento de un área de tierra de 15,2 metros (50 pies) de largo y 6 metros (20 pies) de ancho, cavando una zanja alrededor de la zona, de 30 centímetros (12 pulgadas) de ancho y 30 centímetros (12 pulagdas) de profundidad, con lados verticales.

Se construye una segunda zanja, poco profunda, de no más de 7,5 centímetros (3 pulgadas) de profundidad y 10 centímetros (4 pulgadas) de ancho, localizada a proximidad de la orilla de la plataforma.

Se coloca el abono sobre la plataforma de la siguiente manera: Empezando por una esquina, colóquese el abono en un área de un metro (3,5 pies) de largo y 3 metros (10 pies) de ancho, apilándolo hasta una altura de entre uno y 1,5 metros (entre 4 y 5 pies), compactándolo y arreglando los lados cuidadosamente. Los lados deben matenerse verticales en todo momento.

El suministrro de abono del segundo día se coloca en la esquina adyacente de forma similar. En el tercer día, el suministro de abono se coloca en el espacio inmediatamente adyacente a la primera pila y en el cuarto día, en el área adyacente a la segunda pila. En el quinto día, el suministro se añade sobre la primera pila.

Se procede a añadir el abono sobre la plataforma en pequeñas secciones como se muestra en el diagrama. Esto se lleva a cabo con el objetivo de confinar el desarrollo de moscas a la menor superficie posible. Se debera mantener el abono humedecido para promover la descomposición.

Se deberá rociar diariamente los lados de la pila con una mezcla de cresol, keroseno y gasolina.

Se utiliza petroleo crudo o un aceite ligero para caminos en las zanjas, de forma que la tierra al interior de estas se mantenga visiblemente humedecida con aceite.

Durante la preparación de la plataforma, se deberá retirar toda la vegetación hasta una distancia de 0,7 metros (2 pies) de las orillas, compactando firmemente la tierra y aceitándola asiduamente.

De igual forma, se deberá retirar la vegetación de la tierra adyacente a las zanjas, compactarla y aceitarla. Las zanjas deben mantenerse limpias en todo momento. Una plataforma de este tamaño podrá albergar el abono de 100 animales durante dos meses.

Fuente: *Essentials of Field Sanitation* [Esenciales de la Slaubridad Agrícola], publicado en Medical Field Service School Carlisle Barracks, Pensilvania, Edición revisada, 1940.

El proceso Indore fue adoptado subsecuentemente por los agricultores (se estaba haciendo un millón de toneladas de composta en haciendas dedicadas al té en India para 1938). En Sudáfrica, había ocho fosas de composta municipales en operación para 1942. Alguien inventó una máquina para voltear la composta, la cual fue expuesta en Inglaterra en 1944, donde se vendieron cien máquinas[21]. Para la década de 1940, ¡la ciencia y el negocio del compostaje habían despegado!

Una práctica común en Asia era la aplicación de excremento humano, conocido como «tierra nocturna», sobre los campos de cultivo. A pesar de que dicha práctica mantenía la riqueza de los suelos, también actuaba como vector o ruta de transmisión para los organismos causantes de enfermedades. En las palabras del Dr. J. W. Scharff, exdirector de la oficina de salubridad en Singapur (1940), «A pesar de que los vegetales prosperan, la práctica de aplicar [abono] humano directamente en el suelo es peligrosa para la salud. La alta tasa de enfermedad y muerte ocasionadas por varias enfermedades entéricas es bien conocida en China». Resulta interesante notar la solución propuesta por el Dr. Sharff, «Nos hemos inclinado a concebir la instalación de sistemas hidráulicos de acarreamiento de desechos como uno de los principales objetivos de la civilización»[22]. La Organización Mundial de la Salud también desaconsejó el uso de la tierra nocturna: «La tierra nocturna es utilizada en ocasiones como fertilizante, en cuyo caso presenta grandes riesgos, promoviendo la transmisión de enfermedades entéricas [intestinales] originadas en los alimentos y helmintos»[23].

El compostaje crea un ambiente que destruye los organismos causantes de enfermedades que pueden existir en el humabono, convirtiendo así el excremento humano en una composta amigable y de olor agradable, segura para su uso en jardines de producción de alimentos. El humabono compostado es completamente diferente de la tierra nocturna y del digestato anaeróbico que seguramente producían los chinos en sus «fosas de composta» llenas de agua.

Probablemente los expertos en el tema lo exponen mejor: *«De acuerdo con un sondeo de la literatura sobre el tratamiento de la tierra nocturna, se puede concluir claramente que el único método de empleo de la tierra nocturna que asegura la inactividad de los patógenos de forma efectiva y esencial, incluyendo a los helmintos [lombrices intestinales] más resistentes, como los huevos de ascárides, así como todos los demás patógenos bacterianos y virales, es el tratamiento con temperaturas de entre 55° y 60°C [131° a 140°F] durante varias horas»*[24]. Dichos expertos se refieren específicamente al calor de una verdadera pila de composta.

Capítulo Nueve

El Mecanismo de la Composta

El compostaje no es un método de eliminación de desechos. Se trata del reciclaje de materia orgánica. El compostaje es un proceso libre de desechos. No compostamos desechos; nos deshacemos de los desechos (por eso se les llama desechos). Cualquier persona que te diga que está compostando desechos no sabe lo que son los desechos. Compostamos materia orgánica; los desechos no se compostan; se desechan. No buscas desechos para compostar; buscas materia orgánica para compostar. El compostaje es un proceso natural y continuo, mediante el cual se recicla la materia orgánica para generar tierra para las plantas, las cuales a su vez producen alimentos, los cuales son consumidos por los animales, que producen abonos a su vez, así como cadáveres animales, restos de comida y residuos agrícolas. Son estos derivados orgánicos de la vida que se compostan y así continúa el ciclo, sin desechos.

La industria del compostaje nació de la industria de la eliminación de desechos. Los trabajadores del manejo de desechos poseían los camiones, el equipo, las máquinas, las instalaciones industriales, los permisos y todo lo necesario para saltar a la arena del compostaje. La consecuencia desafortunada de este hecho es que se insiste en llamarle desechos a la materia orgánica. En efecto, se trataba de desechos cuando se enterraban en rellenos sanitarios. Pero no son desechos cuando se compostan.

La materia orgánica utilizada para generar composta puede ser cualquier cosa sobre la faz de la Tierra que alguna vez estuvo viva o que proceda de un ser vivo, tal como abono, plantas, hojas, aserrín, turba, paja, recortes de pasto, restos de comida y orina. La regla básica es que cualquier cosa que pueda descomponerse puede ser compostada, incluyendo materiales como la ropa de algodón, tapetes de lana, trapos, papel, cadáveres de animales, correo no deseado y cartón. El compostaje convierte la materia orgánica, hasta el humabono, en un material estable que no atrae insectos u otros animales indeseables. La composta madura puede ser manejada con seguridad y puede ser almacenada indefinidamente, resultando benéfica para el crecimiento de las plantas.

La composta retiene humedad, por lo tanto incrementa la capacidad del suelo para absorber y mantener el agua. Se dice que es capaz de retener nueve veces su peso en agua (900 por ciento), comparada con la

BENEFICIOS DE LA COMPOSTA

ENRIQUECE LA TIERRA

- Le agrega material orgánico
- Mejora la fertilidad y la productividad
- Elimina las enfermedades de las plantas
- Ahuyenta a los insectos
- Aumenta la retención de agua
- Inocula la tierra con microorganismos benéficos
- Reduce o elimina la necesidad de fertilizantes
- Modera la temperatura de la tierra

PREVIENE LA CONTAMINACIÓN

- Reduce la producción de metano en los rellenos sanitarios
- Reduce o elimina la basura orgánica
- Reduce o elimina las aguas negras

COMBATE A LA CONTAMINACIÓN EXISTENTE

- Degrada materiales tóxicos
- Cohesiona metales pesados
- Limpia el aire contaminado
- Limpia los derrames de agua de lluvia

REGENERA LA TIERRA

- Asiste en la reforestación
- Ayuda a restaurar hábitats salvajes
- Ayuda a sanear tierras minadas
- Ayuda a restaurar humedales dañados
- Ayuda a prevenir la erosión en tierras de cultivo

DESTRUYE A LOS PATÓGENOS

- Puede destruir organismos causantes de enfermedades en los humanos
- Puede destruir patógenos de las plantas
- Puede destruir patógenos del ganado

AHORRA DINERO

- Puede usarse para producir comida
- Puede suprimir los costos de eliminación de desperdicios
- Reduce la necesidad de agua, pesticidas y fertilizantes
- Se puede obtener una ganancia de su venta
- Extiende el tiempo de vida de los rellenos sanitarios al evitar su acumulación de material orgánico
- Es una técnica de biorremediación menos costosa

Fuente: EPA de los Estados Unidos (octubre de 1997) Compost-New Applications for an Age-Old Technology [Composta: Nuevas Aplicaciones para una Tecnología Antigua] EPA530-F-97-047. Y la experiencia del autor.

arena que tan solo retiene 2 por ciento y el barro 20 por ciento[1]. La composta también aporta nutrientes de liberación lenta que resultan esenciales para el crecimiento de las plantas, crea espacios de aire en la tierra, ayuda a balancear el pH de los suelos (ayudándolos a absorber calor) y alberga poblaciones microbianas que les agregan vida. Los nutrientes de la composta como el nitrógeno son liberados lentamente durante la temporada de crecimiento, haciéndolos menos susceptibles a ser lavados por el agua que los fertilizantes químicos[2]. La materia orgánica de la composta ayuda a la tierra a inmovilizar y degradar pesticidas, nitratos, fósforo y otros químicos que pueden resultar contaminantes. La composta también aglomera los contaminantes en los sistemas de suelos, reduciendo su capacidad de lixiviado y de absorción por parte de las plantas[3]. La formación del mantillo, la capa superior del suelo, por parte de la Madre Tierra es un proceso que toma siglos. La adición de composta al suelo ayudará a regenerar la fertilidad que de otra forma le hubiera tomado cientos de años recuperar a la naturaleza. Los seres humanos agotan los suelos en periodos relativamente cortos. Mediante el compostaje de nuestros residuos orgánicos y el proceso de regresarlos a la tierra, podemos restaurar la fertilidad en periodos de tiempo relativamente cortos. La tierra fértil produce mejores alimentos, promoviendo así una mejor salud.

Los Hunzas del norte de la India han sido estudiados a profundidad. Sir Albert Howard reportó, «Cuando se estudió a detalle la salud y el físico de varias razas del norte de la India, los mejores resultados fueron obtenidos por los Hunzas, un pueblo robusto, ágil y vigoroso que habita en uno de los altos valles montañosos de la Agencia de Gilgit Existe poca o ninguna diferencia entre los tipos de comida consumidos por estos hombres de montaña y el resto de los habitantes del norte de la India. Sin embargo, existe una gran diferencia en la forma en la que crecen sus alimentos... Se toma el más grande cuidado para regresar a la tierra todos los [residuos] humanos, animales y vegetales después de haber sido compostados juntos. El área cultivable es limitada: la vida depende de la forma en la que se cuida»[4].

La composta se fabrica a nivel del suelo en pilas, contenedores, recipientes o en hileras. Existen varias razones por las cuales resulta ideal juntar el material de la composta en pilas a nivel del suelo. Una pila contenida (comparada con una pila expuesta o una hilera) previene que el material se seque o se enfríe prematuramente. Se requiere un alto nivel de humedad (50 a 60 por ciento) para que los microorganismos estén contentos[5]. Una pila contenida ayuda a prevenir el lixiviado y el exceso de humedad, manteniendo también el calor. Una pila contenida y limpia demuestra que sabes lo que estás haciendo cuando fabricas composta en tu jardín o en tu comunidad, en vez de parecer un basurero. Los contenedores de composta (o composteros) también mantienen alejados a los animales indeseados como los perros. Un compostero no necesita significar un gasto de dinero; puede fabricarse con madera reciclada, bloques de cemento, tarimas o cualquier otro material que se tenga a la mano.

Las pilas facilitan la tarea de cubrir la composta. Cuando se agrega una carga fresca a la pila de composta, en especial una carga olorosa, resulta esencial la adición de material orgánico limpio para eliminar los olores y prevenir que las moscas se vean atraídas a la composta. En efecto, el compostaje municipal a gran escala a menudo se lleva a cabo en hileras, que son largas pilas abiertas de materia orgánica que habitualmente se encuentran expuestas. Las pilas al aire libre deben ser volteadas y revueltas constantemente debido a que las superficies expuestas atraen moscas y no pueden calentarse tanto como el material en el interior. A menudo, dichas operaciones en hileras a gran escala no aceptan abonos animales, sobre todo humabono, e incluso con frecuencia rechazan los restos de comida debido a los problemas de olores y moscas que dichos insumos pueden producir mientras las pilas expuestas yacen pudriéndose en el sol o cuando son volteadas y despiden gases entre otras cosas hacia el aire. La buena noticia es que los insumos olorosos como el humabono, los animales muertos y los restos de comida pueden ser compostados en pilas contenidas y cubiertas que no requieren ser volteadas en lo absoluto, eliminando así los problemas de olores y moscas por completo. La técnica de compostaje contenido también elimina los costos y esfuerzos asociados al volteado de las pilas de composta. Exploraremos más este tema en los próximos capítulos.

HUMEDAD

La composta debe mantenerse húmeda. Una pila seca no funcionará; sólo se quedará ahí, luciendo aburrida. Es increíble cuánta humedad puede absorber una pila de composta activa. Cuando la gente sin experiencia en el compostaje trata de imaginarse una pila de composta de humabono en el patio trasero de alguien, piensan en una montaña gigante de excremento, hedionda e infestada de moscas, que drena todo tipo de líquidos olorosos y nocivos hacia su base. Mas la composta no es un cúmulo de basura o de desperdicios. Gracias al milagro de la composta, la pila se convierte en una masa biológica que vive y respira, una esponja orgánica que absorbe bastante humedad. Es poco probable que la pila genere lixiviados, al menos que esté mal manejada o que esté constantemente sometida a lluvias fuertes (en cuyo caso puede simplemente cubrirse con un techo, una lona o simplemente con paja).

¿Por qué se requiere de humedad en la pila de composta? Por una razón, la pila pierde mucha humedad por medio del aire durante el proceso de compostaje, en especial cuando se voltea o revuelve. Frecuentemente, una pila de composta puede perder entre 40 y 80 por ciento de su tamaño[6]. Aun cuando se composten materiales mojados, la composta puede secarse considerablemente[7]. De acuerdo con algunos estudios, un nivel de humedad inicial del 65 por ciento puede reducirse de 20 a 30 por ciento en tan sólo una semana, probablemente como resultado del volteado de las pilas[8]. Debido a la necesidad de líquidos de la composta, es más probable que se tenga que agregar humedad a su composta a que tenga que lidiar con un exceso de humedad lixiviándose hacia el suelo.

Los microorganismos no caminan, sino que nadan. No tienen piernas como los animales terrestres y requieren de humedad para su movilidad. Los microbios viven en biocapas que rodean a las partículas y las superficies de la pila de composta. Cuando la composta se seca, la actividad biológica se desacelera y eventualmente termina parando.

La cantidad de humedad que una composta recibe o requiere depende de los materiales que se le agreguen así como de su ubicación. Por ejemplo, en el norte de Pensilvania, hay alrededor de un metro (42 pulgadas) de precipitación pluvial al año en promedio. Bajo estas condiciones, las pilas de composta expuestas raramente requieren ser regadas. De acuerdo con Sir Albert Howard, regar una composta situada en algún lugar de Inglaterra, donde la precipitación anual es de 61 cm (24 pulgadas), también resulta innecesario. Aun así, el agua requerida para hacer composta puede ser entre 1 000 y 1 500 litros por metro cúbico (200 a 300 galones por yarda cúbica) de composta terminada[9]. Las necesidades de humedad se verán satisfechas al añadir orina humana a la composta de humabono y mantener la pila descubierta para que reciba una cantidad adecuada de lluvia. Otros materiales orgánicos que contienen humedad, como los restos de comida, pueden aportar una cantidad de agua adicional. Si no se cuenta con la precipitación necesaria y el contenido de la composta no está húmedo, como en el caso de los desiertos, seguramente será necesario regar la composta para producir una humedad equivalente a la de una esponja exprimida. Para este propósito, sería suficiente el uso de las aguas grises domésticas o el agua de lluvia recolectada. Últimamente he recolectado residuos de cerveza de la fábrica local en cubetas de 20 litros y las he vertido sobre mis pilas de composta. Les encanta. Los residuos de vino de la fabricación de brandy también son uno de sus favoritos. Si la pila se encuentra al nivel del suelo, se mantendrá la descomposición aeróbica. Las bacterias aeróbicas sufrirán de falta de oxígeno si se les ahoga en líquidos, lo cual podría suceder, por ejemplo, en el fondo de una fosa repleta de agua.

La descomposición anaeróbica es un proceso más lento y de baja temperatura que a menudo apesta. Los olores anaeróbicos pueden recordar a los huevos podridos (provocado por el ácido sulfhídrico), leche cortada (causado por los ácidos butíricos), vinagre (ácido acético), vómito (ácido valéico) y putrefacción (alcoholes y compuestos fenólicos)[10]. Evidentemente queremos evitar dichos olores manteniendo condiciones aeróbicas en el sistema y no anaeróbicas.

MATERIAL DE COBERTURA

La composta no debe ofender al sentido del olfato. Para evitarlo, se deben seguir dos simples reglas: 1. Nunca poner materia orgánica sobre la pila de composta (excepto los materiales de cobertura). Añade siempre la nueva materia orgánica (restos de comida, material del inodoro, animales muertos, etc.) al interior de la pila, cavando previamente un hoyo en el centro de la parte superior, para después depositar en él los materiales, taparlo con la composta existente y después agregar el material de cobertura, lo cual nos lleva al segundo punto; 2. Mantener siempre el contenido de la composta cubierto con un material de cobertura limpio (como paja, pastos, hierbas, bagazo u hojas) cuando se empleen sistemas contenidos de compostaje como composteros comunitarios o de jardín.

Si estás usando un baño composta, también tendrás que cubrir el contenido dentro de tu inodoro después de cada uso. Algunos materiales preferibles para el baño composta incluyen aserrín, turba, hojas, cascarilla de arroz, fibra de coco, bagazo de caña de azúcar y muchas otras cosas que tengan una consistencia medianamente fina y un cierto nivel de humedad, pero volveremos a este punto más tarde.

Algunos materiales de cobertura adecuados para una pila de composta exterior incluyen hierbas, paja, hojas, pasto y otros materiales voluminosos, ya sea secos o verdes, pero no maderosos, como las ramas de árboles. La cobertura adecuada con material orgánico limpio es el secreto más simple para prevenir malos olores. También ayuda a mantener alejadas a las moscas y otras plagas. El ejército de EUA solía rociar sus pilas de composta con una mezcla de químicos tóxicos para ahuyentar a las moscas, a pesar de la consternación por los microbios internos, sin duda. Esparcir una simple capa de paja, pasto, hojas u otro material de cobertura sobre la pila de composta hubiera funcionado mucho mejor.

Los materiales de cobertura adecuados aíslan la pila, absorben el agua de lluvia y previenen la deshidratación, la cual provoca que los microorganismos de la composta dejen de trabajar, causando también pérdidas importantes de temperatura. Una pila de composta no funcionará si se congela. Sin embargo, los microorganismos simplemente pueden esperar a que la temperatura se eleve lo suficiente para que se descongelen y después se pondrán a trabajar. Se puede seguir agregando material a una pila de composta congelada. Una vez descongelada, la pila comenzará a emitir vapor como si nada hubiera pasado.

CARBONO Y NITRÓGENO

Se requiere de un buen balance en los materiales (un buen balance de nitrógeno/carbono, en el lenguaje de la composta) para lograr una pila de composta activa y caliente. Debido a que la mayoría de los materiales agregados a la pila de composta del jardín tienen un alto contenido de carbón (por ejemplo las hojas), se necesita agregar a la mezcla de ingredientes una fuente de nitrógeno. Esto no es tan complicado como parece. Puedes agregar manojos de hierbas, paja, heno, hojas y residuos de comida, mas aun así podría faltarle nitrógeno. Pero claro, la solución es sencilla: agregar abono. ¿Y dónde puedes conseguir abono? De un animal. ¿Y dónde puedes encontrar un animal? Busca en un espejo.

Rodale afirma en The Complete Book of Composting [El Libro del Compostaje] que el jardinero promedio puede tener dificultades para conseguir abono para su pila de composta, pero con «un poco de ingenio y una búsqueda minuciosa», puede encontrarlo. Un jardinero en el mismo libro atestigua que «al ponerse en marcha para construir una buena pila de composta, siempre ha habido una pregunta que espera a ser respondida: ¿Dónde encontraré abono? Me atrevo a apostar que la falta de abono es para ti también una de las razones por las cuales tu composta no es la próspera fábrica de humus que podría ser».

Hmmm. ¿Dónde podría un animal grande como el ser humano encontrar abono? Diablos, es una pregunta difícil. Pensemos detenidamente. Probablemente con un poco de ingenio y una búsqueda minuciosa podamos dar con una fuente de abono. Bueno y ¿dónde está ese espejo? Puede que en él encontremos alguna pista.

Una forma de entender la combinación de ingredientes en tu pila de composta es usando la proporción de C/N (carbono/nitrógeno). Siendo francos, la probabilidad de que la persona promedio mida los niveles de carbono y nitrógeno de su material orgánico es casi nula. Si el compostaje requiriera de un trabajo tan pesado, nadie lo haría.

No obstante, al usar todo el material orgánico que produce una familia, incluyendo humabono, orina, residuos de comida, hierbas del jardín y pasto cortado, junto con algunos materiales de la industria agrícola como son la paja o el heno y tal vez algo de aserrín podrido y hojas recolectadas del municipio, se puede obtener una buena mezcla de carbono y nitrógeno para producir una exitosa composta termófila.

Una proporción adecuada de C/N para una pila de composta es de entre 20/1 y 35/1[11]. Esto se traduce a 20 partes de carbono por cada parte de nitrógeno y hasta 35 partes de carbono por cada parte de nitrógeno. O, para simplificar las cosas, puedes enfocarte en una proporción óptima de 30/1. Se puede entender el carbono como un material que se origina en las plantas y que puede quemarse cuando está seco. Las cenizas no se queman; son el residuo de la combustión, por lo que no contienen carbono. Las rocas no se queman, por lo que el limo no constituye una fuente de carbono. La mayoría de los residuos agrícolas o provenientes de las plantas pueden ser quemados si se secan. Estas resultan fuentes de carbono.

Para los microorganismos, el carbón es la materia prima básica de la vida y es una fuente de energía, pero también requieren del nitrógeno para producir proteínas, material genético y para su estructura celular. Para llevar una dieta balanceada, los microorganismos requieren alrededor de 30 partes de carbono por cada parte de nitrógeno que consumen. Si hay demasiado nitrógeno, los microorganismos no pueden usarlo todo y el exceso se pierde en forma de amoniaco, un gas oloroso. La pérdida de nitrógeno debido al exceso de nitrógeno en la pila de composta (una baja proporción de C/N) puede llegar a más del 60 por ciento. Con una proporción de C/N de 30 o 35 a 1, solo el 0,5 por ciento del nitrógeno se perderá. Es por eso que no quieres tener demasiado nitrógeno en tu composta, ya que este compuesto se perderá en el aire en forma de amoniaco y es demasiado valioso para las plantas para permitir que se escape hacia la atmósfera[12]. Si cuentas con un material rico en nitrógeno como el humabono, abono de gallina, orina, etc., solo necesitas agregar más carbono. Y ¿cuánto? Pues suficiente para que no puedas detectar ningún olor desagradable (así de sencillo). Usa tu naríz, ¡es una grán herramienta!

El humabono y la orina no se compostarán sin otros ingredientes. Tienen demasiada humedad, así como un alto contenido de nitrógeno y no suficiente carbono y a los microorganismos, así como a los humanos, les produce náuseas la idea de consumirlo. Como no hay nada peor que pensar en miles de millones de microorganismos vomitando, se debe agregar un material carbonoso para convertir el humabono en una cena atractiva. Los materiales derivados de las plantas, como la paja, el heno, las hierbas y hasta los productos de papel, reducidos a la consistencia adecuada, aportarán el carbono necesario. Los restos de comida de la cocina generalmente tienen una proporción de C/N balanceada, por lo que pueden ser fácilmente agregados a la pila de composta.

El aserrín de aserradero tiene un contenido de humedad de entre 40 y 65 por ciento, el cual es adecuado para la composta[13]. Por otro lado, el aserrín de almacenes madereros es secado en hornos, lo que lo hace biológicamente inerte debido a la deshidratación. Por dicha razón, es menos deseable en la composta, al menos que se rehidrate con agua (u orina procedente de tu baño composta) antes de ser agregado a la pila. Si tienes un suministro de aserrín secado en hornos industriales destinado a ser usado como material de cobertura en tu baño composta, déjalo afuera en un contenedor sin techo y con drenaje para que le llueva encima y así se rehidrate y sea biológicamente reactivado. Al elevar su nivel de humedad, se vuelve un mejor biofiltro contra olores resultando mejor para tu composta. Para mayor simplicidad, solo pon el aserrín en una pila afuera y deja que se moje, asumiendo que llueva en ese lugar.

El aserrín de los almacenes madereros hoy en día puede estar contaminado con preservativos para madera como arseniato de cobre cromado (CCA, por sus siglas en inglés) usado en la «madera tratada a presión». Tanto el cromo como el arsénico causan cáncer en el ser humano, así que evita usar dichas maderas y su aserrín. A partir de diciembre de 2003, la EPA comenzó a llevar a cabo una eliminación gradual voluntaria de madera tratada con CCA para uso residencial, sin embargo aún hay mucha de esta madera en circulación[14].

Algunos jardineros que hacen composta se refieren al material orgánico como «cafés» y «verdes ». El material café (como las hojas secas)

PROPORCIÓN DE CARBONO/NITRÓGENO

Material	% N	Prop. C/N
Abono de borrego	2,7	16
Abono de caballo	1,6	25-30
Abono de cerdo	3,1	14
Abono de gallina	8	6-15
Abono de granja	2,25	14
Abono de vaca	2,4	19
Algas de mar	1,9	19
Amaranto	3,6	11
Aserrín crudo	0,11	511
Aserrín podrido	0,25	200-500
Basura (forma cruda)	2,15	15-25
Café molido	---	20
Cartón	0,10	400-563
Cadáveres de aves	2,4	5
Cáscaras de aceitunas	1,2-1,5	30-35
Cáscaras de arroz	0,3	121
Cebolla	2,65	15
Col	3,6	12
Corteza de madera dura	0,241	223
Corteza de madera suave	0,14	496
Desechos de pavo	2,6	16
Directorios telefónicos	7	772
Fruta	1,4	40
Harina de frijol de soya	7,2-7,6	4-6
Helechos	1,15	43
Heno (gral.)	2,10	---
Heno (legumbre)	2,5	16
Heno de Fleo	0,85	58
Hojas	0,9	54
Humabono	5-7	5-10
Jacintos de agua	---	20-30
Lechuga	3,7	---
Lodo residual activado	5-6	6
Lodo residual del drenaje	2-6,9	5-16
Maderas duras (prom.)	0,09	560
Maderas suaves (prom.)	0,09	641
Mazorcas de maíz	0,6-0,8	60-73
Mostaza	1,5	26
Nabo entero	1,5	25
Orillas de nabo	2,3	19
Orillas de papa	1,0	44
Orina	15-18	0,8
Paja (gral.)	0,7	80
Paja (avena)	0,9	60
Paja (trigo)	0,4	80-127

Material	% N	Prop. C/N
Pan	2,10	---
Papel	---	100-800
Pasto cortado	2,4	12-19
Periódico	0,06-0,14	398-852
Pimienta	2,6	15
Planta de arándano	0,9	61
Productos vegetales	2,7	19
Pulpa de manzana	1,1	13
Residuos de mejillones	3,6	2,2
Residuos de camarón	9,5	3,4
Residuos de los rastros	7-10	2-4
Restos de pescado	10,6	3,6
Restos de carne	5,1	---
Sangre	10-14	3
Semilla de algodón	7,7	7
Tallos de maíz	0,6	56-123
Tomate	3,3	12
Tréboles rojos	1,8	27
Verdolagas	4,5	8
Zanahoria entera	1,6	27

PÉRDIDA DE NITRÓGENO Y PROPORCIÓN CARBONO/NITRÓGENO

Proporción Inicial de C/N	Pérdida de Nitrógeno (%)
20,0	38,8
20,5	48,1
22,0	14,8
30,0	0,5
35,0	0,5
76,0	-8,0

Fuente: Gotaas, Composting [Compostaje], 1956, p.92

Fuentes: Goataas, Harold B. (1956). Composting – Sanitary Disposal and Reclamation of Organic Wastes [Compostaje - Manejo Sanitario y Recuperación de Desechos Orgánicos] (p.44). Organización Mundial de la Salud, Serie de Monografías No. 31. Ginebra. y Rynk, Robert, ed. (1992). On-Farm Composting Handbook [Manual del Compostaje en la Granja], Northeast Regional Agricultural Engineering Service (Servicio Regional de Ingeniería Agrícola del Noreste). Tel: (607) 255-7654. pp. 106-113. Algunos datos de Biocycle, Journal of Composting and Recycling [Biociclo, Diario de Compostaje y Reciclaje], Julio, 1998, p.18, 61, 62; y enero, 1998, p.20.

COMPARACIÓN DE DIFERENTES ABONOS

Abono	% Humedad	% N	% P	% K
Humano	66-80	5-7	3-5,4	1,0-2,5
Vaca	80	1,67	1,11	0,56
Caballo	75	2,29	1,25	1,38
Borrego	68	3,75	1,87	1,25
Puerco	82	3,75	1,87	1,25
Gallina	56	6,27	5,92	3,27
Paloma	52	5,68	5,74	3,23
Aguas negras	---	5-10	2,5-4,5	3,0-4,5

Fuente: Gotaas, Harold B. (1956) Composting – Sanitary Disposal and Reclamation of Organic Wastes [Compostaje - Manejo Sanitario y Recuperación de Desechos Orgánicos], pp. 35, 37, 40. Organización Mundial de la Salud, Serie de Monografías No. 31, Ginebra

COMPOSICIÓN DEL HUMABONO

MATERIAL FECAL
135-270 gramos/persona/día
(0,3-0,6 libras), peso mojado

Materia Orgánica (masa drenada)	88-97%
Contenido de Humedad	66-80%
Nitrógeno	5-7%
Fósforo	3-5,4%
Potasio	1-2,5%
Carbono	40-55%
Calcio	4-5%
Proporción C/N	5-10

ORINA
1,0-1,3 litros/persona/día
(1,75-2,25 pintas)

Humedad	93-96%
Nitrógeno	15-19%
Fósforo	2,5-5%
Potasio	3-4,5%
Carbono	11-17%
Calcio	4,5-6%

Fuente: Gotaas, Composting [Compostaje], (1956), p. 35.

ÍNDICES DE DESCOMPOSICIÓN DE ASERRÍNES SELECTOS

ASERRÍN	ÍNDICE DE DESCOMPOSICIÓN RELATIVO
Cedro Rojo	3,9
Abeto Douglas	8,4
Pino Blanco	9,5
Pino Blanco del Oeste	22,2
Promedio de Madera Blanda	12,0
Castaño	33,5
Álamo Amarillo	44,3
Nogal Negro	44,7
Roble Blanco	49,1
Promedio de madera dura	45,1
Paja de trigo	54,6

Entre más bajo sea el número, más lenta es la descomposición. El aserrín de madera dura se descompone más rápido que el aserrín de madera suave.

Fuente: Haug, Roger T. (1993). The Practical Handbook of Compost Engineering [Manual Práctico de Ingeniería en Compostaje]. CRC Press, Inc., 2000, Corporate Blvd. N.W., Boca Raton, FL 33431 EUA, reportado en Biocycle – Journal of Composting and Recycling [Biociclo - Diario de Compostaje y Reciclaje]. Diciembre, 1998, p.19.

aporta carbón, mientras que el material verde (como el pasto recién cortado) aporta nitrógeno. Se recomienda mezclar dos o tres partes de material café con una parte de material verde para producir una mezcla con la proporción adecuada de C/N para la composta[15]. Sin embargo, debido a que la mayoría de los jardineros que hacen composta no compostan el humabono, muchos de sus composteros no parecen mostrar mucha actividad. Normalmente lo que hace falta es nitrógeno, así como humedad, dos ingredientes críticos para cualquier pila de composta. Ambos son suministrados por el humabono al mezclarlo con orina y un material carbónico de cobertura. La mezcla de humabono puede lucir bastante café, pero aún así contiene mucho nitrógeno. Por lo tanto, el método de «cafés y verdes» no resulta necesario al compostar el humabono con otros materiales orgánicos domésticos. Aceptémoslo, los compostadores de humabono se encuentran en una categoría a parte.

¿Y qué se hace con las toallas sanitarias y los pañales desechables? Seguro, se compostarán, pero dejarán tiras de plástico por toda la composta terminada que resultan muy poco agradables a la vista. No será un problema si no te importa recoger el plástico de tu composta, algo que yo hice durante años mientras compostaba toallas menstruales comerciales. De otra forma, usa pañales de tela y toallas sanitarias lavables.

Personalmente, nunca he compostado pañales desechables porque nunca los he utilizado. Todos mis hijos usaban pañales de tela cuando eran bebés. El material fecal se retiraba de los pañales con papel de baño para después depositar ambos en el inodoro composta. Después, los pañales se enjuagaban en una «cubeta para pañales» con agua y posteriormente se exprimían, se lavaban y se reutilizaban. El agua sucia proveniente de la cubeta de pañales se agregaba a la pila de composta.

El papel de baño también se composta, así como los tubos de cartón en el centro de los rollos. El papel de baño reciclado, no blanqueado, es ideal. O puedes usar el papel de baño a la antigua, es decir, mazorcas de maíz. Las mazorcas de maíz palomero funcionan mejor, son más suaves. Sin embargo, las mazorcas no se compostan rápidamente, así que ahí tienes una buena excusa para no usarlas. Hay otras cosas que no se compostan bien: cascarones de huevo, huesos y pelo, entre otros. Pero estos elementos no dañarán tu composta. Puedes agregárselos.

Los profesionales de la composta se han aferrado a la idea de que los trozos de «madera triturada» son buenos para hacer composta. En la actualidad, cuando los compostadores novatos quieren empezar a hacer composta, lo primero que quieren saber es dónde pueden conseguir la madera triturada. De hecho, los trozos de madera triturada no se compostan bien en lo absoluto, al menos que se trituren para obtener partículas finas, como el aserrín. Incluso los compostadores comerciales admiten que tienen que tamizar la madera triturada después de terminada la composta porque no se descompusieron. Insisten en usarlas de todas formas, porque le dan mejor consistencia a la composta y mantienen espacios de aire en sus grandes masas de material orgánico. Sin embargo, el compostador de jardín debería evitar la madera triturada y usar otros materiales voluminosos que se degraden rápidamente, como la paja, el heno, el aserrín y las hierbas.

Nunca agregues plantas con tallos gruesos, como árboles jóvenes, a tu pila de composta. En una ocasión, durante el verano, contraté a un chico para que limpiara algo de maleza e inocentemente puso los árboles tiernos en mi composta. Más tarde, los encontré entrelazados a través de la composta como varillas de fierro. Apuesto a que le picaron las orejas a aquel joven durante ese día (tuve cosas desagradables que decir sobre él). Por fortuna, solo la pila de composta me escuchó.

FASES DE LA COMPOSTA

Existe una enorme diferencia entre un compostero de humabono de jardín y un compostero municipal. Los composteros municipales manejan grandes lotes de materia orgánica al mismo tiempo, mientras que los composteros de jardín generan pequeñas cantidades de material orgánico a diario. Los composteros municipales son, por ende, composteros de «lotes», mientras que los composteros de jardín serían composteros «continuos». Cuando se composta material orgánico por lotes, hay cuatro etapas aparentes del proceso de compostaje. A pesar de que suceden las mismas etapas en el compostaje continuo, no son tan aparentes como lo son en la composta por lotes y de hecho pueden suceder simultáneamente en vez de ocurrir en secuencia.

Las cuatro fases son: 1. la fase mesófila; 2. la fase termófila; 3. la fase de enfriamiento; y 4. la fase de curado.

Las bacterias de la composta combinan el carbono con el oxígeno para producir dióxido de carbono y energía. Una parte de la energía es utilizada por los microorganismos para su reproducción y crecimiento; el resto se libera en forma de calor. Cuando una pila de residuos orgánicos se empieza a compostar, las bacterias mesófilas se reproducen y multiplican, elevando la temperatura de la masa de composta hasta los 44°C (111°F). Esta es la primera fase del proceso de compostaje. Entre estas bacterias mesófilas pueden figurar la E. Coli y otras bacterias procedentes del tracto intestinal humano, pero pronto serán inhibidas por la temperatura, cuando las bacterias termófilas tomen el control a una temperatura de transición de 44° a 52°C (111° a 125,6°F).

Entonces comienza la segunda fase del proceso, cuando los microorganismos termófilos están más activos y generan mucho calor. Esta etapa puede continuar hasta los 70°C (158°F) en las pilas de composta más grandes[16], sin embargo, temperaturas tan elevadas no son comunes en una composta de jardín. La etapa de calentamiento sucede bastante rápido y puede durar tan solo algunos días, semanas o meses, dependiendo de la cantidad y la naturaleza de los materiales compostados. La zona caliente tiende a encontrarse en la porción central superior de la composta de jardín, donde se agrega el material fresco continuamente. En la composta por lotes, toda la masa de composta puede estar en la etapa termófila al mismo tiempo.

La fase termófila elimina a los patógenos en poco tiempo, después de lo cual la mayoría del material orgánico parecerá haber sido digerido, a excepción de los materiales más voluminosos. Es entonces que comienza la tercera fase del compostaje, la fase de enfriamiento. Durante dicha etapa, los microorganismos que huyeron tras la llegada de los termófilos vuelven a la composta para digerir los materiales orgánicos más resistentes. Los hongos y otros organismos como las lombrices de tierra y las cochinillas también ayudan a digerir los materiales más gruesos, formando composta.

Cuando la etapa termófila ha concluido, sólo los nutrientes más disponibles en la materia orgánica han sido digeridos. Aún hay mucha comida en la pila y hay mucho trabajo por hacer para las criaturas de la composta. Se requieren varios meses para descomponer algunos materiales orgánicos resistentes como la «lignina», que proviene de la madera. Así como los humanos, los árboles han evolucionado con una capa de piel resistente al ataque de las bacterias y en la pila de composta, esta lignina se resiste a la descomposición de los termófilos. Sin embargo, otros organismos, como los hongos, pueden descomponer la lignina si se les da suficiente tiempo.

La etapa final del proceso de composta se llama curado, añejamiento o maduración, y se trata de un proceso importante. A menudo, los profesionales de la compostaje comercial quieren hacer sus compostas lo más rápido posible, sacrificando su tiempo de curación. Un operador de composta municipal comentó que si pudiera reducir el tiempo de su composta a cuatro meses, podría hacer tres lotes al año en vez de los

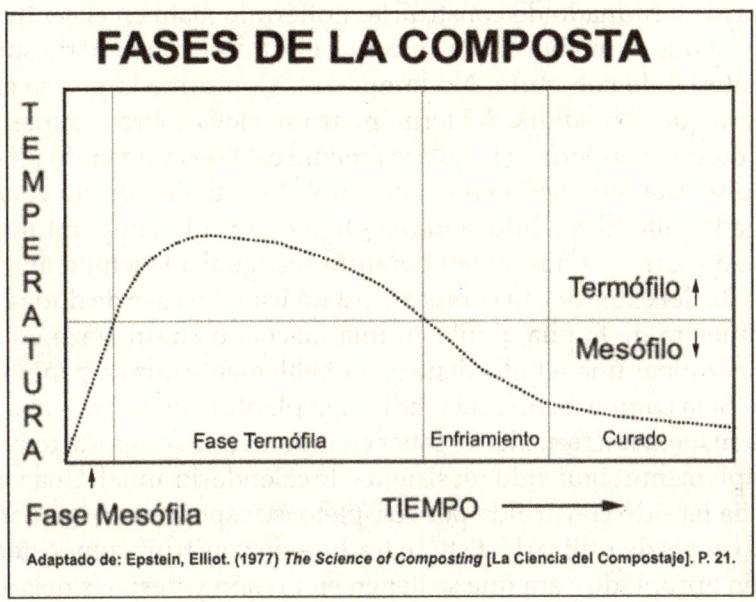

Adaptado de: Epstein, Elliot. (1977) *The Science of Composting* [La Ciencia del Compostaje]. P. 21.

dos que producía en ese entonces, incrementando así su producción en un 50 por ciento. Los compostadores municipales ven camiones enteros llenos de materia orgánica entrar a sus instalaciones a diario y quieren cerciorarse de no verse inundados. Por lo tanto, sienten la necesidad de mover el material a través del proceso de compostaje tan rápido como les sea posible para tener espacio para el material nuevo. Los compostadores caseros no tienen este problema, aunque parece haber muchos compostadores de jardín obsesionados con hacer su composta tan rápido como sea posible. No obstante, el curado es una etapa crítica del proceso de compostaje y no debería apresurarse.

Un proceso de curación largo, proporciona mayor seguridad para la destrucción de patógenos. Muchos patógenos del ser humano tienen un periodo de viabilidad limitado en la tierra y entre más tiempo se sometan a la competencia microbiológica de la pila de composta, será más probable que mueran.

La composta inmadura o no curada produce sustancias llamadas fitotoxinas, las cuales son tóxicas para las plantas. También puede robarle oxígeno y nitrógeno a la tierra y puede contener niveles altos de ácidos orgánicos. Así que relájate, toma asiento, descansa tus pies y permite que tu composta alcance la madurez completa antes de siquiera pensar en usarla. La espera no tiene precio.

Deja que los microbios te digan cuando han terminado su trabajo. Coloca un termómetro para composta en tu pila y déjalo ahí una vez que hayas terminado de construirla. Entiérralo justo en el centro de la pila para que el medidor esté en contacto directo con la parte superior del material de cobertura. No lo muevas. Conforme la pila se encoja, parecerá que el medidor del termómetro se eleva sobre la superficie, a pesar de ser la superficie la que realmente está descendiendo (el medidor no se está moviendo en lo absoluto). Esto te demuestra cuánto se encoge la pila. El medidor también te mostrará la temperatura de la composta. Una vez que su temperatura sea igual a la temperatura ambiente (la del exterior), tu composta estará lista. En caso de dudas, toma una muestra de la pila, ponla en una maceta o en una taza e intenta hacer germinar una semilla dentro, probablemente una de pepino o calabaza. Si la composta no está madura, la plántula no lucirá sana.

La manera más sencilla de saber cuándo usar la composta terminada es simplemente siguiendo un sistema de calendario anual. Una vez que una pila ha sido construida por completo, se espera aproximadamente un año antes de utilizarla. Esto se traduce en construir composteros de tamaño apropiado para que se llenen en un año y después dejarlos reposar mientras el siguiente compostero o composteros se llenan el año siguiente. Una vez que se llene el segundo compostero o los composteros, puede vaciarse el primero y se puede utilizar su composta.

El revolver la composta puede provocar que su temperatura descienda prematuramente. Podrías pensar que tu composta está lista en tres meses, pero hubiera seguido su proceso de compostaje si la hubieras dejado tranquila. He observado pilas de un metro cúbico sin manejo mantenerse a temperaturas superiores a los 55°C (131°F) durante seis meses o más, así como pilas más grandes durante más de un año. Permite a los microbios decirte cuando han terminado su trabajo. Utiliza un termómetro para composta y ellos te mostrarán el camino. Si la temperatura de la composta es superior a la temperatura del ambiente, entonces los microbios aún están ocupados. No es necesario revolver o «voltear» las pilas de composta contenidas. Existen muchas razones para evitarlo y debido a que se trata de un tema polémico e importante, el volteado de las pilas de composta será abordado en otro capítulo.

La composta normalmente está poblada por tres categorías generales de microorganismos: bacterias, actinomicetos y hongos. Los actinomicetos son intermediarios entre las bacterias y los hongos debido a que se parecen a los hongos y tienen preferencias nutricionales y hábitos de crecimiento similares. Por lo general se les encuentra en fases más avanzadas del compostaje y se piensa que de manera general siguen a las bacterias termófilas en sucesión. Los actinomicetos, a su vez, son sucedidos predominantemente por hongos durante las últimas etapas del proceso de compostaje.

Existen aproximadamente 100 000 especies de hongos conocidas, la gran mayoría de ellas microscópicas[17]. La mayoría de los hongos no pueden crecer a 50°C (122°F) porque dicha temperatura resulta demasiado caliente para ellos, pero existen hongos *termófilos*, que son tolerantes al calor. Los hongos tienden a estar ausentes a temperaturas mayores a 60°C (140°F) y los actinomicetos tienden a ausentarse arriba de los 70°C (158°F). La actividad biológica se detiene efectivamente cuando se superan los 82°C (180°C)[18].

Para darnos una idea de la diversidad microbiana que se puede encontrar normalmente en la naturaleza, consideremos lo siguiente: una cucharadita de tierra de pastizal nativo contiene entre 600 y 800 millones de bacterias que comprenden 10 000 especies, más quizás 5 000 especies de hongos, cuyos micelios podrían extenderse por varios kilómetros. En la misma cucharadita, podría haber 10 000 protozoarios individuales de alrededor de 1 000 especies, más entre 20 y 30 nemátodos diferentes de hasta 100 especies. Me suena a tumulto. Una buena composta reinocularía con una amplia variedad de microorganismos benéficos las tierras empobrecidas, saneadas y adicionadas con químicos[19].

ELIMINACIÓN DE PATÓGENOS

Esta sección sería apropiada para el próximo capítulo, *Milagros de la Composta*, debido a que el hecho de que la Madre Naturaleza nos provea de una herramienta para la eliminación de organismos causantes de enfermedades simple, gratuita, libre de químicos y fármacos, sencilla y biológica, es indudablemente milagroso (una herramienta accesible a casi cualquier persona, en cualquier lugar, si tan solo supieran de su existencia). Y sin embargo dicha herramienta existe y probablemente esta característica de la composta le da su valor único y la clasifica a parte de otras formas de reciclaje de materiales orgánicos. Esta es otra razón por la cual los profesionales de la industria del compostaje no quieren que se denomine erróneamente «composta» a los materiales orgánicos en descomposición que no han sido compostados.

La composta elimina a los organismos causantes de enfermedades en el ser humano (patógenos). Se trata de hechos científicos bien establecidos y muy importantes. Esto es lo que hace del compostaje una empresa tan valiosa, en especial el compostaje de humabono y de otros materiales orgánicos que son vectores potenciales para la transmisión de patógenos.

Una pregunta que se hace comúnmente es: «¿*Cómo sabes que todos los patógenos han sido eliminados en todas las partes de la composta?*». La respuesta debería ser obvia: No lo sabemos. Y nunca lo sabremos. Al menos, claro, que se examine cada centímetro cúbico de la composta en un laboratorio. ¿Cómo sabes que todas las bacterias patógenas han sido eliminadas cuando te lavas las manos? No lo sabes, pero esto no significa que vas a dejar de lavarte las manos. Y por lo mismo, no dejarás de compostar debido a que no puedes garantizar al 100 por ciento la eliminación de patógenos potenciales. El compostaje es un procedimiento sanitario, tal como el lavado de manos o el lavado de dientes. Funciona, por eso lo hacemos. Existen procedimientos prácticos que mejoran el saneamiento de las pilas de composta, los cuales discutiremos en el capítulo El Tao de la Composta.

La eliminación de patógenos en la composta se debe a una combinación de factores, incluyendo:

- Competencia por alimento entre los microorganismos de la composta;
- Inhibición y antagonismo entre los mismos;
- Ser consumidos por otros organismos;
- Calor biológico generado por los microorganismos de la composta; y
- Antibióticos producidos por los microorganismos de la composta.

Por ejemplo, cuando se cultivaron patógenos en una incubadora sin composta a 50°C (122°F) y otros por separado con composta a la misma temperatura, los de la composta murieron después de sólo siete días, mientras que los de la incubadora vivieron hasta diecisiete días. Esto indicó que no es simplemente la temperatura la que determina el destino de las bacterias patógenas. Los otros factores anteriormente mencionados indudablemente afectan la viabilidad de los microorganismos no nativos, como los patógenos humanos, en una pila de composta. Estos factores requieren de una población microbiana diversa, la cual se consigue mejor a temperaturas menores a los 60°C (140°F). Un investigador plantea que, «*Se han observado reducciones significativas en el número de patógenos en pilas de composta que no exceden los 40°C (104°F)*»[20].

No hay duda en que el calor producido por las bacterias termófilas

MICROORGANISMOS DE LA COMPOSTA
Magnificados 1 000 veces

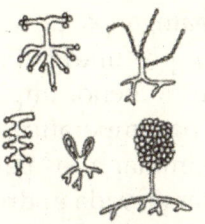

Actinomicetos
100 mil – 100 millones por
gramo de composta

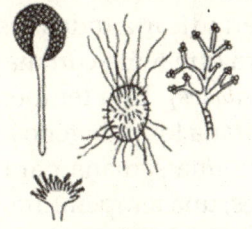

Hongos
10 mil – 1 millón
por gramo de composta

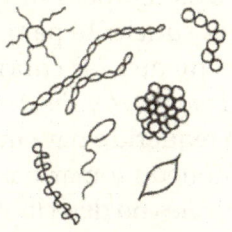

Bacterias
100 millones – 1,000 millones
por gramo de composta

Reproducido con permiso del *On-Farm Composting Handbook* [Manual del Compostaje en la Granja]. NRAES-54, publicado por NRAES, Extensión Cooperativa, 152 Rilley-Robb Hall, Ithaca, Nueva York 14853-5701. (607) 255-7654.
Cantidades de microorganismos de: Sterrit, Robert M. (1988). *Microbilogy for Environmental and Public Health Engineers* [Microbiología para Ingenieros Ambientales y de la Salud Pública]. p.200. E. & F. N. Spon Ltd., Nueva York, NY 10001 EUA.

Poblaciones de Hongos en Tierra Fértil y Composta

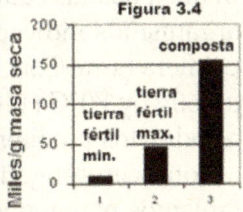

Fuente: EPA EUA (1998), EPA53 0-B-98-001 marzo, 1998

Poblaciones de Bacterias en Tierra Fértil y Composta

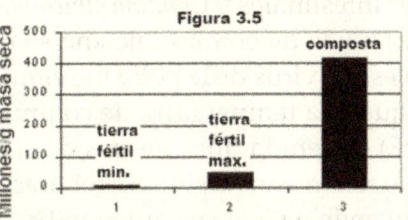

MICROORGANISMOS EN LA COMPOSTA

Actinomicetos	Hongos	Bacterias
Actinobifida chromogena	*Aspergillus fumigatus*	*Alcaligenes faecalis*
Microbispora bispora	*Humicola grisea*	*Bacillus brevis*
Micropolyspora faeni	*H. insolens*	*B. circulans* complex
Nocardia sp.	*H. lanuginosa*	*B. coagulans* tipo A
Pseudocardia thermophilia	*Malbranchea pulchella*	*B. coagulans* tipo B
Streptomyces rectus	*Myriococcum themophilum*	*B. licheniformis*
S. thermofuscus	*Paecilomyces variotti*	*B. megaterium*
S. thermoviolaceus	*Papulaspora thermophila*	*B. pumilus*
S. thermovulgaris	*Scytalidium thermophilum*	*B. sphaericus*
S. violaceus-ruber	*Sporotrichum thermophile*	*B. stearothermophilus*
Thermoactinomyces sacchari		*B. subtilis*
T. vulgaris		*Clostridium thermocellum*
Thermomonospora curvata		*Escherichia coli*
T. viridis		*Flavobacterium* sp.
		Pseudomonas sp.
		Serratia sp.
		Thermus sp.

Fuente: Palmisano, Anna C. and Barlaz, Morton A. (Eds.) (1996). *Microbiology of Solid Waste* [Microbiología de los Desechos Sólidos]. Pp.125-127. CRC Press, Inc., 2000 Corporate Blvd., N.W., Boca Raton, FL 33431 EUA.

mata a los microorganismos patógenos, virus, bacterias, protozoarios, lombrices y sus huevos, que pueden vivir en los insumos de la composta. Una temperatura de 50°C (122°F), mantenida por veinticuatro horas, es suficiente para erradicar a todos los patógenos, de acuerdo a algunas fuentes (se cubrirá este tema con mayor profundidad en el capítulo *Lombrices y Enfermedades*). Una temperatura menor implica más tiempo requerido para matar a los patógenos. Una temperatura de 46°C (115°F) puede tomar hasta una semana para eliminar a los patógenos hasta niveles no detectables; una temperatura más elevada podría tomar tan sólo minutos. Lo que aún está por determinarse es qué tan bajas pueden llegar a ser dichas temperaturas para alcanzar la eliminación satisfactoria de patógenos. Algunos investigadores insisten en que todos los patógenos morirían a temperatura ambiente (la temperatura del aire) después de suficiente tiempo.

Cuando Westerberg y Wiley compostaron lodo de aguas negras que había sido inoculado con el virus de la polio, *Salmonella*, huevos de gusanos intestinales y *Cándida albicans*, encontraron que pasadas cuarenta y tres horas de compostaje «no se detectaron organismos indicadores viables»; el virus de la polio fue eliminado en la primera hora. Concluyeron que una temperatura de compostaje de entre 60°C y 70°C (140°F y 158°F) sostenida durante tres días, eliminaría a todos los patógenos[21]. Dicho fenómeno ha sido corroborado por muchos otros investigadores, incluyendo a Goataas, quien indica que los organismos patógenos son incapaces de sobrevivir a temperaturas de 55°-60°C (131°-140°F) por más de treinta minutos a una hora[22]. Por lo tanto, la primera meta al compostar humabono debería ser crear una pila de composta que se caliente lo suficiente para matar a los potenciales patógenos humanos que se pueden encontrar en el humabono.

Sin embargo, el calor de la pila de composta es una característica muy aclamada del compostaje a la cual, en ocasiones, se le da demasiado peso. La gente puede creer que la destrucción de los patógenos se debe únicamente al calor de la composta, así que querrán su composta lo más caliente posible. Esto es un error. De hecho, la composta puede sobrecalentarse y cuando lo hace, destruye la biodiversidad de la comunidad microbiana. Como lo plantea un científico, «*Los estudios han indicado que la temperatura no es el único mecanismo involucrado en la supresión de patógenos y que el uso de temperaturas más elevadas de lo necesario podría incluso constituir una barrera para el saneamiento efectivo bajo ciertas circunstancias*»[23]. Probablemente una sola especie (*Bacillus stearothermophilus*) puede predominar en la composta durante los periodos de calor excesivo, expulsando o eliminando por completo así a los otros habitantes de la composta, que incluyen hongos y actinomicetos, así como los organismos más grandes (visibles).

Una pila de composta demasiado caliente puede destruir su propia comunidad biológica, dejando una masa de material orgánico que requiere ser repoblada para poder continuar con el proceso de transformación de la materia orgánica en composta. Una composta esterilizada de esta manera es más propensa a ser colonizada por microorganismos indeseados, como la *salmonella*. Los investigadores han demostrado que la biodiversidad de la composta actúa como barrera contra la colonización de tales microorganismos. En la ausencia de una «flora nativa» biodiversa, como la causada por la esterilización debida a un exceso de calor, la *salmonella* fue capaz de crecer de nuevo[24].

La biodiversidad microbiana de la composta también es importante porque ayuda a la descomposición de la materia orgánica. Por ejemplo, en una composta a altas temperaturas de 80°C (176°F), solamente el 10 por ciento de los lodos residuales pudieron descomponerse a lo largo de tres semanas, mientras que entre 50°-60°C (122°-140°F), 40 por ciento de los lodos se descompusieron en solo siete días. La temperatura más baja aparentemente permitió una diversidad más rica de seres vivos, que a su vez fue más eficiente en la degradación de la materia orgánica.

Un investigador indica que las condiciones óptimas de descomposición suceden en el rango de temperatura de 55°-59°C (131°-138°F) y que la actividad termófila óptima ocurre a los 55°C (131°F), siendo ambas temperaturas adecuadas para la destrucción de patógenos[25]. Sin embargo, un estudio llevado a cabo en 1955 en la Universidad de Estatal de Michigan, indicó que la descomposición óptima sucede a una temperatura más baja aún, de 45°C (113°F).[26] Otro investigador asegura que la biodegradación máxima sucede a los 45°-55°C (113°-131°F), mientras que la diversidad microbiana máxima requiere de un rango de temperatura de 35°-45°C (95°-113°F)[27]. Aparentemente aún existe cierto grado de flexibilidad en estos estimados, ya que la ciencia de la composta no es absolutamente precisa. De cualquier manera, el calor excesivo probablemente no es algo por lo que el compostador de jardín deba preocuparse, debido a que las masas pequeñas de materia orgánica no desarrollan temperaturas tan elevadas como los grandes volúmenes.

Algunos actinomicetos termófilos, así como bacterias mesófilas, producen antibióticos que muestran una potencia considerable contra otras bacterias. Hasta la mitad de las cepas termófilas pueden producir compuestos antimicrobianos, algunos de los cuales han demostrado su eficacia contra la *E. coli* y la *Salmonella*. Una cepa termófila con una temperatura de crecimiento óptima de 50°C (122°F) produce una sustancia que «*ayudó notablemente en la curación de heridas superficiales en exámenes clínicos conducidos en humanos. Los productos también estimularon el crecimiento de una variedad de tipos de células, incluyendo varios cultivos de tejidos animales y vegetales, así como células unicelulares*»[28]. Teóricamente, la producción de antibióticos de los microorganismos de la composta asiste en la destrucción de patógenos humanos que pudieran haber existido en el material orgánico antes de ser compostado.

Incluso si no todas las partes del material compostado se someten a altas temperaturas internas en la pila de composta, el proceso de compostaje aun así contribuye inmensamente a la producción de material orgánico saneado. O, en las palabras de un grupo de profesionales del compostaje, «*Las altas temperaturas alcanzadas durante el compostaje, aunado a la competencia y el antagonismo entre microorganismos (biodiversidad), reducen considerablemente el número de patógenos de plantas y animales. A pesar de que algunos patógenos resistentes puedan sobrevivir y otros puedan permanecer en secciones más frías de la pila de composta, el riesgo de enfermedad se ve reducido en gran medida*»[29].

Si un compostador de jardín o comunitario tiene cualquier duda o preocupación acerca de la persistencia de patógenos en su composta terminada, puede usarla para la horticultura ornamental en vez de cultivar alimentos con ella. La composta puede hacer crecer arbustos de moras sorprendentes, flores o árboles. Además, los patógenos persistentes seguirán muriendo tras haber aplicado la composta a la tierra, lo cual no resulta sorprendente, ya que los patógenos humanos prefieren el ambiente caliente y húmedo del cuerpo humano. Como lo exponen los investigadores del Banco Mundial, «incluso los patógenos que permanecen en la composta parecen desaparecer rápidamente en la tierra»[30]. La composta también puede ser analizada en busca de patógenos en un laboratorio de pruebas de composta.

Hay quienes dicen que algunos patógenos en la composta o la tierra son aceptables. «Otro punto del que la mayoría de la gente no se da cuenta es que ninguna composta ni ninguna tierra están libres de patógenos. Realmente no quieres que estén completamente libres de patógenos, ya que siempre quieres que los mecanismos de defensa [del cuerpo humano] tengan algo con que practicar. Así que una pequeña cantidad de organismos causantes de enfermedades es deseable, eso es todo»[31]. Se dice que los patógenos tienen «dosis mínimas de infección», que varían ampliamente de un patógeno a otro, lo cual significa que se necesita cierto número de patógenos para iniciar una infección. Por lo tanto, la idea de que la composta debe ser estéril es incorrecta. Debe estar saneada, lo cual quiere decir que debe tener una población de patógenos debilitada, reducida o destruida.

En realidad, el compostador de jardín común normalmente sabe si su familia goza de salud o no. Las familias saludables tienen muy poco de qué preocuparse y pueden confiar en que su composta se puede devolver a la tierra de forma segura, siempre y cuando se sigan las simples instrucciones descritas en este libro acerca de las temperaturas de la composta, los tiempos de curado y su manejo, lo cual se discutirá en el capítulo *El Tao de la Composta*.

LOMBRICES Y VERMICULTURA

Las lombrices no hacen composta; son los humanos los que la hacen. Por lo que el término «compostaje con lombrices» es tanto incorrecto como confuso. Este tipo de desinformación permea sobre la cultura de los Estados Unidos. Por ejemplo, de acuerdo con el Departamento de Agricultura de EUA, «*Conocido como vermicompostaje, el compostaje con lombrices resulta una manera sencilla y cuidadosa del ambiente para deshacerse de la mayoría de los desechos de la cocina*»[32]. Pero no se trata de compostaje con lombrices, sino de digestión de lombrices. El producto final son excrementos de lombriz, no composta. Debo agregar que tampoco se trata de eliminación de desechos, sino de reciclaje de residuos de los alimentos. Estoy librando una creciente batalla con el objeto de tratar de limpiar y hacer evolucionar el lenguaje y sé que se trata de una tarea difícil, pero alguien tiene que hacerla.

La vermicultura involucra el uso de lombrices rojas como la *Eisenia fetida* o la *Lumbricus rubellus* para consumir el material orgánico, ya sea dentro de cajas para lombrices especialmente diseñadas, o en pilas de composta exteriores de gran escala. Las lombrices rojas prefieren los espacios oscuros, húmedos y bien aireados y prosperan en una cama de material húmedo como pedazos de periódico. Los restos de comida de la cocina que se colocan en cajas de lombrices son consumidos por ellas y convertidos en excremento de lombriz, lo cual se puede usar como composta terminada para crecer plantas. La vermicultura es popular entre los niños a quienes les gusta ver a las lombrices y entre los adultos que prefieren la conveniencia de poder hacer composta bajo la barra de la cocina o en un armario de su casa.

A pesar de que la vermicomposta involucra microorganismos así como lombrices, no es lo mismo que el compostaje. Las fases calientes de la composta ahuyentarán a todas las lombrices de la parte caliente de la pila de composta. Sin embargo, pueden migrar de regreso cuando la composta se enfríe. Se ha reportado que las lombrices de hecho consumen nematodos que se comen las raíces, bacterias patógenas y hongos, así como pequeñas semillas de hierbas[33].

Cuando se apila la composta directamente sobre la tierra, una amplia superficie se vuelve disponible para que las lombrices vayan y vengan en la pila de composta. Una composta termófila preparada de forma adecuada sobre la tierra no debería requerir la inoculación con lombrices, ya que estas migrarán naturalmente hacia la composta cuando mejor les convenga. Mi composta está tan llena de lombrices de tierra en ciertas etapas de su desarrollo que, cuando escarbo en ella, parece espagueti. Las lombrices pueden jugar un papel importante en la fabricación de composta y sus excrementos pueden contribuir a la pila de composta, pero dichos excrementos aislados no son composta.

LA PRÁCTICA HACE COMPOSTA

Un compostador neófito puede sentirse abrumado con todo lo que involucra el compostaje: bacterias, actinomicetos, hongos, termófilos, mesófilos, proporciones de C/N, oxígeno, humedad, temperatura, contenedores, patógenos, curado y biodiversidad. ¿Cómo traducir esto a tu propia realidad? ¿Cómo puedes convertirte en un compostador exitoso, en un maestro de la composta? Es fácil: sólo hazlo. Y sigue haciéndolo. Deja los libros de lado (éste no, por supuesto) y adquiere un poco de experiencia a la antigua. No hay mejor forma de aprender. La enseñanza de los libros te llevará lejos, pero no lo suficiente. Un libro como este sirve para inspirarte, para despertar tu interés y como referencia. Pero tienes que salir y hacerlo si realmente quieres aprender.

Trabaja con la composta, siente el proceso, observa tu composta, huele el producto final, compra o pide prestado un termómetro para composta y date una idea de que tan bien se está calentando tu composta, después úsala para producir comida. Confía en ella. Hazla parte de tu vida. Necesítala y valórala. En poco tiempo, sin necesidad de esquemas o gráficas, doctorados ni preocupaciones, tu composta será tan buena como las mejores. Probablemente algún día seremos como los chinos que dan premios a la mejor composta del condado y después tendremos competencias entre condados. Eso es a lo que se le llama poner la caca en su lugar, literalmente.

Capítulo Diez

Milagros de la Composta

Los microorganismos de la composta no solo convierten la materia orgánica en composta y eliminan a los organismos causantes de enfermedades en el proceso, sino que también ayudan a degradar químicos tóxicos, transformándolos en moléculas orgánicas más simples y benignas. Dichos químicos incluyen gasolina, diésel, hidrosina, aceite, grasa, preservativos para madera, policlorobifenilos (PCBs), desperdicios de la gasificación de carbón, desperdicios de las refinerías, insecticidas, herbicidas, TNT y otros explosivos[1].

En un estudio en el que se mezclaron insecticidas y herbicidas en pilas de composta, el insecticida carbofuran fue completamente degradado y el herbicida (triazine) fue degradado en un 98,6 por ciento después de cincuenta días de compostaje. En otro experimento, cuando se compostó tierra contaminada con diésel y gasolina durante setenta días, el total de los hidrocarburos de petróleo se vió reducido en un 93 por ciento[2]. La tierra contaminada con el herbicida dicamba en cantidades de tres mil partes por millón no mostró niveles detectables de dicho contaminante tóxico después de tan solo cincuenta días de compostaje. De no ser por el compostaje, el proceso de biodegradación tomaría años.

Los hongos en la composta producen una sustancia que degrada el petróleo, convirtiéndo así en comida disponible para las bacterias[3]. Un hombre que compostó aserrín contaminado con diésel comentó, «¡Le hicimos pruebas a la composta y nunca pudimos encontrar el aceite!». La composta parecía habérselo «comido» todo[4]. Los hongos también producen enzimas que pueden utilizarse para sustituir al cloro en el proceso de fabricación de papel. Investigadores en Irlanda han descubierto que los hongos recolectados de pilas de composta pueden ser un sustituto orgánico y barato para los químicos tóxicos[5].

En años recientes se ha utilizado composta para degradar otros químicos tóxicos. Por ejemplo, se compostó tierra contaminada con clorofenoles con turba, aserrín y otros materiales orgánicos y después de 25 meses, la concentración de clorofenoles se redujo en más del 98 por ciento. En otras pruebas con composta, la contaminación por freón se redujo en un 94 por ciento, los PCPs hasta un 98 por ciento y el tricloroetileno entre un 89 y un 99 por ciento[6]. Una parte de dicha degradación se debe al esfuerzo de los hongos a temperaturas bajas (mesófilas)[7].

Algunas bacterias tienen apetito hasta por el uranio. Un microbiólogo ha estado trabajando con cepas de una bacteria que normalmente vive a 200 metros (650 pies) bajo tierra. Estos microorganismos comen y después excretan uranio. La excreta de uranio químicamente alterado se vuelve insoluble en agua como resultado del proceso de digestión microbiana y consecuentemente se puede eliminar del agua que estaba contaminando[8].

Un granjero austriaco ha dicho que los microorganismos que introdujo en sus plantaciones han prevenido la contaminación de sus cultivos por la radiación de Chernóbil, la planta nuclear rusa que sufrió un destino fatal, la cual contaminó sus plantíos y los de sus vecinos. Sigfried Lubke roció sus cultivos con microorganismos como los de la composta justo antes del arado. Esta práctica produjo una tierra rica en humus y llena de vida microscópica. Después del desastre de Chernóbil, se prohibió la venta de los cultivos de los campos en el área de Lubke, debido a los altos niveles de contaminación por cesio radiactivo. A pesar de esto, cuando los oficiales hicieron pruebas a los cultivos de Lubke, no se encontraron rastros de cesio. Los oficiales hicieron pruebas en repetidas ocasiones porque no podían creer que una granja no mostrara contaminación radioactiva, mientras que las granjas de alrededor si lo hacían. Lubke supone que el humus simplemente «se comió» el cesio[9].

La composta también es capaz de limpiar tierra contaminada con TNT procedente de fábricas de armamento. Los microorganismos de la composta digieren los hidrocarburos del TNT y los convierten en dióxido de carbono, agua y moléculas orgánicas simples. Anteriormente, el método elegido para eliminar la tierra contaminada había sido la incineración. Sin embargo, el compostaje cuesta mucho menos y aporta un material valioso (composta), a diferencia de la incineración, que resulta en cenizas que a su vez tienen que ser desechadas como material tóxico. El Depósito del Ejército de Umatilla en Hermiston, Oregon, un sitio calificado como altamente contaminado, compostó 15 000 toneladas de tierra contaminada en vez de incinerarla, ahorrando aproximadamente $2,6 millones de dólares. A pesar de que la tierra de Umatilla estaba altamente contaminada con TNT y RDX (explosivos de demolición), no se pudieron detectar explosivos después de haberla compostado y la tierra fue restaurada a «una mejor condición que antes de haber sido contaminada»[10]. Se han obtenido resultados similares en la Base de la Fuerza Aérea Seymour Johnson en Carolina del Norte, en la Planta de Municiones del Ejército de Luisiana, en la Base Naval de Submarinos de los EUA, en Bangor, Washington, en el Fuerte Riley en Kansas y en el Depósito del Ejército de Hawthorne, en Nevada[11].

El Cuerpo de Ingenieros Militares de los EUA estima que los contribuyentes fiscales ahorrarían millones de dólares si se utilizara el compostaje, en vez de la incineración, para limpiar las áreas de armamento restantes de los Estados Unidos. La habilidad de la composta para biorremediar los químicos tóxicos es particularmente significativa cuando se considera que actualmente hay miles de sitios del Departamento de Defensa que necesitan remediación en EUA.

Se ha tenido algo de éxito en la biorremediación de PCBs en pruebas de compostaje conducidas por investigadores de la Universidad del Estado de Michigan. En el mejor de los casos, la eliminación de PCBs estuvo en el rango del 40 por ciento. A pesar de la naturaleza clorada de los PCBs, los investigadores lograron hacer que algunos microorganismos engulleran estas sustancias[12].

La bioremediación por medio de la composta parece muy prometedora, más no es capaz de sanar todas las heridas. Los químicos altamente clorados demuestran mucha resistencia a la biodegradación microbiológica. Aparentemente, existen cosas que hasta los hongos escupirían[13]. Por ejemplo, existe un villano, el Clopyralid (3,6 ácido dicloro piridina), un herbicida fabricado por Dow Agrosciences que había contaminado grandes cantidades de composta comercial a principios del siglo XXI. El Clopyralid tiene algunos familiares, incluyendo: Aminopyralid (Dow AgroSciences), Aminocyclopyrachlor (Dupont) y Picloram (Dow AgroSciences). Estos herbicidas persistentes no se ven alterados durante la digestión microbiana y de hecho, los microbios pueden concentrar dichos químicos porque para ellos se trata de materiales de desecho. Las plantas que sufren de la presencia de residuos de dichos pesticidas en la composta muestran crecimiento limitado, reducción en la producción de frutos, deformaciones en las hojas, entre otros males. Las familias de plantas sensibles a dichos herbicidas incluyen a los chícharos, frijoles, lentejas, trébol, tomate, patatas, girasoles, petunias, margaritas, lechugas, áster, pepinos, calabazas y sandías. Los herbicidas persistentes pueden durar entre algunos meses y hasta tres años o más antes de degradarse por completo. Si te preguntas la razón por la cuál algunas operaciones de compostaje no admiten recortes de pasto de los campos de golf o hasta abono de vaca, ahora conoces la razón. Hasta una pila de composta puede tener un mal día[14].

LA COMPOSTA FILTRA CONTAMINANTES

La composta puede controlar olores. Los sistemas de filtración biológica, llamados «biofiltros», son utilizados en plantas de compostaje a gran escala donde los gases emitidos son filtrados para controlar los olores. Los biofiltros están compuestos por capas de materiales orgánicos tales como madera triturada, turba, tierra y composta a través de los cuales se conduce el aire para retirar cualquier contaminante. Los microorganismos en el material orgánico se comen los contaminantes y los convierten en dióxido de carbono y agua.

El aserrín y otros materiales orgánicos carbonosos finamente molidos también son excelentes biofiltros en los baños composta. Conocidos como «materiales de cobertura», son utilizados para cubrir el contenido de los inodoros; algunos funcionan tan bien que los inodoros pueden colocarse dentro de una casa (incluso a un lado de la cama).

En el Condado de Rockland, Nueva York, un sistema de biofiltración comercial puede procesar 2 300 metros cúbicos (82 000 pies cúbicos) de aire por minuto y garantizar que no habrá ningún olor detectable dentro ni fuera de los límites de la propiedad. Otra planta, en Portland, Oregon, usa biofiltros para biorremediar latas de aerosol antes de desecharlas. Después de dicha remediación, las latas ya no se consideran peligrosas y pueden ser desechadas fácilmente. En este caso, se ahorraron $47 000 dólares en el manejo de residuos peligrosos en un periodo de 18 meses. Los biofiltros de fase de vapor pueden mantener una extracción consistente de compuestos orgánicos volátiles de 99,6 por ciento de eficiencia, lo cual no está mal para una bola de microorganismos[15]. Después de uno o dos años, el biofiltro se recarga con material orgánico nuevo y el material viejo simplemente se composta o se aplica a la tierra.

También se usa composta para filtrar los derrames de agua de lluvias. Los filtros de agua de lluvias mediante composta usan dicho material para filtrar metales pesados, aceite, grasa, pesticidas, sedimentos y fertilizantes de los derrames de agua de lluvias. Dichos filtros pueden remover más del 90 por ciento de los sólidos, entre 82 y 98 por ciento de los metales pesados y 85 por ciento del aceite y la grasa, mientras que filtran hasta 226 litros (8 pies cúbicos) por segundo. Estos filtros de agua de lluvias mediante composta previenen que la polución del agua de lluvia contamine nuestros suministros naturales de agua[16].

LA COMPOSTA PROTEGE A LAS PLANTAS DE ENFERMEDADES

Los microbios de la composta compiten directamente, inhiben o matan a los organismos causantes de enfermedades en las plantas. Es por esto que el material resultante de plantas enfermas debería ser compostado en vez de ser regresado a la tierra, mediante lo cual se reinocularía la enfermedad. Los patógenos de las plantas también son consumidos por microartrópodos, como los ácaros o los colémbolos, que pueden encontrarse en la composta[17].

La composta añadida a la tierra puede activar genes de resistencia a enfermedades en las plantas, preparándolas para defenderse mejor de los patógenos. La resistencia sistémica adquirida provocada por la composta en los suelos permite que las plantas resistan a enfermedades tales como la antracnosis y la putrefacción en las raíces del pepino a causa del *Pythium*. Los experimentos han demostrado que cuando solo algunas de las raíces de una planta están en tierra adicionada con composta, mientras que el resto se encuentran plantadas en tierra con patógenos, la planta entera aún puede adquirir resistencia contra las enfermedades[18]. Algunos investigadores han demostrado que la composta combate la marchitez bacteriana (*Phytophthora*) en parcelas de prueba sembradas con chiles y combate la enfermedad de palidez de los tallos de los frijoles, la putrefacción de las raíces de los frijoles pintos a causa

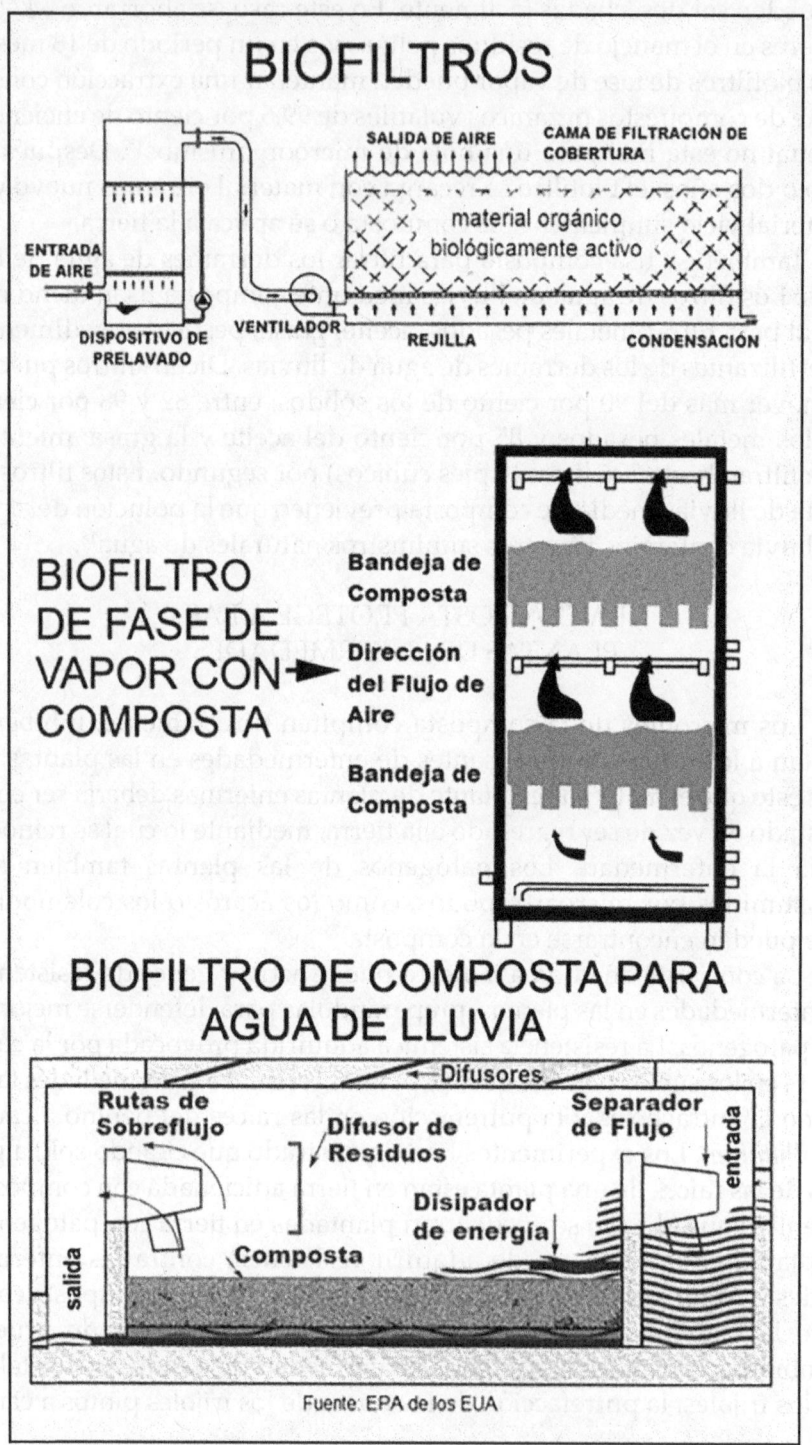

de la *Rhizoctonia*[19], el *Fusarium oxysporum* en plantas sembradas en macetas y la enfermedad de reblandecimiento de los tallos y el marchitamiento fúngico de las calabazas[20]. En la actualidad se reconoce que el control de la putrefacción de raíces con composta puede ser tan efectivo como el uso de fungicidas sintéticos tales como el bromuro de metilo. Sin embargo, sólo un pequeño porcentaje de los microorganismos pueden inducir resistencia a las enfermedades en las plantas, lo cual enfatiza una vez más la importancia de la biodiversidad en la composta.

Estudios hechos por el investigador Harry Hoitink indicaron que la composta inhibe el crecimiento de microorganismos causantes de enfermedades en invernaderos, aportando microorganismos benéficos a la tierra. Él y un equipo de científicos sacaron una patente de composta que podía reducir o suprimir enfermedades en las plantas causadas por tres microorganismos mortales: *Phytophthora*, *Pythium* y *Fusarium*. Los productores que usaron esta composta en su tierra para plantar, redujeron las pérdidas de sus cultivos de un rango de entre 25 y 75 por ciento a tan solo 1 por ciento sin aplicar fungicidas. Los estudios sugerían que las tierras estériles podían proveer condiciones óptimas de crianza para los microorganismos causantes de enfermedades en las plantas, mientras que una abundante biodiversidad en los suelos, como la que se encuentra en la composta, haría a la tierra menos propensa a la proliferación de organismos patógenos[21].

El té de composta también ha demostrado tener propiedades que reducen la incidencia de enfermedades en las plantas. El té de composta se hace remojando composta semimadura en agua entre tres y doce días, después se filtra y se rocía directamente sobre las plantas, cubriendo así las hojas con colonias de bacterias vivas. Cuando se aplicó a plántulas de pinos rojos, por ejemplo, la severidad de la infección se vio reducida significativamente[22]. El oídio (*Uncinula necator*) en las uvas fue suprimido exitosamente usando té de composta hecho con abono de ganado[23]. «Los tés de composta pueden atomizarse sobre los cultivos para cubrir las superficies de las hojas, ocupando así los espacios que podrían ser colonizados por patógenos», declaró un investigador, quien agrega, «Existe un número limitado de lugares en una planta que pueden ser infectados por un patógeno y si estos lugares están ocupados por bacterias benéficas y hongos, el cultivo será resistente a la infección»[24].

Cuando científicos inocularon madera triturada con tres diferentes patógenos fúngicos de las plantas y posteriormente los compostaron, se dieron cuenta de que una temperatura de 40°C (104°F) extendida durante más de cuatro días, resultaba suficiente para eliminar a los tres organismos[25]. Otro grupo de investigadores compostó un hongo patógeno que afecta a los cultivos de cereales, el *Fusarium*. Encontraron que las especies de *Fusarium* eran rápidamente erradicadas de los granos infectados en hileras de composta. Cuando se alcanzaban temperaturas de 51°C (124°F), los patógenos se eliminaron en tan solo dos días. a temperaturas más bajas, la eliminación total podía tomar hasta veintidós días[26].

Además de ayudar a controlar enfermedades en la tierra y en las plantas, la composta atrae a las lombrices de tierra, ayuda a las plantas a producir estimulantes de crecimiento y ayuda a controlar a los nematodos parásitos[27]. Los «biopesticidas» se están volviendo alternativas cada vez más efectivas para los pesticidas químicos. Estas «compostas de diseño» se hacen agregando ciertos microorganismos combatientes de pestes a la composta, dando como resultado una composta con una capacidad específica de eliminación de pestes[28]. La composta también destruye las semillas de las hierbas. Investigadores han observado que después de tres días en la composta a 55°C (131°F), todas las semillas de las ocho especies de hierbas estudiadas habían muerto[29].

LA COMPOSTA RECICLA A LOS MUERTOS

Los animales muertos de todos tamaños y especies pueden ser reciclados mediante el compostaje. De los 7,3 mil millones de gallinas, patos y pavos criados en EUA cada año, alrededor de 37 millones mueren por enfermedades y otras causas naturales antes de ser comercializados[30]. Estos pájaros muertos pueden simplemente ser compostados. El proceso de compostaje no sólo convierte los cadáveres en composta, que puede ser devuelta directamente a las tierras de los granjeros, sino que también destruye a los patógenos y parásitos que pudieron haber matado a los pájaros en primer lugar. Es preferible compostar a los animales enfermos en la granja donde murieron en vez de transportarlos a otro lugar, corriendo el riesgo de propagar la enfermedad. Una temperatura de 55°C (131°F) mantenida durante por lo menos tres días consecutivos maximiza la destrucción de los patógenos.

El compostaje es considerado como un método simple, económico, ambientalmente amigable y efectivo para manejar a los animales muertos. Los cadáveres se entierran en la pila de composta. En general, el tiempo total necesario varía entre dos y doce meses, dependiendo del tamaño del animal y de otros factores como la temperatura ambiente.

Los cadáveres en descomposición nunca deben ser enterrados en lugares donde puedan contaminar el agua subterránea, como sucede típicamente cuando no se usa el compostaje. Se puede lograr el compostaje de animales muertos sin olores, moscas, pájaros u otros animales carroñeros.

Los cadáveres animales que se compostan en la actualidad incluyen puercos bien crecidos, ganado, caballos, pescado, borregos, becerros y otros animales. El proceso del compostaje de animales muertos es idéntico al proceso de compostaje de cualquier otro material orgánico. Los cadáveres proveen nitrógeno y humedad, mientras los materiales como aserrín, paja, mazorcas de maíz y papel proveen carbón y volumen para que se impregne el aire. El compostaje puede hacerse en contenedores de composta temporales construidos con pacas de paja. Se utiliza una capa de material orgánico absorbente en el fondo del compostero, que actúa como esponja para el exceso de líquidos. Los animales grandes se colocan de espaldas en la composta, con la cavidad abdominal y los intestinos abiertos y cubiertos con material orgánico. El aserrín de aserradero ha demostrado ser uno de los mejores materiales orgánicos para compostar animales muertos. Tras haber llenado el compostero con los cadáveres de animales debidamente preparados, se llena la parte de arriba con material orgánico limpio que actuará como biofiltro para controlar los olores. A pesar de que pueden permanecer grandes huesos al terminar el proceso de compostaje, estos se desintegran eventualmente al ser aplicados a la tierra[31]. Los cadáveres de animales más pequeños, como los perros, pueden agregarse a la composta sin ningún preparativo previo.

Cuando un pequeño animal muera y necesites reciclar su cadáver, simplemente haz un hoyo en el centro de la pila de composta, deposítalo dentro, cúbrelo con composta y después cúbrelo con material orgánico limpio como paja o hierbas. Nunca lo volverás a ver. Esta también es una buena manera de deshacerse del pescado, restos de carne, productos lácteos y otros materiales orgánicos que de otra forma se volverían atractivos para animales molestos.

Tenemos algunos patos y pollos en nuestra casa y ocasionalmente uno de ellos muere. Se escarba un poco en la composta para crear una depresión en la parte superior, se pone el cadáver en el hoyo y una criatura más está en camino a la reencarnación. También he usado esta técnica regularmente para reciclar los cadáveres de otros animales pequeños como ratones, pollitos y conejos bebés. Después de recolectar lombrices de nuestra pila de composta para ir de pesca al estanque local, fileteo lo que pescamos. Los restos de pescado van directo a la composta, enterrados de la misma forma que cualquier otro animal muerto. Mi compostero de jardín más reciente (2018) contenía 29 animales muertos, la mayoría de ellos mapaches y zarigüeyas, así como pollos, y patos que habían muerto debido a dichos depredadores. El hecho de haber cubierto los cadáveres con el material proveniente de los inodoros composta realmente bloqueó los olores. Cuando se depositan cuatro mapaches de 13 kilos cada uno en el compostero al mismo tiempo, el olor puede ser horrible si no se cubre adecuadamente el contenido. Asegúrate de siempre enterrar el cadáver dentro de la pila, cubrirlo con material del inodoro o con restos de comida para acelerar la descomposición, jalar el material en descomposición a su alrededor con un rastrillo y por último agregar una espesa capa de paja u otro material de cobertura limpio encima. ¿Aún hueles algo? Añade más material de cobertura hasta que no huelas nada. Déjate guiar por tu naríz. Claro, estamos hablando de pilas de composta contenidas que nunca se voltean. Querrás evitar el voltear pilas de composta llenas de humabono y animales muertos. Dicha técnica de compostaje se explica en el capítulo *El Tao de la Composta*.

Nunca he encontrado a mis gatos escarbando en busca de un bocado para comer en la pila de composta. Tampoco a mi perro; los perros comerían cualquier cosa, pero nada que esté enterrado en una composta debidamente manejada. Durante los cuarenta y dos años que he habitado en mi propiedad, la presencia de osos se ha vuelto cada vez más común. Han saqueado los basureros del vecindario en muchas ocasiones, han asaltado los comederos para pájaros de mi jardín, tirado mis colmenas, se han subido a mi pórtico y han desgarrado el mosquitero de mi puerta, pero nunca han demostrado interés alguno en mis pilas de composta.

Aún así, asegúrate que tu compostero tenga paredes laterales a prueba de animales y simplemente coloca una maya de alambre rígido sobre la composta. Eso es todo lo que se requiere. Hasta el día en que los perros aprendan a usar tijeras para cortar alambre, tu composta estará a salvo.

LA COMPOSTA RECICLA LOS ABONOS DE LAS MASCOTAS

Una mujer me preguntó si podría compostar las heces de su perro. Le contesté que podía compostar un perro entero, así que ¿por qué razón no podría compostar sus heces? Cuando nuestro perro familiar, un gran collie, murió de viejo, en medio del invierno, se le ofreció un entierro apropiado a su cadáver en el fondo de un compostero. Un año después, todo lo que quedaba era un cráneo y un poco de pelo. Toda aquella composta fue destinada a una cama de flores, en la cuál, cuando florecen pienso en ella, Sylvie.

La idea de compostar abono de perro ha sido aprobada por J.I. Rodale en *The Encyclopedia of Organic Gardening* [La Enciclopedia de la Jardinería Orgánica], en la que declara, «El abono de perro puede ser utilizado en la pila de composta; de hecho, es el más rico en fósforo si el perro es alimentado con el cuidado adecuado y si recibe su porción de huesos». De acuerdo con *BioCycle* [BioCiclo] (octubre de 2016), tan solo en la ciudad de San Francisco hay 120 000 perros que producen 14,5 millones de kilos (32 millones de libras) de excremento anualmente. Los microbios en la composta se lo comerán todo.

LA COMPOSTA PUEDE RECICLAR EL CORREO NO DESEADO

El compostaje también es una solución para el correo no deseado. Se empezó un proyecto piloto de composta en Dallas-Ft. Worth, Texas, en donde se generan anualmente 800 toneladas de correo que no se puede entregar. Se molió el correo y se cubrió con madera triturada para que no se volara con el viento, después se mezcló con abono procedente del zoológico, entrañas de borrego y frutas y verduras desechadas. Todos los ingredientes se mantuvieron húmedos y se mezclaron a profundidad. El resultado: una composta terminada «tan buena como cualquier otra composta disponible en el mercado». Además creció una buena cosecha de tomates[32].

¿Y qué pasa con el periódico en la composta del jardín? Si, el papel periódico se compostará, pero existen ciertas inquietudes al respecto. Para empezar, las páginas brillantes están cubiertas con una sustancia que retarda el compostaje. Por otro lado, las tintas pueden estar hechas con solventes o aceites a base de petróleo con pigmentos que contienen sustancias tóxicas como el cromo, plomo y cadmio, tanto en las tintas negras como las de color. El pigmento para la tinta del periódico aun viene del benceno, tolueno, naftaleno y otros hidrocarburos del benceno que pueden resultar dañinos para la salud del ser humano si se llegan a acumular en la cadena alimenticia. Afortunadamente, algunos periódicos en la actualidad están usando tintas a base de soya en vez de tintas a base de petróleo. Si realmente quieres saber qué tipo de tinta se usa en tu periódico, llama a sus oficinas y pregúntales. De otra forma, mantén las páginas brillantes y las de color al mínimo en tu composta. Recuerda, idealmente, la composta se fabrica para producir comida para el ser humano. Se debería tratar de mantener a los contaminantes fuera de ella, en la medida de lo posible[33].

El Laboratorio de Woods End en Maine, llevó a cabo investigaciones sobre la composta de directorios telefónicos y periódicos molidos que habían sido usados como cama para ganado lechero. La tinta en el papel contenía químicos comunes causantes de cáncer, pero tras ser compostado con el abono de vacas lecheras, los químicos peligrosos se redujeron en un 98 por ciento[34]. Así que, aparentemente, si usas pedazos de periódico como cama para ganado, deberías compostarlos, al menos para eliminar algunos elementos tóxicos del periódico. Probablemente también obtendrás composta aceptable, especialmente si se mezcla con basura, abono y otros materiales orgánicos.

FÁRMACOS EN LA COMPOSTA

Considerando la epidemia de uso de antibióticos y otros fármacos en los Estados Unidos, una persona pensante debe preguntarse, ¿qué pasa con todas esas drogas después de que son consumidas y excretadas? Y, ¿qué sucede con los fármacos que la gente compra y no consume y termina desechando? ¿Qué pasa con los fármacos en la composta? ¿Puede el compostaje ayudar a degradarlos? ¿Existen fármacos que son peores que otros? ¿Pueden ser absorbidos por las plantas? Todas estas son buenas preguntas y hay mucho en juego alrededor de este tema.

Para ilustrar la magnitud del problema, tan solo el programa de eliminación de fármacos del Condado de Alameda, California, acumula la increíble cantidad de siete toneladas de medicamentos prescritos cada año, que tienen que ser transportadas al exterior del estado para ser incineradas[35]. Por lo menos no terminan en el escusado y después mezclados en el agua.

Para obtener respuestas, los científicos e investigadores deben tomar antibióticos y fármacos e introducirlos en ambientes de compostaje, para después monitorearlos y registrar los efectos en dichos medicamentos. Desafortunadamente, nadie está llevando a cabo dichos estudios con el compostaje de humabono, debido a que, al menos en EUA, el compostaje de humabono no resulta muy accesible. Por otro lado, el compostaje de lodos de aguas residuales y de abono animal si están disponibles, por lo que tenemos que mirar hacia los estudios llevados a cabo en estos materiales para darnos una idea de lo que ocasiona el compostaje en los fármacos y otros químicos que los seres humanos y otros animales excretan o desechan hacia el ambiente.

Aproximadamente 170 000 sistemas de aguas públicos en EUA son monitoreados para detectar casi 80 sustancias dañinas, incluyendo bacterias, virus, pesticidas, productos de petróleo, ácidos fuertes y algunos metales; pero el agua también está contaminada con sustancias químicas que no se están monitoreando como fármacos, perfumes, colonias, cremas para la piel y protectores solares. Nuestros organismos tan solo metabolizan una fracción de los medicamentos que ingerimos, mientras que alrededor de la mitad de ellos son eliminados por el cuerpo, a menudo hacia los desagües. La mayoría de los residuos son excretados y terminan en las aguas negras a través de los escusados. Los hospitales y los asilos también eliminan fármacos a través del drenaje. Además, los 0,9 billones de kilos (2 billones de libras) de abonos animales generados por las granjas avícolas y ganaderas en EUA también están contaminadas con hormonas y antibióticos, los cuales inevitablemente se lixivian hacia las aguas subterráneas y los acueductos superficiales[36].

Un estudio conducido por el Servicio Geológico de EUA encontró medicamentos en el 80 por ciento de las muestras de aguas de 139 arroyos en treinta estados. Los medicamentos incluían antibióticos, antidepresivos, anticoagulantes, medicamentos para el corazón, hormonas y analgésicos. Los compuestos encontrados con mayor frecuencia fueron los esteroides, repelentes para insectos, cafeína, triclosán (un desinfectante antimicrobiano), retardantes de fuego y metabolitos de detergentes[37]. Otros fármacos que contaminan nuestras aguas incluyen carbamazepina (un medicamento anticonvulsivo), fibratos (medicamentos para el colesterol) y fragancias químicas como el galaxolide y el tonalide. Las plantas de purificación de agua así como las plantas de tratamiento de aguas residuales no están diseñadas para poder filtrar dichos contaminantes. De hecho, la concentración de los químicos puede aumentar en los lodos residuales producidos por las plantas de tratamiento[38].

Alrededor de la mitad de los lodos residuales (biosólidos) de EUA son aplicados a los campos, implicando una oportunidad significativa para que los contaminantes penetren en los sistemas de suelos y para que se bioacumulen con el tiempo debido a su aplicación repetida. Treinta y cinco nuevos químicos y seis nuevos contaminantes microbianos fueron identificados en el *Reporte Bianual* de la EPA de EUA de 2013, pero no existía información respecto a los efectos en la salud de dichos contaminantes[39]. Los lodos residuales son utilizados en el paisajismo a grán escala, el paisajismo doméstico, en jardines, minas abandonadas, granjas, entre otros.

Por ejemplo, las fluoroquinolonas, medicamentos antibacterianos utilizados en humanos y animales, «se vuelven altamente enriquecidas en los lodos residuales». La aplicación de lodos residuales en la tierra implica, por lo tanto, una ruta potencial para que dichos medicamentos lleguen al ambiente. Además, las fluoroquinolonas perduran en los suelos tratados con lodos residuales durante varios meses después de su aplicación[40].

Un estudio observó la degradación de tres fármacos: naproxen (medicamento antiinflamatorio), carbamazepina (anticonvulsivo) y fluoxetina (antidepresivo) en los suelos, en lodos residuales y en mezclas de tierra con lodos residuales (mas no en composta). La carbamazepina y la floxetina no se degradaron, mientras que el naproxen se degradó lentamente. Sin embargo, cuando se añadió el antibiótico sulfametazina, el ritmo de degradación del naproxen disminuyó, indicando que la combinación de fármacos o la adición de antibióticos al estofado de contaminantes reacciona de manera diferente en los suelos que la aplicación de medicamentos de forma individual. Las tasas de degradación de los fármacos en la tierra pueden variar entre algunos días y algunos años[41].

La aplicación recurrente de lodos de aguas negras puede resultar en concentraciones focalizadas de contaminantes. Por ejemplo, un estudio indicó que se encontraron retardantes de fuego a base de bromo en concentraciones casi ocho mil veces mayores que las iniciales en muestras de tierra, después de veinte años de la aplicación de biosólidos. En otro estudio, quince de diecinueve fármacos aún estaban presentes en la tierra seis meses después de haber sido regada con aguas negras contaminadas[42].

En Estados Unidos cada persona produce en promedio alrededor de 450 litros (120 galones) de aguas de desecho diariamente, con un contenido de 85 gramos (3 onzas) de sólidos, de los cuales una gran cantidad contiene químicos tóxicos. En un estudio, se analizaron nueve muestras de lodos residuales de plantas de tratamiento de aguas residuales en siete estados en busca de ochenta y siete contaminantes orgánicos diferentes, incluyendo fármacos, esteroides, hormonas, detergentes, fragancias, plastificantes, retardantes de fuego, desinfectantes y pesticidas. Muchos de estos contaminantes salen de las plantas de tratamiento intactos o parcialmente separados y, por lo tanto, terminan en el ambiente. Se detectó un mínimo de 30 y un máximo de 45 contaminantes en cualquiera de las muestras de biosólidos. El estudio indicó que los contaminantes orgánicos se concentran en los lodos residuales. Dichos contaminantes pueden causar niveles crecientes de cáncer y problemas reproductivos en humanos y otros animales, así como la resistencia a antibióticos entre las bacterias patógenas[43].

Y, ¿qué ocurre con el compostaje? ¿Ayudaría a remover antibióticos, fármacos y otros contaminantes orgánicos? En un estudio, se compostó tierra contaminada con los fármacos probenecid (medicamento para la gota) y metacualona (un sedante). Se trataba de compuestos biológicamente activos, por lo que resultaba importante retirarlos de la tierra. Los resultados indicaron que la eliminación más efectiva sucedía a los 25°C (77°F), a pesar de que la eliminación del probenecid durante la fase termófila oscilaba entre el 75 y el 100 por ciento. El compostaje «eliminó los contaminantes de acuerdo con los objetivos buscados». Se utilizó dicha composta para fines de paisajismo[44].

Resulta interesante que las temperaturas mesófilas fueran más efectivas en la eliminación de contaminantes, probablemente debido a que a dichas temperaturas existe una mayor diversidad de microorganismos, con más «herramientas» a su disposición. Dicho fenómeno se reprodujo durante un estudio que involucró hidrocarburos policíclicos aromáticos (HAPs), contaminantes orgánicos que se encuentran ampliamente distribuidos en el ambiente, a menudo en los suelos, y son tóxicos e incluso cancerígenos. Dicho estudio «demostró que las condiciones mesófilas tenían un mejor desempeño que las condiciones termófilas. La mayor eliminación de HPAs de tres y cuatro anillos se observó en reactores que mostraban condiciones mesófilas». Por otro lado, la mayor eliminación de HAPs con cinco anillos ocurrió bajo condiciones termófilas. En este caso, el compostaje «fue considerado como una estrategia de bioestimulación altamente eficaz en la degradación de los HAPs persistentes...»[45].

En los Estados Unidos, se utilizan aproximadamente 13,5 millones de kilogramos (30 millones de libras) de antibióticos anualmente para fines agrícolas, de los cuales alrededor del 70 por ciento se encuentran en los abonos. Un estudio mostró que la sulfacloropiridazina (un medicamento de la industria avícola) disminuyó entre 58 y 82 por ciento durante tan solo ocho días de compostaje. Otro experimento demostró una eliminación del 99 por ciento del antibiótico oxitetraciclina después de treinta y cinco días de compostaje, mientras que a temperatura ambiente, tan solo se logró una reducción del 15 por ciento. Después de treinta y cinco días de temperaturas termófilas, otro antibiótico, la clortetraciclina, se redujo en un 99 por ciento; los antibióticos monensina y tilosina se redujeron entre un 54 y un 76 por ciento, mientras que el medicamento antibacteriano sulfametazina no se degradó en lo absoluto durante el mismo periodo[46]. Otro estudio indicó que el compostaje resulta efectivo en la reducción del antibiótico de amplio espectro salinomicina en abono[47].

Entre 2001 y 2003, se produjeron alrededor de 3 300 toneladas del antibiótico tetraciclina anualmente en Estados Unidos. La oxitetraciclina es el compuesto de tetraciclina más utilizado. Se trata de un contaminante ambiental y puede afectar a las algas, crustáceos y a las bacterias de la tierra; también puede generar bacterias resistentes a los antibióticos y puede representar un riesgo de contaminación de la cadena alimenticia. Aproximadamente el 23 por ciento de la oxitetraciclina administrada a los becerros se elimina a través del abono. A pesar de haber estado presente en el abono durante el compostaje, dicho antibiótico no pareció afectar el proceso. Durante los primeros seis días de compostaje, se redujeron los niveles de oxitetraciclina en un 95 por ciento. Los investigadores recomendaron que los granjeros debían ser advertidos de la persistencia de dicho antibiótico en el abono no tratado y que debían compostar las excretas para reducir los residuos de oxitetraciclina. En contraste, dichos residuos presentes en el abono no se vieron reducidos de forma eficiente durante la digestión *anaeróbica*[48].

Otro estudio indicó que el compostaje aeróbico de abono en hileras redujo significativamente la cantidad de clortetraciclina (un antibiótico), sulfametazina (un medicamento antibacteriano) y tilosina (otro antibiótico)[49]. Estudios adicionales involucraron tres tipos de antibióticos comunes (tetraciclinas, sulfonamidas y macrólidos). Durante el compostaje, tanto en investigaciones de campo como en pruebas de laboratorio, las concentraciones de los tres antibióticos se vieron reducidas a niveles aceptables. Resulta interesante notar que el declive de concentraciones de tetraciclina y sulfonamida dependió en gran medida de la presencia de aserrín mientras que este material no tuvo influencia alguna con la tilosina[50]. Otro estudio investigó tres antibióticos, clortetraciclina, oxitetraciclina y tetraciclina en el compostaje de abono de puercos. Durante el compostaje piloto, se degradaron en un 74 por ciento, 92 por ciento y 70 por ciento respectivamente[51].

Cuando se compostaron derivados de la producción de amapola con condiciones termófilas durante 55 días para eliminar la morfina, el contenido de dicho compuesto disminuyó a niveles debajo de la escala detectable después de 30 días, incluso cuando la composta en hileras

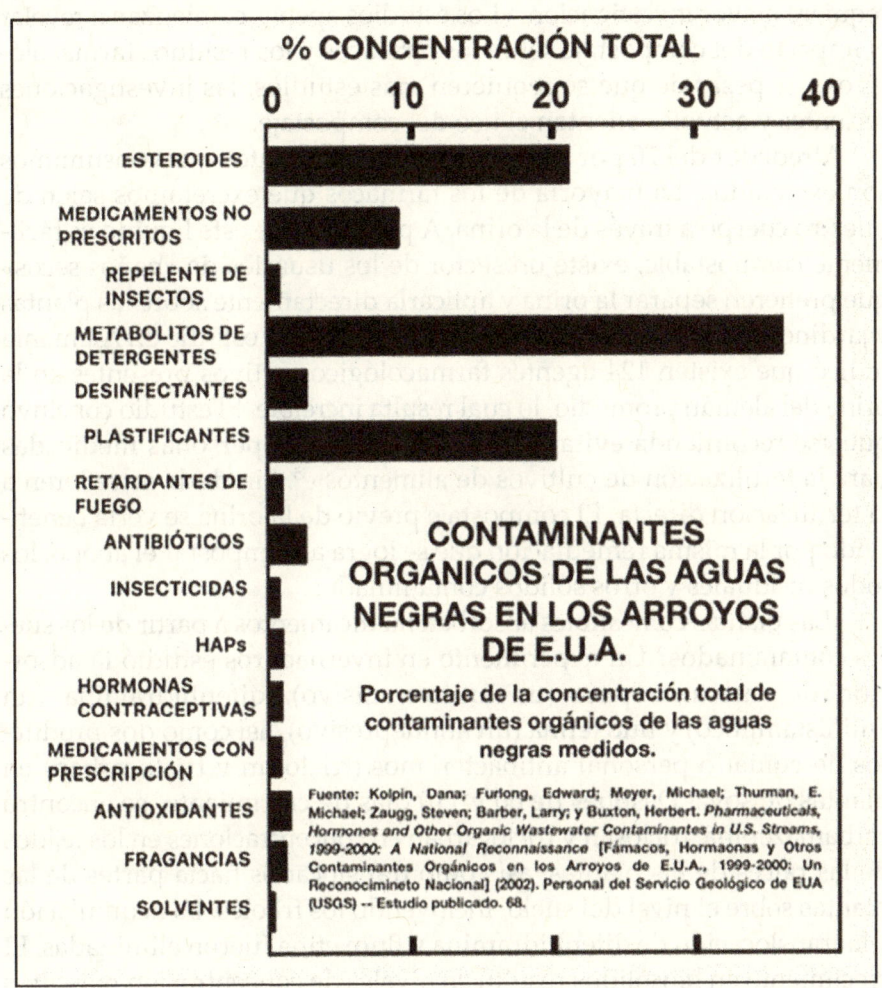

no se volteó en lo absoluto[52].

Tanto las hormonas humanas masculinas como las femeninas mostraron una reducción de entre 84 y 90 por ciento durante el compostaje de abono avícola. A pesar de dicha reducción durante el proceso de compostaje, no se logró eliminarlas por completo durante dicho periodo[53]. ¿Probablemente hubiera sido necesaria una fase de curación prolongada?

¿Qué sucede con los fármacos residuales en los cadáveres de los animales? La fenilbutazona (un medicamento antiinflamatorio) no se detectó después del compostaje. La ivermectina (un agente desparasitante) tampoco mostró niveles detectables después del proceso de compostaje. Los resultados de los barbitúricos tras el compostaje son ambiguos y se requiere mayor investigación. «Los estudios apenas comienzan a revelar el impacto del compostaje sobre los fármacos y los residuos farmacológicos... A pesar de que se requieren más estudios, las investigaciones recientes y actuales alientan el uso del compostaje...»[54].

Alrededor del 70 por ciento de los medicamentos que consumimos son excretados. La mayoría de los fármacos que excretamos salen de nuestro cuerpo a través de la orina. A pesar de que este líquido es fácilmente compostable, existe un sector de los usuarios de «baños secos» que prefieren separar la orina y aplicarla directamente sobre las plantas y jardines, diluyéndola previamente con agua. Un estudio en Alemania indicó que existen 124 agentes farmacológicos activos presentes en la orina del alemán promedio, lo cual resulta increíble. El estudio concluyó que «se recomienda evitar el uso de la orina de personas medicadas para la fertilización de cultivos de alimentos»[55]. Sin duda se refieren a la fertilización directa. El compostaje previo de la orina se vería beneficiado por la misma remediación que se logra al compostar el abono, los lodos residuales y otros sólidos contaminados.

¿Las plantas comestibles absorben medicamentos a partir de los suelos contaminados? Un experimento en invernaderos estudió la adsorción de carbamazepina (un anticonvulsivo), difenhidramina (un antihistamínico) y fluoxetina (un antidepresivo), así como dos productos de cuidado personal antibacterianos (triclosan y triclocarbán) en plantas de soya. Después de 60 y 110 días de crecimiento, se encontró carbamazepina, triclosán y triclocarbán en concentraciones en los tejidos de las raíces de las plantas, así como translocados hacia partes de las plantas sobre el nivel del suelo, incluyendo los frijoles. La acumulación y la translocación de difenhidramina y fluoxetina fueron eliminadas. El crecimiento en biosólidos resultó en niveles de concentración más altos en las plantas, probablemente debido a mayores concentraciones de los contaminantes. Aquellos contaminantes que fueron introducidos a través de la irrigación estuvieron disponibles para su absorción y translocación en mayor medida hacia el tejido vegetal[56].

Otro estudio en invernaderos utilizó maíz, cebollas verdes y coles. Los tres cultivos absorbieron la clortetraciclina (un antibiótico), mas no la tilosina (otro antibiótico). Las concentraciones de clortetraciclina en el tejido vegetal fueron menores, pero se vieron incrementadas en proporción a la cantidad de antibióticos presentes en el abono. Este estudio apunta hacia los riesgos potenciales a la salud humana asociados al consumo de vegetales frescos crecidos en tierra adicionada con abonos contaminados con antibióticos. Los riesgos pueden ser mayores para las personas que presentan alergias a los antibióticos. También existe la posibilidad de una elevada resistencia a los antibióticos como resultado del consumo humano de dichos cultivos[57]. Está claro que los abonos contaminados deberían ser compostados en vez de aplicarse de manera cruda en la agricultura.

Estudios adicionales también confirman que los fármacos son absorbidos por las plantas crecidas en suelos fertilizados con lodos de aguas residuales. «Se demostró la absorción de ciprofloxacino, norfloxacino, ofloxacino, sulfadimetoxina y sulfametoxazol en lechugas. La absorción de fluoroquinolonas y sulfonamidas por las plantas como lechugas no parece ser un riesgo mayor para el ser humano, debido a que los niveles detectados de dichos fármacos estudiados fueron relativamente bajos, comparados con las concentraciones en la tierra»[58]. Se estudiaron estos mismos antibióticos en trigo, zanahorias y papas crecidos en tierras fertilizadas con lodos de aguas residuales. Los granos del trigo no mostraron absorción, pero las papas y las zanahorias si, a niveles suficientes para que los investigadores advirtieran que *«las plantas como la papa y la zanahoria pueden representar riesgos para la salud»*[59].

Después tenemos los fármacos para la quimioterapia. No pude encontrar muchos estudios acerca del compostaje de dichas sustancias, sin embargo existen numerosas advertencias al respecto. Dichos fármacos no solo atacan directamente al ADN, sino que también salen de los pacientes con cáncer a través de la orina, las heces, el vómito, la saliva y el sudor. Uno de los fármacos más poderosos y peligrosos utilizados en la quimioterapia es la ciclofosfamida. La contaminación accidental con este medicamento pouede provocar cáncer, defectos de nacimiento, abortos involuntarios, leucemia e infertilidad permanente. Los pacientes pueden incluso desarrollar cánceres que no se manifiestan durante varios años. Por ejemplo, la ciclofosfamida, a pesar de ser utilizada en el tratamiento del cáncer de mama, puede provocar cáncer de vejiga. Y sin embargo, las excreciones de los pacientes con cáncer se desalojan rutinariamente en los escusados. A pesar de que la Sociedad Americana contra el Cáncer (ACS, por sus siglas en inglés) recomienda jalarle al escusado dos veces, esta medida no parece muy reconfortante. La ACS advierte que los escusados utilizados por pacientes con cáncer pueden ser peligrosos, como lo pueden ser incluso los labios de un paciente sometido a un tratamiento de quimioterapia (recomiendan evitar los besos). Los medicamentos de la quimioterapia pueden abandonar a los pacientes de cáncer como químicos activos y peligrosos. Los sistemas sépticos y las plantas de tratamiento de aguas residuales no pueden remover el 98 por ciento de dichos químicos, por lo que terminan en lagos, ríos y eventualmente en nuestros suministros de agua potable[60]. Un medicamento auxiliar en el tratamiento de cáncer, la salinomicina, se compostó en abono. Los investigadores concluyeron que «basándose en los resultados obtenidos mediante este estudio, parece que la técnica de compostaje es efectiva en la reducción de la salinomicina en el abono»[61].

¿Qué puedes hacer si estás bajo tratamiento con quimioterapia y también eres un usuario de los baños composta? No me arriesgaré a dar una respuesta, debido a que aún se tiene que encontrar un veredicto sobre el tema. Espero que se lleven a cabo más estudios en los que los medicamentos tóxicos de la quimioterapia sean sujetos a verdaderas condiciones de compostaje durante periodos extendidos. También podemos tener esperanza en que la industria médica desarrollará tratamientos para el cáncer que no sean tan amenazantes y peligrosos.

METALES PESADOS

Esta es otra pregunta frecuente en torno al compostaje y los baños composta: ¿Qué ocurre con los metales pesados? Mi respuesta: ¿Qué metales pesados? ¿De dónde provienen los metales pesados? Si excretas metales pesados, entonces tienes un serio problema. De otra forma, ¿cómo llegarían los metales pesados a tu composta? Parece que algunas personas han escuchado decir que los metales pesados pueden contaminar la composta; por lo tanto, toda la composta debe estar contaminada con metales pesados. No, esto no es cierto, en lo absoluto.

Sin embargo, si, los metales pesados pueden ser un problema para la industria del compostaje, dependiendo de la procedencia de los materiales orgánicos que se composten. Algunos materiales orgánicos pueden estar contaminados con metales pesados como plomo, cobre y cadmio, en especial los «desechos sólidos municipales». Los suelos también pueden estar contaminados debido al uso prolongado de aguas negras para su irrigación, al uso extensivo de fertilizantes químicos y pesticidas y al almacenamiento negligente de desechos mineros industriales. Tu mierda, por otro lado, está limpia (entre comillas). Al menos que te alimentes de metales pesados.

Recuerda que aquello que pongas en tu pila de composta es lo que los microorganismos quieren comer. Ellos no consumen metales pesados. Por otro lado, la composta puede aglomerar los dichos compuestos y prevenir su absorción por parte de las plantas y de los animales, previniendo de esta forma la transferencia de metales pesados hacia la cadena alimenticia[62]. Un investigador alimentó a ratas con tierra contaminada con plomo; a algunas les añadió composta, mientras que a otras no. La tierra adicionada con composta no produjo efectos tóxicos, mientras que la tierra sin composta si lo hizo[63]. Las plantas cultivadas en tierra con plomo con un contenido de 10 por ciento de composta mostraron una disminución en la absorción de plomo de 82,6 por ciento, comparadas con plantas cultivadas en tierra sin composta[64].

Pero el asunto es más complicado de lo que parece. Por ejemplo, en 1997, durante un estudio, se evaluaron tres compostas diferentes: una hecha con abono de ganado, una con lodos residuales y una con desechos sólidos municipales. La composta de abono de ganado fue aquella que mostró la menor contaminación por metales pesados; la composta de lodos residuales tenía mayores niveles de zinc, cobre y plomo que la composta de abono; y la composta de sólidos de desechos municipales contenía más metales pesados que las otras dos. Pasados seis años, la composta de lodos residuales «no ocasionó el aumento significativo en los niveles de metales pesados en la tierra ni en las plantas». Por otro lado, la composta de sólidos de desechos municipales incrementó las concentraciones de zinc, cobre, níquel, plomo, cadmio y cromo en la tierra y en el caso del plomo y del cadmio, también en la vegetación y en sus frutos[65].

En otro experimento publicado en 2013, dos compostas diferentes (una con pulpa de aceitunas y la otra con sólidos de desechos municipales) fueron aplicadas a los suelos en un ambiente mediterráneo. Al cabo de los primeros cuatro años, ninguna de las compostas ocasionó acumulación alguna de metales pesados en el suelo ni en las plantas[66].

Los estudios han encontrado que la composta es una estrategia prometedora para la inmovilización de metales pesados en los suelos, cambiando sus propiedades. Las reacciones entre los metales pesados y la materia orgánica en la composta pueden cambiar el estado tóxico de los metales pesados a un estado libre de toxicidad. La aplicación de composta sobre suelos agrícolas contaminados también puede reducir la biodisponibilidad de los metales pesados, reduciendo los daños a las plantas, los animales en la tierra y los microorganismos. La composta también puede reducir el contenido de metales pesados en el agua entre un 85 y un 89 por ciento mediante la absorción química[67].

A pesar de que la composta normalmente reduce la disponibilidad de los metales pesados hacia las plantas, la adición de composta a los suelos también puede *incrementar* la absorción de metales pesados, dependiendo de las especies. Además, el uso excesivo de composta hecha con materiales contaminados con metales pesados puede *incrementar* el riesgo de contaminación en los suelos. La composta estable, madura y bien curada parece tener un mayor efecto en la aglomeración de metales pesados, en comparación con la composta inmadura. Los diferentes tipos de metales pesados parecen tener diversas reacciones con la composta; mientras algunos pueden aglomerarse en la tierra y mantenerse así fuera del material vegetal, gracias a la composta, otros metales en la misma tierra pueden volverse más disponibles para las mismas plantas. Las plantas que tienden a acumular metales pesados pueden ser empleadas de forma estratégica para extraer metales pesados de los suelos, para posteriormente ser desechadas, reduciendo eficazmente la contaminación por metales pesados en los suelos.

También resulta interesante notar que las lombrices parecen reducir la toxicidad de los metales pesados en la composta[68]. Como lo mencioné anteriormente, es complicado.

En resumen, el humabono no es una fuente de contaminación por metales pesados, así que no te preocupes por tu baño composta. Preocúpate por la composta hecha a partir de materiales altamente contaminados como los desechos sólidos municipales, especialmente aquellos derivados de zonas industriales. La solución está en separar las fuentes de materiales desechados para que la basura o los efluentes que contienen metales pesados puedan ser puestos en cuarentena y desechados o reciclados adecuadamente. No resulta sorprendente que la contaminación por metales pesados en los materiales de desecho aumente a medida que el estatus socioeconómico aumenta, de acuerdo con un estudio conducido en Bangladesh[69].

Los niveles máximos de metales pesados permitidos en la Composta de Clase A+ (destinada a la agricultura orgánica) en Europa son los siguientes (gramos por tonelada): plomo 45; cadmio 0,7; cobre 70; níquel 25; mercurio 0,4; zinc 200; y cromo 70[70].

Finalmente, mientras lees estas palabras pueden haber docenas y hasta centenas de estudios en torno a los antibióticos y los metales pesados en la composta conducidos desde que se escribió este libro. Espero que este capítulo provea de una introducción adecuada hacia la información actualmente disponible.

Capítulo Once

Mitos Sobre la Composta

VOLTEAR LA PILA

¿Cuál es una de las primeras ideas que nos vienen a la mente cuando pensamos en composta? Voltear la pila. Los primeros investigadores que escribieron obras influyentes en el campo del compostaje, como King, Howard, Gotaas y Rodale, hicieron énfasis en el volteado de las pilas de composta. Por ejemplo, Robert Rodale escribió en el ejemplar de Organic Gardening [Jardinería Orgánica] de febrero de 1972, «Recomendamos voltear la pila al menos tres veces en los primeros meses y después, una vez cada tres meses durante un año».

Una gran industria ha surgido a partir de esta filosofía, la cual fabrica equipos caros para voltear la composta, invirtiendo mucho dinero, energía y gastos para cerciorarse que la composta se voltee regularmente. Para algunos profesionales de la composta, la sugerencia de que la composta no tiene que ser volteada en lo absoluto es mera blasfemia. Por supuesto que tienes que voltearla, si se trata de una pila de composta, por el amor de Dios.

¿O no realmente? Bueno, de hecho, no, no tienes que hacerlo, particularmente si eres un compostador de jardín y ni siquiera si eres un compostador a gran escala. La necesidad aparente de voltear la composta es uno de los mitos del compostaje.

El voltear la composta sirve potencialmente para cuatro propósitos. El primero, voltearla supone la adición de oxígeno a la pila de composta, lo cual se supone que es bueno para los microorganismos aeróbicos. Se nos advierte que, de no voltear la composta, se volverá anaeróbica y empezará a oler mal, atrayendo ratas y moscas. Segundo, voltear la composta nos asegura que todas las partes de la composta se someterán a un alto calor interno, asegurando así la eliminación total de los patógenos y dando como resultado una composta final sanitariamente segura. Tercero, entre más volteamos la composta, más se hace pedazos y se mezcla, haciéndola lucir mejor al final y volviéndola más comercializable. Cuarto, el voltear la composta frecuentemente supuestamente acelerará el proceso de compostaje.

Dado que los compostadores de jardín no comercializan su composta, usualmente no les importa si resulta finamente granulada o si es un poco gruesa y normalmente no tienen prisa, así que podemos eliminar de una vez las dos últimas razones para voltearla. A continuación analizaremos las primeras dos.

El oxígeno es necesario para la composta aeróbica y existen varias formas para airear la pila de composta. Una es forzando aire dentro de la pila o hacer pasar aire a través de ella mediante el uso de ventiladores, lo cual es común en las operaciones de compostaje a gran escala, en las cuales se succiona aire por debajo de la composta y se expulsa a través de un biofiltro. La succión provoca que el aire pase por la masa orgánica a través de la parte superior, manteniéndola aireada. Dicha aireación mecánica nunca será una necesidad para el compostador de jardín y se limita a las operaciones de compostaje a gran escala, donde las pilas son tan grandes que pueden asfixiarse si no se someten a una aireación forzada.

También se puede conseguir la aireación haciendo hoyos en la composta, metiéndole tubos y, en términos generales, empalándola. Este método parece tener popularidad entre algunos compostadores de jardín. Una tercera forma es volteando físicamente la pila. La cuarta, ignorada en gran medida, es construir la pila de manera que queden pequeños espacios intersticiales de aire atrapados en la composta. Esto se logra agregando materiales voluminosos a la composta, como paja, hierbas y cosas por el estilo. Cuando se construye de manera adecuada, una pila de composta no requerirá aireación adicional. Incluso los profesionales de la jardinería orgánica como Rodale admiten que, *«se puede hacer buena composta sin necesidad de voltearla a mano si los materiales son cuidadosamente colocados en capas sobre una pila que esté bien ventilada y que tenga el contenido de humedad correcto»*[1].

Recordemos a Sir Albert Howard y el método de compostaje Indore en India, a principios del siglo XX. Muchos argumentan que fue entonces que el compostaje emergió como ciencia y como práctica popular. Las pilas de Howard estaban al aire libre, con los lados expuestos. Si acumulas abonos y residuos de comida en una pila al aire libre, pronto notarás dos cosas: moscas y olores, ambos completamente indeseados. Aquello que no podrás ver, pero que pronto notarás, es que el interior de la pila se está calentando, pero las superficies exteriores no. Estas tres últimas condiciones pueden corregirse revolviendo constantemente la masa orgánica, como lo instruye Howard. Sin embargo, existe una alternativa.

Cuando visité operaciones a gran escala en Arizona como parte de un Curso de Entrenamiento para Operadores de Composta, me di cuenta que la mayoría de las operaciones de composta se niegan a recibir residuos de alimentos y abonos, aceptando únicamente recortes de pasto y residuos del paisajismo. Todos ellos compostaban en pilas al aire libre o hileras y aparentemente ninguno quería lidiar con las moscas y los olores provenientes del abono y de los alimentos en descomposición.

Conocí a un grupo de agrónomos brasileños en Mozambique cuando visité dicho país con la tarea de compostar aguas negras de las letrinas de una escuela. Cuando los agrónomos se enteraron que yo hacía composta, comenzamos una discusión animada. Tres años atrás, les habían introducido el compostaje a los granjeros de Brasil como un medio para el reciclaje de abonos y otros materiales orgánicos. Los agricultores se mostraron entusiasmados al aprender a hacer composta. Así que les pregunté, después de esos tres años, ¿cómo había progresado en proyecto hasta la fecha? Su respuesta fue que habían dejado de hacer composta. ¿Por qué? Porque el volteado de las pilas resultaba demasiado trabajo, ¡así que abandonaron la misión por completo! Pero, no se necesita voltear la composta, les dije. Es demasiado trabajo y es completamente innecesario. No me resultó impresionante que hayan abandonado la misión.

El motivo de mi primer viaje a Haití en 2010, poco tiempo después del huracán, fue para enseñarle a la gente cómo hacer y utilizar baños composta, debido a que no tenían baños y miles de personas vivían en tiendas de campaña. Empecé trabajando con un grupo local que ya tenía una pequeña operación de compostaje en curso. Dentro de un contenedor exterior con paredes, apilaban los residuos de comida y la basura orgánica en un gran montículo. Por supuesto, estaba cubierto de moscas y olía muy mal. Una vez que la pila alcanzaba suficiente tamaño, trataban de voltearla con palas, pero, debido a que estaban mezcladas hojas de palma, restos de tela y otros materiales similares, resultaba extremadamente difícil voltearla a mano y no había maquinaria disponible. Les dije que así no se hacía composta. ¿Por qué lo estaban haciendo así? Porque un maestro europeo había venido a decirles que esa era la forma en la que se suponía que se debía hacer.

Sin embargo, el compostaje es fácil. Deja que los microbios hagan el trabajo, en especial si estas compostando cosas olorosas como el material del baño, animales muertos, y residuos de comida, los cuales apestan y atraen moscas, ratas y perros si no manejas tu pila correctamente. El truco está en siempre mantener contenida la composta de manera vertical y cubrirla. En Haití utilizamos tarimas paradas como paredes exteriores para el compostero. Tuvimos que pagar alrededor de $5 dólares por cada tarima. En África, usamos enrejados para hacer composteros circulares. Los composteros costaron alrededor de $15 dólares por hogar. El punto es contener los materiales orgánicos de forma vertical sobre la tierra. Si se mantiene sobre la tierra y no sumergida en agua (como las fosas de Howard), el compostaje de la materia orgánica será aeróbico. No se necesitará aireación forzada, ni se requerirá agujerearla o voltearla en lo absoluto. El segundo truco consiste en poner una capa de «material de cobertura» debajo de la pila y crear una capa de material de cobertura que rodee a la masa en compostaje. Finalmente, también mantén una capa de material de cobertura sobre la pila de composta. En Haití, usamos bagazo de caña de azúcar, un subproducto de la industria del ron, como material de cobertura. En casa uso mayoritariamente paja. Cuando le añadas material fresco al compostero, pon de lado el material de cobertura, haz un hoyo en la composta, deposita el nuevo material en el hoyo, cúbrelo con la composta existente, vuelve a jalar el material de cobertura para cubrirla y añade tanto material seco como sea necesario. Esto permite que el material seco alimente a directamente el centro de la pila, no deja superficies expuestas y elimina los olores, moscas y cualquier necesidad de voltear o agitar la pila. Así de simple.

Puedo asegurarte que si estás compostando material de los baños, no querrás voltear la pila si no tienes que hacerlo. Durante la primera década, volteé mis pilas diligentemente, tan bien como nos lo indican, y después me di cuenta de las alternativas. El voltear las pilas de composta implica una cantidad enorme de trabajo (los agricultores brasileños tenían razón) y ¿por qué hacerlo si no resulta necesario? Hacer composta puede compararse a hornear pan: lo pones en el horno, lo dejas cocinar y no lo tocas hasta que está completamente cocido, después lo sacas y está listo. Cuando haces compostaje, pones la materia orgánica en el compostero rodeado de material de cobertura, como una masa para pan en un molde y luego esperas. Cuando la temperatura baje hasta la temperatura del ambiente, y no antes, entonces puedes sacar el pan del horno. La regla general es que una vez que la pila de composta esté construida por completo, esperas un año antes de cosechar la composta (dos meses más o dos menos, dependiendo de la temperatura). Hay varias cosas más a tomar en cuenta (por ejemplo el hecho de que la pila no debe ser demasiado alta), pero discutiremos los detalles del compostaje en composteros en el capítulo El *Tao de la Composta*.

¿Qué pasa con el contenido de oxígeno de la pila? Investigadores midieron los niveles de oxígeno en operaciones de compostaje a gran escala en hileras (pilas de composta largas y expuestas), reportando, «Las concentraciones de oxígeno medidas en las hileras de composta durante la fase más activa del proceso de compostaje mostraron que quince minutos después de haber volteado la composta, supuestamente aireándola, el contenido de oxígeno ya se había agotado»[2]. Otros investigadores compararon los niveles de oxígeno de enormes pilas de composta, volteadas y no volteadas, y llegaron a la conclusión que las pilas de composta se auto airean en gran medida. «El efecto de voltear la pila fue refrescar el contenido de oxígeno, en promedio durante [solo] 1,5 horas (arriba del nivel del 10%), después de lo cual cayó a menos de 5% y en la mayoría de los casos a 2% durante la fase activa del compostaje... Incluso al no voltearlas, todas las pilas resuelven la falta de oxígeno al acercarse a la madurez, indicando que la auto-aireación por sí sola puede bastar adecuadamente al proceso de compostaje... En otras palabras, el voltear las pilas de composta tiene una influencia temporal pero poco sostenida sobre el nivel de oxígeno». Estas pruebas compararon composta que no se volteó, volteada con cubetas, volteada una vez cada dos semanas y volteada dos veces a la semana[3].

Resulta interesante que las mismas pruebas indicaron que las bacterias patógenas fueron destruidas, se voltearan o no las pilas, indicando que no existe evidencia de que las poblaciones bacterianas se vean influenciadas por las diferentes combinaciones de volteado. No hubo cepas sobrevivientes de *E. coli* o *Salmonella*, demostrando que «no hubo efectos estadísticos significativos que pudieran atribuirse al volteado».

Entre más frecuentemente se voltean las pilas de composta, un mayor número de nutrientes agrícolas se pierde. Cuando se analizaron las compostas terminadas para medir las pérdidas de materia orgánica y nitrógeno, la composta sin voltear mostró una pérdida menor. Entre más frecuentemente se volteaba la composta, mayor fue la pérdida de nitrógeno y materia orgánica. Además, entre más se volteaban las pilas, mayor era el costo. La producción de la composta sin voltear costó $3,05 por tonelada húmeda, mientras que la composta volteada una vez por semana costó $41,23 por tonelada húmeda, un incremento del 1 351 por ciento. Estos investigadores concluyeron que «los métodos de compostaje que requieren intensificación [voleado frecuente] son un curioso resultado de la popularidad moderna y del desarrollo tecnológico del compostaje, como se evidencia particularmente en las publicaciones especializadas populares. No parecen tener un sustento científico, basándonos en estos estudios... Mediante el manejo cuidadoso de la composta para alcanzar las mezclas adecuadas y un volteado limitado, se puede alcanzar el ideal de un producto de calidad sin molestias económicas»[4]. Otro estudio concluyó que la frecuencia de volteado de las hileras de composta de residuos del jardín no mejoró la aireación, tuvo poco impacto sobre la temperatura e incrementó la densidad de la composta, lo cual de hecho reduce la cantidad de oxígeno disponible[5].

Cuando las grandes pilas de composta se voltean, despiden emisiones de cosas como el hongo *Aspergillus fumigatus*, el cual puede causar problemas de salud en seres humanos. Las concentraciones de aerosoles de las pilas de composta estática (sin voltear) son relativamente bajas o inexistentes en comparación con las pilas de composta volteadas mecánicamente. Las mediciones a treinta metros en dirección del viento de pilas estáticas demostraron que las concentraciones de aerosol de *A. fumigatus* no estaban significativamente arriba de los niveles normales y eran «33 a 1 800 veces menores» que las de las pilas que estaban siendo movidas[6].

El Cornell Waste Management Institute (Instituto de Manejo de Desechos de Cornell) publicó un documento en 2007 que resume los problemas relacionados con los bioaerosoles de la composta que son liberados durante el volteado y el tamizado de la misma. Se pueden detectar niveles elevados de bioaerosoles en la dirección del viento a una distancia de entre 200 y 500 metros (650 a 1 640 pies) de las instalaciones de compostaje. Pueden contener partículas de bacterias, hongos, virus, alérgenos, endotoxinas, antígenos, varias toxinas, glucanos, componentes de moho, polen, fibras de plantas, etc. Los bioaerosoles de la composta también pueden contener compuestos de azufre y nitrógeno, ácidos grasos volátiles, cetonas, terpenos, aldehídos, alcoholes y amoniaco, asociados a los olores de la composta[7].

Los bioareosoles pueden provocar una amplia gama de efectos adversos a la salud e infecciones, incluyendo enfermedades contagiosas, efectos tóxicos agudos, alergias y cáncer, así como posiblemente naciminetos prematuros o abortos involuntarios y dermatitis. Las personas pueden volverse sensibles a algunos bioaerosoles debido a una exposición recurrente. Las partículas de bacterias (endotoxinas), esporas y las hifas de hongos pueden producir irritación, alergias y reacciones tóxicas. Se encontró una asociación entre la distancia de una planta de compostaje exterior y los síntomas de enfermedades respiratorias y padecimientos de salud general entre residentes, más no se notaron alergias o enfermedades infecciosas. Se encontraron niveles altos de enfermedades respiratorias agudas y crónicas, irritación de las membranas mucosas, padecimientos de la piel y marcadores inflamatorios en los trabajadores de la industria de la composta y varios estudios indican una alta prevalencia de síntomas respiratorios e inflamaciones de las vías respiratorias. Dichos trabajadores presentaron niveles de síntomas y enfermedades de las vías respiratorias y problemas de la piel significativamente más altos que los sujetos de control. También se encontraron concentraciones elevadas de anticuerpos contra hongos y actinomicetos en los mismos trabajadores[8].

Las medidas para minimizar la agitación, la aspersión de agua para el control del polvo y el monitoreo de la velocidad y la dirección del aire para evitar el volteo de la composta cuando se anticipan vientos que pudieran soplar hacia los vecinos son medidas que pueden minimizar los impactos en la salud. Como se mencionó anteriormente, la frecuencia en el volteo de las pilas de composta tiene un impacto *menor* en la aireación de la composta; por otro lado, un aumento en el volteo puede incrementar la densidad de la materia y provocar una reducción en el flujo de aire a través de la pila de composta. Una cobertura de composta madura esparcida sobre las pilas en proceso de compostaje puede reducir los olores y las emisiones de compuestos orgánicos volátiles (COV), de acuerdo con el reporte de la Universidad de Cornell[9]. Yo recomiendo la utilización de un material de cobertura limpio tal como la paja o algo similar para cubrir la pila de composta; puede ser retirada posteriormente y utilizada para crear el próximo lote de composta. Una aplicación generosa de material de cobertura y el hecho de no agitarla puede reducir la emisión de olores a cero, eliminando así los efectos negativos de la inhalación de bioaerosoles de la composta. Aquellos ácidos grasos volátiles, cetonas, terpenos, aldehídos, alcoholes, amoniaco, bacterias, hongos, virus, alérgenos, endotoxinas, antígenos, toxinas variadas, glucanos, componentes de moho, polen, fibras de plantas, etc, que se encuentran presentes dentro de la pila de composta, deben permanecer dentro de la composta. ¿Cuál es el punto de liberarlos hacia el aire? Si el volteo de la composta no tiene efectos significativos en los niveles de oxígeno de la misma, entonces, ¿por qué voltearla? Un día, uno de estos operadores de la composta va a construir una pila de manera correcta, la cubrirá y la dejará tranquila. Una vez que la pila haya madurado por completo, ella o él cavará dentro de la pila y encontrará una hermosa composta. Los microorganismos habrán hecho el trabajo sucio y lo habrán disfrutado.

El voltear la composta en climas fríos también puede provocar la pérdida excesiva de calor. Se recomienda que los compostadores en climas fríos volteen su composta con menor frecuencia o que no la volteen

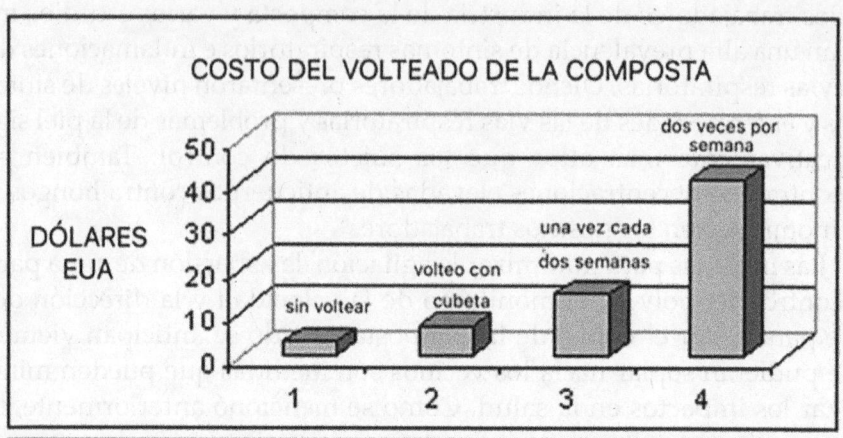

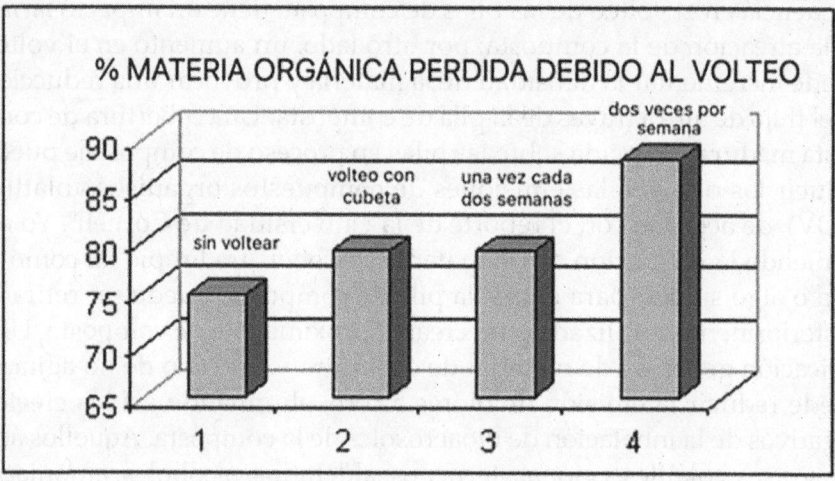

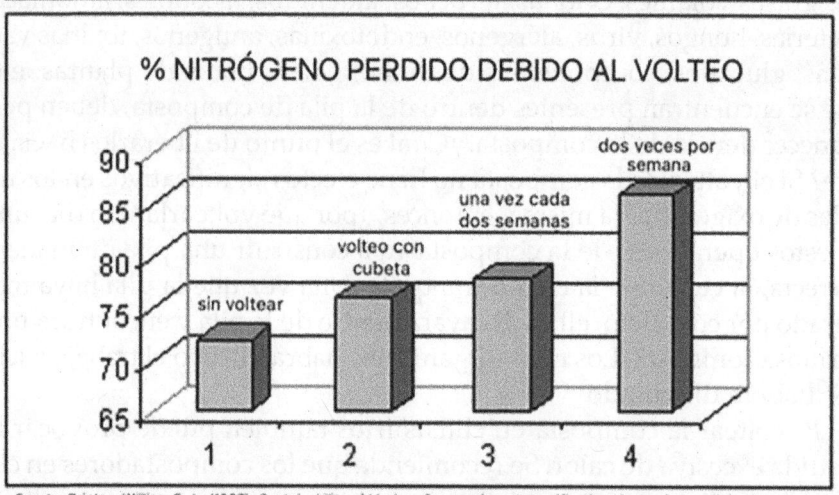

Fuente: Brinton, William F. Jr. (1997). *Sustainability of Modern Composting - Intensification Versus Cost and Quality* (Sostenibilidad del Compostaje Moderno - Intensificación Contra Costo y Calidad). Woods End Institute, apartado postal 297, Mt. Vernon, Maine 04352, EUA.

en lo absoluto[10]. Yo recomiendo no voltearla. De hecho, ¿cuál es el punto de perder calor en la pila (sin importar el clima)? Eso es lo que ocasiona el volteo de la composta. Se debe a dicha razón que haya grandes nubes de vapor siendo despedidas de las grandes pilas de composta mientras están siendo volteadas por medio de máquinas. Se trata de calor y muchas otras cosas que están escapando hacia el aire.

INOCULANTES DE COMPOSTA

¿Se necesita inocular la pila de composta? No. Este es quizás uno de los aspectos más increíbles del compostaje. En octubre de 1998, viajé a Nueva Escocia, en Canadá, para observar las operaciones de compostaje municipal del lugar. La provincia había legislado que a partir del 30 de noviembre de ese año, no se podían desechar los materiales orgánicos en los rellenos sanitarios. A finales de octubre, con la «fecha de prohibición» acercándose, casi toda la basura orgánica municipal estaba siendo recolectada y transportada hacia las instalaciones de compostaje, en donde sería reciclada de forma efectiva. Se revisaba el material orgánico para separar contaminantes como botellas y latas, se pasaba por una trituradora y finalmente se paleaba hacia un compostero construido en cemento. En un periodo de entre veinticuatro y cuarenta y ocho horas, la temperatura del material se elevaba hasta los 70° C (158° F). No se requerían inoculantes. Las bacterias termófilas ya se encontraban ahí.

Los investigadores han compostado materiales con y sin inoculantes y encontraron que «a pesar de la abundancia de bacterias, ninguno de los inoculantes aceleró el proceso de compostaje ni mejoró la calidad del producto final... El hecho de que los inóculos no hayan ayudado a alterar el proceso del ciclo de compostaje se debió a que la población microbiana presente resultaba adecuada y también debido a la naturaleza del proceso en sí... El éxito de las operaciones de compostaje sin el uso de inóculos en los Países Bajos, Nueva Zelanda, Sudáfrica, India, China, los Estados Unidos y muchos otros lugares aporta evidencia convincente, indicando que el uso de inoculantes y otros aditivos no son esenciales en el compostaje de materiales [orgánicos]»[11]. En *The Science of Composting* (La Ciencia del Compostaje), se resume el tema de la siguiente manera: «Ninguna información encontrada en la literatura indica que la adición de inoculantes, microbios o enzimas aceleren el proceso de compostaje». Por lo contrario, «el tamaño de las partículas, la humedad óptima, y un balance en la proporción de C/N ideal... parecen aportar las mejores condiciones para el compostaje»[12]. Otros investigadores han llegado a conclusiones similares[13].

Por otro lado, un estudio de 2017 indicó que las plantas de compostaje en China habían empezado a utilizar inóculos microbianos. Concluyeron que la adición de un inoculante al compostar abonos de cerdos «aumentó la temperatura en las primeras etapas del compostaje y redujo el tiempo de maduración, comparado con controles no inoculados»[14].

CAL

La creencia popular de que se debe añadir cal a la pila de composta es una idea equívoca Tampoco se necesitan otros aditivos minerales en tu composta. Si tu tierra necesita cal, aplícala directamente a la tierra, no a tu composta. Las bacterias no digieren la roca caliza; de hecho, la cal se utiliza para matar a las bacterias en los lodos residuales (conocidos como lodos estabilizados con cal).

La composta añejada no es ácida. El pH de la composta terminada debe tener ser ligeramente más alto que 7 (pH neutro). ¿Qué es el pH? Es una medida de acidez y alcalinidad que va de 1 a 14. El 7 es el punto neutro. Debajo de 7 es ácido; arriba es básico o alcalino. Si el pH es demasiado ácido o demasiado alcalino, la actividad bacteriana se verá entorpecida o parará por completo. La cal y las cenizas de madera elevan el pH, por lo tanto las cenizas también deben ser aplicadas directamente en la tierra. La pila de composta no las necesita. Puede parecer lógico que se añada a la composta lo que se quiere agregar también a la tierra, debido a que la composta terminará eventualmente en la tierra, pero lo que se debe añadir a la composta es lo que los microorganismos en ella quieren o necesitan, no lo que la tierra del jardín quiere o necesita.

Sir Albert Howard, uno de los impulsores de la composta mejor conocidos, así como J. I. Rodale, otro prominente agricultor orgánico, han recomendado agregar cal a las pilas de composta[15.] Parece que basaron su razonamiento en la creencia de que la composta puede volverse ácida durante el proceso de compostaje y por lo tanto dicha acidez se debe neutralizar añadiendo cal a la pila mientras se composta. Puede ser que algunas compostas se acidifiquen durante el proceso de descomposición. Sin embargo, a pesar de que el pH de la pila parece disminuir al inicio del proceso, vuelve a subir por sí mismo después.

El autor que recomendaba la adición de cal en las pilas de composta en uno de sus libros, expone en otro: «El control del pH en la composta es en pocas ocasiones un problema que requiera atención si el material se mantiene aeróbico... la adición de material alcalino es raramente necesaria en la descomposición aeróbica y, de hecho, puede causar más daños que beneficios, porque la pérdida de nitrógeno debida al desarrollo de amoniaco en forma de gas será mayor con un pH más elevado»[16]. Los investigadores han indicado que el compostaje termófilo máximo ocurre en un rango de pH de 7,5 a 8,5, lo cual es ligeramente alcalino[17]. Pero no te sorprendas si tu composta es un poco ácida al principio del proceso. Debería volverse neutral o ligeramente alcalina cuando esté completamente curada.

Científicos que estudiaban varios fertilizantes comerciales encontraron que las parcelas agrícolas a las que se les agregaron lodos residuales compostados hacían mejor uso de la cal que aquellas parcelas sin lodos compostados. La cal en las parcelas compostadas cambió el pH a mayor profundidad en la tierra, indicando que la materia orgánica ayuda al movimiento del calcio a través de la tierra *mejor que cualquier otra cosa*, de acuerdo con la doctora Cecil Tester[18]. Esto implica que se debe añadir cal a la tierra *cuando se añada composta a la tierra*.

Goataas lo resume de mejor forma: «Algunos operadores del compostaje han sugerido la adición de cal para mejorar el proceso de compostaje. Esto sólo debe hacerse bajo circunstancias especiales, como cuando el material crudo a compostar tiene una alta acidez debida al contenido de desechos industriales o cuando contiene materiales que darán paso a condiciones altamente ácidas durante el compostaje»[19].

¿QUÉ NO SE DEBE COMPOSTAR?

Me perturba el escuchar a algunos educadores de la composta diciéndoles a sus alumnos que hay una larga lista de cosas que «no se deben compostar». Esta prohibición se presenta siempre de forma tan autoritaria y seria que los compostadores novatos se preocupan al pensar en compostar cualquiera de los materiales prohibidos. Puedo imaginarme a los compostadores ingenuos armados con esta desinformación cuidadosamente separando sus restos de comida para que los materiales erróneos no terminen en la pila de composta. Esos materiales «prohibidos» incluyen carne, pescado, leche, mantequilla, queso y otros derivados de la leche, huesos, manteca, mayonesa, aceites, mantequilla de cacahuate, aderezos para ensalada, crema agria, hierbas con semillas, plantas enfermas, cáscaras de cítricos, hojas de ruibarbo, pasto invasor, excrementos de mascotas, productos con pan, arroz, bolsas de té y,

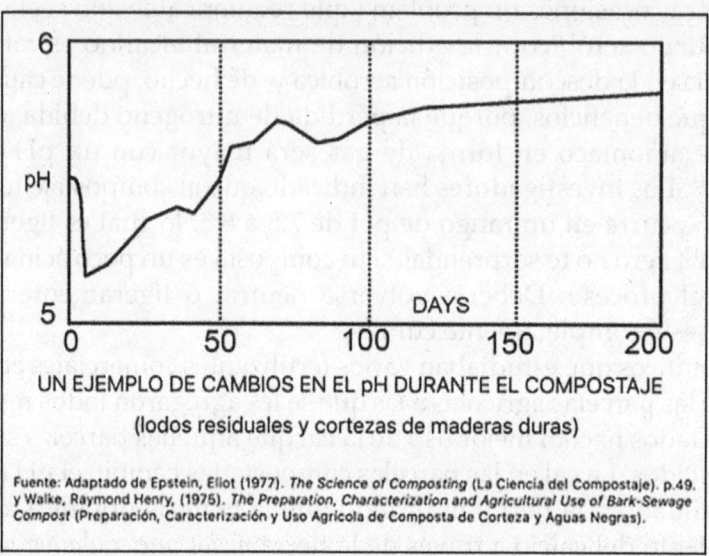

UN EJEMPLO DE CAMBIOS EN EL pH DURANTE EL COMPOSTAJE
(lodos residuales y cortezas de maderas duras)

Fuente: Adaptado de Epstein, Eliot (1977). *The Science of Composting* (La Ciencia del Compostaje). p.49.
y Walke, Raymond Henry, (1975). *The Preparation, Characterization and Agricultural Use of Bark-Sewage Compost* (Preparación, Caracterización y Uso Agrícola de Composta de Corteza y Aguas Negras).

probablemente lo peor de todo, abono humano. Supuestamente se debería segregar un sándwich de mantequilla de cacahuate a medio comer de la cubeta de composta, o cualquier alimento con mayonesa o queso, o cualquier sobra de ensalada con aderezo, o la leche agria, o cáscaras de naranja; todo esto debe irse al relleno sanitario, donde será enterrado bajo toneladas de basura en vez de ser compostado.

La EPA de los Estados Unidos enlista los siguientes materiales que según ellos no deben compostarse en casa: productos lácteos, mantequilla, leche, crema agria, yogurt, huevos, plantas enfermas, lípidos, grasas, manteca, aceites, carne, pescado, huesos, heces de perros y gatos y arena para gatos sucia, entre muchas otras cosas[20].

Yo tuve la suerte de nunca haber sido expuesto a todas esas instrucciones y mi familia ha compostado cada uno de los materiales enlistados anteriormente. Si, todas las bolsas de té, con sus etiquetas y sus hilos, van en la composta. A menudo hago jugo de limón fresco durante los meses de invierno y añado cubetas enteras de cáscaras de cítricos en la composta. Composté toallas menstruales durante años y hasta ahora probablemente he reciclado al menos cincuenta animales muertos en mi compostero, que tiene un tamaño de alrededor de un metro cúbico. Lo hemos hecho en nuestra propiedad durante cuarenta años sin ningún problema. ¿Por qué nos funcionaría a nosotros y no a cualquier otro? La respuesta, en una palabra, si me atrevo a adivinar, es el *humabono*, un alimento de base para los microbios de nuestra composta y otro material prohibido en el compostaje.

Cuando la composta se calienta, la mayoría del material orgánico

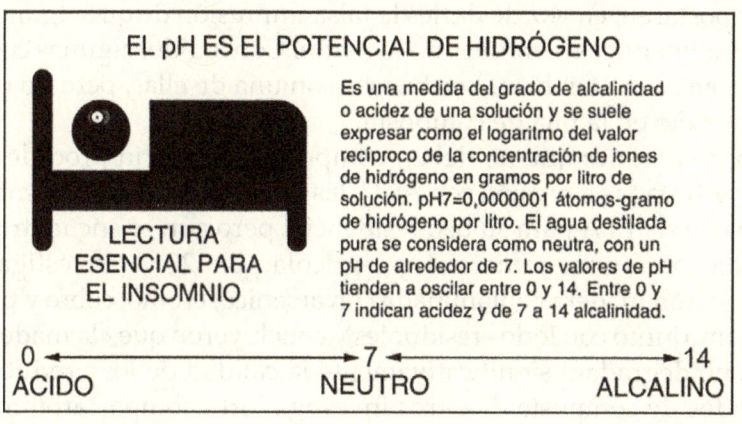

se degrada rápidamente. Esto aplica en el caso de los aceites y grasas, o, en las palabras de los científicos, «Basados en la evidencia del compostaje de residuos de una trampa de grasa, los lípidos [grasas] pueden ser utilizados rápidamente por las bacterias, incluyendo a los actinomicetos, bajo condiciones termófilas»[21]. El problema con los materiales de la lista «prohibida» es que pueden requerir de compostaje termófilo para mejores resultados. De otra manera, simplemente se quedarían sentados en la composta y pueden resultar muy atractivos para los perros, gatos, mapaches o ratas. Resulta irónico que cuando se combinan los materiales prohibidos, incluyendo el humabono, con otros materiales de la composta, prevalecerán las condiciones termófilas. Cuando se segrega el humabono y otros materiales orgánicos controversiales de la composta, las condiciones termófilas pueden no suceder en lo absoluto. Esta situación es probablemente muy común en la mayoría de las pilas de composta del jardín. La solución no es segregar materiales de la pila de composta, sino agregar nitrógeno y humedad, los cuales se encuentran comúnmente en la naturaleza.

Además, la forma en que manejas tu composta es lo que hará la diferencia. Nunca pongas nada sobre tu pila; agrega los materiales dentro de ella. Y mantén siempre una cantidad generosa y limpia de material orgánico de cobertura sobre tu composta, tal como pasto, paja, hierbas u hojas. Al enterrar aquellas chuletas de cerdo restantes dentro de tu pila de composta activa, cúbrela posteriormente con material de cobertura limpio, de esa forma no habrá ninguna razón por la cual un perro o un mapache se interese en ellas.

Los educadores de la composta les darían un mejor servicio a sus estudiantes si les dijeran la verdad: casi todos los materiales orgánicos se compostarán, en vez de darles la falsa impresión de que algunos materiales alimenticios comunes no lo harán. Concedido, algunas cosas no se descomponen tan bien. Los huesos son una de ellas, pero no causan ningún daño en la pila de composta.

Los materiales que no deben compostarse: aserrín procedente de maderas tratadas a presión con ACC, las cuales están ampliamente prohibidas por la EPA para su uso residencial pero aún se encuentran disponibles para uso comercial y agrícola. En 2017, investigadores compostaron madera contaminada con arsénico, cromo, cobre y pintura con plomo junto con lodos residuales y concluyeron que «la madera tratada... no degradará significativamente la calidad de los productos de biosólidos de composta»[22]. Otros investigadores compostaron madera tratada con creosota y concluyeron que el compostaje es «un tratamiento extremadamente eficiente y sostenible para la madera contaminada»[23].

No intentes compostar cosas que los microbios no podrán consumir, como cenizas (de madera o carbón), minerales pulverizados, metales pesados, plásticos, caucho, vidrio ni fertilizantes químicos. Tener una pila de composta es como tener una cabra en tu patio trasero. ¡Mantenla alimentada con lo que le gusta comer y la mantendrás feliz!

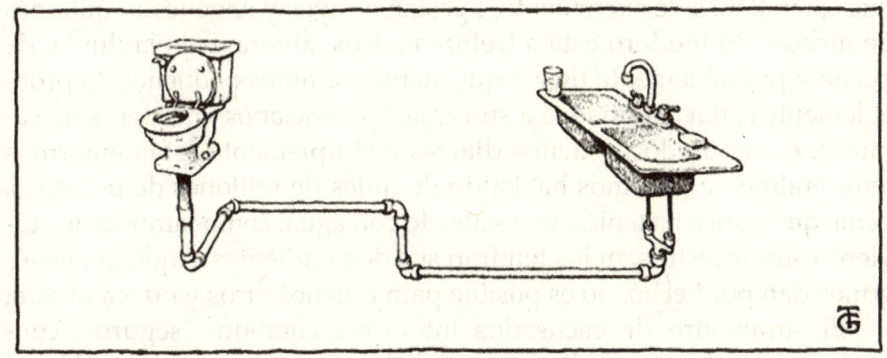

Capítulo Doce

Baños Composta y Baños Secos

La Organización Mundial de la Salud definió la palabra baño en 2018 como «la interfaz del usuario con el sistema de saneamiento, en la cual se captura la excreta y que puede incorporar cualquier tipo de asiento de escusado o losa de letrina, pedestal, bandeja o urinal. Existen diversos tipos de baño, por ejemplo, escusados de descarga del tipo vaciado y cisterna, baños secos e inodoros con desviación de orina. La estructura del retrete puede estar aislada o puede ubicarse dentro de una construcción…» Añaden que «millones de personas viven sin acceso siquiera a los servicios más básicos de salubridad. Miles de millones están expuestos a patógenos peligrosos a través del manejo inadecuado de los sistemas de salubridad, causando la exposición de las poblaciones a las excretas en las comunidades, dentro del agua potable, los alimentos frescos y en las actividades recreacionales ligadas al agua»[1].

No deja de impresionarme el hecho de que muchos, si no la mayoría, de los ciudadanos de los Estados Unidos, aproximadamente el 4 por ciento de la población mundial, no están al corriente de cómo vive el otro 96 por ciento de la humanidad. Las personas que crecieron con escusados de descarga y que nunca conocieron ningún otro tipo de sistema de saneamiento no pueden concebir lo que significa vivir sin un escusado. Sin embargo, cientos de millones de humanos aún practican la «defecación al aire libre», lo cual significa que llevan a cabo sus necesidades en el campo, detrás de un árbol o en sus patios traseros, todos los días. Otros muchos solo tienen un hoyo en el suelo como retrete, lo cual implica una mejora respecto a la defecación al aire libre. Los hoyos suelen localizarse a cierta distancia de las áreas de vivienda debido a que están llenas de excremento, apestan a rayos y engendran millones de moscas. El inodoro está a treinta metros, afuera, bajo la lluvia, de noche y probablemente tienen que atender a niños pequeños. O probablemente están confinados a su cama, son ancianos, incapaces de caminar, o amputados, o tienen diarrea o simplemente están enfermos temporalmente. Estamos hablando de miles de millones de personas, gente que nunca ha tenido un escusado con agua, como tampoco los tuvieron sus ancestros, ni los tendrán sus descendientes. Aquello que algunos dan por hecho, no es posible para muchos otros y nunca lo será.

El suministro de escusados interiores cómodos, seguros, convenientes, inodoros y sanitarios para dichas personas ha sido un dilema que ha intrigado a los desarrolladores y a los trabajadores de la salubridad durante generaciones enteras. Los filántropos multimillonarios reinventan el escusado creando nuevos dispositivos de desecho de alta tecnología, con precios completamente fuera del alcance de aquellos que más lo necesitan. Miles de millones de personas viven con menos de $2 dólares estadounidenses o menos; no pueden permitirse comprar un Nano-Toilet (escusado ahorrador de agua de última generación), sino que continuarán defecando en un hoyo en la tierra hasta que alguien pueda enseñarles una alternativa realista y accesible.

La mayor parte del problema es de orden psicológico. Nótese que el excremento humano se conoce comúnmente como «desecho humano» en la cultura de los Estados Unidos. Cuando nos referimos a los desechos humanos, la gente asume automáticamente que nos referimos al excremento humano. Pero, ¿qué hay de las montañas de desechos humanos que se tiran dentro de los rellenos sanitarios a lo largo y ancho del país diariamente? Y ¿qué me dicen de la contaminación del agua debida a los sistemas de drenaje y los efluentes de las fábricas; de las partículas en el aire procedentes de los tiros humeantes de la industria, de los escapes y otras fuentes de contaminación? ¿Qué hay de los residuos de químicos sintéticos que llevamos dentro de nuestros cuerpos todo el tiempo; de las colillas de cigarro que avientas por la ventana de tu auto? ¡*Esos* son desperdicios humanos! ¿Por qué se piensa únicamente en la caca humana como desperdicios humanos?

Resulta irónico que el excremento humano sea un recurso reciclable. Tiene un valor como alimento para microbios. Estos se lo comen, junto con cualquier otro material orgánico que les facilitemos, convirtiéndolo en composta. Cuando se utiliza el compostaje como sistema de saneamiento, se pueden eliminar las aguas negras, así como las enfermedades asociadas con la contaminación fecal del ambiente; los baños pueden ser ubicados cómodamente al interior donde resulten seguros y convenientes; también pueden estar libres de olores desagradables. No se generan desechos debido a que nada está siendo desechado sino que se produce como resultado una composta apta para cultivar alimentos.

Uno de los trabajos más influyentes sobre la *tierra nocturna* (una combinación de material fecal y orina humana) fue publicado por Harold V. Gotas, profesor de ingeniería sanitaria en la Universidad de California, Berkeley, en 1956 (Número 31 de la Serie de Monografías de la Organización Mundial de la Salud). En dicha publicación de 205 páginas, ¡la palabra «desperdicio» fue empleada 254 veces! Cualquiera podría escribir un libro completo sobre compostaje sin utilizar ni una sola vez la palabra «desperdicio», debido a que el compostaje implica el reciclaje de materia orgánica, no la eliminación de desechos. Sin embargo la idea de «compostar desechos» es un contrasentido ampliamente diseminado en la actualidad, en especial entre los profesionales del compostaje y los académicos. En términos simples, no se trata de desechos si el material en cuestión está siendo reciclado, sin importar su naturaleza. Cuando composto material orgánico y alguien dice que estoy usando desechos les digo «enséñame los desechos, ¿dónde están?». Al final del proceso solo hay composta; no hay desechos y nada ha sido desechado. Estoy consciente sobre el hincapié que hago al respecto en este libro, sin embargo lo considero necesario. Si podemos entender lo que son los desechos realmente, probablemente también podamos entender eventualmente que nuestras excreciones son valiosas y que pueden ser reutilizadas de manera constructiva. Aquellos multimillonarios enfocados en los problemas sanitarios del mundo deberían estar pensando en el *reciclaje*, no en la eliminación. ¡Rompamos los paradigmas de nuestro pensamiento!

En 2018, la Organización Mundial de la Salud (OMS) declaró que las personas tienen derecho al agua y a la salubridad: «Tras décadas de negligencia, la importancia del acceso a la salubridad para todos, en todas partes, se reconoce hoy como un componente esencial de la cobertura de la salud universal. Sin embargo, un baño en sí no es suficiente para lograrlo [dichas metas]; se requieren sistemas seguros y bien manejados». Agregan que, «El derecho humano a la salubridad adjudica a todas las personas a servicios de saneamiento que provean privacidad y que aseguren la dignidad, de manera física y económicamente accesible, segura, higiénica, así como social y culturalmente aceptables»[2].

Las Naciones Unidas están de acuerdo: «Las instalaciones y servicios para proveer agua y salubridad deben estar disponibles y ser accesibles para todo el mundo, hasta para los más pobres. El costo de los servicios de agua y salubridad no debería exceder el 5 por ciento de los ingresos domésticos, lo cual implica que el acceso a dichos servicios no debe afectar a la capacidad de las personas para adquirir otros bienes y servicios esenciales, incluyendo alimentos, vivienda, servicios de salud y educación. Alrededor de dos de cada tres personas carecen de acceso al agua limpia y sobreviven con menos de $2 dólares al día; de estos, uno de cada tres vive con menos de $1 dólar diario»[3].

En 2013, la OMS describió la salubridad «mejorada», debiendo incluir «una letrina en la cual el hoyo está completamente cubierto por una superficie o plataforma que integra un orificio para defecar o un asiento. La plataforma debe ser sólida y puede estar construida con cualquier tipo de material (concreto, madera con lodo o tierra, cemento, etc.), siempre y cuando cubra adecuadamente la fosa sin exponer su contenido a través de ninguna otra apertura que el orificio de defecación o el asiento»[4]. Dicha descripción representa una mejora respecto a un simple hoyo en la tierra con un par de tablas que atraviesan la zanja sobre la cual una persona puede ponerse en cuclillas y aliviar sus necesidades. Se sabe que los niños pequeños pueden caer en dichas letrinas arcaicas y morir dentro de ellas.

Y, aprovechando de hablar sobre ponerse en cuclillas, les puedo decir que muchas personas me han expresado su opinión al respecto de dicha posición como la ideal para defecar. Dicen que las personas alrededor del mundo prefieren ponerse en cuclillas, lo cual resulta ser la única forma de evacuar completamente nuestros intestinos. Tuve la oportunidad de probar dicha teoría durante un viaje a África en 2018, en el cual solamente había baños adaptados a la técnica de cuclillas. Me dí cuenta de que las personas emplean dicha técnica simplemente porque no tienen otra opción. ¿Qué más podrían hacer si están defecando en un hoyo o al aire libre?, ¿hacer parados o arrodillados? Intenta defecar parado. Cuando no tienes donde sentarte, tienes que defecar en cuclillas. Si tuvieran la opción, elegirían sentarse en un baño, especialmente tratándose de ancianos o de gente con un celular en la bolsa o de aquellos que quieran leer mientras hacen sus necesidades.

La OMS añade que «un baño composta [refiriéndose a un baño seco] es un baño en el cual se añaden materiales ricos en carbono, tales como los desperdicios vegetales [refiriéndose a residuos], paja, pastos, aserrín y cenizas sobre las excretas y se mantienen condiciones especiales para producir composta inofensiva [probablemente lodos residuales, no composta]. Un [baño seco] puede o no contar con un dispositivo de sep-

PRIVADO SANITARIO PARA LETRINA 1945

The Sanitary Privy (EL Privado Sanitario). Boletín de Ingeniería #19.
División de Salubridad, Departamento de Salud del Estado de Kansas.

aración de orina». Sin embargo, las cenizas no contienen carbono y no deben ir dentro de la composta. Además, la literatura está plagada de referencias a baños de «compostaje» que en realidad son baños secos que no producen composta. Resulta increíble la cantidad de malos entendidos y desinformación que circulan respecto a este tema.

Por ejemplo, la EPA de los Estados Unidos publicó un documento en 1999 sobre baños «composta». Declara que, «Un sistema de baño composta (o biológico) contiene y procesa excremento, papel de baño, aditivos de carbono y, en algunos casos, comida [restos]. A diferencia de un sistema de fosa séptica, un sistema de baño composta se basa en condiciones insaturadas mediante las cuales las bacterias aeróbicas lo degradan [el material orgánico]. Dicho proceso es similar al compostaje de jardín [residuos]. Si se construye con las medidas y el mantenimiento adecuados, un baño [biológico] descompone [el material orgánico] entre 10 y 30 por ciento de su volúmen original. El material resultante, con aspecto similar a la tierra, llamando "humus", debe ser enterrado de forma legal o recuperado por un servicio de limpieza de fosas sépticas acreditado, de acuerdo con los reglamentos estatales y municipales»[5]. En este caso se refieren claramente a baños secos o baños biológicos y no a baños composta. El material producido por un baño seco no resulta necesariamente sanitario, por lo cual se le considera como residuos sépticos y debe ser recogido y procesado por un operador de fosas sépticas. Por supuesto que dicho material podría ser compostado mediante un segundo procedimiento, transformándolo en un producto higiénicamente seguro y utilizable como recurso agrícola, en vez de ser eliminado como desecho.

La EPA añade, «La unidad [de baño] debe ser construida de manera que se separen las fracciones sólidas de las líquidas para producir un material estable, similar al humus... Una vez que se drenan o que se evaporan los lixiviados fuera de la unidad, los sólidos húmedos e insaturados se descomponen gracias a los organismos aeróbicos». Si, están hablando de un baño seco con separación de orina, no de un baño composta. Añaden también que el cuarto de baño puede ser calentado por medios solares o eléctricos, una práctica común en los baños secos con separación de orina. Los baños composta, por otro lado, dependen de un verdadero compostaje y del calor microbiológico interno (la separación de orina no es necesaria).

Recordemos que el compostaje, por definición, requiere (1) manejo humano, (2) condiciones aeróbicas y (3) la generación de calor mesófilo y termófilo resultante de los microorganismos. El término «baño de compostaje» es inadecuado. Es poco probable que el compostaje suceda dentro de cualquier recipiente dentro de un baño debido a que no se generará suficiente calor biológico por diversas razones. La primera, la masa de los materiales recolectados podría ser demasiado pequeña; otra razón es que el material recolectado puede estar demasiado seco debido a la separación de orina o la deshidratación intencional; una más es que el material puede tener una descomposición anaeróbica. La mayoría de los dispositivos que la gente conoce como «baños composta», se denominarían correctamente «baños secos» o «baños biológicos», pero no deben llamarse dispositivos de «compostaje». No crean composta; en vez, su resultado es material orgánico descompuesto, conocido como «residuos sépticos», los cuales no han sido sometidos a las temperaturas biológicas de la verdadera composta, por lo que no resultan salubres. Un estudio de 2017 indicó que «*las condiciones requeridas para la eliminación de patógenos y parásitos… raramente o nunca se alcanzan dentro de las cámaras de excremento de los baños con desviación de orina [UDDT, por sus siglas en inglés] en situaciones reales*»[6.]

Una de las razones por las cuales los baños secos no alcanzan y mantienen temperaturas termófilas es debido a que el volumen del material dentro de la cámara del baño es demasiado pequeño. Un estudio interesante publicado en 2007 comparó las temperaturas alcanzadas por diferentes contenedores de composta de «jardín»: un contenedor de plástico, uno de madera y una pequeña pila al aire libre. Los volúmenes eran pequeños respecto a los estándares de compostaje, con 280 litros (74 galones) cada uno para el contenedor de plástico y la pila abierta y 791 litros (209 galones) para el contenedor de madera. La mezcla orgánica estaba compuesta por material vegetal; no se utilizaron restos de comida ni abonos. Se generaron cien metros cúbicos de mezcla mediante la utilización de máquinas trituradoras; se utilizaron 30 metros cúbicos en varios contenedores que fueron evaluados, mientras que los 70 metros cúbicos restantes se dejaron en una sola pila. En resumen, ninguno de los contenedores alcanzó temperaturas termófilas. La temperatura máxima alcanzada fue de 25°C (77°F), mientras que la temperatura de la gran pila que contenía el material restante varió entre 40°C (104°F) y 70°C (158°F). Los investigadores concluyeron que «el pequeño volumen de material parece ser la causa más probable de la falta de incremento en la temperatura». También sugirieron que los contenedores de un tamaño de al menos un metro cúbico «tienen un mayor potencial para maximizar la generación de temperatura» y que «los compostadores deberían intentar aislar térmicamente sus contenedores de composta», así como mantener algún tipo de cobertura sobre la composta para protegerla de las precipitaciones pluviales excesivas y para aislar la pila[7]. Mi propia experiencia lo demuestra. Las cámaras de los baños secos tienden a ser mucho más pequeñas que un metro cúbico e incluso cuando son lo suficientemente grandes, no hay forma de aislar térmicamente alrededor del material orgánico recolectado al interior de la cámara, en la cual el contenido del baño puede estar en contacto directo con una pared de plástico o de metal.

Me hice consciente de la importancia de la semántica alrededor del compostaje por primera vez cuando un vendedor de baños secos de Nueva Zelanda visitó mi casa en Pensilvania. Estábamos sentados en mi cocina una noche, en la cual la conversación surgió más o menos así:

— El compostaje no elimina a los patógenos— dijo.

—Claro que sí— le contesté —Se trata de ciencia bien establecida.

—No, no lo hacen y puedo probarlo. Los científicos han realizado investigaciones al respecto y han publicado artículos demostrando que el compostaje no elimina a los patógenos. Tengo aquí conmigo uno de aquellos artículos.

—Déjame verlo.

Mi amigo hurgó en su portafolios y sacó un documento impreso, un artículo de investigación publicado. Lo tomé y lo analicé. Se trataba de un artículo sobre «baños composta» y sobre su inhabilidad para eliminar los patógenos presentes en el material del baño.

—Esto no es composta— le dije— No están compostando. Lo están llamando un «baño composta» debido a que no saben lo que es el compostaje. Ellos están hablando de un baño seco y, si, la eliminación de patógenos no resulta muy exitosa en este tipo de baños precisamente debido a que no llevan a cabo un proceso de compostaje. Si tomaran el material recolectado y lo sometieran a un verdadero proceso de compostaje y después llevaran a cabo pruebas, descubrirían que los patógenos habrían sido eliminados.

Un proyecto de investigación de 1986, una vez más por parte de la EPA, estudió una variedad de baños secos comerciales y hechos en casa, en California. A su favor, se refirieron a ellos a lo largo del documento como «baños biológicos». Sus conclusiones estaban lejos de ser halagadoras: «La evidencia sugiere que el desempeño de los baños biológicos varía entre el simple almacenamiento del excremento humano hasta la descomposición parcialmente exitosa de los materiales orgánicos y/o la reducción de los riesgos microbiológicos. La presencia física de los sólidos en la cámara final de un sistema de baño no tenía ninguna relación con el hecho de si había ocurrido o no un tratamiento. La velocidad a la cual el excremento se movía a través de un sistema dependía únicamente de la capacidad física del sistema y de la frecuencia de utilización. Además, la apariencia física y las características de olor no resultaron indicadores confiables del proceso de degradación biológica». Encima de todo, añadieron, «La mayoría de los usuarios del sistema fueron defensores de las tecnologías alternativas y sin embargo generalmente fueron incapaces de hacer funcionar sus sistemas de forma satisfactoria. Pocos de estos sistemas demostraron cualquier evidencia de compostaje biológico durante los 17 meses de observación. Los sistemas demostraron de forma recurrente condiciones desfavorables para la descomposición biológica, por ejemplo, el uso inadecuado de material voluminoso, demasiada humedad, condiciones anaeróbicas, vectores para los insectos y temperaturas similares a las del ambiente. Los usuarios generalmente no estaban bien informados sobre las tendencias de procedimientos de operación inadecuados particulares a sus sistemas. Debido a que la mayoría de los usuarios eran incapaces y/o estaban renuentes a llevar a cabo los procedimientos de operación y mantenimiento, no resulta claro si cualquiera de los sistemas de baños estudiados tuvo un desempeño aceptable»[8]. Quizás simplemente debieron haber recolectado el material de sus baños y compostarlo en una pila exterior. Eso funciona.

Es así como los baños secos han manchado la reputación del compostaje. Como se expuso anteriormente en esta obra, se trata de un problema generalizado, incluyendo a científicos, investigadores, post doctorados, estudiantes titulados y a la academia en general, así como entre el público. Les confieso que yo también he sido víctima de dicho malentendido, habiéndome referido incorrectamente a los baños secos como «baños composta» en las tres ediciones anteriores de este libro. Tal como me sucedió al voltear las pilas de composta en cierta etapa solo porque todos los demás lo estaban haciendo, había adoptado el lenguaje vernáculo y lo estaba repitiendo. Mi intención con la cuarta edición de este libro es la corrección de la terminología con el objetivo de aclarar las cosas.

Un baño seco es cualquier baño que no utiliza agua para deshacerse de los «desperdicios» (lo que hacen los escusados de descarga de agua). Elimina los desperdicios. Un baño seco puede contener un sistema de separación de orina, puede ser un baño con tratamiento químico, con incineración, un baño biológico, un eco-baño o cualquiera que se incluya en la multitud de dispositivos diseñados para recolectar y procesar material proveniente del baño sin utilizar agua. Muchos baños secos también son unidades de eliminación, pero algunos son simplemente dispositivos de reciclaje.

La mayoría del procesamiento llevado a cabo en los baños secos ocurre mediante la deshidratación del contenido del baño. Esto se logra mediante la "desviación de orina", lo cual implica la separación de la orina y los sólidos desde el origen, utilizando un asiento de baño diseñado para dicho propósito o mediante el drenado de la orina del material del baño. Dichos baños son conocidos usualmente como «baños secos con desviación de orina».

Otro tipo de baño es el «baño composta». Nótese que no se llama baño «compostero», porque eso implicaría que el compostaje se está llevando a cabo dentro del baño. Si queremos enfocarnos en la semántica (y sí, los lectores me contactarán para discutir este punto), la palabra «compostero» es un sustantivo masculino que se refiere al lugar en el cual se lleva a cabo la acción de compostar. Un baño compostero sería entonces un baño dentro del cual se lleva a cabo el proceso de compostaje. Un baño zapatero sería un baño que fabrica zapatos. Un baño mudancero sería un baño que hace mudanzas. Entienden el punto. Debido a que los baños no compostan, no tiene sentido llamarlos baños de composteros.

Un baño composta es cualquier baño que recolecta el material para que pueda ser compostado posteriormente. Y el compostaje, como ya lo saben, requiere del manejo humano, de condiciones aeróbicas y de la generación de calor biológico. Debido a que los baños composta recolectan material destinado al compostaje y no para su deshidratación, la separación de la orina resulta innecesaria y no se recomienda. La orina es un buen aditivo para las pilas de composta.

Existe una abundancia de baños secos disponibles en el mercado en la actualidad a nivel mundial. Si el contenido de dichos baños fuese recolectado para después ser compostado (la mayoría no están diseñados para dicho propósito), podríamos referirnos correctamente a dichos dispositivos como baños composta. Cuando los investigadores evalúen los productos finales del varadero compostaje, descubrirán que los organismos causantes de enfermedades en el ser humano han desaparecido por completo, han disminuido considerablemente o han sido debilitados de forma sustancial. Es exactamente por esa razón que queremos compostar el humabono.

EL CAJÓN DE TIERRA

Hagamos un viaje en el tiempo hacia una época en la que las aglomeraciones poblacionales lidiaban con problemas de salubridad. Anteriormente discutimos sobre el cólera y las epidemias causadas por la contaminación del agua en Inglaterra a finales del siglo XIX. La solución fueron los escusados de descarga de agua y los drenajes diseñados para llevarse el excremento hacia el río, vertirlo y olvidarlo después. En la actualidad, se considera a los escusados de descarga de agua como el dispositivo más importante para mejorar la salud humana en el planeta. Sin embargo, cuando fueron utilizados por primera vez, se les culpó por ser los causantes del cólera.

La *Sanitary Fertilizer Company* (Compañía de Fertilizantes Sanitarios), en 1888, intentando claramente convencer al gobierno sobre el valor agrícola del abono humano, condenó intensamente a los escusados de descarga de agua. Declararon que, «Los inconvenientes de los métodos de salubridad modernos se deben al hecho de que, al lidiar con los desechos orgánicos, se está cometiendo un error científico al mezclar la materia fecal con el agua mediante el uso del retrete y del drenaje». Añadieron también que, «La putrefacción de los desechos humanos no solo tiende a llenar nuestros ríos con suciedad, sino que también la mezcla de la materia orgánica con el agua comprende otras consecuencias negativas. Llena el aire de las casas y de las ciudades con enfermedades. Desde la introducción del actual escusado y como consecuencia directa del mismo, padecemos de severas epidemias de cólera, una enfermedad previamente desconocida; la fiebre entérica o tifoidea, previamente a penas reconocida, ha crecido para convertirse en una de las fiebres de mayor importancia en este país»[9.]

¿Podría ser que el retrete (escusado de descarga de agua) haya incrementado la incidencia de enfermedades provenientes del agua y, por lo tanto, los profesionales de la salubridad debieron ingeniárselas para construir drenajes que se llevaran el agua contaminada lejos de una manera más rápida y eficáz para poder controlar las epidemias? Un reporte de la British Royal Commission (Comisión Real Británica) sobre el drenaje en los pueblos enfocado en los ríos locales parecía sustentar este hecho: «La creciente ofensa hacia los ríos Medlock e Irwell en Manchester, del río Mersey en Stockport, del Tame en Birmingham, así como muchos otros, comprueba que una malévola fuerza a nivel nacional está creciendo, lo cual requiere de la atención seria e inmediata. Se puede decir, sin exagerar, sobre el último río mencionado... un pequeño arroyo, que durante la temporada seca contiene, a su paso por Birmingham, tantas aguas negras como agua limpia. La creciente contaminación de los ríos y arroyos del país es un mal de importancia nacional, el cual requiere urgentemente de la aplicación de medidas de remediación». Algunos de estos ríos eran fuentes de agua potable para pueblos enteros[10].

Un cierto Dr. Farr en ese entonces reportó que los escusados fueron inventados alrededor de 1813 y su uso se popularizó en la clase alta entre 1828 y 1833. El efluente de dichos baños era recolectado en fosas sépticas con drenajes de sobreflujo. «Se volverá evidente», decía el Dr. Farr, «que las muertes por cólera y diarrea se vieron incrementadas en Londres en 1842 y aún más en 1846, cuando ocurrieron las plagas en los cultivos de papa y en 1849 culminó con la epidemia de cólera». La primera aparición de la epidemia de cólera y un alarmante incremento de la diarrea en Inglaterra coincidieron con la adopción del uso generalizado del sistema de escusados, «el cual presentaba la ventaja de acarrear la tierra nocturna fuera de las casas, así como la desventaja incidental e innecesaria de vertirla en los ríos de los cuales se obtenía el agua para consumo humano»[11].

En 1886, un cierto Sr. Hedges, un obrero, y su esposa, ambos de cuarenta y seis años murieron de «Cólera Asiática»; el esposo murió después de quince horas y la esposa después de doce horas de enfermedad. Las descargas fueron rastreadas hasta un escusado localizado en el número 12 de la calle Priority Street, drenadas hacia el río Lea, las cuales causaron un brote de cólera y diarrea que terminaron causando la muerte de más de 4 000 personas. «Si se hubiese enterrado el excremento de la familia Hedges, no se hubieran contaminado las aguas del río Lea y posiblemente se hubiesen salvado 4 000 vidas»[12]. El enterrar el excremento hubiera ayudado, en especial si se hubiese enterrado en una pila de composta.

La nueva tendencia del escusado de descarga de agua a finales del siglo XIX competía con los cajones de tierra. Estos pudieron haber sido los predecesores de los baños composta modernos, a excepción que, en ese entonces, no se sabía lo que era la composta ni cómo hacerla. En aquella época no sabían acerca de los microorganismos que consumen la materia orgánica, pero si lo hubiesen sabido, las cosas serían muy diferentes en el mundo moderno.

A pesar de la contaminación del agua, los escusados de descarga de agua ganaron popularidad a gran velocidad a finales del siglo XIX. Un recuento de 1870 lo demuestra: «El escusado ha ganado su aceptación

Niagara Long Hopper.

Escusado de Agua de Porcelana de Myers

Escusados de Descarga de Agua 1884

Escusado de Agua Oval

universal gracias a su conveniencia, confort y decencia. Éste asegura dichos factores y no existe lujo alguno asociado a la vida moderna que goce de una apreciación tal de la parte de aquellos que han conocido sus beneficios. El escusado de agua es el artículo supremo por el cual las mujeres del campo envidian a sus familiares de la ciudad»[13]. Esto resulta perfectamente comprensible. Si siempre has utilizado un baño exterior o una letrina y ahora tuvieras un inodoro interior, esto constituiría una revolución en la salubridad.

Los aspectos negativos de los nuevos escusados de descarga de agua no solo incluían los costos, sino también la plomería, bombas, drenajes, tanques y ventilas que podrían dañarse, taparse o congelarse durante el invierno, sin mencionar los costos del plomero y, «lo peor, un contenedor ubicado en el jardín conocido como fosa séptica», el cual habitualmente estaba conectado bajo tierra con los suministros de agua potable. «El abono se pierde, por supuesto; pero la situación es peor que eso. La masa putrefacta yace a una profundidad tal que resulta inutil para la vegetación, enviando su olor fétido y sus gases tóxicos a través de las tuberías de escape de la tierra y del lavabo de la cocina hacia la casa, desarrollando en su fermentación pútrida los gérmenes de la fiebre tifoidea y la disentería que pueden pasar a través de cualquier fina capa de grava bajo la tierra hacia el pozo o manantial»[14].

Evidentemente, los escusados de descarga de agua tenían sus detractores. Uno de los más conocidos era el reverendo Henry Moule, quien en 1868 publicó *Earth Sewage Versus Water Sewage, Or, National Health and Wealth Instead of Disease and Waste* (Residuos Fecales en la Tierra Versus en el Agua, o, Salud y Riqueza Nacional En Vez de Enfermedad y Desperdicio), en el cual Moule presentaba el caso de los baños que empleaban tierra contra aquellos que usaban agua. «Este invento [cajones de tierra] remedia efectivamente los males emergentes de las fosas sépticas de los privados comunes y los escusados de agua; así como previenen los olores ofensivos provenientes del retrete en las recámaras, cuartos de hospital, celdas en las prisiones, etc. Este hecho se basa en el bien conocido poder de la tierra como agente desodorante: una cierta cantidad de tierra seca acabará con cualquier olor, previniendo por completo los vapores nocivos y otros inconvenientes. Además de su superioridad respecto a los sistemas de agua en su capacidad de acabar con cualquier olor, los sistemas a base de tierra son más económicos... debido a que no requieren cisternas costosas o tuberías; no representan un peligro frente a las heladas; y el producto resultante es abono con un valor para los agricultores y jardineros. El abastecimiento

El Sistema de Tierra

Han transcurrido apenas dos años desde la publicación de la primera descripción completa del Cajón de Tierra en América (en Judd's Agricultural Annual, 1868) y menos de un año y medio desde que se importó el primer inodoro; sin embargo ya se puede afirmar que el Cajón de Tierra ha ganado tal popularidad que su adopción universal es un hecho (a excepción de aquellos hogares en los que existen escusados de descarga de agua instalados gracias a los sistemas de manejo de aguas públicos). La comunidad entera está acepta que, si el sistema de Tierra Seca cumple su objetivo, nada podrá prevenir su implementación generalizada. Solo resta probar su reputación, lo cual, con la factibilidad de la información disponible, será tarea fácil.

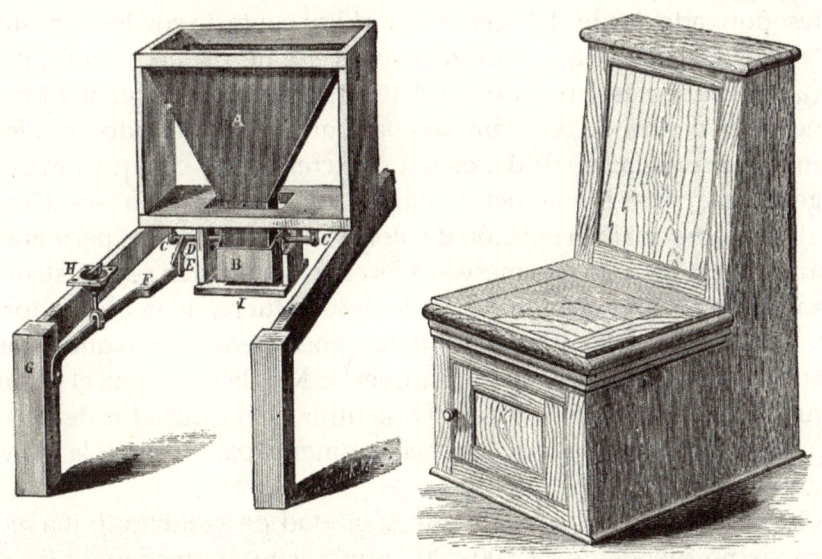

Partes Mecánicas del Inodoro

El Inodoro

Fuente: Waring, George E. Jr. (1870). Earth Closets and Earth Sewage [Cajones de Tierra y Residuos Sépticos de Tierra].

de tierra y su remoción se logran sin mayor esfuerzo que el suministro de carbón y la remoción de cenizas, mientras que el valor del abono paga ampliamente los costos»[15].

Los principios del «sistema de tierra seca» eran bastante simples. Primero, los contenidos del baño, ya fueran sólidos o líquidos, se cubrían con tierra seca. Cuando la mezcla de tierra/heces/orina se acumulaban en el baño, eran retirados de la cámara del inodoro y esparcidos sobre el suelo, permitiendo que se secaran. Dicha combinación de elementos se utilizaba subsecuentemente para cubrir el contenido del inodoro, una y otra vez, o, en las palabras de Moule, el primer principio del cajón de tierra es «la maravillosa capacidad de la tierra seca y tamizada o del barro del subsuelo para eliminar olores. Esta es tal que dos libras de dicha tierra o tres medias pintas resultan ampliamente suficientes para una utilización [del escusado]. Y si se mezclan profundamente las excreciones con dicha mezcla, puede secarse en poco tiempo sin ofensa alguna mediante el uso de calor artificial. Secada de dicha manera o mediante calor natural, la masa puede ser usada una y otra vez para el mismo propósito. Lo he intentado con éxito diez veces»[16].

El segundo principio implica que el material del baño es capturado y desodorizado desde el origen, evitando su contacto con los conductos de agua. El tercero es que la mezcla de heces y tierra puede ser utilizada para fines agrícolas. Uno de estos sistemas permite que el contenido del baño caiga dentro de una cámara «para que en un periodo de seis semanas de acumulación de depósitos, el excremento y cualquier material vegetal desaparecen y la mezcla parece y huele a tierra fresca. Dentro de dicha cámara, sin la emisión de olores ofensivos, puede permanecer durante tres, cuatro o seis meses». Las cámaras pueden ser construidas para poder acceder a sus contenidos desde afuera, de la misma forma que los conductos de carbón de aquella época, permitiendo que la tierra se transporte fuera de ella periódicamente. Moule menciona el ejemplo de una escuela de setenta jóvenes que utilizaban escusados de tierra y de un agricultor que les pagaba mensualmente para recoger la materia resultante del inodoro[17].

Moule apunta al hecho de que la ciudad de Londres tiraba al río Támesis no menos de £2 500 000 anualmente, derivadas de los nutrientes agrícolas acarreados por los escusados de descarga de agua y pagaba £3 500 000 para el incremento de la capacidad de los drenajes, sumando un gasto de £6 000 000 que podría haberse eliminado mediante el uso del cajón de tierra.

Moule calculó que alrededor de 1 kg de tierra (2 libras o 1,5 pintas) eran necesarias para «jalarle» al cajón de tierra y que una persona produce en promedio 1,8 kg de excreciones diarias. Para una familia de cinco personas, esto produciría una tonelada de producto procedente del baño en seis semanas, o treinta y cuatro toneladas al año. Añade que «se ha descubierto que las evacuaciones anuales de un hombre bien nutrido son suficientes para abonar 2 000 metros cúbicos (medio acre) de tierra»[18]. Moule insiste en que este método de saneamiento no era nuevo sino que, «era conocido anteriormente por los hindúes y antes por los chinos en el sur de China, desde tiempos inmemoriales. Pareciera que la observación de dicha práctica fue llevada a cabo por Moises entre los Israelitas en la naturaleza»[19].

Los jardines se vieron beneficiados por el producto resultante de los cajones de tierra. Describiendo la experiencia de un jardinero, Moule mencionó: «Su jardín infertil se convirtió en un campo lleno de frutos. Sus leguminosas crecieron hasta los dos metros (7 pies) y estaban cubiertos de vainas; las cabezas de sus coles pesaban más de 1,5 kg (4 libras) y los pasantes se detenían impresionados para preguntar qué había provocado que aquellos cultivos fueran tan superiores a los suyos».

Evidentemente todos sabemos que los escusados de descarga de agua le ganaron la batalla a los cajones de tierra y a pesar de que los escusados de agua se encuentran en todos los rincones de EUA y muchos otros países, los cajones de tierra no se observan en ningún lado. ¿Fueron las fallas en el diseño de los cajones de tierra las causantes de su desaparición? De hecho, si, en efecto, hay un problema higiénico en la utilización de la tierra en un inodoro de esta índole. Las tres reglas de la salubridad humana de Jenkins eran desconocidas en esa época (y lo son aun en nuestros días): (1) nunca permitir que el excremento humano entre en contacto con el agua; (2) nunca permitir que el excremento humano entre en contacto con la tierra; y (3) lavarse las manos después de defecar (bueno, la tercera regla la conocemos bien). Obviamente, Moule estaba bien consciente de la primera regla, sin embargo, violó la segunda regla de la salubridad al usar tierra como «material de cobertura».

¿Qué tiene de malo la tierra? Está en todos lados, es barata o gratuita y es un recurso inagotable y un excelente biofiltro. La respuesta, en una sola palabra: parásitos. Algunos parásitos intestinales coevolucionaron junto con el ser humano por el simple hecho de que tenemos la costumbre de defecar en la tierra. Varios de estos parásitos intestinales del ser

PRIVADO DE CUBETA CON TIERRA SECA 1922

- Malla Contra Moscas
- 4"
- 2"x4" Vigas
- Ventila
- 12"x14" Ventana con Malla de Cada Lado
- 1"x 6" Contorno
- 6'-0"
- Puerta
- Tapa c/ visagras
- 6'-8"
- Contenedor Galvanizado
- 16"
- Piso
- 4"x 4"
- 2"x 4"
- 8"x 8" Apertura con Malla de Cada Lado
- 13"

Fuente: Warren, George M. (1922 - revisada 1928). *Sewage and Sewerage of Farm Homes* (Sitemas Sépticos de los Hogares en Granjas). Departamento de Agricultura de EUA, Boletín Agrícola No. 1227.

 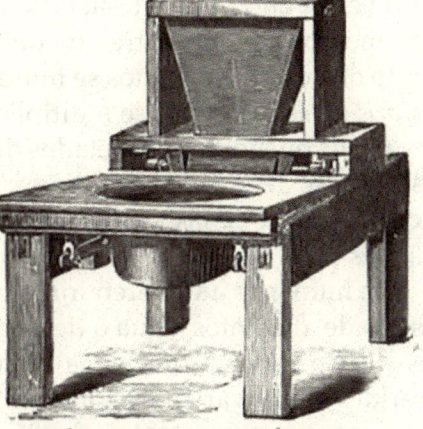

CAJÓN DE TIERRA DE "JALADO"   **CAJÓN DE TIERRA "AUTOMÁTICO"**

Cannon, Henry Lemmoin. (1912). *Sewage Disposal in the United Kingdom*
(Eliminación de Residuos Sépticos en el Reino Unido).

El Desinfectante de la Naturaleza

La Tierra Seca es el único desodorante y desinfectante eficiente y seguro. Las cenizas son casi igual de buenas.

Gente Enferma
Gente Sana
Ancianos

Deberían usar un

CAJÓN DE TIERRA SECA.

Ayuda a la recuperación, previene infecciones, elimina todos los olores y es la única forma de mantenerse sanos y limpios.

Heap's Pat. Earth Closet Co., Muskegon, Mich.

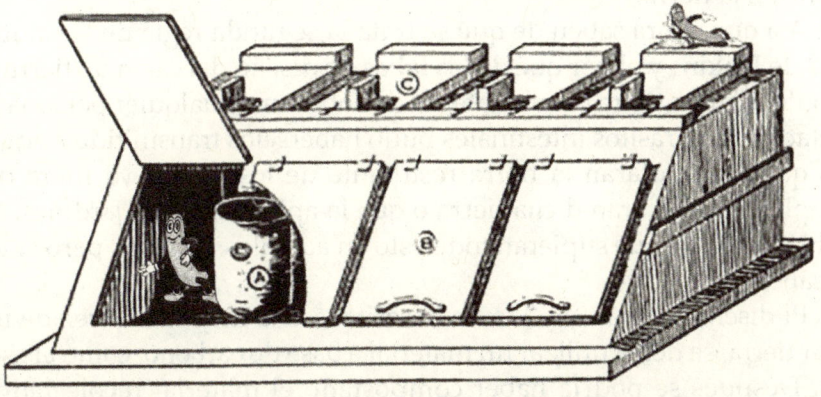

BAÑOS O LETRINAS DE CUBETA, EJÉRCITO DE EUA, 1940

humano evolucionaron de tal forma que requieren un periodo de incubación en la tierra durante su ciclo de vida. Cuando permitimos que el excremento humano entre en contacto con la tierra, estamos permitiendo que dichos parásitos se multipliquen. Por ejemplo, las ascárides (*Ascaris lumbricoides*) no se multiplican dentro de su anfitrión humano; en vez, sus huevos son excretados dentro de las heces, permitiendo que sus larvas se desarrollen en la tierra. Sin embargo, el conocimiento sobre el ciclo de vida de las ascárides se descubrió tan solo en 1916, mucho después de la desaparición del cajón de tierra de Moule.

Los humanos adquieren infecciones por ascárides mediante la ingestión de alimentos, agua o tierra contaminadas con huevos fecundados. Las personas infectadas contaminan la tierra con huevos de ascárides al defecar en ella, los cuales, tras un periodo de incubación, representan una fuente de infección o de reinfección. La gente ingiere dichos huevos al llevarse los dedos sucios a la boca (recuerden la regla de salubridad #3 de Jenkins). En zonas calientes y húmedas de África, Asia y América Latina, hasta un 93 por ciento de la totalidad de los habitantes en algunos pueblos pueden estar infectados por ascárides. En zonas rurales, se pueden encontrar varios cientos de ascárides por persona y se han reportado casos de hasta más de dos mil parásitos en un solo niño. Las infecciones por ascárides son comunes en China, India, el sureste de Asia, las Filipinas, Japón, Rusia, Afganistán, Irán, a lo largo y ancho de África, incluyendo Egipto y América Central y Sudamérica. Incluso en los Estados Unidos, en los estados de la costa del Golfo y en zonas rurales al sur de los montes Apalaches, hasta 30 por ciento de la población puede estar infectada en algunas regiones.[20] Y las ascárides son solo un ejemplo de los parásitos que requieren de la defecación humana en la tierra.

Así que ahora saben de qué se trata la segunda regla de la salubridad de Jenkins y el por qué de las fallas de diseño del cajón de tierra de Moule. Al usar tierra como material de cobertura, cualquier persona infectada con parásitos intestinales pudo habérselos transmitido a aquellos que manipularan la tierra resultante de los baños, ya fuera que simplemente secaran dicha tierra o que la aplicaran a sus jardines. No había forma de que supieran todo esto en aquellos tiempos, pero ahora lo sabemos.

El diseño de baño de Moule necesitaba una mejora. En vez de utilizar tierra, se debía utilizar un material a base de carbono, como el aserrín. Después se podría haber compostado el material recolectado y cualquier parásito intestinal habría sido destruido durante el proceso.

Concedido, el aserrín no es tan abundante como la tierra, pero dichos baños composta podrían implementarse hasta cierto punto en aquellos lugares en donde los escusados de agua no son accesibles y podrían ser utilizados ampliamente en sociedades, comunidades o culturas enteras en las que no existen escusados de descarga de agua.

ESCUSADOS DE CUBETA

Hay dos palabras que nunca deberían asociarse a los baños composta. La primera es «desperdicio», como lo he mencionado en repetidas ocasiones y la segunda es «cubeta». Algunos baños composta utilizan contenedores de 20 litros (5 galones) como recipientes de recolección. Otros utilizan tambos, urnas, barriles, cajones o cualquier contenedor que resulte impermeable y manejable, dependiendo de la situación. Los contenedores de aproximadamente 20 litros o 5 galones tienen una capacidad adecuada para su transporte y un contenedor de dicho volumen puede captar las excreciones de aproximadamente una semana del adulto promedio, asumiendo que se utilice el material de cobertura adecuado. En algunos países, como EUA, los contenedores de 20 litros resultan fácilmente accesibles y pueden adquirirse a un precio bajo o incluso de forma gratuita cuando se reciclan. En otros países, créanlo o no, puede ser casi imposible conseguirlos.

A algunas de las personas que crecen en culturas que utilizan escusados de descarga de agua puede perturbarles la idea de usar un baño composta. Una persona publicó en un blog durante una sequía en Ciudad del Cabo, Sudáfrica, en 2018: «No voy a cagar en una cubeta. ¡Es asqueroso!». Le respondí que defecarían en un baño composta en vez de defecar en una vasija de agua potable. Es gracioso que el defecar en el agua potable no se considere asqueroso en lo absoluto, incluso cuando el suministro de agua potable había decrecido a niveles peligrosos y parecía poder secarse por completo.

Los seres humanos son los únicos animales terrestres que defecan deliberadamente en el agua. Los usuarios de escusados de agua buscarán agua para defecar incluso cuando ésta escasea. Otra dama publicó en un blog durante la severa sequía ocurrida en California en 2017 que su pozo, así como el de todos sus vecinos, se había secado. Solamente una granja tenía un pozo en operación y la señora se veía obligada a ir a buscar el agua a dicho lugar para acarrearla en botellas. Tenía que defecar sobre algo, así que virtió el agua dentro del escusado.

Yo llamaría a esto poner todos sus huevos en una sola canasta o meter la pata de la peor forma. Las culturas que utilizan escusados con agua no poseen otra alternativa viable a la defecación en los suministros de agua que regresar a la defecación al aire libre o las letrinas. Esto me parece peligroso, insensato e imprudente, en especial en nuestra época, en la cual el cambio climático puede provocar fallas de corriente generalizadas y otras catástrofes. Un recipiente de 20 litros utilizado como baño composta y una bolsa de turba comprimida como material de cobertura pueden servir a una persona durante una semana. Si se vacía el contenido del recipiente de forma regular dentro de un compostero, entonces puede durar hasta que la turba se agote, lo cual podría tomar semanas. Un suministro constante de material de cobertura y un compostero o composteros pueden representar un baño composta que puede durar una vida entera. Y los composteros pueden ser construidos de manera fácil y rápida. Un compostero durable hecho de tarimas puede construirse en 10 minutos. Un compostero de alambre puede construirse en muy poco tiempo también. Pero me estoy desviando del tema.

Los «baños de cubeta» representan una idea particular. No se trata de baños composta. Los baños de cubeta se usaban comúnmente en las prisiones, por ejemplo, en las cuales los prisioneros tenían que defecar en cubetas sin intimidad. No se utilizaba material de cobertura y los contenidos de las cubetas se depositaban simplemente al exterior en algún lugar o quizás en un hoyo de drenaje. Tenían un olor asqueroso, atraían moscas y disminuían severamente la calidad de vida. La gente los odiaba.

Los baños de cubeta se remontan a generaciones atrás, han sido ampliamente condenados por las autoridades sanitarias y no deben ser confundidos con los baños composta. Por ejemplo, la Organización Mundial de la Salud describe los baños de cubeta como «un ejemplo de tecnologías de contención que no reduce la probabilidad o la severidad de la exposición a eventos nocivos»[21].

Aun cuando un baño composta utiliza cubetas como contenedores, no se trata de un baño de cubeta. El mejor enfoque es evitar el uso de la palabra «cubeta» por completo al hablar de baños composta. La mayoría de las personas saben muy poco sobre baños composta, sin embargo los baños de cubeta tienen una larga historia. No deben confundirse.

Un ejemplo interesante de un sistema de baños de cubeta se presentó en la ciudad de Syracuse, en el estado de Nueva York, en donde el Lago Skaneateles, localizado en la región de Finger Lakes funge como su principal fuente de agua potable. Dicho lago es una de las escasas fuentes de agua potable no filtrada restantes en EUA. El pueblo de Skaneateles, en el extremo norte del lago, está conectado al sistema de drenaje municipal. Sin embargo, los residentes de dicho pueblo representan únicamente el 8 por ciento de las residencias ubicadas en la cuenca. El cuarenta por ciento de las casas de la cuenca están ubicadas frente al lago. El riesgo de contaminación del lago resulta evidente. Cualquier baño exterior, fosa séptica o letrina con una fuga podría contaminar el agua potable de una ciudad entera.

Durante cientos de años, se brindó el servicio municipal para recolectar los baldes de aguas negras frescas provenientes de los baños exteriores ubicados en las residencias circundantes del lago. Los propietarios que utilizaban dicho servicio estaban acostumbrados a los fétidos olores, las condiciones insalubres y los inconvenientes asociados al uso de un baño exterior en el frío estado de Nueva York, en el cual los baños se reducían a una simple cubeta apestosa. El servicio de recolección al menos mantenía las aguas negras lejos del lago, pero los baños de cubeta exteriores debían representar un aspecto desagradable de vivir en la costa del lago. Las aguas negras eran acarreadas y encaminadas seguramente hacia los drenajes.

Después de un *siglo* de dichas prácticas, los residentes adoptaron sistemas de baños secos. Los dueños de las residencias se involucraron directamente en la elección de los modelos de baños y en la toma de decisiones respecto a dónde ubicarlos, ya fuera dentro de los hogares o en los baños exteriores existentes. Se instaló un total de setenta y cuatro baños secos.

Los residentes del lago tuvieron que utilizar baños de cubeta durante cien años. Sin embargo, el estado de Nueva York posee grandes extensiones de bosques y el aserrín proveniente de la industria maderera es abundante y lo ha sido desde hace varias generaciones. Dicho aserrín representa un biofiltro 100 por ciento eficaz, si se hubiera utilizado como material de cobertura en los baños, no habrían habido ni olores ni moscas. Los baños pudieron haberse colocado cómodamente al interior de las residencias. El contenedor resultante con las heces, la orina y el aserrín pudo haberse colocado en composteros y reciclarse en vez de ser desviado hacia los drenajes como material de desecho. De hecho, los propietarios pudieron haber tenido sus propios composteros, gozando de un sistema de saneamiento descentralizado y ecológico sobre su propiedad, de haber deseado cosechar la compota para crecer plantas. Pudieron haber tenido hermosos árboles y arbustos frutales en vez de baños de cubeta apestosos y los desperdicios asociados a dicha práctica si hubieran adoptado baños composta sin olores y al interior de sus casas. Pero nadie lo sabía[22].

FECOFOBIA

No crecemos comida con «desperdicios humanos», ni plantamos jardines con «tierra nocturna». Alimentamos a los microorganismos de un ambiente de composta con humabono. Así mismo, los alimentamos con muchas otras cosas (abono de otros animales, cáscaras de plátano, restos de café, carne, huesos, grasas, toda clase de residuos de alimentos, cadáveres de animales, residuos del jardín, pasto cortado, hojas, etc.). Con el tiempo, los microorganismos transforman la materia orgánica en composta. A continuación, alimentamos a la tierra con dicha composta, la cual se la proporciona a las plantas. Después nos comemos dichas plantas o se las damos a los animales y nos comemos a dichos animales o sus subproductos.

La aplicación de abono humano directamente a la tierra es un error; es por eso que lo evitamos. Como sucede con la defecación directa en la tierra, existen demasiadas oportunidades para que los organismos patógenos encuentren una vía de regreso a sus anfitriones humanos cuando violamos la segunda regla del saneamiento de Jenkins. Sin embargo, cuando compostamos el humabono, rompemos el ciclo de infección patógena. A pesar de tratarse de ciencia bien probada, existen muchos escépticos.

La creencia de que la aplicación en agricultura de la composta representa un riesgo cuando se utiliza humabono como insumo es a los que llamo «fecofobia». Las personas creen que es peligroso e insensato utilizar excremento humano para hacer composta. Sin embargo, la mejor forma de transformar el humabono en un producto higiénicamente seguro es mediante el compostaje. No obstante, en Finlandia, por ejemplo, la composta que contiene abono de origen humano no puede ser utilizada en la agricultura comercial. En el estado de Arizona, la composta hecha con cualquier abono no puede usarse para la remediación de los bordes de caminos públicos. Una persona que manejaba una operación comercial de composta publicó la siguiente pregunta en un blog, «¿Puedo compostar los residuos de alimentos recolectados en un lugar público aún cuando había en ellos un pañuelo procedente de los baños?». Así que no esperemos que el compostaje de humabono se vuelva parte de la cultura dominante en un futuro cercano en los Estados Unidos o en otros lugares. Aquellos lugares en los que no hay escusados de descarga de agua son la excepción. Dichas comunidades no se ven afectadas por la fecofobia y son entusiastas del compostaje de humabono debido a que los baños composta ofrecen una alternativa a las letrinas. Así como los escusados de agua del siglo XIX representaron una revolución en la salubridad para aquellos que estaban cansados de los baños exteriores, los baños composta pueden proveer una revolución similar para muchas personas alrededor del mundo en nuestros días.

Un día, los materiales orgánicos recolectados por los municipios incluirán los materiales procedentes de los baños. Ya existen algunas oportunidades para los habitantes de EUA que desean desarrollar un cierto nivel de experiencia en el campo del saneamiento ecológico. Los baños composta pueden ser una solución en cualquier lugar en el que se utilicen baños portátiles, como grandes reuniones, festivales de música, campamentos, entre otros eventos, en los cuales el drenaje o incluso la electricidad no están disponibles. Se deben abolir las barreras regulatorias; de otra forma no hay manera que se puedan desarrollar dichas soluciones. Por ejemplo, algunos estados definen el excremento humano como un producto de desecho que debe ser eliminado. No obstante, el excremento humano puede ser reciclado de forma constructiva a través del compostaje, sin representar desecho alguno y por lo tanto sin referirse a dicho material como «desecho humano», sino como «humabono». Cuando se composta el humabono, no existen aguas negras, ni desperdicios ni contaminación. En vez de esto, obtenemos composta. Los baños composta son baños libres de desechos. No se deposita ningún desperdicio dentro de un baño composta tampoco se produce ningún desperdicio.

DE REGRESO A ASIA

¿Los asiáticos en verdad hacían composta históricamente? Un hecho bien conocido es que los asiáticos han reciclado el humabono durante varios siglos, probablemente incluso milenios, pero resulta difícil encontrar información histórica sobre el *compostaje* de humabono en Asia. Rybczynski et al. argumenta que el compostaje se introdujo en China de forma sistemática en la década de 1930 y que no fue sino hasta 1956 que se comenzaron a utilizar baños secos a grán escala en Vietnam[23].

Un libro publicado en 1978 y traducido del original en Chino indica que el compostaje no había sido una práctica cultural en China hasta hace poco tiempo. Un reporte agrícola de la Provincia de Hopei indica que el manejo estandarizado y el procesamiento higiénico (es decir, el compostaje) de las excreciones y la orina se inició tan solo en 1964. Las técnicas de compostaje que se desarrollaron en aquellos tiempos incluían la separación de las heces y la orina, las cuales eran posteriormente «vertidas dentro de un tanque de mezclado y bien revueltas para formar un líquido fecal denso» antes de ser apiladas en una montaña de composta. La mezcla de composta estaba compuesta de un 25 por ciento de heces y orina humanas, 25 por ciento de abonos de origen animal, 25 por ciento de residuos orgánicos variados y 25 por ciento de tierra[24].

Un reporte de un comité de salubridad en la Provincia de Shantung enumera tres métodos tradicionales utilizados en dicha provincia, los cuales provocan pérdidas significativas de nitrógeno:

1) Secado - «*El secado ha sido el método más común para tratar el excremento humano y la orina durante años*». Dicho método causa pérdidas importantes de nitrógeno.

2) Aplicación del material crudo, un método que sabemos que permite la transmisión de patógenos.

3) «*Conectar la letrina del hogar con el corral de los cerdos... un método utilizado durante siglos*». Se trata de un método insalubre en el cual el excremento era simplemente consumido por los animales[25].

No se hace mención alguna del compostaje como método tradicional utilizado en China para el reciclaje de humabono. Por otro lado, todo indica que el gobierno chino en la década de 1960 parecía, en aquella época, querer establecer el compostaje como un método preferible a los tres mencionados anteriormente, principalmente debido a que aquellos tres métodos resultan riesgosos en materia de higiene, mientras que el compostaje, al ser debidamente manejado, destruye a los patógenos en el humabono y al mismo tiempo conserva los nutrientes con valor agrícola. Dicho reporte también indica que se utilizaba tierra como uno de los ingredientes de la composta, o, citando textualmente «En general, resulta adecuado mezclar 40 a 50 por ciento de excreciones y orina con 50 a 60 por ciento de tierra contaminada y hierbas». De manera general, se desaconseja el uso de tierra como aditivo para la composta. Las hierbas si, la tierra no. La tierra no le hace daño a la composta, pero los microbios no la consumen, sino que la producen.

La investigación de Rybczynski para el Banco Mundial sobre opciones de bajo costo para el saneamiento consideró más de veinte mil referencias y revisó alrededor de doce mil documentos. Su reseña en materia de compostaje en Asia incluye la siguiente información, la cual he resumido:

No existen reportes de la utilización de baños secos o privados a gran escala hasta la década de 1950, cuando la República Democrática de Vietnam emprendió un plan de cinco años de higiene rural y se construyó una grán cantidad de baños secos anaeróbicos. Dichos baños, conocidos como la doble cámara vietnamita, consistían en dos tanques impermeables o cámaras colocados sobre la superficie para la recolección del humabono. Para una familia de entre 5 y 10 personas, se requería que cada cámara tuviera 1,2 metros de ancho, 0,7 metros de altura y 1,7 metros de largo (aproximadamente 4 pies de ancho por 28 pulgadas de altura y 5 pies con 7 pulgadas de largo). Uno de los tanques se utilizaba hasta ser llenado y se permitía la descomposición de su contenido mientras se utilizaba el segundo. El uso de dichos baños secos requiere la segregación de orina, la cual es desviada hacia un contenedor separado mediante una hendidura en el piso del baño. El material fecal es recolectado en los tanques y cubierto con tierra para descomponerse de forma anaeróbica. Se agregan cenizas de la cocina al material fecal para reducir los olores.

Se encontró que el ochenta y cinco por ciento de los huevos de ascárides, uno de los patógenos humanos más persistentes, fueron eliminados después de un periodo de dos semanas en este sistema. Los reportes indican que el material orgánico resultante de dichas letrinas aumenta los rendimientos de las cosechas entre un 10 y un 25 por ciento, en comparación al uso de tierra nocturna sin tratamiento. El éxito de la doble cámara vietnamita requirió «programas de educación en salud largos y persistentes»[26].

Cuando se exportó dicho sistema a México, el resultado fue «impresionantemente positivo», de acuerdo con una fuente, quien añade, «Cuando se maneja de forma adecuada, no hay olores ni moscas en estos baños. Parecen funcionar particularmente bien en las tierras montañosas y secas de México. En los casos en los cuales el sistema falló debido al exceso de humedad en la cámara de descomposición, olores y/o desarrollo de moscas, se debió en general a la falta, escasez o confusión de la información, entrenamiento y seguimiento»[27].

Otro baño seco anaeróbico de doble cámara utilizado en Vietnam implicaba la mezcla de material fecal y orina. En dicho sistema, las bases de las cámaras estaban perforadas para permitir el drenaje y se filtraba la orina a través de roca caliza para neutralizar la acidez. Se agregaban otros residuos orgánicos dentro de las cámaras y se suministraba ventilación mediante una tubería.

BAÑOS SECOS COMERCIALES

Debido a que no se necesita agua para la operación de los baños secos, el excremento humano se mantiene separado de los suministros de agua. Una sola persona que utiliza un baño Clivus Multrum produce casi 40 kg (88 libras) de materia orgánica anualmente, mientras que evita la contaminación de casi 25 000 litros (6 604 galones) de agua anualmente[28]. El residuo séptico resultante puede ser utilizado como aditivo para la tierra que no esté en contacto con cultivos de alimentos.

Los baños secos, utilizados de manera correcta, deberían representar una alternativa adecuada a los escusados de descarga de agua para aquellas personas que no tienen agua que desperdiciar. Se introdujeron versiones baratas de baños secos en las Filipinas, Argentina, Botswana y Tanzania, pero no resultaron exitosas. De acuerdo con una fuente, «Las unidades que inspeccioné en África fueron ejemplos de las letrinas domésticas más desagradables y apestosas que he presenciado. El problema radicaba en que la mezcla de excreciones y materia vegetal estaba demasiado mojada y no se añadía suficiente material vegetal, en especial durante la época de sequías»[29]. Demasiado líquido producirá condidicones anaeróbicas con los consecuentes olores. La naturaleza anaeróbica de la masa orgánica puede ser mejorada mediante la adición regular de materiales carbonosos con cierto volumen. Tu naríz te permitirá saber cuando estés haciendo las cosas mal.

Existe una gran variedad de baños secos disponibles en el mercado en la actualidad. Algunos pueden llegar a costar hasta $10 000 dólares y pueden estar equipados con tanques aislados, bandas transportadoras, agitadores mecánicos, bombas, aspersores y ventiladores[30]. De acuerdo con un fabricante de baños secos, los baños que no utilizan agua pueden reducir el consumo de dicho recurso en los hogares hasta 150 000 litros (40 000 galones) anuales[31]. Dicha cifra resulta significativa cuando consideramos que tan solo el 3 por ciento del agua de la Tierra es agua dulce y dos tercios de esta están encerrados dentro del hielo. Esto significa que tan solo el 1 por ciento del agua dulce de la Tierra está disponible en forma de agua potable. Entonces, ¿por qué cagar en ella?

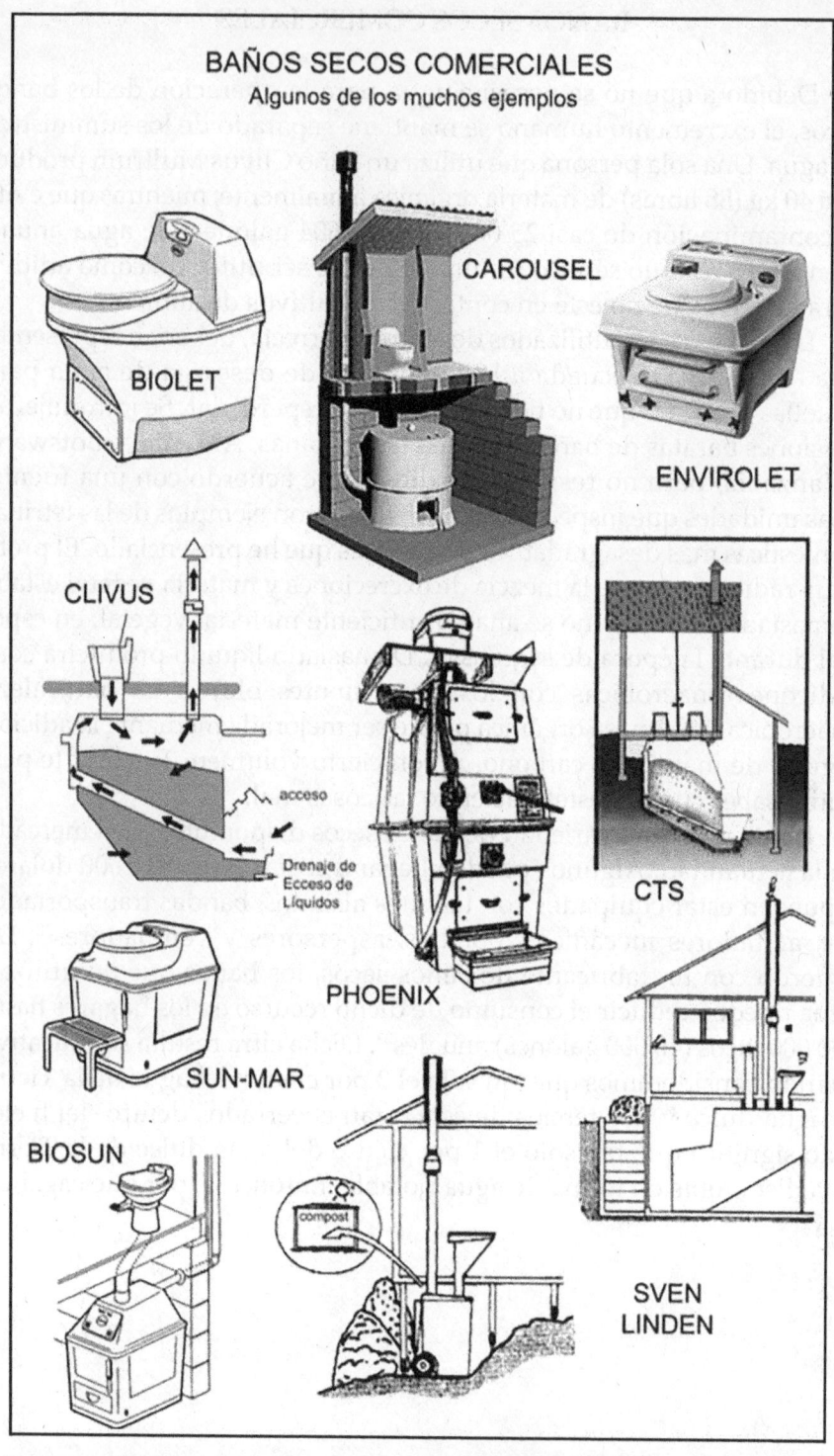

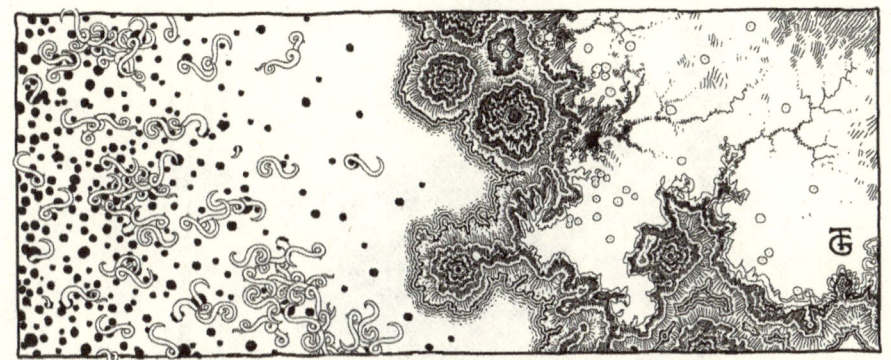

Capítulo Trece

Lombrices y Enfermedades

El excremento humano tiene una mala reputación (injustamente, ya que no es el excremento en sí el responsable, sino lo que hacemos con él que lo convierte en un riesgo para la salud). Cuando nos deshacemos de él como desperdicio y contaminante, generamos riesgos para la salud. Cuando se lo damos como alimento a los microorganismos y lo devolvemos a la tierra, generamos beneficios para la salud. A pesar de que la primera situación es bien conocida, la segunda es ignorada por la mayoría de la gente.

A finales de la década de 1970, cuando le comenté a un amigo que pretendía compostar humabono y crecer vegetales con el producto resultante, su respuesta fue bastante predecible:

— !Dios mío, no puedes hacer eso! — me dijo.
— ¿Por qué no?
— ¡Lombrices y enfermedades!

Después de seis años de haber comenzado a compostar humabono en mi hogar, una pareja de jóvenes ingleses me visitó durante un verano. Una tarde, mientras se preparaba la cena, la pareja se dio cuenta de su horrible situación: La comida que estaban a punto de consumir era mierda reciclada. Cuando se asentó en ellos dicha realidad, pareció activar una alarma instintiva, probablemente heredada directamente de la Reina Victoria. «¡No queremos comer mierda!», me informaron con bastante preocupación (cita textual), como si al preparar la cena simplemente les hubiera servido un mojón en sus platos, junto con un tenedor y un cuchillo.

La fecofobia está vivita y coleando, desenfrenada. Un malentendido común es que el material fecal, después de haber sido compostado, sigue siendo material fecal. No lo es. El humabono viene de la tierra y, mediante el milagroso proceso de compostaje, se transforma nuevamente en tierra. Una vez finalizado el proceso de compostaje, el producto final es composta, no caca y resulta valioso como insumo para crecer alimentos. Cuando te comes un pedazo de pastel de cereza que pasa por tu sistema digestivo, ¿aquello que sale del otro lado es pastel de cereza? No, es caca. El pastel de cereza se ha esfumado. De la misma manera, cuando los microbios se comen la caca, la transforman en algo diferente. Dentro de una pila de composta, el producto resultante es composta. La caca ha desaparecido.

El humabono no resulta más peligroso que el cuerpo del cual ha sido evacuado. El peligro radica en lo que hacemos con el excremento y no en el material en sí. Un vaso de vidrio no es peligroso por sí mismo, pero si lo rompemos sobre el piso de la cocina y caminamos sobre él descalzos, seguramente nos lastimaremos. Si hacemos uso de un vaso de vidrio de forma incorrecta y peligrosa, sufriremos las consecuencias, pero esto no es una razón válida para condenar a los vasos de vidrio. Cuando eliminamos el humabono como material de desecho y contaminamos la tierra y los suministros de agua con él, estamos haciendo mal uso de este recurso y es ahí donde radica el peligro. Cuando reciclamos de manera constructiva el humabono mediante el compostaje, enriquecemos la tierra y, al igual que en el caso del vaso de agua, esto nos facilita la vida.

Pero no todas las culturas tienen una visión negativa del excremento humano. Por ejemplo, las malas palabras asociadas con el excremento no parecían existir en el lenguaje chino en algún momento. El jefe de la oficina del New York Times en Tokyo explica por qué: «*Me di cuenta por qué la gente [en China] no usaba palabras referentes al excremento de forma negativa. Tradicionalmente no existía nada más valioso para un campesino que el [humabono]*»[1]. Llamarle a alguien «cabeza de humabono» simplemente no suena bien como insulto. «Cerebro de humabono» tampoco funciona. Si dijeras que el mundo se está yendo al humabono, probablemente la gente estaría de acuerdo contigo. La palabra «mierda», por otro lado, representa una sustancia ampliamente denunciada y cuya historia en occidente está llena de vituperaciones. Nuestros antepasados no lograron reciclar responsablemente dicha sustancia y por lo tanto provocaron problemas de salud pública monumentales. Por consiguiente, la creencia de que el humabono en sí es terriblemente peligroso ha sido acogida y promulgada hasta nuestros días.

Por ejemplo, un libro sobre el reciclaje de «desechos humanos» publicado en EUA comienza con el siguiente aviso: «El reciclaje de desperdicios humanos puede ser extremadamente peligroso para tu salud, la salud de tu comunidad y la salud de la tierra. Debido a los límites actuales respecto al conocimiento público, desaconsejamos explícitamente el reciclaje de los desechos humanos de forma individual o comunitaria y no asumimos responsabilidad alguna sobre los resultados que puedan proceder de la práctica de cualquiera de los métodos discutidos en esta publicación». El autor añade, «Antes de experimentar, obtenga el permiso de las autoridades de salud locales, debido a que los riesgos sanitarios son elevados». El autor procede a elaborar su discurso en torno a una metodología de compostaje de «desechos» humanos que incluye la separación de la orina de las heces, la recolección del abono en contenedores plásticos de 113 litros (30 galones) y sobre el uso de paja en vez de aserrín como material de cobertura en los baños[2]. Basado en mis cuarenta años de experiencia en el compostaje de humabono, desaconsejo los tres procedimientos anteriores, ya que no hay necesidad de molestarse en separar la orina; un contenedor de 113 litros resulta demasiado grande y pesado para manejarse fácilmente; y el aserrín procedente de un aserradero funciona de manera excelente en un baño composta, mucho mejor que la paja. Se discutirán dichos temas en el próximo capítulo.

Tuve que preguntarme por qué un autor que escribía un libro sobre el reciclaje de humabono «desaconsejaría explícitamente el reciclaje de desechos humanos», lo cual parece cuando menos contraproducente. Si no hubiera sabido de antemano que el reciclaje de humabono resulta fácil, simple y benéfico, me hubiera petrificado la idea de intentar una misión «extremadamente peligrosa» después de haber leído dicho libro. Lo último que quiere una persona es involucrar a las autoridades de salud locales. Si existe alguien que sabe particularmente poco sobre el tema del compostaje, serían las autoridades de salud locales, las cuales seguramente no reciben entrenamiento en la materia.

El movimiento agrícola «biodinámico», fundado por el Dr. Rudolph Steiner, provee otro ejemplo de fecofobia. El Dr. Steiner goza de bastante popularidad en todo el mundo y muchas de sus enseñanzas son practicadas casi de forma religiosa por sus discípulos. El científico y líder espiritual austriaco tiene sus propias opiniones sobre el reciclaje de humabono, basadas en su intuición y no en su experiencia concreta o en la ciencia. Insistió en que el humabono solo debía ser utilizado como fertilizante en la tierra para crecer plantas destinadas a la alimentación de animales y no para el ser humano. El abono producido por dichos animales puede ser subsecuentemente utilizado para fertilizar la tierra para crecer alimentos para consumo humano. De acuerdo con Steiner, los humanos nunca deberían acercarse al ciclo de los nutrientes del ser humano a un grado mayor que el descrito. De otra forma, sufrirían «daño cerebral y desórdenes nerviosos». Steiner procede a advertir sobre el uso de «fluidos del inodoro», incluyendo la orina humana, los cuales «nunca deberían ser utilizados como fertilizante, sin importar cuán bien procesados o añejados estén»[3]. Siendo franco, Steiner estaba mal informado, no estaba en lo correcto y era fecofóbico, y dicha fecofobia sin duda se ha esparcido hacia algunos de sus seguidores.

La historia está plagada de concepciones equívocas en cuanto al humabono. En algún punto, los doctores insistían en que el excremento humano debía ser una parte importante y necesaria del ambiente personal. Argumentaban que, «Padecimientos fatales pueden resultar si no se permite cierta cantidad de suciedad en las alcantarillas [de las calles] para atraer a las putrefactas partículas de enfermedad que están siempre presentes en el aire». En aquel entonces, el contenido de los inodoros simplemente se desechaba en las calles. Los doctores creían que los gérmenes en el aire serían atraídos hacia la suciedad de las calles y por lo tanto lejos de la gente. Esta línea de razonamiento influenció a la población de tal manera que muchos propietarios de viviendas construyeron sus privados junto a la cocina de la casa para mantener su comida libre de gérmenes y saludable[4]. Los resultados fueron justamente los opuestos (las moscas hacían viajes frecuentes entre los contenidos del inodoro y la comida de la mesa).

A principios del siglo XX, el gobierno de EUA condenaba el uso del humabono para fines agrícolas, advirtiendo de las consecuencias espantosas, incluyendo la muerte, a aquellos que se atrevieran a llevar a cabo dicha práctica. Un boletín de 1928 del Departamento de Agricultura de los Estados Unidos exponía los riesgos tan claro como el agua:

> «Cualquier escupidera, balde de agua sucia, drenaje de lavadero, urinal, privado, fosa séptica, tanque de residuos sépticos o campo de distribución de aguas negras es un peligro potencial. Una mínima cantidad de saliva, orina o heces, del tamaño de una cabeza de alfiler, puede contener cientos de gérmenes, todos invisibles a simple vista y cada uno capaz de producir enfermedades. Estos desechos deberían mantenerse alejados de los alimentos y bebidas de los [humanos] y los animales. La fiebre tifoidea, tuberculosis, cólera, disentería, diarrea y otros peligrosos padecimientos pueden derivar de de algunos gérmenes específicos que se pueden encontrar en las aguas negras en cualquier momento y es probable que otros males puedan estar relacionados con los desperdicios humanos. Pueden resultar gusanos intestinales de ciertos parásitos animales o de sus huevos, que posiblemente sean acarreados por las aguas negras; los más comunes son los anquilostomos, las ascárides, los tricocéfalos, las anguílulas, las tenias o solitarias y los oxiuros.
>
> Los gérmenes causantes de enfermedades son acarreados por muchos agentes y son recibidos insospechadamente por el cuerpo humano a través de varias rutas. Las infecciones pueden venir del polvo que vuela de las vías del tren, del contacto con los portadores transitorios o crónicos del padecimiento, de [vegetales] crecidos en jardines fertilizados con abono humano crudo o aguas negras, de alimentos preparados o tocados por manos sucias o visitados por moscas o gusanos, de la leche manejada por lecheros enfermos o descuidados, de latas de leche o utensilios lavados con agua contaminada o de cisternas, pozos, manantiales, reservorios, canales de irrigación, arroyos o lagos que reciban contaminación superficial o drenaje subterráneo de tierra contaminada por aguas negras».

El boletín continúa, «En septiembre y octubre de 1899, 63 casos de fiebre tifoidea, que provocaron cinco muertes, ocurrieron en el manicomio de Northampton (Mass.). Se rastreó la fuente de esta epidemia hasta concluir que provenía del apio, que había sido consumido libremente en agosto y que fue crecido y recogido en una parcela que había sido fertilizada al final del invierno o al principio de la primavera con los residuos sólidos de una cama de filtración de aguas negras situada en las tierras del hospital».

Y para sembrar la idea de que los desperdicios humanos son altamente peligrosos, el boletín añade, «Probablemente ninguna epidemia en la historia de América ilustra mejor las terribles consecuencias que pueden resultar de un acto de descuido como la erupción de fiebre tifoidea en Plymouth, Pa., en 1885. En enero y febrero de ese año, las descargas de un paciente con fiebre tifoidea fueron arrojadas a la nieve cerca de su casa. Éstas, acarreadas por el deshielo de primavera hacia el suministro de agua público, causaron una epidemia que duró de abril a septiembre. En una población total de 8000 personas, 1 104 fueron atacadas por esta enfermedad y 114 murieron».

El boletín del gobierno de los Estados Unidos insistía en que el uso de excremento humano como fertilizante era tan «peligroso» como «desagradable». Advertía que «bajo ninguna circunstancia se deberán usar tales desperdicios en la tierra destinada a la siembra de apio, lechuga, rábanos, pepinos, coles, tomates, melones u otros vegetales, moras o frutas creciendo a baja altura que se coman crudas. Los gérmenes causantes de enfermedades o las partículas de tierra que contienen dichos gérmenes pueden adherirse a la piel de los vegetales o frutas e infectar a quien las consuma». El boletín continuaba argumentando, «Nunca use los desperdicios [humanos] para fertilizar o irrigar jardines de verduras». El miedo hacia el excremento humano era tan severo que se recomendaba que el contenido de los inodoros fuera incinerado, hervido o químicamente desinfectado, después enterrado en una zanja[5].

Este grado de fecofobia, adoptado y difundido por las autoridades de gobierno y otros que no conocían ninguna alternativa constructiva al desecho de desperdicios, aún mantiene sus garras firmemente clavadas en la mentalidad occidental. Puede que pase mucho tiempo antes de poder ser eliminado. Los científicos con un conocimiento más amplio en la materia de reciclaje de humabono para fines agrícolas demuestran una actitud más constructiva. Están conscientes de que los beneficios del reciclaje apropiado del humabono «pesan mucho más que cualquier desventaja desde el punto de vista de la salud»[6].

LOS HUNZAS

Como lo mencioné anteriormente, civilizaciones enteras han reciclado el humabono durante miles de años. Este hecho debería constituir un testimonio suficientemente convincente acerca de la utilidad del humabono como un recurso agrícola. Mucha gente ha escuchado acerca de los «saludables Hunzas», un pueblo ubicado en lo que hoy se conoce como Paquistán, en la cordillera de los Himalayas, con una población que vive normalmente hasta los 120 años. Los Hunzas adquirieron popularidad en los Estados Unidos durante la era de la comida saludable de la década de 1960, durante la cual se escribieron varios libros acerca de la fantástica longevidad de este antiguo pueblo. Su salud extraordinaria se ha atribuido a la calidad de su estilo de vida en general, incluyendo la calidad de los alimentos naturales que consumen y la tierra en la que crecen. Sin embargo, poca gente se da cuenta de que los Hunzas también compostan su humabono y lo utilizan para cultivar sus alimentos. Se dice que no padecen virtualmente de ninguna enfermedad, ni cáncer, ni problemas intestinales ni del corazón y regularmente viven más de cien años «cantando, bailando y haciendo el amor hasta la tumba».

De acuerdo con un reporte, «A partir de su abono, los Hunzakuts devuelven todo lo que pueden a la tierra: todos los restos de vegetales que no sirven más como alimento humano o animal, incluyendo las hojas de los árboles que no fueran consumidas por el ganado, mezcladas con su propio excremento sazonado, adicionado con el estiércol y la orina de sus establos. Como sus vecinos chinos, los Hunzakuts guardan su propio abono en tanques especiales bajo la tierra, lejos de arroyos que pudieran resultar contaminados, en los cuales se añeja durante seis meses. Sus manos amorosas le dan nueva vida a todo aquello que alguna vez estuvo vivo»[7].

Sir Albert Howard escribió en 1947, «Los Hunzas son descritos como seres superiores por su salud y su fuerza en comparación a los habitantes de la mayoría de los otros países; un hunza puede caminar a través de las montañas hacia Gilgit durante casi 100 kilómetros (sesenta millas), hacer negocios y regresar a su pueblo sin sentirse demasiado cansado». Sir Howard sostiene que esto ilustra la conexión vital entre una agricultura sana y la buena salud, insistiendo en que los hunzas han hecho evolucionar un sistema agrícola que resulta perfecto. Agrega, «Para propiciar el humus esencial, todo tipo de desperdicio [sic], vegetal, animal y humano, es mezclado y descompuesto junto por los agricultores e incorporado a la tierra»[8].

McCarrison, un exoficial de la Agencia Gilgit, describió de la siguiente forma la salud de los hunzas, «Durante el periodo de mi asociación con esta gente nunca vi un caso de dispepsia asténica, de úlceras gástricas o duodenales, de apendicitis, de colitis mucosa, de cáncer... Esta gente desconocía la hipersensibilidad abdominal causada por impresiones nerviosas, fatiga, ansiedad o por frío. De hecho, desde mi regreso al Occidente, su boyante salud abdominal representó un importante contraste respecto a las lamentaciones dispépticas y del colon padecidas por nuestras comunidades altamente civilizadas»[9].

Sir Howard agrega, «La sobresaliente salud de este pueblo es una de las consecuencias de su agricultura, en la cual se obedece escrupulosamente la ley de la devolución. Todos sus desperdicios [sic] vegetales, animales y humanos son cuidadosamente devueltos a la tierra de las terrazas irrigadas que producen los granos, frutas y vegetales que los alimentan»[10].

¡CUIDADO!
KIA TŪPATO
AGUA CONTAMINADA
puede causar serios problemas para la salud de las personas y animales
EVITAR EL CONTACTO

AVISO DE DERRAME SANITARIO DEL ALCANTARILLADO

¡CUIDADO! DERRAME DE AGUAS NEGRAS NO PASAR

¡CUIDADO! PROHIBIDO EL PASO
BIOSÓLIDOS APLICADOS EN LOS ÚLTIMOS 30 DÍAS

¡PELIGRO!
AGUA CONTAMINADA CON DRENAJE
EVITAR EL CONTACTO A PARTIR DE ESTE PUNTO HACIA EL SUR HASTA LA FRONTERA INTERNACIONAL

ADVERTENCIA SANITARIA
ESTA ÁREA HA SIDO CONTAMINADA RECIENTEMENTE

CUIDADO
Este cuerpo de agua contiene niveles elevados de bacterias fecales (del drenaje). El contacto podría incrementar el reisgo de enfermedades. Evite nadar, caminar o pescar en estas aguas.
DEPARTAMENTO DE MEDIO AMBIENTE Y CONSERVACIÓN DE TENNESSEE

CUIDADO
AGUAS NEGRAS
ALÉJESE DEL AGUA

NO PESCAR - NO JUGAR - NO NADAR - NO CAMINAR
La exposición al agua puede provocar enfermedades.

Los Hunzas reciclaban su material orgánico, incorrectamente nombrado «desperdicio» por Sir Howard, mejorando así su salud personal y la de su comunidad. El Departamento de Agricultura de los Estados Unidos no estaba consciente de la efectividad del proceso natural de compostaje en 1928, cuando describieron el reciclaje de humabono como «peligroso y desagradable». Sin duda la USDA habría hecho notar su perplejidad respecto a los Hunzas, quienes habían practicado dicha forma de reciclaje de manera segura y constructiva durante siglos.

PATÓGENOS

Gran parte de la información contenida en esta sección fue adaptada de *Appropiate Technology for Water Supply and Sanitation* (Tecnología Apropiada para el Suministro de Agua y la Salubridad), escrito por Feachem et al., Banco Mundial, 1980. Esta amplia obra cita 294 referencias y fue llevada a cabo como parte del proyecto de investigación del Banco Mundial sobre tecnología apropiada para el suministro de agua y la salubridad[11].

Está claro que incluso el compostaje primitivo del humabono para fines agrícolas no representa necesariamente una amenaza hacia la salud humana, como lo evidencian los Hunzas. No obstante, la *contaminación* fecal del ambiente ciertamente puede presentar una amenaza hacia la salud humana. Las heces pueden albergar una multitud de organismos patógenos que podrían contaminar el ambiente e infectar a personas inocentes cuando el excremento humano es desechado como material de desperdicio y como agente contaminante. De hecho, incluso una persona sana y aparentemente libre de enfermedades puede transmitir patógenos potencialmente peligrosos a través de sus heces fecales, actuando simplemente como portador. La Organización Mundial de la Salud estima que el 80 por ciento de todas las enfermedades están relacionadas con una salubridad inadecuada y con agua contaminada y que la mitad de las camas de hospital en todo el mundo están ocupadas por pacientes que sufren de padecimientos relacionados con el agua[12]. Por lo tanto, el entender la forma correcta de compostar el humabono ciertamente parecería ser una empresa que valdría la pena emprender a nivel mundial.

La siguiente información no pretende ser alarmista. Se incluye con propósito ahondar en el tema y para ilustrar la importancia del compostaje del humabono, en vez de desecharlo como desperdicio o de su uso en forma cruda para fines agrícolas. Cuando se evita el proceso de compostaje y los desperdicios patógenicos se dispersan en el ambiente, varias enfermedades y lombrices pueden infectar a la población que

Tabla 1: PATÓGENOS POTENCIALES EN LA ORINA

La orina de un humano sano puede contener hasta 1 000 bacterias de diferentes tipos por milímetro al salir del cuerpo. Más de 100 000 bacterias de un mismo tipo por milímetro indican una infección en el tracto urinario. Los individuos infectados transmitirán patógenos en la orina que pueden incluir:

Bacteria	Enfermedad
Salmonella typhi	Tifoidea
Salmonella paratyphi	Fiebre paratifoidea
Leptospira	Leptospirosis
Yersinia	Enteritis
Escherichia coli	Diarrea

Gusanos	Enfermedad
Schistosoma haematobium	Schistosomiasis

Fuente: Feachem, et al., 1980; y Franceys, et al., 1992; y Lewis, Ricki, 1992. *FDA Consumer* (Consumidor de la FDA), septiembre, 1992. p. 41.

Tabla 2: DOSIS MÍNIMAS CAUSANTES DE INFECCIÓN
Para Algunos Patógenos y Parásitos

Patógeno	Dosis Mínima Infecciosa
Ascaris	1 - 10 huevos
Cryptosporidium	10 quistes
Entamoeba coli	10 quistes
Escherichia coli	1 000 000 -100 000 000
Giardia lamblia	10 - 100 quistes
Virus de la Hepatitis A	1-10 UFP
Salmonella spp.	10 000 - 10 000 000
Shigella ssp.	10 - 100
Streptococcus fecalis	10 000 000 000
Vibrio cholerae	1 000

Los patógenos tienen diferentes grados de virulencia o potencial para causar enfermedades en el ser humano. La dosis mínima infecciosa se refiere al número de organismos requeridos para provocar una infección.

Fuente: Bitton, Gabriel (1994). *Wastewater Microbiology* (Microbiología de las Aguas Negras). Nueva York: Wiley-Liss, Inc., p. 77-78; y *Biocycle* (Biociclo), septiembre, 1998, p. 62.

Tabla 3: PATÓGENOS VIRALES POTENCIALES EN LAS HECES

Virus	Enfermedad	¿El portador puede no presentar síntomas?
Adenovirus	varía	si
Coxsackievirus	varía	si
Echovirus	varía	si
Hepatitis A	Hepatitis infecciosa	si
Poliovirus	Poliomielitis	si
Reovirus	varía	si
Rotavirus	Diarrea	si

Los rotavirus pueden ser responsables de la mayoría de las diarreas infantiles. El virus de la Hepatitis A causa hepatitis infecciosa, a menudo sin mostrar síntomas, especialmente en los niños. La infección por coxsackievirus puede provocar meningitis, fiebre, enfermedades respiratorias, parálisis y miocarditis. La infección por echovirus puede causar fiebre común, meningitis, diarrea o padecimientos respiratorios. La mayoría de las infecciones por poliovirus no provocan ninguna enfermedad clínica, pero a veces la infección causa un padecimiento leve, parecido a la influenza, que puede llevar a una meningitis viral, poliomielitis paralítica, deficiencias permanentes o la muerte. Se estima que casi todas las personas en los países en vías de desarrollo se ven infectadas con poliovirus y que una de cada mil infecciones por poliovirus provoca poliomielitis paralítica.

Fuente: Feachem, et al., 1980

Tabla 4: PATÓGENOS BACTERIANOS POTENCIALES EN LAS HECES

Bacteria	Enfermedad	¿El portador puede no presentar síntomas?
Campylobacter	Diarrea	si
E. coli	Diarrea	si
Salmonella typhi	Fiebre tifoidea	si
Salmonella paratyphi	Fiebre paratifoidea	si
Otras Salmonellae	Intoxicación por comida	si
Shigella	Disentería	si
Vibrio cholerae	Cólera	si
Otros vibrios	Diarrea	si
Yersinia	Yersiniosis	si

Fuente: Feachem et al., 1980.

habita en el área contaminada. Este hecho ha sido ampliamente documentado.

Consideremos la siguiente cita: «*El uso de la tierra nocturna [material fecal y orina en su forma cruda] como fertilizante no está exento de riesgos para la salud. La hepatitis B prevalece en Dacaiyuan [China], así como en el resto de China. Se están llevando a cabo algunos esfuerzos para el tratamiento químico [del humabono] o al menos para mezclarlo con otros ingredientes antes de ser aplicado al campo. Pero los químicos son costosos y los viejos hábitos son difíciles de eliminar. La tierra nocturna constituye una de las razones por las cuales los chinos urbanos son tan escrupulosos al pelar la fruta y por la cual los vegetales crudos no son parte de su dieta. Dejando los aspectos negativos de lado, uno sólo debe observar las fotos satelitales del cinturón verde que rodea las ciudades chinas para entender el valor de la tierra nocturna*»[13].

Por otro lado, los «las lombrices y las enfermedades» no son propagados por medio de la composta adecuadamente preparada, ni por la gente saludable. No hay razón para creer que el abono de una persona

Tabla 5:
PROTOZOARIOS PATÓGENOS POTENCIALES EN LAS HECES

Protozoario	Enfermedad	¿Portador sin síntomas?
Balantidium coli	Diarrea	si
Entoamoeba histolytica	Disentería, ulceración del colon, abscesos del hígado	si
Giardia lamblia	Diarrea	si

TIEMPO DE SUPERVIVENCIA LOS COLIFORMES FECALES EN LA TIERRA

99% de los coliformes en la tierra mueren en alrededor de 15 días en verano y 21 días en invierno.

Fuente: *Recycling Treated Municipal Wastewater and Sludge Trough Forest and Cropland* (Reciclaje de Aguas Negras Municiupales y Lodos Residuales Tratados en Bosques y Campos de Cultivo). Editado por William E. Sopper y Louis T. Kardos. 1973. P. 82. Basado en el trabajo de Van Donsel, et al., 1967.

TABLA 7:
DENSIDAD PROMEDIO DE COLIFORMES FECALES EXTRETADOS EN 24 HORAS
(milliones/100ml)

Humano	13,0
Pato	33,0
Borrego	16,0
Cerdo	3,3
Pollo	1,3
Vaca	0,23
Pavo	0,29

Fuente: *Agricultural Waste Management Field Manual* (Maunal de Campo del Manejo de Desperdicios Agrícolas). Servicio de Conservación de la Tierra de los Estados Unidos. Agosto de 1975. P. 16-12.

sana sea peligroso a menos que se acumule en el ambiente, que contamine el agua con bacterias intestinales o que crie moscas y ratas, todo esto resultando de la negligencia. El aliento que una persona exhala también puede ser portador de peligrosos patógenos, así como lo pueden ser la saliva y las flemas. El asunto se confunde con la noción de que si algo es *potencialmente* peligroso, entonces siempre será peligroso, lo cual no es cierto. En general, no se entiende que el compostaje de humabono lo transforma en un recurso agrícola salubre. Ningún otro sistema de reciclaje o desecho de materia fecal puede lograr esto de forma tan eficaz sin el uso de sustancias químicas peligrosas o de un alto nivel de tecnología y consumo de energía.

Incluso la orina, usualmente considerada como estéril, puede contener gérmenes causantes de enfermedad (Tabla 1). La orina, como el humabono, es valiosa por sus nutrientes para la tierra. Se estima que la orina anual de una persona contiene suficientes nutrientes para el suelo como para crecer granos para alimentarla durante un año[14]. Por lo tanto, es tan importante el reciclar la orina como lo es el reciclaje del humabono y el compostaje presenta una excelente manera para hacerlo.

Los patógenos presentes en el humabono pueden dividirse en cuatro categorías generales: virus, bacterias, protozoarios y lombrices (helmintos).

VIRUS

Descubiertos en la década de 1890 por un científico ruso, los virus están entre las formas de vida más simples y pequeñas. Muchos científicos ni siquiera los consideran organismos. Son mucho más pequeños y simples que las bacterias y en su forma más simple pueden consistir simplemente de una molécula de ARN. Por definición, un virus es una entidad que contiene la información necesaria para su propia reproducción, mas no contiene los elementos físicos para llevarla a cabo (tienen el software, pero no el hardware). Para reproducirse, por lo tanto, los virus dependen del hardware de la célula huésped infectada, la cual es reprogramada por el virus con el fin de replicar el ácido nucleico viral. Los virus no pueden reproducirse por sí mismos fuera de la célula huésped[15].

Hay más de 140 tipos de virus en el mundo que pueden transmitirse a través de las heces humanas, incluyendo el poliovirus, coxsackievirus (causante de meningitis y miocarditis), echovirus (causante de meningitis y enteritis), reovirus (causante de enteritis), adenovirus (causante

Tabla 6:
LOMBRICES PATÓGENAS POTENCIALES EN LAS HECES

Nota: hum. = humano; intes. = intestinal

Nombre Común	Patógeno	Transmisión	Distribución
1. Anquilostomas	Ancylostoma doudenale Necator americanus	Hum. -tierra-hum.	Climas cálidos y húmedos
2. ------------	Heterophyes heterophyes	Perro/gato - caracol-pez-hum	M. Oriente/ S. de Eur/ Asia
3. ------------	Gastrodiscoides	Cerdo-caracol- vegetación acuática - humano	India/ Bangladesh/ Vietnam/ Filipinas
4. Duela gigante intes.	Fasciolopsis buski	Hum./cerdo- caracol - vegetación acuática - humano	S.E. de Asia/China
5. Duela del hígado	Fasciola hepática	Borrego-caracol -vegetación acuática- humano	Todo el mundo
6. Oxiuros	Enterobius vermicularis	Humano - humano	Todo el mundo
7. Gusano ancho de los peces	Diphyllobothrium latum	Hum./animal copépodos - pez - humano	Principalmente clima Templado
8. Duela hepática felina	Opisthorchis felineus O. viverrini	Animal-caracol acuático - pez - humano	Rusia/Tailandia
9. Duela hepática china	Chlonorchis sinensi	Animal/hum.- caracol - pez-humano	S.E. de Aísa
10. Lombriz intestinal	Ascaris lumbricoides	Humano-tierra- humano	Todo el mundo
11. Cestodos	Hymenolepis spp.	Humano/roedor - humano	Todo el mundo
12. ------------	Metagonimus yokogawai	Perro/gato - caracol-pez- Humano	Japón/Corea/China/ Taiwán/ Siberia
13. Duela pulmonar	Paragonimus westermani.	Animal/humano - caracol - cangrejo (de mar o rio) - hum.	S.E. de Asia/África/ Sudamérica
14. Schistosomas	S. haematobium	Humano - caracol - humano	África/Medio Oriente/India
------------	Schistosoma mansoni	Humano - caracol humano	S.E. de Asia
------------	S. japonicum	Animal/hum. - caracol - hum.	S.E. de Asia
15. Lombriz intestinal	Strongyloides stercoralis	Hum.- hum. (¿perro-hum.?)	Climas cálidos y húmedos
16. Lombriz solitaria	Taenia saginata	Humano - vaca - humano	Todo el mundo
	T. solium	Humano - cerdo - humano o humano - humano	Todo el mundo
17. Gusano látigo	Trichuris trichiura	Humano - tierra humano	Todo el mundo

Fuente: Feachem et al., 1980.

de enfermedades respiratorias), hepatitis infecciosa (causante de ictericia), entre otros (Tabla 3). Durante periodos de infección, entre cien millones y un billón de virus pueden ser excretados con cada gramo de material fecal[16].

BACTERIAS

De las bacterias patógenas, el género *Salmonella* es significativo porque contiene especies causantes de la fiebre tifoidea, paratifoidea y disturbios gastrointestinales. Otro género de bacteria, *Shigella*, causa disentería. Las micobacterias causan tuberculosis (la Tabla 4 enlista algunas de estas bacterias). Sin embargo, de acuerdo con Gotaas, las bacterias patógenas en la composta «son incapaces de sobrevivir temperaturas de 55°-60°C [131°-140°F) por más de 30 minutos a una hora»[17].

PROTOZOARIOS

Los protozoarios patógenos incluyen a la *Entamoeba histolytica* (causante de disentería amebiana) y miembros del grupo Hartmannella-Naegleria (causantes de meningoencefalitis). La etapa de quiste en el ciclo de vida de los protozoarios es la principal forma de diseminación ya que las amibas mueren rápidamente una vez fuera del cuerpo humano. Los quistes se deben mantener húmedos para poder permanecer viables por un tiempo prolongado[18]. Ver la Tabla 5.

LOMBRICES PARASITARIAS

Varias lombrices parasitarias transmiten sus huevos mediante las heces, incluyendo a los anquilostomos, las *ascárides* y los tricocéfalos (Tabla 6). Varios investigadores han reportado entre 59 y 80 huevos de lombrices en muestras de un litro de aguas negras. Esto sugiere que miles de millones de huevos de lombrices patógenas pueden llegar a la planta de tratamiento de aguas negras a diario en algunos lugares del mundo. Estos huevos tienden a ser resistentes a diferentes condiciones ambientales debido a su gruesa cobertura exterior[19] y son extremadamente resistentes a los procesos de digestión de aguas residuales comunes en las plantas de tratamiento.

Una exposición de tres meses al proceso de digestión anaeróbica de las aguas residuales parece tener muy poco efecto en la viabilidad de los huevos de Ascaris; después de seis meses, 10 por ciento de los hue-

Tabla 8:
SUPERVIVENCIA DE ENTEROVÍRUS EN LA TIERRA

Virus – Estos parásitos, más pequeños que las bacterias, sólo pueden reproducirse dentro del animal o planta al que parasitan. Sin embargo, algunos pueden sobrevivir por mucho tiempo afuera de su huésped.
Enterovirus – Los enterovirus son aquellos que se reproducen dentro del tracto intestinal. Se ha descubierto que pueden sobrevivir en la tierra por períodos de entre 15 y 170 días. La siguiente tabla muestra los tiempos de supervivencia de los enterovirus en diversos tipos y condiciones de suelo.

Tipo de Suelo	pH	% Humedad	Temp. (°C)	Días de Supervivencia (menos de)
Estéril, arenoso	7,5	10-20%	3-10	130-170
		10-20%	18-23	90-110
	5,0	10-20%	3-10	110-150
		10-20%	18-23	40-90
No estéril, arenoso	7,5	10-20%	3-10	110-170
		10-20%	18-23	40-110
	5,0	10-20%	3-10	90-150
		10-20%	18-23	25-60
Estéril, franco	7,5	10-20%	3-10	70-150
		10-20%	18-23	70-110
	5,0	10-20%	3-10	90-150
		10-20%	18-23	25-60
No estéril, franco	7,5	10-20%	3-10	110-150
		10-20%	18-23	70-110
	5,0	10-20%	10	90-130
		10-20%	18-23	25-60
No estéril, arenoso	5	secado con aire	18-23	15-25

Fuente: Feachem et al., 1980.

Tabla 9
TIEMPO DE SUPERVIENCIA DEL PROTOZOARIO E. HISTOLYTICA EN LA TIERRA

Protozoario	Tierra	Humedad	Temperatura (°C)	Supervivencia
E. histolytica	t. franca/arena	mojado	28-34	8-10 días
E. histolytica	tierra	húmedo	?	42-72 hrs.
E. histolytica	tierra	seco	?	18-42 hrs.

Fuente: Feachem et al., 1980.

Tabla 10
TIEMPO DE SUPERVIVENCIA DE ALGUNAS BACTERIAS EN LA TIERRA

Bacteria	Suelo	Humedad	Temp. (°C)	Supervivencia
Streptococci	Franco	?	?	9-11 semanas
Streptococci	Franco arenoso	?	?	5-6 semanas
S. typhi	Varios suelos	?	22	2-400 días
Bacilo de la tuberculosis bovina	Suelo y estiércol	?	?	menos de 178 días
Leptospiras	Varios	varios	verano	12 hrs.-15 días

Fuente: Feachem et al., 1980.

Tabla 11:
SUPERVIVENCIA DE POLIOVIRUS EN LA TIERRA

Tipo de Suelo	Virus	Humedad	Temp. (°C)	Supervivencia en días
Dunas de arena	Poliovirus	Seco	?	Menos de 77
Dunas de arena	Poliovirus	húmedo	?	Menos de 91
Arena fina franca	Poliovirus I	húmedo	4	Red. de 90% en 84
Arena fina franca	Poliovirus I	húmedo	20	Reducción de 99,999% en 84
Suelo regado con aguas residuales, pH=8,5	Poliovirus 1, 2 y 3	9-20%	12-33	Menos de 8
Suelo regado con aguas o lodos residuales	Poliovirus I	180mm de lluvia total	-14-27	96-123 tras la aplicación de lodo residual
			-14-27	89-96 tras la aplicación de aguas residuales
		90 mm de lluvia total	15-33	menos de 11 tras la aplicación de aguas o lodos residuales

Fuente: Feachem et al., 1980

vos pueden seguir viables. Incluso después de un año en las aguas residuales, aún pueden encontrarse algunos huevos viables[20]. En 1949, una epidemia de ascárides en Alemania fue directamente vinculada al uso de aguas negras de forma cruda para fertilizar jardines. El agua negra contenía 540 huevos de ascárides por cada 100 ml y más del 90 por ciento de la población resultó infectada[21].

Si hay entre 59 y 80 huevos de gusano en una muestra de un litro de aguas negras, entonces podríamos estimar razonablemente que hay 70 huevos por litro o 280 huevos por galón, para tener un promedio aproximado. Esto significa que aproximadamente 280 huevos de lombrices por galón de agua residual podrían entrar a las plantas de tratamiento en localidades infectadas. Una planta de tratamiento de aguas residuales que sirve a una población de ocho mil personas y que recolecta alrededor de 5,7 millones de litros (1,5 millones de galones) de aguas negras diariamente podría tener 420 millones de huevos de lombrices entrando diariamente en ella y asentándose en el lodo residual. En el transcurso de un año, más de 153 mil millones de huevos de parásitos pueden pasar por la planta de tratamiento de un pueblo pequeño. Analicemos el peor escenario: todos los huevos sobreviven en el lodo residual debido a su resistencia a las condiciones ambientales de la planta de tratamiento. A lo largo del año, 30 cargamentos de lodo residual son extraídos de las instalaciones de una de estas plantas. Cada camión lleno de lodo teóricamente podría contener más de 5 mil millones de huevos de gusanos patógenos, probablemente en camino hacia las tierras de un agricultor o quizás a un relleno sanitario.

Como lo mencioné anteriormente, las ascárides coevolucionaron durante milenios como parásitos de la especie humana aprovechándose del antiguo hábito humano de defecar en la tierra. Ya que las ascárides viven en los intestinos humanos pero requieren de un periodo en la tierra para su desarrollo, su especie se ve perpetuada por nuestros malos hábitos. Si no permitiéramos que nuestro excremento entrara en contacto con la tierra y si en vez de eso hiciéramos composta con él, la especie parasitaria conocida como *Ascaris lumbricoides*, la cual nos ha plagado probablemente por cientos de miles de años, se extinguiría en poco tiempo. De otra forma, seguiremos siendo superados por la astucia de las lombrices parásitas que dependen de nuestra ignorancia y descuido para su propia supervivencia.

PATÓGENOS INDICADORES

Los patógenos indicadores son aquellos cuya presencia en el agua o la tierra sirve como evidencia de que existe contaminación fecal.

El lector astuto habrá notado que muchas de las lombrices patógenas listadas en la Tabla 6 no se encuentran en los Estados Unidos. De aquellas que sí se encuentran en EUA, la *Ascaris lumbricoides* (ascárides) es la más persistente y puede servir como indicador de la presencia de helmintos patógenos en el ambiente.

Una sola hembra de ascárides puede producir hasta 27 millones de huevos durante su vida[22]. Estos huevos están protegidos por una cubierta exterior resistente a los químicos que les permite permanecer viables en la tierra durante largos periodos de tiempo. El cascarón del huevo está compuesto por cinco capas diferentes: una membrana exterior y una interior, con tres resistentes capas entre ellas. La membrana exterior puede endurecerse parcialmente debido a la influencia de condiciones ambientales hostiles[23]. La viabilidad reportada de los huevos de ascárides en la tierra varía entre un par de semanas, bajo condiciones soleadas y arenosas[24], hasta dos y medio años[25], cuatro años[26], cinco años y medio[27], o incluso diez años[28] en la tierra, dependiendo de la fuente de información. En consecuencia, los huevos de ascárides parecen ser el mejor indicador para determinar si hay lombrices parásitas patógenas presentes en la composta. En China, los estándares actuales para la reutilización agrícola del humabono requieren una mortalidad de las Ascaris mayor al 95 por ciento.

Los huevos de *Ascaris* se desarrollan a temperaturas entre los 15,5° y 35°C (60° y 95 °F), sin embargo se desintegran a temperaturas superiores a los 38°C (100,4 °F)[29]. Las temperaturas generadas durante el compostaje termófilo pueden exceder fácilmente los niveles necesarios para destruir a los huevos de ascárides.

A pesar de que la contaminación de la composta por huevos de ascárides resulte extremadamente improbable, puedes solicitar un análisis coprológico en tu hospital local para saber si tú estás infectado. Yo me sometí a tres análisis coprológicos durante un periodo de doce años como parte de la investigación para las ediciones anteriores de este libro. Había compostado humabono durante catorce años cuando llevé a cabo la primera prueba y durante 26 años para la tercera. Había usado toda la composta en mis jardines de comida. Cientos de personas también habían utilizado mi inodoro durante estos años, pudiendo haberlo contaminado con Ascaris. Sin embargo, todos los análisis coprológicos re-

Tabla 12:
TIEMPOS DE SUPERVIVENCIA DE ALGUNAS LOMBRICES PATÓGENAS

Suelo	Humedad	Temp. (°C)	Supervivencia
LARVAS DE ANQUILOSTOMAS			
Arena	?	temperatura ambiente	< 4 meses
Tierra	?	sombra exterior, Sumatra	< 6 meses
Tierra	Húmedo	Sombra densa	9-11 semanas
		Sombra moderada	6-7.5 semanas
		Soleado	5-10 días
Tierra	Cubierta con agua	variado	10-43 días
Tierra	Húmeda	0	< 1 semana
		16	14-17,5 semanas
		27	9-11 semanas
		35	< 3 semanas
		40	< 1 semana
HUEVOS DE ANQUILOSTOMAS			
Tierra calentada con tierra nocturna	cubierta con agua	15-27	9% tras 2 semanas
Tierra sin calentar con estiércol crudo	cubierta con agua	15-27	3% tras 2 semanas
HUEVOS DE ASCARIS			
Arenoso, sombra		25-36	31% muertos tras 54 d.
Arenoso, soleado		24-38	99% muertos tras 15 d.
Franco, sombra		25-36	3,5% muertos tras 21 d.
Franco, soleado		24-38	4% muertos tras 21 d.
Arcilla, sombra		25-36	2% muertos tras 21 d.
Arcilla, soleado		24-38	12% muertos tras 21 d.
Humus, sombra		25-36	1,5% muertos tras 22 d.
Arcilla, sombra		22-35	más de 90 días
Arenoso, sombra		22-35	menos de 90 días
Arenoso, soleado		22-35	menos de 90 días
Suelo regado con aguas negras		?	menos de 2,5 años
Tierra		?	2 años

Fuente: Feachem, et al., 1980.   d = días ; < = menos de

sultaron completamente negativos. Al tiempo que escribo estas líneas, casi cuatro décadas han pasado desde que empecé a cultivar alimentos con composta de humabono. Durante este tiempo, he criado varios niños sanos. Nuestro inodoro ha sido utilizado por innumerables personas, incluyendo a varios extraños provenientes de todos los rincones del mundo. Todo el material de nuestros inodoros ha sido compostado y su producto ha sido aplicado sobre nuestros jardines.

Además de los huevos de ascárides, existen otros indicadores que pueden ser utilizados para determinar la contaminación del agua, la tierra o la composta. Las bacterias indicadoras incluyen a los coliformes fecales, los cuales se reproducen en los sistemas intestinales de los animales de sangre caliente (Tabla 7). Para evaluar la posibilidad de contaminación fecal en un suministro de agua, se buscan coliformes fecales, usualmente Escherichia coli, una de las bacterias intestinales más abundantes en los humanos; existen más de 200 tipos específicos. Aun cuando algunas bacterias pueden causar enfermedades, la mayoría son inofensivas[30]. La ausencia de E. coli en el agua indica que dicha muestra está libre de contaminación fecal.

Los exámenes de agua a menudo determinan el nivel de *coliformes totales* en el agua, reportado como el número de coliformes en 100 ml. Un exámen como éste proporciona un indicador general de las condiciones sanitarias del suministro de agua. Los coliformes totales incluyen a las bacterias que están presentes en la tierra o en aguas que están en contacto con las aguas superficiales, así como en los excrementos humanos y animales. La mayoría de las bacterias coliformes no son causantes de enfermedades, sin embargo algunas cepas de *E. coli*, en particular la cepa 0157:H7, pueden causar enfermedades graves. No obstante, es poco común que la *E. coli* 0157:H7 contamine los suministros de agua[31].

Los coliformes fecales no se multiplican fuera de los intestinos de los animales de sangre caliente, por lo tanto su presencia en el agua es poco probable al menos que exista contaminación fecal. Debido a que los coliformes fecales sobreviven menos tiempo en el agua que el grupo de los coliformes en general, su presencia indica contaminación relativamente reciente. En las aguas residuales domésticas, el conteo de coliformes fecales constituye normalmente el 90 por ciento o más de la cuenta total de coliformes, pero en arroyos naturales, los coliformes fecales pueden contribuir de 10 a 30 por ciento de la densidad total de coliformes. Casi todos los suministros naturales de agua tienen presencia de coliformes fecales, ya que todos los animales de sangre caliente los excretan. La mayoría de los estados en EUA limitan las concentraciones de coliformes fecales permitidas en las aguas utilizadas para recreación a 200 coliformes por 100 ml. Comparemos esto con el contaminado río Yamuna en India, el cual contiene veintidós *millones* de coliformes fecales por cada 100 ml[32]. ¡Claramente no quieres nadar en esa agua!

Los análisis bacterianos para los suministros de agua potable son provistos rutinariamente a bajo costo por compañías de productos agrícolas, compañías de tratamiento de aguas o laboratorios privados.

PERSISTENCIA DE PATÓGENOS EN LA TIERRA, CULTIVOS, ABONO Y LODOS RESIDUALES

EN LA TIERRA

Los tiempos de supervivencia de los patógenos en la tierra se ven afectados por la humedad, el pH, el tipo de tierra, la temperatura, la luz solar y la materia orgánica. A pesar de que los coliformes fecales pueden sobrevivir por varios años bajo condiciones óptimas, una reducción del 99 por ciento es probable después de 25 días en climas cálidos. La bacteria de la salmonella puede sobrevivir por un año en tierra orgánica, rica y húmeda, pero 50 días sería su tiempo típico de supervivencia. Los virus pueden sobrevivir hasta tres meses en clima caliente y hasta seis meses en climas fríos. Los quistes de los protozoarios tienen pocas probabilidades de sobrevivir por más de diez días. Los huevos de las ascárides pueden sobrevivir durante varios años.

Los virus, bacterias, protozoarios y lombrices que pueden ser excretados en el humabono tienen un tiempo limitado de supervivencia fuera del cuerpo humano. Las Tablas 8 a 12 muestran sus tiempos de supervivencia en la tierra.

SUPERVIVENCIA DE PATÓGENOS EN CULTIVOS

Es poco probable que las bacterias y virus penetren la piel de los vegetales si ésta no está dañada. Además, los patógenos normalmente no son absorbidos por las raíces de de las plantas ni transportados a otras porciones de éstas[33], a pesar de que un estudio publicado en 2002 indica que al menos un tipo de *E. coli* puede entrar en las plantas de lechuga a través de los sistemas de raíces y viajar a través de las porciones comestibles de la planta cuando se les fertiliza con abono o agua de riego contaminados[34].

Algunos patógenos pueden sobrevivir en la superficie de los vegetales, en especial sobre los tubérculos, sin embargo, la luz solar y un bajo nivel de humedad del aire promoverán su muerte. Los virus pueden sobrevivir hasta dos meses en los cultivos pero normalmente viven menos de un mes. Las bacterias indicadoras pueden persistir por varios meses, pero usualmente menos de un mes. Los quistes de los protozoarios usualmente sobreviven menos de dos días y los huevos de lombrices normalmente menos de un mes. En estudios sobre la supervivencia de huevos de Ascaris en lechugas y tomates durante un verano caliente y seco, todos los huevos se degradaron lo suficiente después de 27 a 35 días hasta volverse incapaces de infección[35]. Pero ¿quién quiere esperar 35 días antes de comerse sus lechugas y tomates?

Las lechugas y rábanos que fueron rociadas con aguas residuales inoculadas con Poliovirus I en Ohio mostraron una reducción del 99 por ciento de patógenos después de seis días; el 100 por ciento fue eliminado después de 36 días. En los rábanos crecidos al exterior en tierra fertilizada con heces frescas contaminadas con tifoidea después de cuatro días de haber sido plantadas, los patógenos mostraron un periodo de supervivencia de menos de 24 días. Los tomates y lechugas contaminados con huevos de ascárides mostraron una reducción del 99 por ciento de los huevos tras 19 días y una reducción del 100 por ciento en cuatro semanas[36]. Los cultivos contaminados pueden ser compostados para eliminar a los patógenos residuales.

SUPERVIVENCIA DE PATÓGENOS EN LODOS RESIDUALES Y HECES/ORINA

Los virus pueden sobrevivir hasta cinco meses, pero usualmente menos de tres meses en lodos residuales y excremento humano. Las bacterias indicadoras pueden sobrevivir hasta cinco meses, pero usualmente menos de cuatro meses. La Salmonella sobrevive hasta cinco meses, pero normalmente menos de un mes. Las bacterias de la tuberculosis sobreviven hasta dos años, pero usualmente menos de cinco meses. Los quistes de los protozoarios sobreviven hasta un mes, pero normalmente menos de diez días. Los huevos de lombrices varían dependiendo de la especie, pero los huevos de ascárides pueden sobrevivir por varios meses.

TRANSMISIÓN DE PATÓGENOS A TRAVÉS DE VARIOS SISTEMAS DE INODOROS

Es evidente que el excremento humano posee la capacidad de transmitir varias enfermedades. Por dicha razón, también debería resultar evidente que el compostaje de humabono es una empresa seria y que no debería de llevarse a cabo de forma frívola, descuidada o desordenada. Sin embargo, el compostaje no es un proceso complicado. Los procedimientos simples y prácticos expuestos en este libro maximizan la eficiencia sanitaria. Siempre me impresiona cuando las «autoridades sanitarias» concluyen que el compostaje de humabono resulta demasiado peligroso para las personas, para después alejarse del lugar en una máquina de hierro de tonelada y media, a cien kilómetros por hora, pasando a tan solo un metro y algunos centímetros de otros autos que vienen en sentido contrario en el otro lado del camino. La gente hace muchas cosas más peligrosas diariamente que el compostaje. No obstante, no existe ningún método probado, natural, de baja tecnología y con resultados benéficos en materia de destrucción de patógenos humanos presentes en los residuos orgánicos que sea tan exitoso y accesible al humano promedio como el compostaje.

Pero ¿qué pasa cuando la composta no se maneja bien? ¿Qué tan peligrosa puede resultar dicha empresa cuando aquellos que la llevan a cabo no hacen un esfuerzo por asegurarse de que la composta mantenga una temperatura adecuada? De hecho, esto es lo que sucede normalmente con los inodoros de compostaje construidos por el usuario y los comerciales. En la mayoría de los baños secos no se lleva a cabo un proceso de compostaje debido a que no se propicia la mezcla correcta de ingredientes y el ambiente necesario para la actividad microbiana es inexistente. La mayoría de los baños secos comerciales ni siquiera fueron diseñados con la intención de compostar, sino que fueron concebidos como deshidratadores.

En varias ocasiones he visto sistemas de baño composta en los cuales los residuos resultantes del baño simplemente eran arrojados en una pila exterior, no en un contenedor, y sin material de cobertura limpio como paja o pasto, algo semejante a mi primera pila de composta. Lo más probable es que dichas pilas nunca hayan desarrollado temperaturas termófilas, pero en realidad no hay forma de comprobarlo debido a que nunca se revisó su temperatura. Aquellas personas que no trabajan de forma responsable con la composta a menudo dejan que sus pilas reposen durante años antes de usar la composta, si acaso la llegan a

Tabla 13:
MUERTE DE LOS HUEVOS DE LOMBRICES PARASÍTICAS

Huevos	Temp. (°C)	Supervivencia
Schistosomas	53,5	1 minuto
Anquilostomas	55,0	1 minuto
Ascaris	-30,0	24 horas
Ascaris	0,0	4 años
Ascaris	55,0	10 minutos
Ascaris	60,0	5 segundos

Fuente: *Compost, Fertilizer, and Biogas Production from Human and Farm Wastes in the People's Republic of China* (Producción de Composta, Fertilizante y Biogas a Partir de Residuos Humanos y Agrícolas en la República Popular China), (1978), M. G. McGarry, y J. Stainforth, editores, Centro Internacional de Investigaciones para el Desarrollo, Ottawa, Canada. p. 43.

usar. Al combinar el humabono con material de cobertura carbonoso y dejarlo descomponerse biológicamente durante al menos un año, hay pocas probabilidades de que generen problemas para la salud. ¿Qué sucede con estas pilas de composta ignoradas y descuidadas? Después de dos años se habrán convertido en pilas de tierra y si se les olvida por completo, la vegetación crecerá sobre ellas y eventualmente desaparecerán en la tierra.

Una situación diferente se presenta cuando se composta humabono procedente de una población con un alto índice de patógenos. Un ejemplo de una población como esta serían los residentes de un hospital en un país poco desarrollado o cualquier residente en una comunidad donde ciertas enfermedades o parásitos son endémicos, como la comunidad alemana en 1949. En tal situación, el compostador deberá llevar a cabo cualquier esfuerzo necesario para asegurar el compostaje termófilo, el tiempo adecuado de añejamiento y de destrucción de los patógenos. Bajo dichas circunstancias, se recomienda el uso de guantes, botas, herramientas e incluso trajes de cuerpo completo y mascarillas antipolvo.

La información presentada a continuación ilustra varios de los métodos de manejo de desechos y de composta comúnmente utilizados en la actualidad y demuestra la transmisión de patógenos a través de los sistemas individuales.

PRIVADOS EXTERIORES Y LETRINAS

Los inodoros exteriores producen malos olores, son criaderos de moscas y mosquitos y contaminan las aguas subterráneas. Sin embargo, si el contenido de la letrina se cubre y se deja reposar por un mínimo de un año, no debería haber patógenos sobrevivientes, a excepción po-

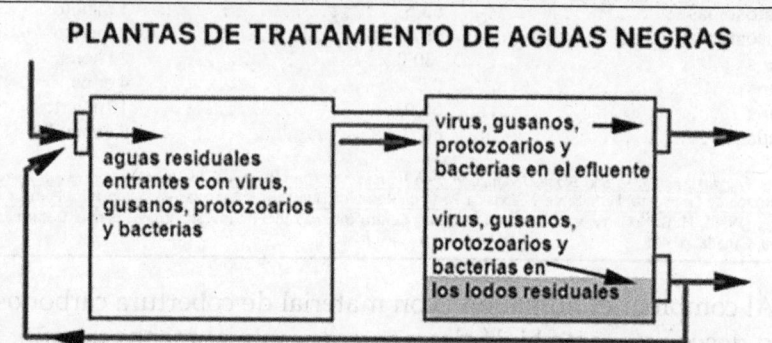

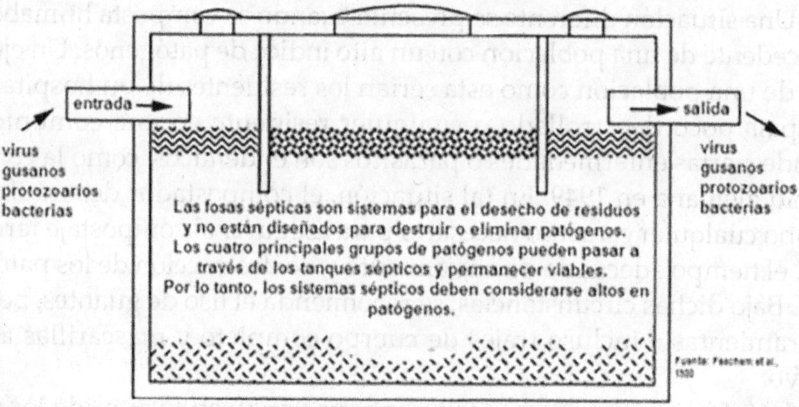

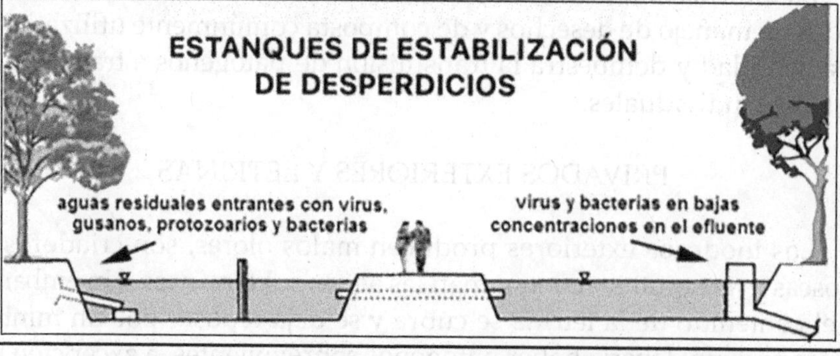

siblemente de huevos de ascárides, según Feachem. Este riesgo es suficientemente bajo para poder usar los contenidos de la letrina para fines agrícolas, después de un periodo de doce meses bajo tierra. Franceys et al. exponen, «*Los sólidos de las letrinas son inocuos si éstas no se han utilizado durante aproximadamente dos años, como sucede en las letrinas alternantes de doble cámara*»[37].

FOSAS SÉPTICAS

Se puede asumir con seguridad que los efluentes de los tanques sépticos y los lodos residuales son altamente patogénicos. Los sistemas de tanques sépticos pueden emitir virus, huevos de gusanos parasíticos, bacterias y protozoarios en condiciones viables.

PLANTAS CONVENCIONALES DE TRATAMIENTO DE AGUAS RESIDUALES

El único proceso de digestión de aguas negras que produce lodos residuales libres de patógenos de forma garantizada es la digestión termófila por lotes, en la cual el lodo se mantiene a 50°C (122°F) durante 13 días. Los demás procesos de digestión de aguas negras permitirán la supervivencia de huevos de lombrices y posiblemente bacterias patógenas. Las plantas de tratamiento de drenaje convencionales utilizan un proceso continuo en el cual el agua de desecho se agrega diariamente o con mayor frecuencia, garantizando así la supervivencia de patógenos.

Empecé a interesarme en mi planta de tratamiento de aguas residuales local en Pensilvania al descubrir que bajo el punto de descarga de agua tratada en nuestro arroyo local, el agua contenía diez veces más nitratos que el agua limpia y tres veces más nitratos que los niveles aceptados para el agua potable[38]. En otras palabras, el agua descargada de la planta de tratamiento estaba contaminada. Examinamos el agua en busca de nitratos pero no hicimos exámenes de patógenos o niveles de cloro. A pesar de la contaminación, los niveles de nitratos estaban dentro de los límites legales para descargas de aguas negras tratadas.

ESTANQUES DE ESTABILIZACIÓN DE DESPERDICIOS

Los estanques de estabilización de desperdicios o lagunas, grandes cuerpos de agua de poca profundidad usados ampliamente en Norte América, Latinoamérica, África y Asia, involucran el uso tanto de bac-

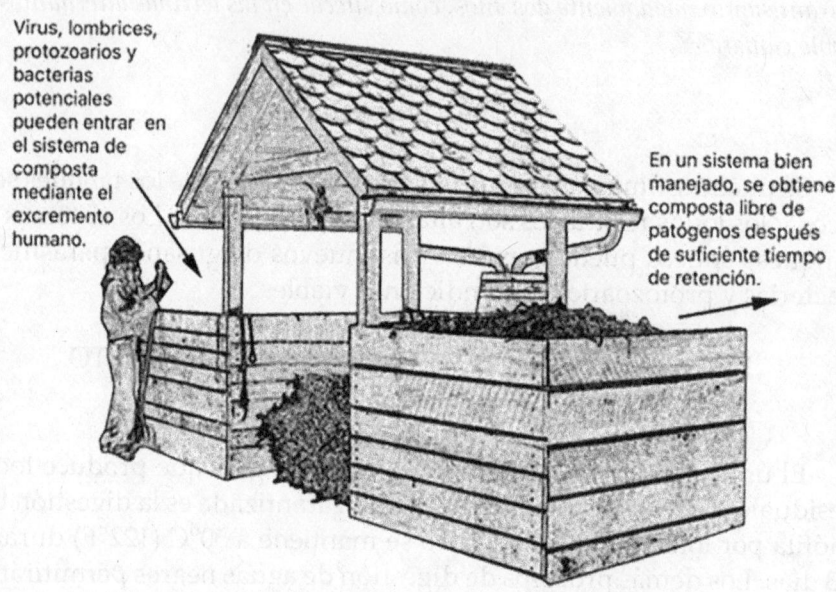

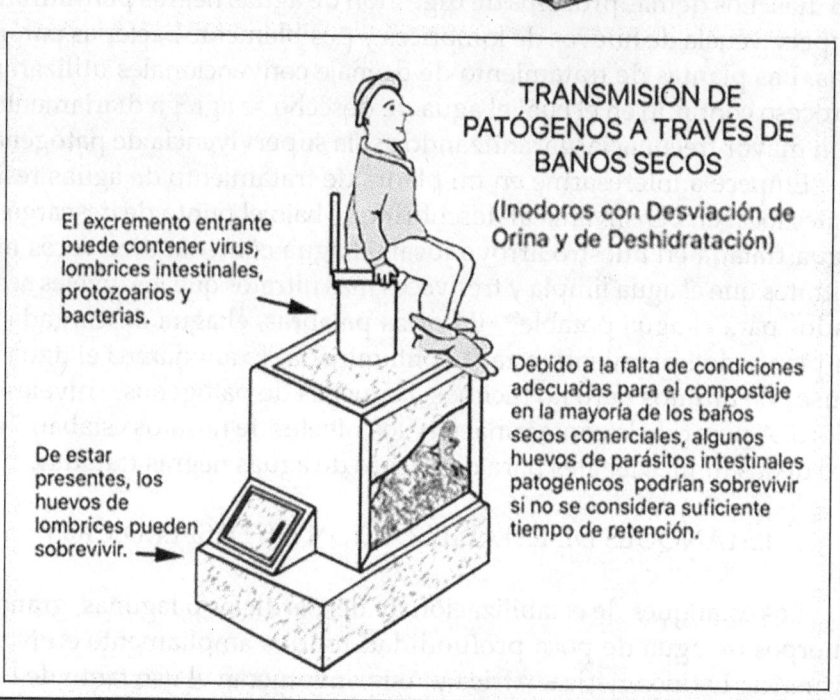

terias benéficas como de algas en la descomposición de materiales de desperdicio orgánicos. A pesar de su capacidad de criar mosquitos, pueden ser diseñados y manejados de una forma lo suficientemente adecuada para producir aguas tratadas libres de patógenos. Sin embargo, en realidad generalmente producen agua con bajas concentraciones tanto de virus como de bacterias patógenas.

BAÑOS COMPOSTA Y BAÑOS SECOS

La mayoría de los baños secos comerciales descomponen el material orgánico a temperaturas bajas. De acuerdo con Feachem, un tiempo de retención mínimo de tres meses produce una composta libre de patógenos excepto posiblemente por algunos huevos de lombrices intestinales. Los residuos sépticos obtenidos de este tipo de inodoros podrían teóricamente compostarse otra vez en una pila termófila y considerarse adecuados para su uso en jardines de comida (Tabla 14). De otra forma, los residuos sépticos pueden colocarse en un compostero exterior; humectarse si es necesario; cubrirse con paja, hierbas u hojas; y dejarse madurar por uno o dos años adicionales con el fin de destruir cualquier patógeno restante. Con el paso del tiempo, la actividad microbiana y las lombrices de tierra ayudarán al saneamiento de la composta.

COMPOSTAJE

La destrucción completa de los patógenos se garantiza al alcanzar una temperatura de 62°C (143,6°F) durante una hora, 50°C (122°F) durante un día, 46°C (114,8°F) por una semana o 43°C (109,4°F) por un mes. Al parecer ningún patógeno excretado puede sobrevivir a temperaturas de 65°C (149°F) por más de algunos minutos. Una pila de composta puede alcanzar rápidamente una temperatura de 55°C (131°F) o mayor, o mantendrá una temperatura lo suficientemente caliente durante un periodo de tiempo lo suficientemente largo para destruir a los patógenos humanos por debajo de los niveles detectables.

La Agencia para la Protección Ambiental de los Estados Unidos publica los requerimientos para el uso seguro de los lodos residuales (biosólidos) y los residuos sépticos domésticos (como aquellos derivados de un baño seco). La EPA establece, «El compostaje crea un producto final con valor comercial que resulta de fácil manejo, almacenamiento y uso. Usualmente se trata de un material de "clase A", sin niveles detectables de patógenos que pueden ser agregados a jar-

Tabla 14:
SUPERVIVENCIA DE PATÓGENOS TRAS COMPOSTAJE O APLICACIÓN A LA TIERRA

Patógeno	Aplicación a la Tierra	Digestión Anaeróbica sin Calentar	Baño Seco (retención mín. de tres meses)	Compostaje
Virus entérico	Puede sobrevivir 5 meses	Más de 3 meses	Probabalemente eliminado	Rápidament elim. a 60°C
Salmonellae	3 meses a 1 año	Varias semanas	Algunos pueden sobrevivir	Elim. en 20 h a 60°C
Shigellae	Max. 3 meses	Algunos días	Probabalemente eliminado	Elim. en 1 h (55°C) o 10 días (40°C)
E. coli	Varios meses	Varias semanas	Prob. elim.	Elim. rapid. a más de 60°C
Cholera vibrio	Max. 1 semana	1 o 2 semanas	Prob. elim.	Elim. rapid. a más de 55°C
Leptospiras	Max. 15 días	Máx. 2 días	Eliminado	Elim. en 10 min a 55°C
Quistes de Entamoeba histoytica	Max. 1 semana	Máx. 3 semanas	Eliminado	Elim. en 5 min (50°C) o en 1 h (40°C)
Huevos de Anquilostomas	20 semanas	Sobrevive	Puede sobrevivir	Elim. en 5 min (50°C) o 1 h (45°C)
Huevos de Ascaris	Varios años	Varios meses	Sobreviven	Elim. en 2 h (55°C), 20 h (50°C), 200 h (45°C)
Huevos de Schistosomas	1 mes	1 mes	Eliminado	Elim. en 1 h a 50°C
Huevos de Tenia	Más de 1 año	Algunos meses	Puede sobrevivir	Elim. en 10 min (59°C), más de 4 h (45°C)

Fuente: Feachem et al., 1980.

dines, a cultivos de alimentos y pastizales. El uso de la composta de biosólidos resulta seguro y de forma general goza de un alto grado de aceptación por parte del público. Por lo tanto, compite bien con otros productos al mayoreo y empacados, disponibles para los particulares, paisajistas, agricultores y rancheros». Agregan, «Los residuos sépticos domésticos son considerados como un tipo de lodos residuales. Por lo tanto, los residuos sépticos aplicados a lugares públicos, al pasto o a los jardines domésticos deben cumplir los mismos requisitos que los lodos residuales tratados... (requisitos de la clase A)»[39].

Los estándares de la EPA para la composta de lodos residuales de «Clase A» incluyen los siguientes requisitos de tiempo y temperatura:

(1) Pila aireada estática o contenida: 55°C (131°F) durante al menos 3 días.

(2) Hileras: 55°C (131°F) durante al menos 15 días con 5 volteos[40].

PRIONES

De acuerdo con la EPA, «¿Los biosólidos pueden ser portadores de los patógenos que causan la enfermedad de las vacas locas? Se ha descubierto que la Encefalopatía Espongiforme Bovina (EEB), o la Enfermedad de las Vacas Locas, es provocada por una proteína prión o por la forma beta resistente de la proteína. El vector de contaminación es a través de la ingestión de tejido proveniente de animales infectados. No se ha encontrado evidencia que indique que la EEB pueda contagiarse a través de las heces o la orina. El uso de cadáveres animales dentro del alimento animal, la principal ruta de infección, está prohibida [en los Estados Unidos]. Por lo tanto no debería existir un riesgo de exposición a la EEB por medio de los biosólidos»[41].

VIH

La EPA responde a la siguiente pregunta: «¿Existe algún riesgo de infección de VIH a través de los biosólidos? El virus del VIH se contrae a través del contacto con sangre u otros fluidos humanos provenientes de un individuo infectado. Las heces y la orina no transmiten el VIH. Resulta virtualmente imposible que los biosólidos de Clase A contengan VIH»[42].

Tabla 15
TEMPERATURA DE ELIMINACIÓN DE PARÁSITOS Y PATÓGENOS COMUNES

PATÓGENO	MUERTE TÉRMICA
Huevos de Ascaris lumbricoide	Una hora a temperaturas de más de 50°C
Brucella abortus o B. suis	Una hora a 55°C
Corynebacterium diptheriae	45 min. a 55°C
Quistes de Entamoeba histolytica	Algunos minutos 45°C
Escherichia coli	Una hora a 55°C o 15-20 min a 60°C
Micrococcus pyogenes var. aureus	10 min a 50°C
Mycobacterium tuberculosis var. hominis	15-20 min a 66°C
Necator americanus	50 min a 45°C
Salmonella spp	Una hora a 55°C; 15-20 min a 60°C
Salmonella typhosa	Crecimiento para a 46°C; muerte en 30 min a 55°C
Shigella spp.	Una hora a 55°C
Streptococcus pyogenes	Diez minutos a 54°C
Taenia saginata	En algunos minutos a 55°C
Larvas de Trichinella spiralis	Rápidamente eliminada a 55°C

[Fuente: Goataas, Harold B. (1956). *Composting – Sanitary Disposal and Reclamation of Organic Wastes* [Compostaje - Manejo Sanitario y Recuperación de Desechos Orgánicos] p.81. Organización Mundial de la Salud, Serie de Monografías No. 31. Ginebra.

OXIUROS

Los oxiuros son bastante comunes entre los niños en edad escolar. Dichos parásitos desagradables se transmiten de un humano al otro mediante el contacto directo y mediante la inhalación de los huevos. El ciclo de vida de los oxiuros no incluye una etapa en la tierra, la composta o el abono.

Los oxiuros (*Enterobius vermicularis*) ponen sus huevos microscópicos en el ano del ser humano, su único anfitrión conocido. Esto causa comezón en el ano, lo cual constituye el principal síntoma de infección por oxiuros. Los huevos pueden ser contraídos casi en cualquier lugar. Una vez en el sistema digestivo humano, se convierten en pequeños gusanos. Algunos estiman que los oxiuros han infectado al 75 por ciento de todos los niños de la ciudad de Nueva York en el rango de tres a cinco años de edad y que existen cifras parecidas para otras ciudades[43].

La infección se propaga por la transmisión de los huevos entre las manos y la boca tras haberse rascado el ano, así como por la inhalación de huevos presentes en el aire. Se pueden encontrar huevos bajo las uñas de aproximadamente un tercio de los niños infectados.

El ciclo de vida de una lombriz como estas es de entre 37 y 53 días; una infección terminaría en este lapso, sin tratamiento, de no ocurrir

Tabla 16:
ANQUILOSTOMAS

Las larvas de anquilostomas se desarrollan fuera de su huésped y prefieren un rango de temperatura de entre 23°C y 33°C (73°F a 91°F).

Tiempo de supervivencia de:

Temperatura	Huevos	Larvas
45°C (113°F)	Algunas horas	Menos de una hora
0°C (32°F)	7 días	Menos de 2 semanas
-11°C (12°F)	?	Menos de 24 horas

Tanto el compostaje termófilo como un clima helado eliminaran a los anquilostomas y a sus huevos.

Fuente: Brown, H. W. y F. A. Neva (1994). *Basic Clinical Parasitology* [Parasitología Clínica Básica]. 6a edición. Appletton-Century-Crofts: Norwalk, CT. pp.129.

una reinfección. El lapso de tiempo que transcurre desde la ingestión de los huevos hasta los nuevos huevos puestos en el ano varía de cuatro a seis semanas[44].

No se encuentran oxiuros en el 95 por ciento de las heces de personas infectadas. La transmisión de huevos hacia las heces y a la tierra no es parte del ciclo de vida de los oxiuros, por lo tanto no es probable que los huevos terminen en las heces o en la composta. Incluso si lo hicieran, morirían rápidamente fuera de su huésped humano[45].

ANQUILOSTOMAS

Las especies de anquilostomas que afectan a los humanos incluyen los *Necator americanus*, *Ancylostoma duodenale*, *A. braziliense*, *A. caninum* y *A. ceylancium*.

Estas pequeñas lombrices miden alrededor de un centímetro y los humanos son prácticamente los huéspedes exclusivos de *A. duodenale* y *N. americanus*. Un anquilostomo de los perros y gatos, *A. caninum*, es muy poco frecuente como parásito intestinal de los humanos.

Los huevos se transmiten mediante las heces y maduran hasta convertirse en larvas fuera del cuerpo humano en condiciones favorables. Estas larvas se adhieren a la planta del pie del huésped humano cuando son pisadas y después entran a través de poros, folículos pilosos e incluso a través de piel. Tienden a migrar a la parte superior del intestino

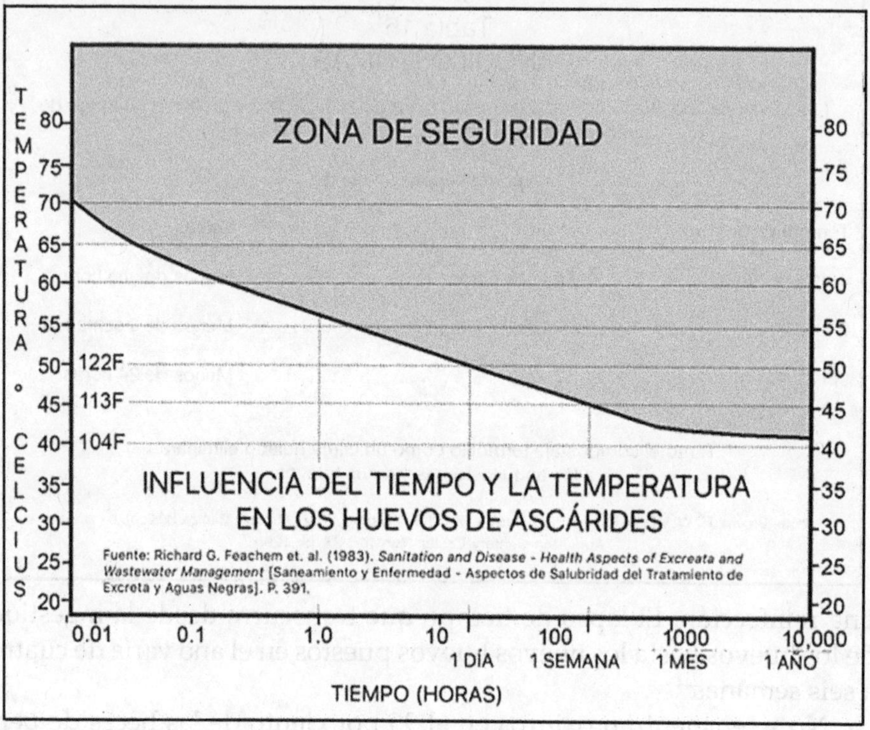

ZONA DE SEGURIDAD
TEMPERATURA ° CELCIUS
80
75
70
65
60
55
50
45
40
35
30
25
20
122F
113F
104F
INFLUENCIA DEL TIEMPO Y LA TEMPERATURA
EN LOS HUEVOS DE ASCÁRIDES
Fuente: Richard G. Feachem et. al. (1983). Sanitation and Disease - Health Aspects of Excreta and Wastewater Management [Saneamiento y Enfermedad - Aspectos de Salubridad del Tratamiento de Excreta y Aguas Negras]. P. 391.
0.01
0.1
1.0
10
100
1000
10,000
1 DÍA
1 SEMANA
1 MES
1 AÑO
TIEMPO (HORAS)

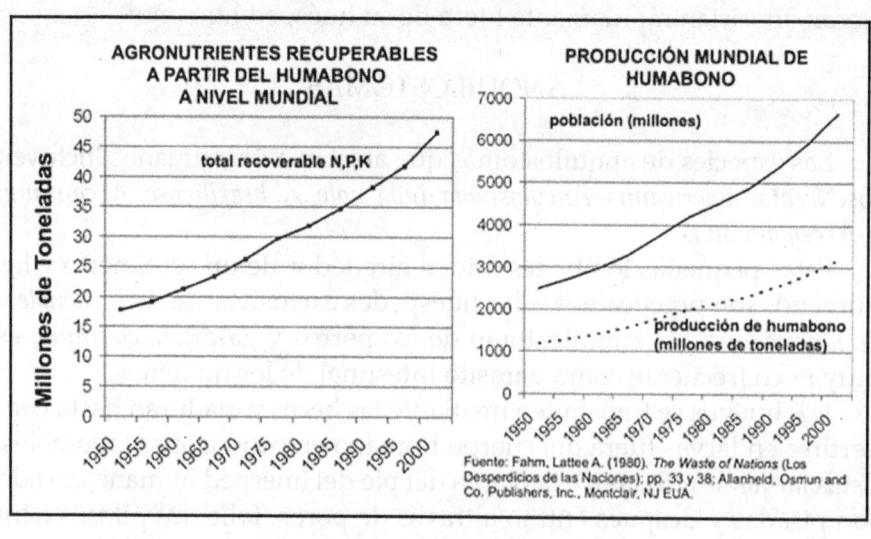

AGRONUTRIENTES RECUPERABLES
A PARTIR DEL HUMABONO
A NIVEL MUNDIAL
Millones de Toneladas
total recoverable N,P,K
50
45
40
35
30
25
20
15
10
5
0
1950
1955
1960
1965
1970
1975
1980
1985
1990
1995
2000
PRODUCCIÓN MUNDIAL DE
HUMABONO
población (millones)
producción de humabono
(millones de toneladas)
7000
6000
5000
4000
3000
2000
1000
0
Fuente: Fahm, Lattee A. (1980). The Waste of Nations (Los Desperdicios de las Naciones); pp. 33 y 38; Allanheld, Osmun and Co. Publishers, Inc., Montclair, NJ EUA.

delgado, donde succionan la sangre de su huésped. En un periodo de cinco a seis semanas, maduran lo suficiente para producir hasta veinte mil huevos diarios. Así que ¡no caminen descalzos alrededor de una letrina!

Se estima que los anquilostomos infectan a quinientos millones de personas alrededor del mundo, causando una pérdida de sangre diaria de más de 1 millón de litros, lo cual equivale a toda la sangre que puede encontrarse en la población entera de la ciudad de Erie, en Pennsylvania, o de Austin, en Texas. La infección puede durar entre dos y catorce años. Una infección leve puede no producir ningún síntoma reconocible, mientras que una infección moderada a grave puede causar una deficiencia de hierro anémica. Se puede determinar la infección a través de un análisis de coprológico.

Estos gusanos suelen encontrarse en áreas tropicales y semitropicales y se esparcen al defecar en la tierra. Tanto las temperaturas biológicas de la composta como las heladas temperaturas del invierno matarán a los huevos y larvas (Tabla 16). El secado también resulta destructivo[46].

TRICOCÉFALOS

Los tricocéfalos (*Trichuris trichiura*) se encuentran usualmente en humanos, pero también pueden encontrarse en simios y cerdos. Normalmente miden menos de 5 centímetros (2 pulgadas) de largo; las hembras pueden producir de tres mil a diez mil huevos diarios. El crecimiento de las larvas ocurre fuera del huésped y en un ambiente favorable (tierra cálida, húmeda y sombreada) los huevos producirán larvas en su primera etapa en tres semanas. Se considera que el tiempo de vida de los gusanos es de cuatro a seis años.

Cientos de miles de personas alrededor del mundo, hasta el 80 por ciento de la población de ciertos países tropicales, resultan infectados por tricocéfalos. En EUA, los tricocéfalos se pueden encontrar en el sur donde las fuertes lluvias, el clima subtropical y la tierra contaminada con heces pueden proveer un hábitat adecuado.

La gente que maneja tierra en la cual una persona infectada ha defecado corre el riesgo de contraer la infección por medio de la transmisión de huevos de las manos a la boca. Las infecciones leves pueden no mostrar ningún síntoma. Las infecciones severas pueden causar anemia e incluso la muerte. Se puede determinar la infección a través de un análisis coprológico. Las temperaturas invernales de -8 a -12°C (17,6 a 10,4°F) resultan fatales para los huevos, al igual que las altas temperaturas del compostaje[47].

ASCÁRIDES

Las ascárides (*Ascaris lumbricoides*) son lombrices bastante largas (alrededor de 25 centímetros de longitud) que parasitan al huésped humano al consumir alimentos semidigeridos en el intestino delgado. Las hembras pueden producir alrededor de doscientos mil huevos diarios de por vida, es decir algo así como veintiséis millones en total. Las larvas se desarrollan a partir de los huevos en la tierra bajo condiciones favorables (21° a 30°C [70° a 86°F]). Arriba de los 37°C (98,6°F) no pueden desarrollarse por completo.

Aproximadamente 900 millones de personas alrededor del mundo son infectadas por ascárides, un millón de ellas en EUA. Los huevos usualmente se transmiten de las manos a la boca de la gente, generalmente niños, que entran en contacto con los huevos en su ambiente. Las personas infectadas usualmente se quejan de un vago dolor abdominal. El diagnóstico se hace a través de análisis coprológicos[48]. Un análisis de 400 mil muestras de excremento, conducido en los Estados Unidos por el Centro de Control de Enfermedades, encontró Ascaris en 2,3 por ciento de las muestras, con una alta fluctuación de resultados dependiendo de la localización geográfica de las personas analizadas. Puerto Rico tuvo la frecuencia más elevada de muestras positivas (9,3 por ciento), mientras las muestras de Wyoming, Arizona y Nevada no mostraron incidencia alguna de Ascaris[49]. En climas tropicales húmedos, la infección por ascárides puede afectar al 50 por ciento de la población[50].

Los huevos son destruidos por la luz solar directa después de 15 horas y son eliminados a temperaturas mayores de 40°C (104°F), muriendo en una hora a 50°C (122°F). Los huevos de ascárides son resistentes a las temperaturas heladas, a los desinfectantes químicos y otros químicos fuertes, pero el compostaje termófilo los matará.

Las ascárides, así como los tricocéfalos y los anquilostomas, se esparcen a través de la contaminación fecal de la tierra. Gran parte de dicha contaminación es ocasionada por niños que defecan al exterior dentro de su área habitacional. Una forma de erradicar a los patógenos fecales es el compostaje concienzudo de todo el material fecal. Por lo tanto, es muy importante al compostar humabono cerciorarse que todos los niños utilicen el inodoro y no defequen sobre la tierra. Al cambiar pañales sucios, separar el material fecal dentro del inodoro de humabono con la ayuda de papel de baño u otro material biodegradable (en efecto, nosotros los padres de familia usábamos pañales de tela durante el siglo pasado). Es tarea de los adultos cuidar a los niños y cerciorarse de que entiendan la importancia de siempre utilizar los inodoros y nunca defecar en la tierra.

La contaminación fecal del ambiente también puede ser causada por el uso de material fecal en su forma cruda para propósitos agrícolas. El compostaje termófilo de todo el material fecal es esencial para la erradicación de todos los patógenos fecales. ¡Y no olvides lavarte las manos después de alimentar a tu pila de composta y antes de alimentarte a ti mismo!

Tras haber leído esta sección sobre los parásitos intestinales y su necesidad de pasar cierto tiempo sobre la tierra para poder completar su ciclo de vida, debería quedar claro el por qué el Cajón de Tierra , el cual utilizaba tierra para cubrir las heces fecales, no resultó una buena idea, en especial en climas calientes.

TEMPERATURA Y TIEMPO

Hay dos factores primarios que conducen a la muerte de los patógenos en el humabono. El primero es la temperatura. Una pila de composta bien manejada destruirá a los patógenos con el calor y la actividad biológica que genera.

El segundo factor es el tiempo. Entre menor sea la temperatura de la composta, mayor será el tiempo de retención necesario para la destrucción de patógenos. Si se le da suficiente tiempo, la amplia biodiversidad de microorganismos en la composta destruirá a los patógenos a través del antagonismo, la competencia, el consumo y la inhibición antibiótica provista por los microorganismos benéficos. Feachem et al. establecen que un tiempo de retención de tres meses destruirá a todos los patógenos en un inodoro de compostaje de baja temperatura, a excepción de los huevos de lombrices, sin embargo la Tabla 14 indica que puede ocurrir cierta supervivencia adicional de patógenos.

Una composta termófila destruirá a los patógenos, incluyendo a los huevos de lombrices, rápidamente, posiblemente en cuestión de minutos. Temperaturas menores requieren periodos de tiempo más largos, posiblemente horas, días o meses para destruir efectivamente a los patógenos. No es necesario esforzarse para conseguir temperaturas extremadamente altas en la pila de composta para poder sentirse seguros sobre la destrucción de los patógenos. Puede resultar más realista el

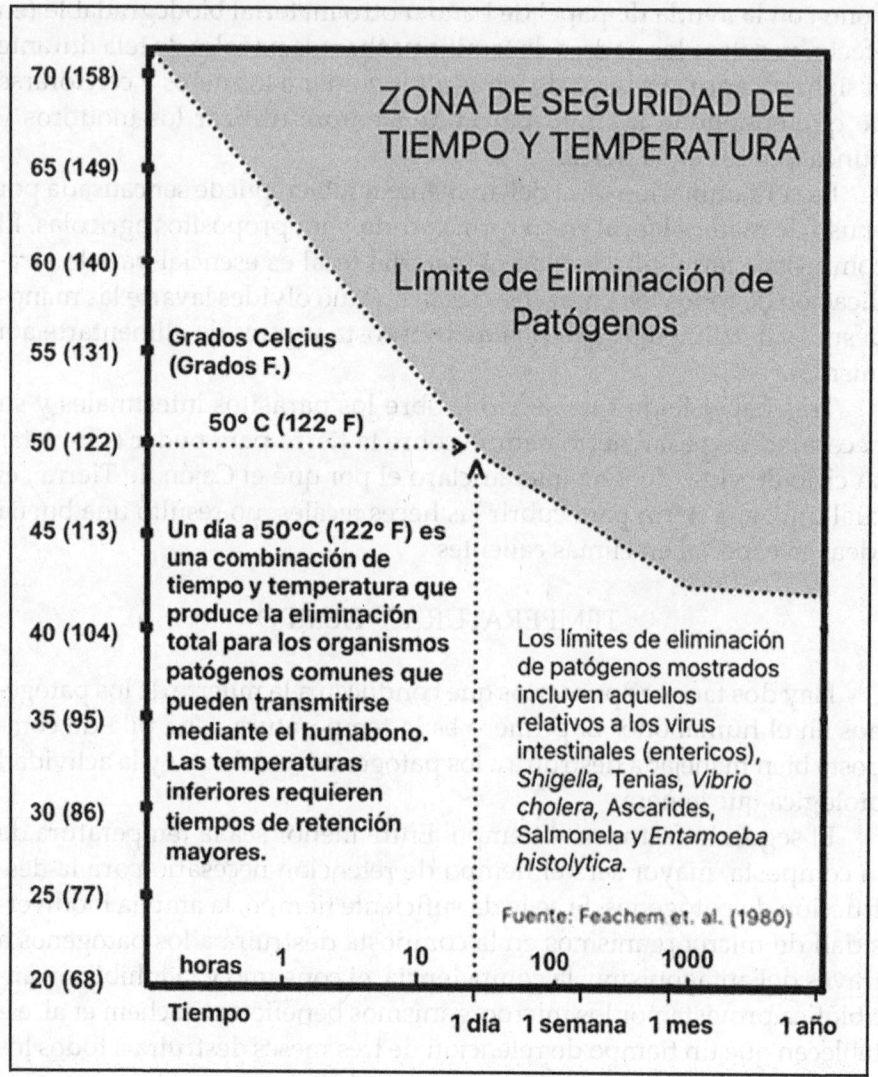

mantener temperaturas menores por periodos de tiempo más largos como 50°C (122°F) por 24 horas, o 46°C (115°F) durante una semana. De acuerdo a una fuente, «Todos los microorganismos fecales [patógenos], incluyendo a los virus entéricos y los huevos de ascárides, morirán si la temperatura excede los 46°C (114,8°F) durante una semana»[51]. Otros investigadores han llegado a conclusiones similares, demostrando la destrucción de los patógenos a los 50°C (122°F), lo cual produjo composta «completamente aceptable desde el punto de vista de la higiene general»[52].

Un acercamiento seguro a la destrucción de patógenos cuando se composta el humabono es el compostar el material del baño, permitir que la composta repose, sin ser molestada, durante un largo periodo de retención para que ésta se añeje o se cure por completo. La biodiversidad de la composta ayudará a la destrucción de patógenos conforme esta se añeja. Si se quiere ser particularmente precavido, se puede permitir que la composta añeje durante dos años después de haber completado la pila, a diferencia del tiempo de un año que se recomienda normalmente.

En las palabras de Feachem et al., «*la efectividad de los métodos de tratamiento de excretas depende mayormente de sus características de tiempo-temperatura. Los procesos efectivos son aquellos que mantienen las excretas calientes (55°C/131°F), las retienen por un periodo largo (un año) o propician una combinación efectiva de tiempo y temperatura*».

La Agencia de Protección Ambiental de EUA requiere tres días a 55°C (131°F) para la eliminación de patógenos en una pila de composta estática. Nuestras pilas de composta en Haití, California y en otros lugares, mantienen temperaturas mayores a los 55°C durante varios meses. Se trata de pilas que no se voltean, aisladas por arriba y por los lados con material de cobertura como paja o bagazo de caña de azúcar. Las temperaturas resultan increíblemente uniformes a través de las pilas, manteniendo las temperaturas propicias a la destrucción de patógenos incluso en las orillas.

CONCLUSIONES

El humabono es un recurso valioso, adecuado para propósitos agrícolas y ha sido reciclado para dichos propósitos por grandes segmentos de la población mundial durante miles de años. Sin embargo, el humabono tiene el potencial de albergar patógenos del ser humano y por lo tanto puede contribuir al esparcimiento de enfermedades al ser manejado inadecuadamente o cuando se desecha como material de desperdicio. No obstante, al compostar el humabono, los patógenos del ser humano son destruidos y así se transforma en una forma higiénicamente segura de humabono, apropiada para la producción de alimentos para el ser humano.

Capítulo Catorce

El Tao de la Composta

Tao o Dao es una palabra en chino que quiere decir «camino» o «sendero». Este concepto representa el desarrollo natural del universo, lo cual podemos lograr entender simplemente viviendo la vida.[1] Una de las cosas que podemos entender, si ponemos atención, es el ciclo de los nutrientes y en específico el «ciclo de los nutrientes del ser humano». Cuando un organismo consume alimentos (nutrientes), sus excreciones se vuelven el alimento de otros organismos. Así funciona la naturaleza, en un ciclo eterno. Cuando nos deshacemos de nuestras excreciones en forma de desperdicios, enviándolas a los rellenos sanitarios empaquetadas en envolturas impermeables, como pañales gigantes, rompemos el ciclo. El compostaje alimenta con nuestras excreciones a los microorganismos benéficos, reintegrándolas a la tierra y completando el ciclo de los nutrientes.

La materia orgánica debería ser reciclada por todo el mundo. Es el tipo de materia que deberíamos enseñarles a los niños en la escuela y a los adultos en las universidades. El hecho de aprender a vivir en nuestro planeta de manera simbiótica en vez de patogénica es de capital importancia para la supervivencia a largo plazo de la raza humana. La extinción no debería figurar dentro de nuestras opciones. Sin embargo, los seres humanos actúan como patógenos de la tierra, pretendiendo que el futuro no existe. ¿Qué ocurrirá dentro de mil generaciones? ¿A quién le importa? A nadie. Y ¿por qué no? ¿Por qué consumimos recursos tan rápido como podemos mientras creamos cada vez más desperdicios tóxicos? Esta forma de actuar normalmente se observaría como una característica de los patógenos.

Está claro que el gobierno no va a enseñarte a hacer composta, en especial con humabono. No importa en qué país vives, lo importante es

aprender a cuidar de nuestra persona como habitantes del planeta. Una cosa que debes saber es que existen seres invisibles y que están aquí para ayudarnos. Si tu pila de composta se encuentra sobre el nivel de la tierra, el material orgánico alimentará a dichos seres. Lo devuelven a la tierra y harán lo mismo con tus excreciones, pero es importante que conozcas algunas de las técnicas que lo hacen funcionar.

He recibido mucha retroalimentación desde la publicación de la primera edición de este libro. Recibí cientos de cartas hasta la llegada de internet y después cientos de correos electrónicos. Una preocupación común de la gente es que van a tener que ¡cagar en una cubeta! ¿Qué ocurre con los centros urbanos?, preguntan. ¿Qué sucede con los departamentos con múltiples pisos? ¿Cómo se composta el humabono ahí? Hace poco, alguien me preguntó «¿Cómo lo haría la ciudad de Nueva York?». Mi respuesta: ¿Qué hay de los 2,6 mil millones de personas que no cuentan con ningún tipo de escusado? ¿Qué hay de los 1 000 millones de personas que aún defecan al aire libre? ¿Qué hay de aquellos que viven sin electricidad ni agua corriente? ¿Qué harías si quisieras un escusado en un lugar en el que los baños de descarga de agua no son viables? El compostaje es una habilidad importante que conocer, que podría beneficiar a muchas personas a nivel mundial. Una vez que hallas visto las lágrimas en los ojos de una anciana gracias a que por primera vez en su vida tiene un escusado dentro de su casa, puede que entiendas.

No, ni la ciudad de Nueva York ni los departamentos de múltiples pisos me conciernen, como tampoco tienes que preocuparte por tener que usar un baño composta. Las culturas de usuarios de baños de des-

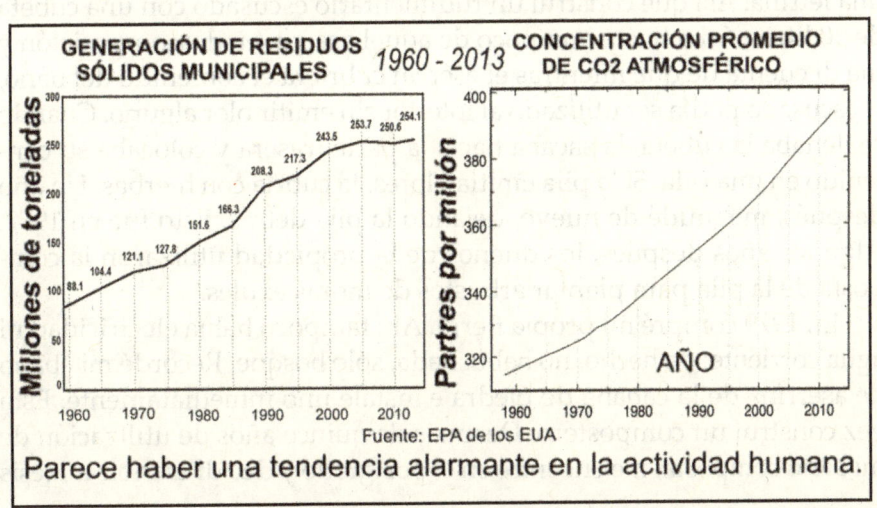

Parece haber una tendencia alarmante en la actividad humana.

carga de agua ya tienen las manos llenas intentando lidiar con toda el agua contaminada. Cuando los ingleses comenzaron a instalar escusados de agua, la población mundial era menor a mil millones de habitantes. Nunca imaginaron que la población se multiplicaría por un factor de seis en el siglo siguiente. Nunca pudieron predecir los millones de toneladas de antibióticos, fármacos y químicos tóxicos que serían desechados a través del escusado en el futuro. No pudieron haber predecido el cambio climático y las disrupciones planetarias resultantes de los eventos climáticos erráticos, durante los cuales el suministro de electricidad podría verse afectado durante largos periodos de tiempo y que los escusados de descarga de agua no podrían funcionar.

Una pregunta que recibo frecuentemente es acerca de cómo entré en contacto con el tema del humabono en primera instancia. Bueno, cuando me gradué de la facultad en la década de 1970, me mudé a una casa abandonada en una granja de 86 hectáreas (212 acres). No tenía agua corriente. Había una letrina en la parte trasera y un manantial en la parte baja de una colina, con el cual me abastecía de agua potable en contenedores de 20 litros. Había también una enorme pila de aserrín en el bosque a proximidad, el cual utilicé como acolchado en mi primer jardín. El aserrín era el subproducto de una operación maderera y se había estado descomponiendo en el bosque durante quince años. Este lugar fue mi introducción a las letrinas exteriores; los olores, los insectos y la inconveniencia.

Después me mudé a una cabaña de piedra, a 16 km (10 millas) de ahí. Había acordado terminar la carpintería de la cabaña y poder habitarla a cambio. No tenía ni electricidad, ni agua corriente y ni siquiera una letrina. Así que construí un rudimentario escusado con una cubeta de 20 litros, fui a buscar un poco de aquel aserrín en descomposición y me di cuenta de que mientras el aserrín cubriera el contenido del baño, el escusado podía ser utilizado al interior sin emitir olor alguno. Cuando se llenaba la cubeta, la sacaba hacia la parte trasera y colocaba su contenido en una pila. Si la pila emitía olores, la cubría con hierbas. Un año después, me mudé de nuevo, dejando la pila detrás. Esto fue en 1977. Algunos años después, los dueños de la propiedad utilizaron la composta de la pila para plantar arbustos de moras azules.

En 1979 compré mi propia tierra. Ahí tampoco había electricidad ni agua corriente; de hecho, no había nada, solo bosque. Recordé mi «baño de aserrín» de la cabaña de piedra e instalé uno inmediatamente. Esta vez construí un compostero. Después de quince años de utilización de mi baño composta, me encontré en el postgrado y decidí escribir mi tesis sobre mi sistema de baño. Sería una oportunidad para investigar acerca de lo que estaba sucediendo dentro de la composta. Terminé publicando mi tesis como la primera edición del *Manual Humabono*. A la fecha, han pasado más de 40 años desde aquel primer baño composta en la cabaña de piedra y aun utilizo exclusivamente un baño composta en mi hogar y en mi negocio. He utilizado toda mi composta doméstica para crecer la comida que mi familia y yo hemos comido y he utilizado toda la composta generada en mi negocio para crecer flores, arbustos y árboles. Durante dicho periodo, he aprendido un par de cosas que me gustaría transmitir. Dicha información podría resultar útil en caso de una emergencia, incluso si cuentas con un escusado de descarga de agua.

COMPOSTA PRIMORDIAL

Intentemos imaginarnos en un escenario extremadamente primitivo, digamos alrededor del año 10 000 AC. Imagina que eres ligeramente más inteligente que tus brutos compañeros y que un día te das cuenta que deberías deshacerte de tus heces de una manera distinta. Todos los demás defecan en la parte trasera de la cueva, como perros, creando un caos de pestilencia y moscas y eso no te gusta.

Tu primera revelación es que las apestosas excreciones deberían ser depositadas en un solo lugar, lejos del área de habitación y no ser esparcidas para que todos las pisen. Observas a los felinos salvajes y te das cuenta de que cada uno va a un lugar especial para defecar. Pero los felinos aún están un paso adelante que los seres humanos y te das cuenta de ello debido a que entierran su excremento.

Una vez que defecaste fuera de la cueva, en un mismo lugar sobre la tierra, te das cuenta que el caos apestoso e infestado de moscas persiste. Tu segunda revelación consiste en que los residuos que estás depositando sobre la tierra deberían ser cubiertos después de cada depósito. Así que juntas algunas hojas cada vez que defecas y las avientas sobre las heces, o arrancas un poco de pasto de la tierra y lo utilizas como cobertura.

Pronto, tus compañeros también están defecando en el mismo lugar y cubriendo su materia fecal. Se vieron alentados a seguir tu ejemplo cuando se dieron cuenta de que habías colocado convenientemente el sitio de defecación entre dos grandes rocas y que habías puesto dos troncos para formar un cómodo posadero que permitiría la defecación sin preocupaciones.

Ahora se guarda una montaña de hojas secas a un lado del baño para facilitar la cobertura de los depósitos. Como resultado, los olores ofensivos de las heces y la orina ya no plagan el aire. Sin embargo, los restos de comida aún generan olores y atraen a las moscas. Es entonces que tienes tu tercera revelación: los restos de comida también deben ser depositados en el mismo lugar y cubiertos de la misma forma. Toda la materia orgánica apestosa se lleva al mismo lugar y se cubre con un material natural para eliminar los olores. No te ha sido muy difícil darte cuenta de todo esto, hace sentido y resulta fácil de ejecutar.

Has logrado solucionar tres problemas a la vez: no más excremento humano esparcido en tu área de habitación, no más basura y no más olores desagradables que arruinan tu día. Eventualmente te das cuenta que las enfermedades que tendían a esparcirse en tu grupo han disminuido, lo cual no comprendes, pero sospechas que tiene que ver con las nuevas prácticas higiénicas implementadas.

A través de un simple accidente, has logrado un acto bastante revolucionario: has creado una pila de composta. Te empiezas a preguntar qué es lo que sucede dentro de la pila de composta cuando esta se calienta tanto que humea. Lo que no sabes es que hiciste exactamente lo que la naturaleza pretendía que hicieras al mezclar tus residuos orgánicos junto con materiales de cobertura biodegradables. La naturaleza ha «plantado semillas» dentro de tu excremento con criaturas microscópicas que proliferan dentro de la pila que has creado, ayudando a digerirla. Durante dicho proceso, calientan la composta a un punto tal que los patógenos causantes de enfermedades residententes en el humabono son destruidos. Las criaturas microscópicas no se hubieran multiplicado rápidamente en los residuos de no haber construido la pila y por consiguiente, las condiciones que favorecen a su proliferación.

Después tienes una última revelación: observas que después de un tiempo de envejecimiento, la pila produce una variedad vibrante de vegetación. Pronto te das cuenta que los residuos apestosos que juntaste han sido transformados en una tierra rica y finalmente en comida. La humanidad viene de dar otro paso en su evolución.

Pero existe un problema a la base de dicho escenario: esto no sucedió hace doce mil años, sino que está sucediendo en este momento. Los microbios de la composta aparentemente son muy pacientes. A sus ojos, nada ha cambiado desde el año 10 000 AC. Mientras sus necesidades se vean satisfechas, a las criaturas invisibles que transforman el humabono en composta no les importa en lo absoluto, ni hoy ni hace un millón de años, la técnica de compostaje elegida. Y dichas condiciones no han cambiado y seguramente no cambiarán durante la existencia del ser humano sobre la Tierra. Estas incluyen: (1) temperatura (los microorganismos de la composta no trabajan en condiciones heladas); (2) humedad (no trabajan en condiciones muy mojadas o muy secas); (3) oxígeno (no trabajan sin él); y (4) una dieta balanceada (conocida como balance de carbono y nitrógeno). Con un poco de imaginación, podemos ver a los microbios como un ejército de personitas microscópicas que necesitan la comida correcta, agua, aire y calor para trabajar.

Por consiguiente, el arte del compostaje consiste en la simple y sin embargo profunda tarea de proveer las necesidades básicas para los trabajadores invisibles para que trabajen tan vigorosamente como les sea posible, estación tras estación. Y a pesar de que dichas necesidades pueden ser las mismas en todo el mundo, las técnicas empleadas para alcanzarlas pueden variar de una época a la otra y de un lugar al otro.

Existen miles de sectores geográficos en la Tierra, cada uno con una población humana, clima y materiales orgánicos únicos, por lo que potencialmente existen miles de métodos, técnicas y estilos de compostaje. Aquello que funciona en una parte del mundo para un grupo de personas, podría no funcionarle a otro grupo en un área geográfica diferente. Por ejemplo, en Pennsylvania tenemos mucho aserrín pero no contamos con cáscara de arroz. El compostaje debería eliminar los desperdicios locales y la contaminación, así como debería recuperar recursos y el compostador se encargará de utilizar los materiales orgánicos locales disponibles de manera sabia y eficaz.

¿QUÉ VINO PRIMERO, EL JARDÍN O LA COMPOSTA?

El jardín. Por eso hacemos composta, para crecer plantas. Si no necesitas composta ni plantas, probablemente un baño composta no sería la opción más sabia para tí, al menos que tu material orgánico sea recolectado por alguien más para ser compostado.

Al estar leyendo este libro, sabes que los abonos para un jardín orgánico no son tan fáciles de conseguir (¿recuerdas el espejo?). Pero los humanos también somos animales y producimos abono todos los días por lo que, si logramos reciclarlo, contaremos con un suministro constante. Sin embargo, el compostaje de humabono no es lo mismo que el compostaje de residuos del jardín. Hay algunas cosas que debes saber antes.

Para empezar, el excremento humano nutre a la pila de composta. La provee del preciado nitrógeno y de humedad. Muchos de los compostadores de jardín no llegan a observar el desarrollo de calor biológico en sus pilas. Apilan hojas y hierbas, las cuales se descomponen rápidamente pero no activan la respuesta termófila de los microbios. Si agregas nitrógeno y humedad, obtendrás la generación de calor. Los restos de comida pueden crear condiciones termófilas debido a que contienen humedad y tienden a contar con niveles de nitrógeno elevados, al igual que la mayoría de los materiales vegetales verdes. Si añades humabono, tendrás la mezcla correcta.

Sin embargo, el humabono huele mal. La Madre Naturaleza hace que las cosas huelan mal para que tengamos que enterrarlas. La tierra ha sido la solución milenaria como material de cobertura para los malos olores. Es por eso que el Cajón de Tierra resultaba perfectamente lógico en este sentido. En efecto, bloqueaba eficazmente los olores. Los cuerpos en descomposición huelen muy mal y la solución es enterrarlos. Pero aquella vieja pila de aserrín me mostró que la tierra no es el único material que bloquea los olores; el material vegetal molido también funciona. La diferencia es que el material vegetal también propicia las condiciones para el compostaje. Los microbios requieren de carbono para balancear el nitrógeno. La tierra no provee carbono, pero la celulosa de las plantas si.

Existen cuatro requisitos para que un baño composta funcione correctamente: (1) el material de cobertura; (2) el baño; (3) los composteros; y (4) el manejo humano.

TODO ESTÁ EN EL MATERIAL DE COBERTURA

Un escusado convencional requiere de agua para su funcionamiento. Para que un baño composta funcione, se requiere un material de cobertura a base de carbono. Este es el factor limitante en los sistemas de baño composta. Si no cuentas con el material de cobertura, no cuentas con un baño composta. Cuando viajo a territorios lejanos para instalar baños composta, lo primero que busco es el material de cobertura local. No puedes utilizar cenizas, no puedes usar cal, ni tierra. Debe ser un material derivado de las plantas.

Entre los materiales de cobertura que hemos utilizado con éxito alrededor del mundo figura el bagazo de caña de azúcar, que son los tallos de caña molidos utilizados en la industria del azúcar y el ron y que se encuentran en la mayoría de los climas tropicales. El bagazo contiene azúcares residuales, así como celulosa y los microbios las adoran. Después tenemos el aserrín, que puede encontrarse en todo el mundo. El mejor es aquel que viene de la tala de árboles y la fabricación de tablas, vigas y postes. El *aserrín* no es lo mismo que las *astillas de madera* ni que la *viruta de madera*. Las astillas son producidas por una trituradora y son demasiado grandes para ser consumidas por las bacterias. La viruta viene de las máquinas de aplanado para las tablas y también son relativamente grandes. En las grandes pilas de composta municipales, la viruta puede funcionar si se le da suficiente tiempo. Sin embargo, en una pila de composta de jardín, la viruta retrasará la descomposición, en especial si proviene de madera secada en hornos.

Las cáscaras de arroz, un subproducto de la industria del arroz, también se utilizan a menudo como material de cobertura. En las pilas pequeñas tienden a desacelerar el compostaje, pero aun así funcionan. Los subproductos de la industria de las destiladoras de yuca también han sido utilizados con éxito como materiales de cobertura al compostar lodos residuales en China. Otros materiales de cobertura prometedores para la pila de composta incluyen los subproductos de la molienda de aceitunas y el bagazo de sorgo.[2] Una mujer en California me escribió para decirme que había utilizado un baño composta durante años pero tenía problemas para encontrar materiales de cobertura, así que compró una trituradora y comenzó a producir pedacería de arbustos de zarzamora, los cuales describía como «una molestia invasiva... que crece abundante y rápidamente (alrededor de 5 metros anuales). Las ramas pequeñas (normalmente provenientes del sauce en esta región) también pueden ser trituradas para producir un excelente material de cobertura».

DOS USOS PARA EL MATERIAL DE COBERTURA

Existen dos categorías para el material de cobertura: (1) aquel para el *interior del baño* y (2) aquel para *la pila de composta*. No son iguales. Dentro del baño necesitamos un material fino con un bajo contenido de humedad residual. Si tienes aserrín seco, como aquel proveniente de madera secada en hornos, déjalo bajo la lluvia en una pila para que se rehidrate, propiciando la reactivación biológica. La humedad residual lo convertirá en un biofiltro eficaz. Las bacterias habitan en las capas biológicas que recubren las partículas de madera. Si estás utilizando un aserrín demasiado seco y notas olores escapando de tu baño composta, atomiza el material de cobertura con agua antes de añadirlo al baño.

Al utilizar el material de cobertura adecuado en la proporción correcta, se bloquearán todos los olores y las moscas no se verán atraídas hacia la composta. No podría enfatizar suficientemente la importancia

Las instrucciones para el baño seco están expuestas en cada cubículo de baño (arriba).

Un baño composta ha reemplazado una «letrina de cubeta» en una cárcel en Uganda (derecha). La prisión de baja seguridad hubiera tenido que cerrar debido a la falta de salubridad. El baño composta ofreció una solución. El conenido de los baños es compostado en composteros de alambre.

Se han clausurado las letrinas de fosa en una escuela en Uganda (izquierda) y han sido reemplazadas por baños composta. El recipiente de baño se desliza delante del mueble de baño. La tapa del recipiente se guarda detrás del recipiente, dentro del mueble.

BAÑOS COMPOSTA

Nótese que la tapa se guarda detrás del recipiente.

Los BC pueden estar hechos de madera, plástico u otros materiales. Cuentan con contenedores removibles que permiten la recolección y el compostaje del material del baño. La unidad de la imagen que se muestra debajo está en Mozambique. Es un asiento para baño seco readaptado para cubrir un recipiente de plástico. Se levanta el asiento para retirar el contenedor.

de este factor. *El material de cobertura es el biofiltro* y su importancia es primordial. El material de cobertura también elimina la necesidad de ventilación mecánica. Al utilizar un material adecuado, no necesitarás más que dicha materia y una tapa para asiento de baño convencional para cubrir el contenido de tu baño. El recipiente utilizado en el baño jamás necesitará de una tapa individual antes de ser retirado del mueble de baño.

Por otro lado, el material de cobertura utilizado en la *pila de composta* no necesita ser demasiado fino y puede estar seco o húmedo. La paja funciona de maravilla. Los pastos, hierbas, hojas o cualquier material de origen vegetal limpio y sin olor desagradable también servirán. No te recomiendo utilizar abono de granja como material de cobertura debido a su olor. Tanto tu baño como tu pila de composta deberían estar libres de olores y lo lograrás con un buen manejo. Los materiales de cobertura ayudan a la descomposición aeróbica al crear diminutos espacios de aire intersticiales dentro de la composta. Eso es todo el suministro de oxígeno que tu composta necesita. No se requieren materiales voluminosos en la composta para crear espacios de aire. Recuerda que se trata de organismos microscópicos. Si la composta se encuentra sobre la superficie y no sumergida en agua, habrá espacios de aire dentro de ella. Voltearla, escarbar dentro de ella o triturarla no será necesario. Si tienes una grán calabaza, solo aviéntala dentro de la pila; no necesitas cortarla en pedazos. Coloca un termómetro dentro de tu pila y obsérvalo. Si la temperatura se eleva por arriba de la temperatura ambiente, eso significa que tu pila está activa.

NECESITARÁS UN ESCUSADO

El baño composta o escusado, la parte más simple del sistema sirve para captar el material excretado. El recipiente del baño debe ser resistente, impermeable y durable. Si vas a vaciar los recipientes a mano, deben ser lo suficientemente pequeños para ser fácilmente manejados por una o dos personas. Una persona puede cargar fácilmente 19 litros (5 galones), mientras que dos personas pueden cargar 57 litros (15 galones). Si estás solo y consideras que 19 litros es demasiado, puedes vaciar el recipiente cuando se llene hasta la mitad; no esperes a que esté demasiado pesado para poder cargarlo. A pesar de sonar bastante lógico, te resultaría sorprendente la cantidad de personas a las cuales les cuesta trabajo descifrar esta etapa.

El excremento, la orina y el papel de baño van dentro del baño composta, así como cualquier otro material que normalmente pondrías en un escusado de descarga de agua. También puedes arrojar dentro los tubos de cartón del papel de baño. Puedes vomitar dentro del baño. Evita poner los restos de comida dentro del escusado, ya que existe un riesgo de infestación de moscas de la fruta. Puedes agregar los restos de comida una vez que has retirado el recipiente del mueble de baño, antes de colocarle una tapa encima. De todas formas todo el material terminará en la misma pila.

Puedes construir tu mueble para baño composta a un costo muy bajo a partir de restos de madera y los recipientes reciclados pueden encontrarse fácilmente, incluso de forma gratuita. Debes construir el mueble de acuerdo con el tamaño de tu recipiente, por lo que debes asegurarte de conseguir varios recipientes iguales, de lo contrario no todos cabrán exactamente dentro de tu mueble. Yo utilizo cinco cubetas de 19 litros en mi mueble de baño, una dentro y cuatro en espera, con sus respectivas tapas. Cuando lleno cuatro y las acumulo a un lado, bien tapadas, las llevo a la pila de composta al mismo tiempo, mientras se llena la quinta cubeta. A pesar de estar «llenas», las cubetas aún tienen alrededor de 4 litros de espacio libre para poder agregar restos de comida de la cocina. En efecto, esto le agregará cierto peso al recipiente, pero si no resulta un problema, puede ser una forma conveniente de llevar toda la materia orgánica hacia el compostero al mismo tiempo.

Y ¿por qué no defecar directamente dentro de una cubeta? ¿Por qué no poner un asiento de baño sobre una cubeta de 19 litros y hacer caca dentro? Si ese es tu estilo, hazlo. Funciona, a pesar de no ser ni cómodo ni estable. Cuando te agaches para limpiarte, verás la cubeta caer hacia un lado. No será una escena agradable. Es como si fueras un usuario de escusado de descarga de agua, ¿por qué no llenarías un recipiente con agua potable para defecar dentro y luego tirarlo dentro del drenaje? Parece ridículo, pero hay gente que hace este tipo de preguntas, en especial aquellos que no quieren gastar dinero en su baño.

Otra pregunta recurrente es la siguiente: «¿Por qué no poner el mueble de baño directamente sobre el compostero exterior?» Si es lo que deseas, adelante, hazlo. La mayoría de la gente prefiere que su baño esté dentro de su casa, de forma conveniente, segura y cómoda, durante todo el año. En mi hogar, cuento con un baño en mi oficina, otro en el cuanto de visitas y otro en la planta baja También tengo un baño en una construcción separada para los invitados y dos en mi negocio. Todos ellos están libres de olores cuando se utilizan de manera correcta. ¿Por qué querría salir a hacer mis necesidades o ir a un solo sitio interior cuando puedo vaciar mis cuatro recipientes una vez por semana (para una familia de cuatro) o una vez al mes (para una sola persona) dentro de un compostero exterior? Un compostero colocado bajo tu casa también tendrá que ser vaciado eventualmente, producirás la misma cantidad de composta y eventualmente querrás sacarlo de ahí para agregarla a tu jardín o a tus floreros. Estas son consideraciones importantes. Puede no resultar demasiado conveniente el lidiar con la composta cuando se encuentra bajo la casa o el tener que transportarla durante la temporada de siembra si se encuentra en el sótano.

Mantén el contenido del baño siempre cubierto. Si utilizas la cantidad correcta de material de cobertura, tu baño y tu compostero estarán libres de olores. Si tu nariz detecta malos olores o tus ojos ven moscas, esto significa que no estás cubriendo bien tu composta. Para manejar correctamente un baño composta se necesita una nariz y ojos funcionales. Un cerebro en buen estado también puede ayudar. Un baño composta es el «baño de las personas pensantes».

Si detectas olores, añade material de cobertura. Asegurate de que sea lo suficientemente fino y que contenga humedad residual cuando cubras el contenido de tu baño. Si se trata de un material ligero, esponjoso y seco, como la viruta empaquetada, no resultará tan eficaz para bloquear olores en tu baño y necesitarás usar una mayor cantidad, llenando así tus recipientes en menos tiempo. Huméctalo y permite que se descomponga; si es preciso durante años; *después*, utilízalo como material de cobertura en tu baño.

Sobre tus *composteros*, encárgate de siempre mantener el contenido bien cubierto. Si detectas olores, añade material de cobertura. Una señora me escribió en una ocasión diciéndome que su compostero olía mal. Le respondí, «Añade material de cobertura». Me contestó una semana después, diciendo que su compostero aún olía mal. Yo le respondí, «Añade más material de cobertura». Este vaivén de correos continuó hasta que eventualmente la señora dejó de escribirme. Asumo que eventualmente debió agregar suficiente material de cobertura. De ser necesario (y no lo será), el material de cobertura puede tener un espesor de un metro (3 pies). Lo pondrás de lado al agregar nuevo material de cualquier forma. No deberías ver nada más que material de cobertura sobre la superficie de tu compostero.

Las instrucciones son tan sencillas que parece ridículo. Si huele o si atrae moscas, añade material de cobertura. Si te parece demasiado complicado, probablemente no eres un buen candidato para tener un baño composta.

Si se cuenta con suficientes contenedores, un sistema de baño composta puede ser adecuado para cualquier cantidad de personas. Si utilizas uno en casa y recibes la visita de 30 personas, estarás feliz de tener varios contenedores vacíos a la mano para poder reemplazar aquellos que se llenen. También te hará feliz el hecho de no tener que vaciar las cubetas hasta que tus invitados se vayan, ya que puedes ponerlas de lado, con sus respectivas tapas, para vaciarlas cuando te resulte conveniente.

Mi experiencia me ha demostrado que 150 personas durante una fiesta de verano requieren cuatro cubetas de 19 litros (considerando que los hombres tienden a orinar al aire libre). Por lo tanto, prepárate para lo inesperado y mantén recipientes suplementarios a la mano, así como material de cobertura de sobra. Para cada contenedor de composta lleno que sale del cuarto de baño, tendrás que ingresar un volumen igual de material de cobertura.

Por último, no es necesario utilizar cloro para enjuagar los recipientes de composta. El cloro es un veneno químico que resulta dañino para el ambiente y su uso es completamente innecesario en un sistema de reciclaje de humabono. Agua y jabón son suficientes.

LOS COMPOSTEROS

Este es el tercer elemento necesario para un sistema de baño composta. Nótese que digo composteros, en plural, debido a que se requerirán al menos dos: el primero para llenarlo hasta el tope y el segundo para añadir el material nuevo mientras el primero pasa por el periodo de curado o añejamiento. El objetivo del compostero es contener el material orgánico de forma vertical sobre la superficie de forma que los perros, cabras, caballos y otras criaturas no puedan acceder a él. El hecho de colocarlo sobre la superficie ayuda a mantener el sistema aeróbico. Una vez que se llena el compostero, déjalo tranquilo durante alrededor de un año mientras llenas el segundo. Escoge el tamaño de tu compostero para llenarlo en un año. Si se trata de un grupo grande, se requerirán más composteros o composteros más grandes. Un compostero familiar estándar mide aproximadamente 1,5 m2 por 1,2 m de altura (5 pies2 por 4 pies de altura).

Puedes crear un compostero en tan solo diez minutos usando cuatro tarimas de madera. Simplemente hay que apoyarlas una contra la otra e introducir un par de tornillos para mantenerlas juntas. Si no cuentas con tornillos, puedes amarrarlas con algún otro material. Si necesitas

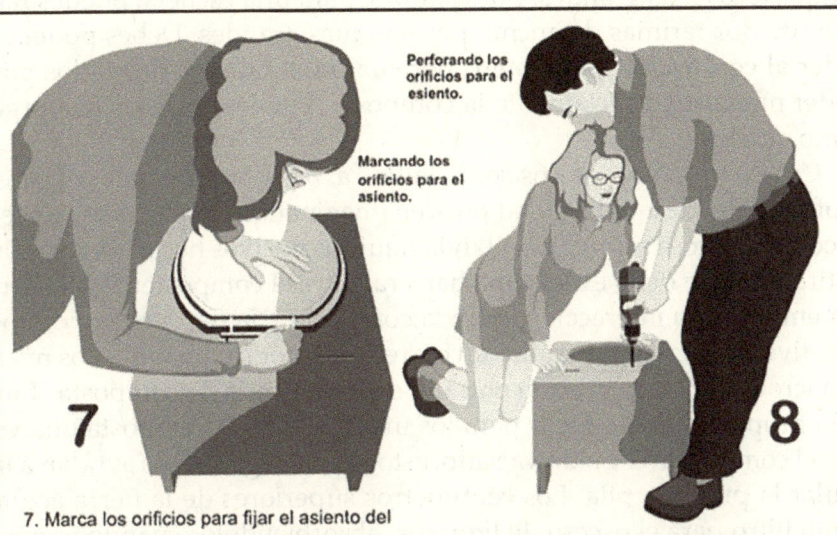

7. Marca los orificios para fijar el asiento del baño. Un mueble de baño seco con bisagras tendrá 18" de ancho y 21" de largo.

Corta un hoyo en el panel de contrachapado de 18"x18" de forma que la parte superior de tu contenedor de baño quepa dentro de él. Acomoda el hoyo a 1,5 pulgadas del frente del panel de contrachapado. ¡Estos dos detalles son importantes! El recipiente debe sobresalir del panel alrededor de 1/2 pulgada. Puedes ajustar dicha altura al instalar las patas. El mueble de baño está concebido para adaptarse a tu recipiente, así que asegúrate de tener varios recipientes del mismo tamaño.

8. Al instalar las patas dentro de la caja, ajusta la altura para que el recipiente sobresalga 1/2 pulgada respecto al mueble. Esto permite que se ajuste al asiento de forma que todo el material del baño caiga dentro del recipiente y no fuera del borde superior. Es por esta razón que se les dio vuelta a los topes (para ajustarse al anillo del recipiente).

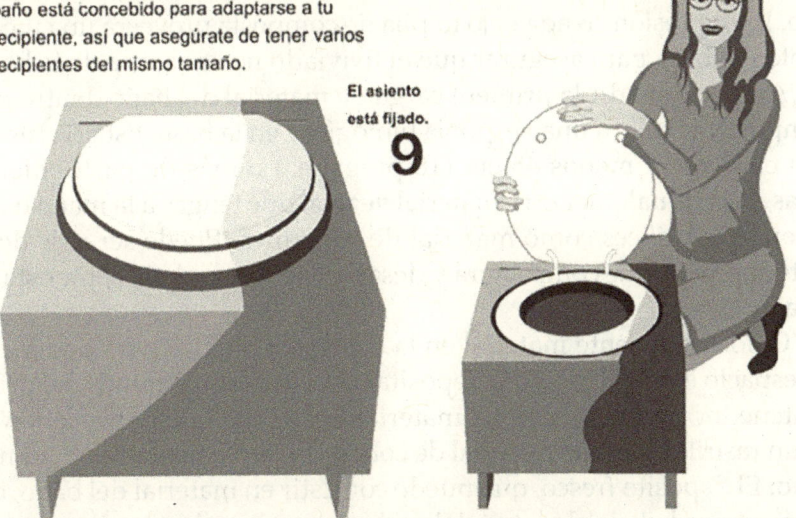

9. Fija el asiento del baño usando sus dos tornillos originales. Puedes pintar, barnizar o entintar la madera. ¡Ahora tienes un baño composta!

composteros más grandes, por ejemplo, para una escuela, puedes hacerlos de dos tarimas de ancho, pero no más grandes. Debes poder acceder al centro del compostero por cualquiera de los dos lados para poder manejar correctamente la composta. Puedes hacerlos tan largos como quieras.

Coloca tus composteros sobre la tierra, no sobre concreto. Algunos profesionales de la salubridad pueden imaginar que la pila de composta es como una fosa séptica que lixivia líquidos nocivos hacia el suelo e insistirán en que debe existir una barrera entre el compostero y la tierra. Sin embargo, la interacción entre la composta y la tierra es importante por diversas razones. Permite un corredor biológico para que los micro y macroorganismos puedan entrar y salir de la pila de composta. También proporciona un hogar para los microbios de la composta una vez que el compostero ha sido vaciado; estos microorganismos ayudan a inocular la próxima pila. Los centímetros superiores de la tierra actúan como filtro para el exceso de líquidos, absorbiéndolos cuando es necesario. He visto, fotografiado y grabado el lixiviado que se vierte de la base de las pilas de composta de humabono colocadas sobre bases de concreto. No era demasiado lixiviado, sin embargo suficiente para engendrar larvas. Si dichas pilas hubieran estado sobre una base de tierra, no hubiera habido problema alguno.

Encargate de aplanar la tierra y crear una leve depresión en el lugar en el que construirás tu pila de composta. Agrega la tierra que retiraste (no tiene que ser demasiada) sobre los bordes inferiores de tu compostero. La depresión creada bajo tu pila de composta proveerá una medida suplementaria para asegurar que el lixiviado no se escape de la base.

Antes de añadir la primera carga de material del baño dentro de tu compostero, coloca una «esponja biológica» en la base. Esta consiste en una capa de al menos 45 cm (18 pulgadas) o más de pasto, hierbas, hojas, paja o cualquier otro material vegetal que tengas a la mano o cualquiera que utilices como material de cobertura. Puede ser más densa, de todas formas se compactará y desaparecerá cuando la composta esté lista.

Coloca suficiente material en la esponja biológica para poder crear un espacio en el centro para depositar el contenido orgánico del primer contenedor, después cubre el material fresco con la esponja con ayuda de un rastrillo y añade material de cobertura suplementario de ser necesario. El depósito fresco, que puede consistir en material del baño, quedará enterrado bajo el material de cobertura. Cuando agregues material adicional dentro de tu compostero, utilizando una herramienta dedicada a dicho propósito, como una pala, trinche o rastrillo, pon de lado el material de cobertura y escarba dentro de la pila para crear una depresión, agrega el material fresco dentro de la cavidad y luego vuelve a colocar el material de cobertura sobre la parte superior de la pila. Agrega más material de cobertura. Mantén tu pila aplanada, no permitas que se parezca al Matterhorn.

Procura siempre tener un termómetro en el centro de tu pila activa. Los termómetros de 50 cm (20 pulgadas) son baratos y ofrecen una lectura constante de la temperatura, permitiéndote saber lo que sucede dentro de tu pila. De vez en cuando alguien me escribe diciéndome que su composta no se está calentando. Cuando les pregunto la temperatura, me responden que no lo saben debido a que no utilizan un termómetro. Me dicen, «*Parece* no estar caliente». Les pido que compren un termómetro y que verifiquen la temperatura para darme datos duros y no simples especulaciones.

Retira el termómetro antes de agregar nuevo material. Al añadir nuevo material en el centro de la composta, logras metas importantes: Inyectas material a la parte más activa de la composta; la cubres por completo, no solo con material de cobertura, sino también con composta existente; y creas un colchón de material de cobertura alrededor de las *orillas exteriores* de la composta, creando así una envoltura, como una sábana. Esto aísla la pila, evita que las orillas de la composta se enfríen y evita que la composta se escape por los espacios de las paredes del compostero, como suele suceder con los composteros construidos con tarimas. Al usar un colchón de material de cobertura alrededor de tu composta, puedes utilizar cualquier tipo de compostero: madera, bloques de cemento, metal o plástico y no se requieren hoyos ni espacios en las paredes exteriores para la aireación. El aire queda atrapado en el colchón. Solo asegúrate de tener un fondo de tierra. Podríamos llamarle compostaje de «alimentación central», comparado a la técnica de «capeado», que parece gozar de cierta popularidad en algunos círculos. El capeado podría definirse como la adición de nuevo material sobre la pila de composta en capas, como una lasaña y no se recomienda al compostar humabono.

En el caso de los composteros hechos con tarimas (o con cualquier otro material), si cuentas con pacas de paja, puedes separar capas de algunos centímetros de espesor y colocarlas de forma paralela a las paredes del compostero para crear una capa interna antes de agregar el material orgánico. Esto aislará térmicamente tu pila, evitará que la composta escape por los espacios en las paredes y proveerá un espacio ai-

BAÑOS COMPOSTA

En una escuela en Nicaragua (izquierda), utilizando un modelo de GiveLove.org con un recipiente de 19 litros removible por la parte superior y en Haití (derecha), usando un barril como recipiente que puede deslizarse por la parte delantera del mueble de baño.

Composteros construidos con tarimas en Nicaragua. Uno de los lados está casi lleno de material del baño.

La construcción de baños composta en Mongolia (arriba), en 2006, con un costo de $6 dólares EUA c/u, incluyendo la mano de obra. La choza en la imagen inferior es un baño composta en Uganda. El compostero de carrizo se localiza detrás de él.

reado que envuelve la composta.

Un sistema con tres cubículos de compostaje puede resultar práctico en climas fríos debido a que se puede construir un compostero central con un techo para almacenar los materiales de cobertura. Al mantener el material de cobertura seco (pacas de paja, por ejemplo), se evitará que se congele y se mantendrá disponible para su utilización durante todo el invierno. Cuando cuentes con una grán cantidad de material de cobertura disponible, por ejemplo, un influjo de recortes de pasto, hierbas u hojas, también puedes ponerlas en el cubículo central para almacenarlas y utilizarlas posteriormente para cubrir la composta. Esto es, asumiendo que no utilices ningún químico tóxico sobre tu jardín. De lo contrario, coloca el pasto cortado en bolsas de plástico, llévalo al tiradero de desperdicios tóxicos más cercano y reflexiona sobre tu insensatez.

Cada año, alrededor del solsticio de verano (finales de junio), comienzo una nueva pila de composta en casa. Durante el final de la primavera, la última pila puede lucir tan llena que pareciera no poder recibir ningún otro material. Pero si se podrán agregar más materiales debido al encogimiento constante de la pila. Al terminar de construirla, se cubre con una buena capa de paja, hojas, pasto y otros materiales limpios (libres de semillas de hierbas) para aislarla, actuando como biofiltro; después se deja madurar, *sin ser molestada*. No se necesita voltearla ni añadir *nada* dentro de la pila durante el proceso de curación.

Una vez que se ha vaciado el compostero que contenía la composta del año anterior, se puede comenzar una nueva pila dentro del mismo, siguiendo el procedimiento descrito anteriormente (un suelo cóncavo, una esponja biológica, una envoltura de material de cobertura y el método de alimentación central). Cuando dicho compostero esté casi lleno (más o menos un año después), el primero puede vaciarse y ser añadido al jardín, los arbustos de moras, el huerto de frutales o las camas de flores. Si por cualquier razón no te sientes cómodo con la idea de utilizar tu composta en el jardín, añádela a las flores, árboles, arbustos o moreras.

Una pila de composta puede aceptar una cantidad enorme de material orgánico. A pesar de parecer llena, en el momento en que le des la espalda se encogerá dejando espacio para más material. Una preocupación común entre los compostadores novatos de humabono es la noción de que la pila parece estarse llenando demasiado rápido. Sin embargo, es casi seguro que la pila seguirá aceptando el material conforme lo agregues debido a que se encoge constantemente. Si por alguna razón tu pila se llegara a llenar por completo y no tuvieras ningún lugar donde depositar tu material fresco, entonces simplemente tendrás que construir un nuevo compostero. Cuatro tarimas, pacas de paja o enrejado de alambre funcionarán para la construcción de un compostero de emergencia.

El sistema descrito anteriormente proporcionará composta después de dos años (el primer año para la construcción de la pila de composta y el segundo para el añejamiento). Sin embargo, pasado el periodo inicial de dos años, obtendrás una cantidad de composta abundante de forma anual.

Si estás compostando el humabono de una población con enfermedades endémicas, deberás considerar un año adicional de curación para la composta. Para esto, necesitaras composteros adicionales. En una situación similar, al haber llenado un compostero, se deja compostar durante *dos* años. Dicho sistema implicará un lapso de tiempo mayor antes de que la composta esté disponible para la aplicación agrícola. Si tienes dudas sobre la salubridad de cualquier composta, puedes llevarla a examinar en un laboratorio en busca de patógenos o usarla en la agricultura en sectores en los que no entrará en contacto con cultivos destinados a la alimentación. Utiliza guantes para manejar este tipo de materiales.

Por último, ¡toda la materia orgánica va dentro del mismo compostero! Los restos de comida, materiales del baño, cadáveres animales, la cerveza vieja y toda la cosa. Si tienes animales y quieres agregar sus abonos, está bien; tal vez tendrás que construir composteros adicionales debido a que pueden llenarse más rápido. Si, puedes compostar papel de baño. Y si, deberías de compostar tus residuos de cocina y tu material del baño en el mismo compostero (¡obtendrás una mejor composta!).

LIXIVIADOS

La composta requiere de mucha humedad y es preferente mantenerla empapada. La evaporación es una de las principales razones por las cuales la composta se encoge tanto. Las pilas de composta no tienden a drenar líquidos a menos que estén sujetas a una cantidad excesiva de lluvia u otro influjo de líquido. La mayoría del agua de lluvia será absorbida por la pila, sin embargo, en zonas con precipitaciones mayores, un techo o tapa pueden ser colocados sobre la pila de composta en los momentos apropiados para evitar los lixiviados. Dicho techo puede ser tan simple como un pedazo de plástico o una lona. También puedes agregar material de cobertura adicional para protegerla de lluvias torren-

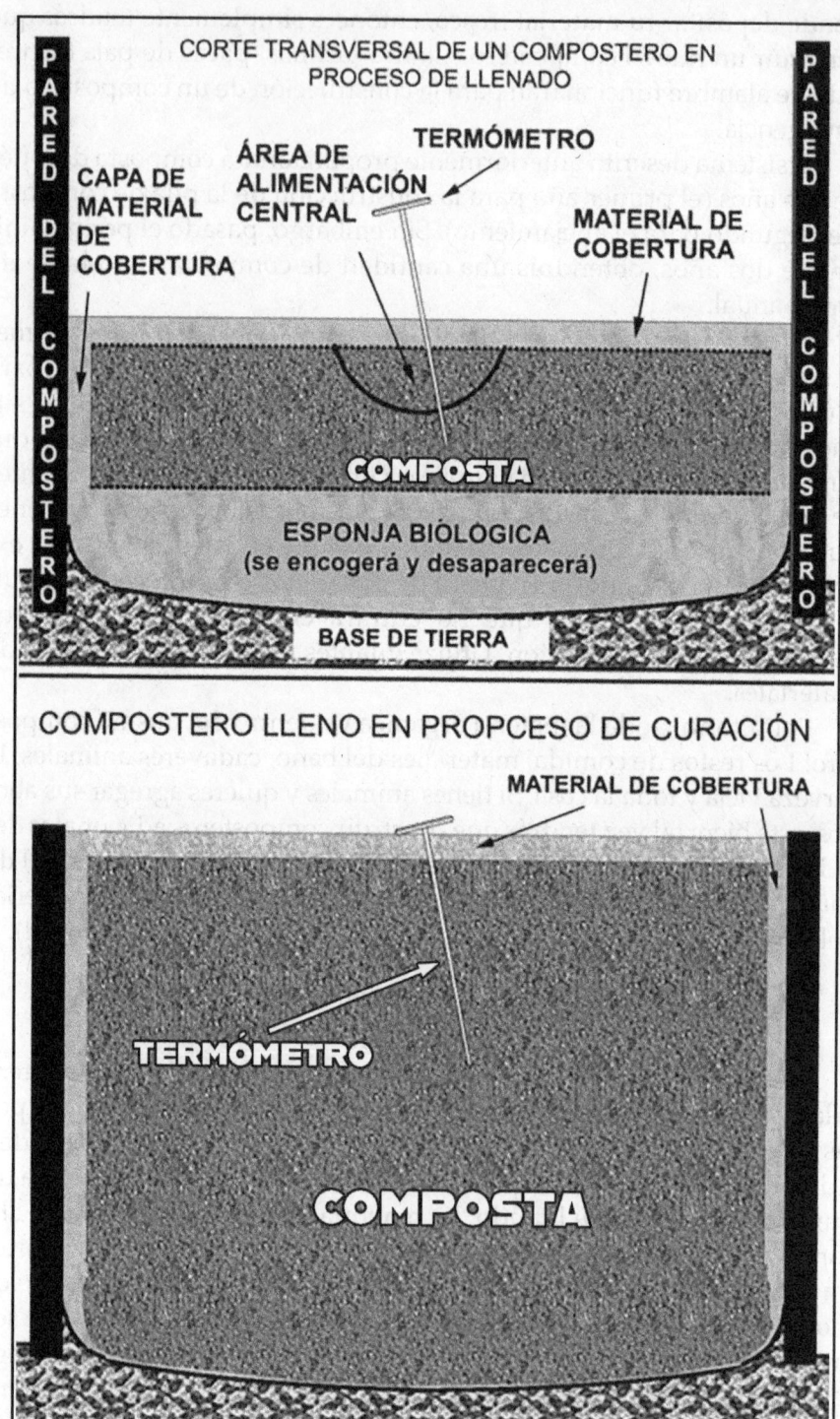

ciales. Una esponja biológica también actúa como barrera contra los lixiviados.

Se pueden ocasionar lixiviados si utilizas demasiada agua para limpiar los recipientes del baño, ya que dicha agua puede ser añadida a la pila. Si tu composta parece demasiado mojada, agrega más material seco dentro de tu mezcla al momento de construir tu pila. Y disminuye la cantidad de agua de lavado para las cubetas. Si, por ejemplo, estás lavando una docena de cubetas al mismo tiempo, 4 litros (un galón) de agua será suficiente para un primer enjuague para todas ellas. Agrega dicho volumen de agua a la primera cubeta y enjuágalo vaciando el agua dentro de la segunda cubeta; repite el proceso con la misma agua con todas tus cubetas y al final vacíala dentro de tu pila de composta. Utiliza otros 4 litros con un poco de jabón para un segundo enjuague de todas tus cubetas y vierte el agua final dentro de la pila. Por último, dales un enjuague final con otros 4 litros de agua para enjuagar el jabón, agregando el agua a la composta de la misma forma. El jabón no dañará tu composta. Siguiendo este procedimiento habrás usado 12 litros (3 galones) de agua para limpiar 227 litros (60 galones) de material proveniente del baño, una proporción de 1/20. Esto significa que habrás utilizado únicamente un litro para cada cubeta de 19 litros.

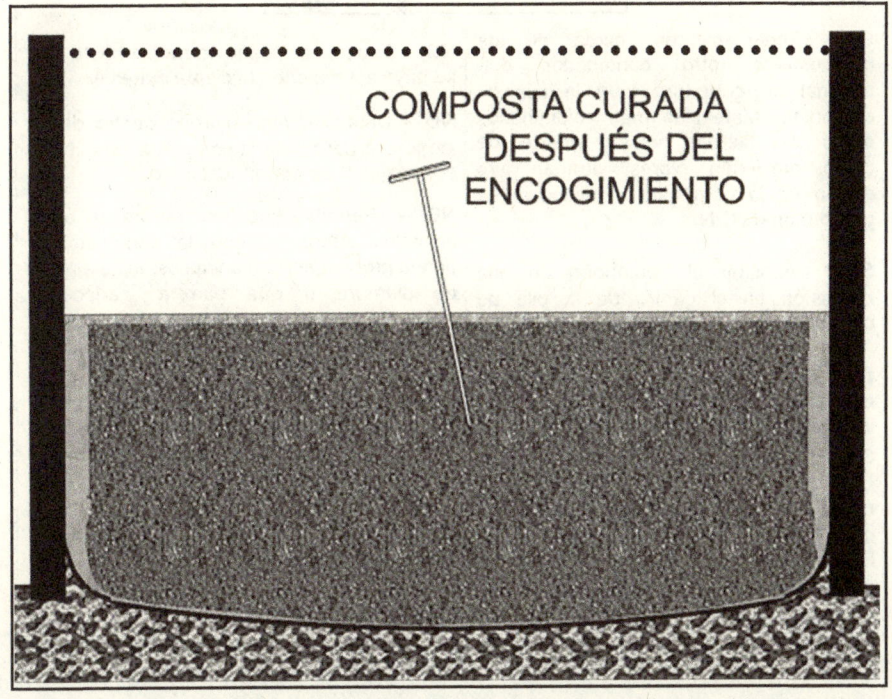

Si no te gusta lavar los recipientes de tu baño composta y no te importa gastar un poco más, compra bolsas compostables para cubrir tus cubetas. Esto eliminará la mayoría del agua para el lavado. Algunas personas utilizan periódico para cubrir el fondo de sus cubetas. Así, al va-

RESUMEN DEL BAÑO COMPOSTA

SI - Recolectar la orina, las heces y el papel de baño en el mismo recipiente de baño. La orina aporta la humedad y el nitrógeno esenciales para la composta.

SI - Mantener siempre cerca del inodoro un suministro de material de cobertura orgánico limpio. Aserrín en descomposición, turba de musgo, pedazos de hojas y otros materiales similares previenen olores, absorben el exceso de humedad y balancean la proporción de C/N.

SI - Tener siempre cerca de los composteros otro contenedor con material de cobertura para la pila de composta. Materiales más voluminosos como paja, hierbas, hojas y recortes de pasto previenen olores, atrapan aire dentro de la composta y balancean la proporción de C/N.

SI - Depositar el humabono en una depresión en el centro de la pila de composta, no en las orillas.

SI - Agregar una mezcla de materiales orgánicos al compostero de humabono, incluyendo restos de comida.

SI - Mantener la parte superior de la composta un tanto plana. Esto permite que absorba el agua de lluvia y facilita la cobertura de material fresco agregado a la pila de composta.

SI - Utilizar un termómetro para composta para revisar la actividad termófila.

NO - Separar la orina o el papel de baño de las heces.

NO - Voltear la pila de composta. Siéntate y relájate, dejando a los microbios hacer su trabajo. Una vez que termines de construir tu pila, déjala añejar en paz, sin alterarla, durante aprox. un año.

NO - Utilizar cal o cenizas de madera en la composta. Agréga estos materiales directamente a la tierra.

NO - Esperar actividad termófila hasta que se haya acumulado suficiente material.

NO - Depositar algo oloroso dentro de un inodoro o dentro de la composta sin cubrirlo con material de cobertura limpio.

NO - Permitir que los perros u otros animales interfieran con la composta. Si tienes problemas con animales, instala malla de alambre u otra barrera adecuada alrededor de tu composta y también debajo, de ser necesario.

NO - Separar los restos de comida de la composta de humabono. Agrega todos los materiales orgánicos al mismo compostero.

NO - Utilizar la composta antes de que esté completamente madura. Es decir, un año después de que se construyó la pila o dos años si el humabono provino de una población con enfermedades.

ciar los contenedores, tanto el periódico como el humabono caen dentro de la pila.

Durante el año que escribí estas palabras, las precipitaciones alcanzaron niveles récord de 1 524 mm (60 pulgadas). No tuve problemas de lixiviados en mis pilas de composta y además de eso vertí cantidades de 20 litros de residuos de cerveza de la cervecería local sobre ellas y les encantó. Recuerda que los microbios no caminan, sino que nadan, así que mantén tus pilas húmedas.

EVALUACIÓN DE COMPOSTEROS

En resumen, estas son las consideraciones importantes al construir y utilizar un compostero:

(1) Asegúrate que el compostero se encuentre sobre la superficie, que sea estable y a prueba de plagas. Puede ser que tengas que envolverlo con malla de gallinero si vives en una zona infestada con ratas.

(2) De ser posible, comienza tu pila sobre una base de tierra con una depresión en el fondo.

(3) Comienza siempre con una «esponja biológica» bajo la pila.

(4) Agrega el material fresco dentro de una depresión en el centro del compostero. Coloca siempre el material orgánico apestoso en el compostero y nunca sobre él. Recuerda no hacer capas como una lasaña. La alimentación central funciona mucho mejor.

(5) Cubre siempre el contenido del compostero. Si ves moscas o percibes olores, no estás cubriéndolo adecuadamente. Cubre hasta que no haya olores ni moscas.

(6) Construye una capa de material de cobertura alrededor de la orilla interior del compostero. Esto sucede naturalmente cuando agregas material nuevo en el centro.

material de cobertura antiguo como esponja biológica en el siguiente compostero una vez que hayas vaciado la composta. No hay ventaja alguna en tratar de acelerar el proceso de compostaje. La composta inmadura mata a las plantas. No cuesta nada dejar que la composta pase por una etapa de añejamiento y se curado. De esta forma obtendrás la mejor composta, de mayor utilidad agrícola y mayor seguridad higiénica.

SE REQUIERE MANEJO

El elemento final en un sistema de baño composta: el manejo humano. No se trata de una situación de «caga y deja que alguien más se

CÓMO CONSTRUIR UN
COMPOSTERO DE 3 SECCIONES

1 pulgada = 2,54 cm

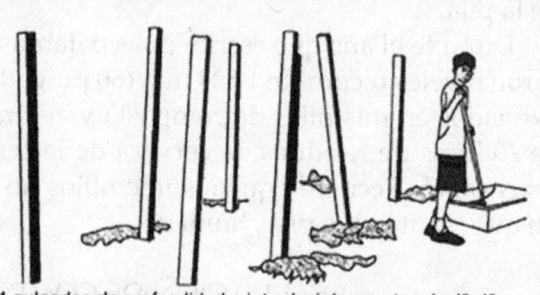

1. Cavar 8 hoyos de alrededor de 24 pulgadas de profundidad e introducir los postes de 4"x4". Rellenar con tierra (y cemento si se cuenta con él). Los postes se colocan a 5 pies (1,5 metros) de separación. Los cuatro postes centrales se dejan a su altura inicial. Se cortan los otros cuatro postes a una altura de alrededor de 4 pies (1,2 metros).

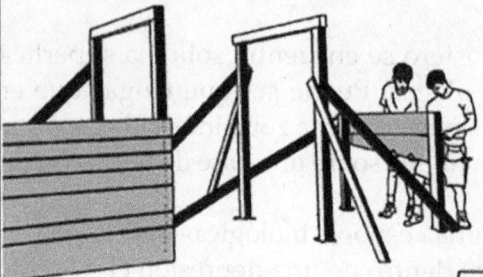

2. Verificar el nivel vertical y apuntalar los postes. Clavar dos travesaños de 4 x 4 pulgadas (10x10 cm) que unan los postes más altos.

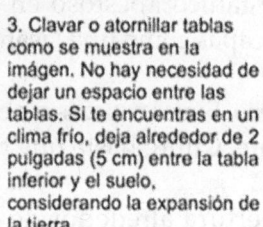

3. Clavar o atornillar tablas como se muestra en la imágen. No hay necesidad de dejar un espacio entre las tablas. Si te encuentras en un clima frío, deja alrededor de 2 pulgadas (5 cm) entre la tabla inferior y el suelo, considerando la expansión de la tierra.

4. Cortar las vigas y construir un techo sencillo de dos aguas (o uno más sencillo de una sola pendiente, sin embargo tendrás que dejar dos postes más largos atrás o adelante para crear la pendiente del techo). Los postes en contacto con la tierra deberán ser a prueba de putrefacción. Las paredes no deberán ser tratadas con químicos tóxicos. Será necesario cambiar las tablas del muro de forma periódica. El techo central mantiene el material de cobertura seco para evitar que se congele en climas fríos. Se puede construir todo el compostero con madera reciclada, de estar disponible.

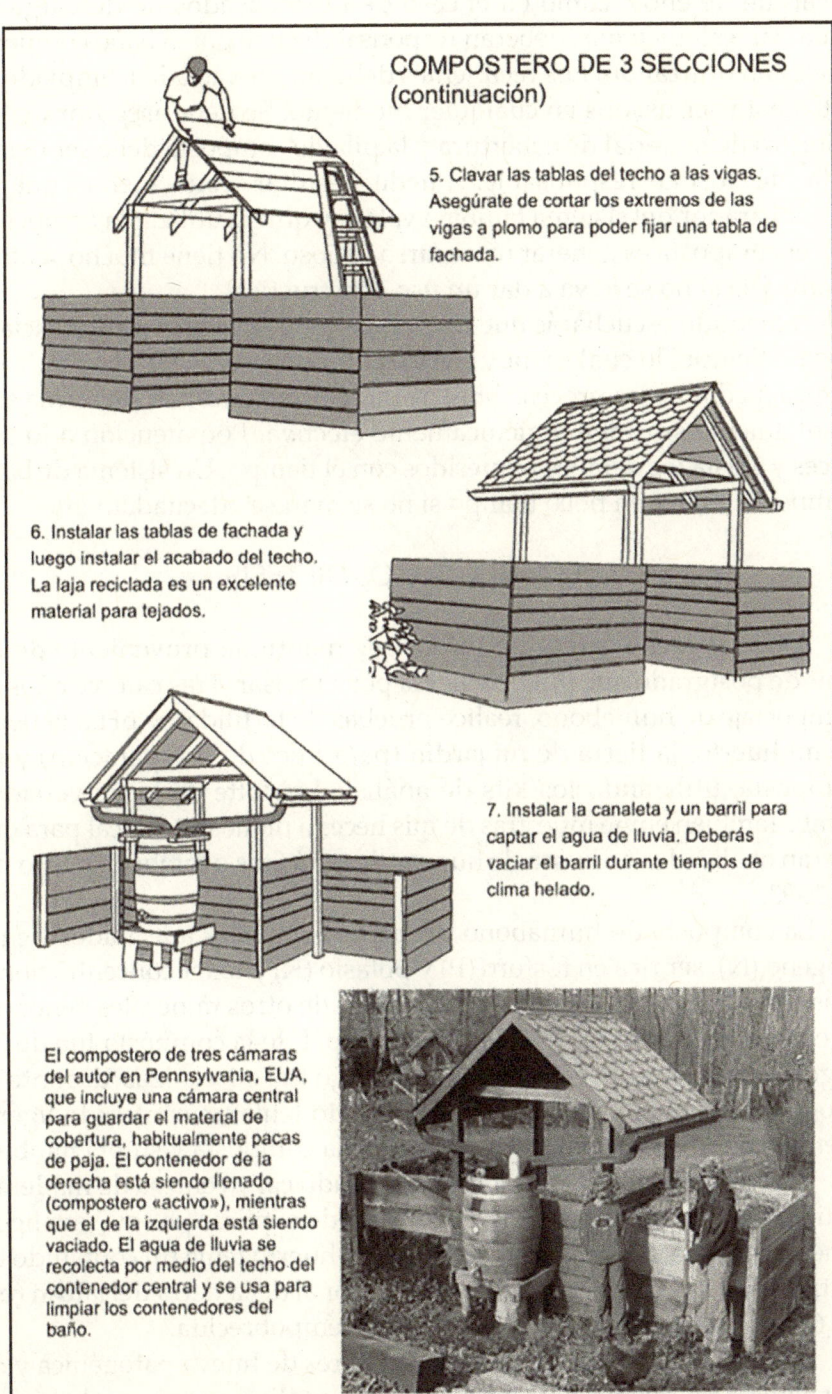

COMPOSTERO DE 3 SECCIONES
(continuación)

5. Clavar las tablas del techo a las vigas. Asegúrate de cortar los extremos de las vigas a plomo para poder fijar una tabla de fachada.

6. Instalar las tablas de fachada y luego instalar el acabado del techo. La laja reciclada es un excelente material para tejados.

7. Instalar la canaleta y un barril para captar el agua de lluvia. Deberás vaciar el barril durante tiempos de clima helado.

El compostero de tres cámaras del autor en Pennsylvania, EUA, que incluye una cámara central para guardar el material de cobertura, habitualmente pacas de paja. El contenedor de la derecha está siendo llenado (compostero «activo»), mientras que el de la izquierda está siendo vaciado. El agua de lluvia se recolecta por medio del techo del contenedor central y se usa para limpiar los contenedores del baño.

encargue de ello», como en el caso de los escusados de descarga de agua. Tú o alguien más deberán responsabilizarse por el baño composta que están utilizando. Los recipientes deberán ser vaciados, limpiados y listos para ser usados en cualquier momento. Se debe asegurar un suministro de material de cobertura y la pila de composta debe ser manejada de forma responsable. Puede resultar conveniente que el administrador del sistema también valore y quiera utilizar la composta. Hacer composta es generar un recurso valioso. No tiene mucho sentido producirla si no se le va a dar un uso constructivo.

A menudo escucharás que el compostaje es un arte y una ciencia al mismo tiempo, lo cual es muy cierto. El punto es reciclar la materia orgánica mediante un proceso libre de olores, de molestias, de forma ambientalmente segura e higiénicamente efectiva. Pon atención a lo que haces y ajusta los detalles requeridos con el tiempo. Un sistema de baño composta fallará en poco tiempo si no se maneja adecuadamente.

ALGUNOS DATOS DE TESIS

A continuación presento información antigua proveniente de mi tesis de postgrado que puede valer la pena revisar. Tras catorce años de compostaje de humabono, realicé pruebas de fertilidad y pH a la tierra de mi huerto, la tierra de mi jardín (para fines de comparación) y mi composta, utilizando los kits de análisis LaMotte de la universidad local[3]. También envié muestras de mis heces a un hospital local para que fueran analizadas en busca de huevos de parásitos o lombrices. Esto fue en 1993.

La composta de humabono probó tener niveles adecuados de nitrógeno (N), ser rica en fósforo (P) y potasio (K) y tener concentraciones más elevadas de estos elementos así como de otros minerales benéficos que la tierra del huerto y la del jardín. El pH de la composta fue de 7,4 (ligeramente alcalino), pero no se agregó cal ni cenizas durante el proceso de compostaje. La tierra del huerto tenía un contenido ligeramente menor de nutrientes (N, P, K) que la composta y su pH también fue ligeramente menor (7,2). Había agregado cal y cenizas de madera a la tierra de mi jardín por años, lo cual puede explicar por qué era ligeramente alcalina. Sin embargo, la tierra del huerto tenía un contenido de nutrientes y pH significativamente superior al de la tierra del jardín (pH de 6,2), la cual permaneció generalmente empobrecida.

Las muestras de mis heces estaban libres de hueva patogénica y de parásitos. Usé mis propias heces para los análisis porque yo había estado expuesto al sistema de composta y a la tierra del huerto durante más años que el resto de mi familia. Había manejado la composta libremente, con las manos descubiertas, año tras año, sin reservas. Volví a hacer los análisis de mis heces un año después, tras 15 años de exposición, después 11 años más tarde, tras 26 años de exposición, una vez más con resultados negativos. Cientos de personas habían usado mi baño composta durante los años anteriores a estas pruebas.

Estos resultados indican que la composta de humabono es un buen enriquecedor para la tierra y que no hubo transmisión de parásitos intestinales de la composta hacia el encargado de su manejo tras 26 años de uso continuo y sin restricciones ni protección, en los Estados Unidos. A través del periodo completo de 26 años, la mayoría de la composta de humabono producida por mi familia ha sido utilizada en nuestro huerto de comida. Hemos crecido muchos alimentos con esa composta y con ella también creció un cultivo de niños adorables y sanos.

Algunos podrían argumentar que los análisis de laboratorio que llevé a cabo en busca de hueva y parásitos no tienen sentido alguno. No probaron nada porque pudo no haber ninguna contaminación por parásitos intestinales en la composta. El hecho de que después de 26 años y literalmente cientos de usuarios no llegaran tales contaminantes hasta mi composta resulta información importante. Esto sugiere que los miedos relativos al humabono son sumamente exagerados. El punto es que mi composta no ha creado ningún problema de salud ni para mí ni para mi familia; al contrario, nos ha provisto de un huerto durante décadas sin la necesidad de importar abonos del exterior. Éste es un punto importante, del cual los fecofóbicos deberían tomar nota.

MONITOREO DE LA TEMPERATURA DE LA COMPOSTA

Mantengo un termómetro para composta en mis pilas de activas en todo momento. Al monitorear la temperatura, puedes darte cuenta en un vistazo de qué tan activa está tu composta. En la facultad, en 1993, grafiqué la temperatura de mi pila de composta descongelándose en primavera durante dos años seguidos. Durante el invierno, la composta se congeló, tan sólida como una paleta helada de caca, y quise ver qué sucedería después de que las pilas se descongelaran. La composta consistía principalmente en depósitos provenientes del baño composta, el cual contenía aserrín de madera dura, humabono con orina y papel de baño. Además de este material, se agregaron restos de comida de la cocina esporádicamente a lo largo del invierno y se usó heno para cubrir los depósitos del inodoro en la pila. También se agregaron algunas hierbas y hojas.

El material fue recolectado continuamente a partir de una familia de cuatro. No se hizo nada en especial con la pila en ningún momento. No se agregaron materiales inusuales, ningún compuesto para activar la composta, ni agua, ni abono de animales que no fueran humanos (a excepción de un poco de abono de gallina en 1994, pila graficada en la derecha, lo cual podría explicar las temperaturas de compostaje más elevadas). No se volteó la composta en lo absoluto. Las pilas de composta estaban situadas en un compostero de madera de tres lados, sin tapa, sobre la tierra, al exterior. El único material importado fue el aserrín crudo, un recurso local abundante y paja de una granja vecina (usamos menos de dos pacas durante todo el invierno).

Se utilizaron dos termómetros para monitorear la temperatura de esta composta, uno con una sonda de 20 cm (8 pulgadas) y el otro con una sonda de 51 cm (20 pulgadas). La parte exterior de la pila (20 cm de profundidad) que se muestra en la gráfica de la izquierda fue calentada por la actividad termófila antes que el interior (51 cm de profundidad). El exterior se descongeló primero, por lo que comenzó a calentarse por la actividad biológica primero. Pronto, el interior se descongeló y también se calentó. Para el 8 de abril, la parte exterior de la pila había alcanzado los 50°C (122°F) y la temperatura se mantuvo a ese nivel o mayor hasta el 22 de abril (un periodo de dos semanas). El interior de la pila alcanzó los 50°C el 16 de abril, más de una semana después que la parte exterior y permaneció así o más caliente hasta el 23 de abril. La pila que se muestra en la gráfica de la derecha estuvo a 50°C durante 25 días.

Desde 1993, he monitoreado la temperatura de mi composta de humabono continuamente, durante todo el año. La composta típicamente alcanza los 49°C (120°F), a una profundidad de 51 cm, a principios de primavera y se mantiene así durante todo el verano y el otoño. En invierno, la temperatura desciende, pero las pilas de composta no se han congelado desde 1997. De hecho, los termófilos de la composta parecen estarse adaptando a los fríos inviernos de Pensilvania y no es raro que mi composta alcance temperaturas de 37,8°C (100°F) durante todo el invierno, aun cuando la temperatura ambiente alcance las dos cifras negativas. Durante uno de los inviernos recientes, tomé un video mientras la temperatura exterior era de -16°C (4°F) y la pila de composta estaba a 54°C (130°F). Dicho video se puede encontrar en Youtube junto con muchos otros. La temperatura máxima que he registrado en mi composta doméstica es de alrededor de 69°C (156°F), pero las temperaturas más típicas varían entre los 43°C (110°F) y los 54°C (130°F). Por alguna razón, la composta parece permanecer alrededor de los 49°C (120°C) la mayoría de los meses de verano (a una profundidad de 51 cm). Mantengo el termómetro justo en el centro de la pila, justo donde se agrega el material fresco.

De acuerdo con el Dr. T. Gibson, líder del Departamento de Biología Agrícola de la Universidad de Agricultura de Edimburgo y Escocia del Este, «Toda la evidencia demuestra que algunas horas a 120 grados Fahrenheit [49°C] eliminarían por completo [a los microorganismos patógenos]. Si se mantiene dicha temperatura durante 24 horas, debería existir un amplio margen de seguridad»[4].

Escribí los próximos tres párrafos el 24 de febrero de 2005:

«Vacié cuatro contenedores de composta de humabono esta mañana antes de empezar a escribir. La temperatura exterior era de -6°C (22°F). La temperatura de la composta a una profundidad de 51 cm estaba justo arriba de los 38°C (100°F). Me fijé en el reloj antes de empezar a vaciar la composta y una vez más después de haber terminado y haberme lavado las manos. Pasaron exactamente quince minutos. Esta es una tarea semanal y en invierno toma más tiempo debido a que se tiene que sacar un garrafón de cinco litros de agua con la composta para enjuagar los contenedores (el barril de almacenamiento de agua de lluvia de la Hacienda de Humabono se vacía durante los meses de invierno y no hay agua disponible en él). Nunca he puesto mucha atención en qué tanto tiempo me toma el compostaje de humabono, por lo que me sorprendió que se requirieran tan solo quince minutos para vaciar cuatro contenedores a un paso relajado durante la peor época del año.

Sin embargo, no debería resultarme sorprendente, debido a que hemos desarrollado un sistema eficiente con el paso de los años: usamos un sistema de cuatro contenedores, porque es más fácil cargar dos contenedores que uno y cuatro recipientes durarán aproximadamente una semana para una familia de cuatro, lo que se resume en solo vaciar la composta de manera semanal, usualmente los domingos (hacer composta me resulta más significativo a nivel espiritual que ir a la iglesia). En invierno, se requieren cinco litros de agua para enjuagar dos recipientes. Esto significa que cuatro personas necesitarán 2,5 litros de agua cada uno por semana para el inodoro, requiriendo cuatro minutos por persona por semana para el vaciado de la composta.

Concedido, se requiere tiempo adicional para adquirir y guardar los materiales de cobertura, un trabajo que usualmente se hace en verano u otoño (utilizamos alrededor de diez pacas de paja cada año, más una carga de aserrín en una camioneta pickup). También se requieren algunos minutos para rellenar los contenedores de material de cobertura en el cuarto del inodoro (usualmente un trabajo reservado para los niños). La tarea más ardua es el transportar la composta hacia el huerto cada primavera. Pero aun así, ese es el punto: hacer composta».

Los siguientes párrafos los escribo ahora, en 2018:

«Los niños han crecido y se han ido de casa. Ahora solo composto para mí y vacío tan solo cuatro recipientes al mes. Utilizo cinco recipientes en total en la actualidad. De esta forma, mientras alimento simultáneamente cuatro a la pila de composta, siempre hay uno en servicio. La pila de composta de mi oficina más cercana estaba a 53°C (127°F) hace un par de noches mientras la temperatura exterior era de -7°C (19°F). Le atribuyo dicho grado de actividad biológica a los 57 litros (15 galones) de cerveza a temperatura ambiente que vertí dentro de la pila durante las últimas semanas, mientras hacía mucho frío (20 litros por noche). Consigo la cerveza en una cervecería local; es el excedente que fluye hacia una cubeta al momento de servirla en el bar. Antes la tiraban por el drenaje, pero ahora yo la recojo. Me resulta una buena excusa para pasar por una cerveza y mi composta lo adora.

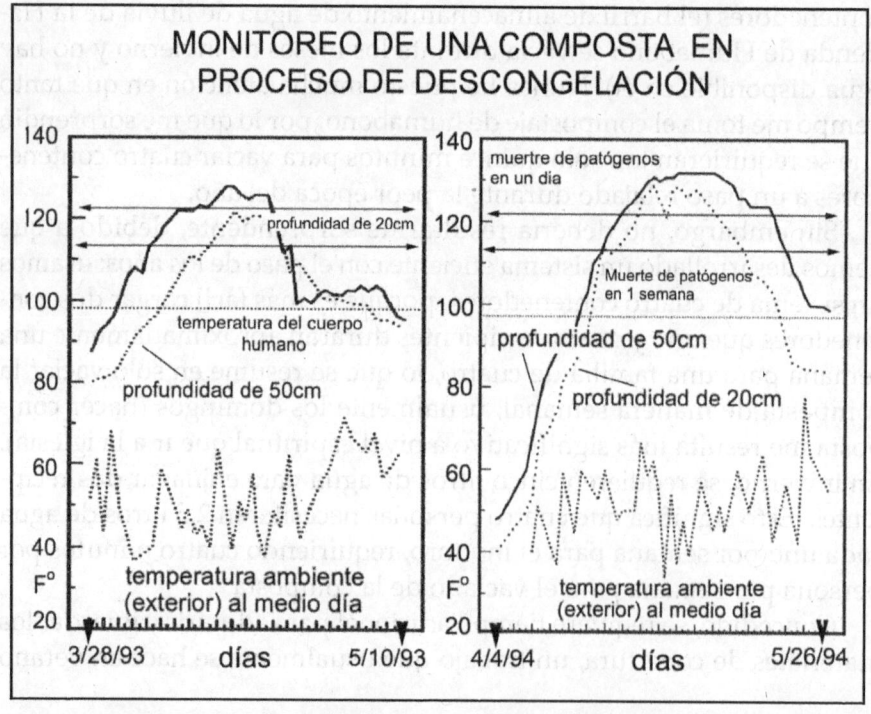

La pila de composta de mi casa estaba a tan solo 16°C (60°F) hoy. No la he alimentado en más de un mes (estaba de viaje por Europa). El clima ha sido frío. Hoy vacié seis cubetas del baño dentro de la pila, una cubeta de cerveza y un tlacuache muerto. Estoy seguro que la temperatura aumentará rápidamente (aumentó hasta los 52°C [126°F]). A la composta le gusta ser alimentada. Si no la alimentas, la temperatura bajará. Si la alimentas, la temperatura volverá a subir.

Mi pila no se ha congelado en veintiún años y no espero que se congele otra vez. El material de cobertura alrededor de la pila ayuda a aislar la composta durante el clima frío así como a la infiltración de oxígeno. Así mismo, las bacterias dentro de mi composta se han reproducido durante tantas generaciones que no me sorprendería que hayan pasado por un proceso de selección natural para adaptarse al clima local. Ellas, como yo, llaman a ésta tierra su hogar. Además, la adición de líquidos durante el invierno también ayuda mucho a mantener las temperaturas elevadas. El cambio climático puede tener una influencia también. Durante la última década hemos tenido un clima cálido extraño durante los meses de invierno, así como una buena dosis de frío y nevadas».

LA COMPOSTA SUCEDE

El miedo en torno al compostaje existe probablemente debido a que la mayoría de la información impresa al respecto del reciclaje de humabono resulta confusa, errónea o incompleta. Por ejemplo, al llevar a cabo mi investigación para una de las ediciones anteriores de este libro, me pareció sorprendente que no se hace casi ninguna mención del compostaje de humabono como una alternativa viable al saneamiento in situ. Cuando se encuentran menciones de los sistemas de «cubeta», se les demerita universalmente como una de las opciones de saneamiento menos deseables.

Por ejemplo, en *A Guide to the Development of On-Site Sanitation* (Una Guía para el Desarrollo de Saneamiento Local) escrito por Franceys et al., publicado por la Organización Mundial de la Salud en 1992, las «letrinas de cubeta» son descritas como «malolientes, creadoras de molestias por moscas, un peligro para aquellos que recolectan o utilizan la tierra nocturna y su recolección es ambiental y físicamente indeseable». A este sentimiento se le hace eco en el trabajo de Rybczynski (et al.), *Appropriate Technology for Water Supply and Sanitation* (Tecnología Apropiada para el Suministro de Agua y el Saneamiento), financiado por el Banco Mundial, donde se establece que «las limitaciones de la letrina de cubeta incluyen las visitas de recolección constantes que se requieren para vaciar el pequeño contenedor de [humabono], así como la dificultad de restringir el paso de moscas y olores provenientes de la cubeta».

Personalmente, yo he utilizado un inodoro de humabono durante cuarenta años y nunca ha causado problemas de olores, problemas de moscas, problemas de salud o problemas ambientales, aun cuando utilicé cubetas como recipientes. Por lo contrario, mi salud, la salud de mi familia y la salud del ambiente se han visto beneficiadas al producir alimentos sanos y orgánicos en mi huerto y mantener los «desechos humanos» fuera de los suministros de agua. No obstante, Franceys et al. agregan que «la recolección de [humabono] nunca debería ser una opción a considerar en programas de mejora del saneamiento y todas las letrinas de cubeta existentes deberían ser reemplazadas a la brevedad posible». Ahora entenderán por qué digo que nunca se debería de usar la palabra «cubeta» cuando hablamos de baños composta. Un baño composta no es una letrina de cubeta.

Obviamente Franceys se refería a la práctica de recolectar el humabono en cubetas sin material de cobertura y sin ninguna intención de hacer composta. Tales cubetas llenas de orina y heces probablemente se desechaban de forma cruda hacía el ambiente. Naturalmente, prácticas como ésta deberían ser fuertemente desalentadas, e incluso ser penadas por la ley.

No obstante, más allá de forzar a las personas que usan tales métodos rudimentarios de manejo de desechos a cambiar sus prácticas hacia métodos más prohibitivamente costosos, probablemente sería mejor educarlas acerca del reciclaje, el ciclo de los nutrientes del ser humano y el compostaje. Resultaría más constructivo el ayudarlos a obtener materiales de cobertura adecuados y apropiados para sus inodoros, brindarles asistencia para construir sus composteros y así eliminar los desechos, contaminación, olores, moscas y peligros para la salud al mismo tiempo. Encuentro inconcebible que científicos inteligentes y educados que observan las letrinas de cubeta y los olores y las moscas asociadas a estos no vean que la simple adición de material de cobertura limpio y orgánico al sistema resolvería los problemas anteriormente mencionados y balancearía el nitrógeno del humabono con carbono, permitiendo así que suceda el compostaje.

Sin embargo, Franceys et al. plantean en su libro que «aparte del almacenamiento en letrinas de doble fosa, el tratamiento más adecuado para el saneamiento local es el compostaje». Estoy de acuerdo en que el compostaje, al llevarse a cabo correctamente, es el método más apropiado para el saneamiento local disponible para el ser humano. No estoy de acuerdo en que las letrinas de almacenamiento de doble fosa sean más apropiadas que el compostaje al menos que se pudiera probar que usando tal sistema se puede destruir adecuadamente a los patógenos de los humanos y dicho sistema fuera cómodo y conveniente, no produjera olores desagradables y no requiriera segregar la orina de las heces. De acuerdo con Rybczynski et al., la letrina de doble fosa muestra una reducción de hueva de Ascaris de un 85 por ciento después de dos meses, una estadística que no me impresiona. Cuando está lista, no quiero ninguna amenaza patógena merodeando sobre la composta que sostengo entre mis manos.

Irónicamente, el trabajo de Franceys et al. posteriormente ilustra un «árbol de decisiones para la selección del saneamiento» que indica el uso de una «letrina composta» como uno de los métodos de saneamiento menos deseables y que solo puede usarse si el operador está dispuesto a recolectar la orina por separado. Desafortunadamente, la literatura profesional contemporánea está plagada con este tipo de información inconsistente, incompleta e incorrecta, la cual seguramente llevaría al lector a creer que el compostaje de humabono simplemente no vale la pena.

Por otro lado, en su obra *Practical Self-Sufficiency* (Autosuficiencia Práctica) Hugh Flatt, quien a mi parecer es un practicante y no un científico, habla del sistema de baño composta que ha utilizado durante décadas. Vivió durante más de 30 años en una granja que utilizaba «baños de aserrín». Los inodoros daban servicio a varios visitantes cada año y regularmente dos familias en la casa de la granja, sin hacer uso de químicos. Usaban aserrín, el cual el Sr. Flatt describe como "absorbente y con olor dulce". El aserrín se agregaba después de cada uso del inodoro y éste último era vaciado sobre una pila de composta. El montón de composta estaba situado sobre una base de tierra con «hierbas cortadas, pasto o paja». Los depósitos se cubrían cada vez que se agregaban al montón y se le añadían residuos de cocina, así como paja. El resultado era «una composta de olor fresco, suave y biológicamente activa que estaba lista para ser agregada al huerto»[5].

En 2018, el material recolectado en recipientes para su procesamiento era denominado «saneamiento basado en contenedores» por los profesionales del saneamiento para distinguirlo de las letrinas de cubeta. Los baños composta son «saneamiento basado en la composta» debido a que el énfasis recae en el compostaje y no en el contenedor.

Aquellos que practican el compostaje como método de saneamiento pueden tomar los comentarios de algunos «expertos» con cierto disgusto. Por ejemplo, alguien publicó una pregunta en un foro de baños composta relativa a las críticas científicas en torno al composrtaje de humabono. Un «experto» respondió que estaba a punto de publicar un nuevo libro sobre «baños de compostaje» y ofrecía el siguiente extracto:

«Cuidado: Si no tienes un registro consistente que demuestre las altas temperaturas sostenidas en pilas de composta rápidas, te desaconsejo la utilización de este sistema. Incluso entre agricultores, solo una pequeña minoría logra ensamblar las pilas de composta que logran consistentemente las altas temperaturas necesarias... Algunos de los riesgos a la salud que me preocuparían serían 1) insectos y pequeñas criaturas huyendo de las áreas de altas temperaturas de la pila de composta y acarreando con ellas una capa de heces cargadas con patógenos fuera de la pila; 2) grandes criaturas (perros, mapaches, ratas...) invadiendo la pila en busca de comida y esparciendo los desperdicios crudos; 3) la inevitable exposición directa procedente de la carga, el vaciado y el lavado de las cubetas.

Algunas personas astutas y de mente abierta han dado con la inspiración de compostar heces... ¡añadiéndolas a sus pilas de composta! ¡Qué concepto tan revolucionario!.... ¿Suena demasiado bueno para ser verdad? Bueno, en teoría es verdad, pero en la práctica yo creo que poca gente pasaría por todas las pequeñas molestias que se interponen en el camino para obtener estos beneficios. No porque cualquiera de las partes sea muy difícil, sino que, si nunca comes azúcar y te cepillas y usas hilo dental después de cada comida, tampoco tendrás caries»[6].

Puede tener razón sobre las caries, pero se equivoca en el resto. Los comentarios anteriores carecen de mérito científico y exponen a una persona que no tiene ninguna experiencia en la materia acerca de la cual comenta. Resulta desalentador, pero no demasiado sorprendente que tales opiniones puedan llegar a ser publicadas. El autor da en el blanco en ciertos puntos débiles de los miedos de los fecofóbicos. Su comentario sobre los insectos y criaturas escapando de la pila de composta cubiertos con heces cargadas de patógenos resulta un perfecto ejemplo. Quizás alguien debería informar a este sujeto que el material fecal es un producto natural del cuerpo humano y que, si está cargado de patógenos, dicha persona necesita ayuda.

Cuando se vive cerca de un sistema de compostaje de humabono por un largo periodo de tiempo, se logra entender que el material fecal es fácilmente compostable, viene de nuestro propio cuerpo y existe dentro de nosotros mismos en todo momento. Entendiendo esto, sería difícil temerle a nuestro propio humabono e imposible verlo como una sustancia rebosante de organismos causantes de enfermedades, al menos claro, que el portador mismo esté rebosante de enfermedades.

El autor le atina a otro miedo irracional: los animales grandes, incluyendo a las ratas, invadiendo la pila de composta y esparciendo enfermedades. Se pueden construir composteros a prueba de animales de forma sencilla. Si pequeños animales como las ratas resultan un problema, el compostero puede rodearse con malla de gallinero en cada lado y por abajo. Los composteros deberían tener paredes laterales como tarimas, pacas de paja, tablas de madera o barreras similares para mantener fuera a los animales de gran tamaño. Un simple pedazo de enrejado de alambre cortado para embonar con la parte superior expuesta de la pila de composta activa evitará que cualquier animal escarbe en ella mientras permite que la lluvia mantenga la pila húmeda. Con el material de cobertura adecuado encima de la pila, no habrá moscas. Es así de simple.

El autor advierte que la mayoría de los agricultores no tienen compostas calientes. La mayoría de los agricultores mantienen algunos materiales críticos fuera de sus compostas, gracias a la propagación del miedo de los mal informados. Dichos ingredientes son el humabono y la orina, los cuales muy probablemente harían a la composta se caliente.

Como lo hemos comentado, no es solo la temperatura de la composta la responsable de la destrucción de los patógenos. Una composta que incluye materiales del baño requiere un tiempo de retención de aproximadamente un año (más o menos) una vez que se termina de construir la pila. Cuando se añade una fase termófila a este proceso, me atrevería a retar a cualquiera que pudiera inventar un sistema para la eliminación de patógenos más efectivo, amigable con la tierra, simple y de bajo costo, asumiendo, para empezar, que los patógenos estuvieran presentes.

Por último, el autor nos previene de «la inevitable exposición directa que resulta de cargar, vaciar y lavar las cubetas». El limpiarse el trasero después de defecar requiere una mayor «exposición directa» que vaciar la composta, pero no por eso desalentaría a la gente de hacerlo. Resulta bastante simple lavarse las manos después de defecar y después de encargarse de la composta.

Otros expertos también han aportado su grano de arena sobre el compostaje de humabono. Un libro sobre baños secos menciona al sistema de baño composta[7]. A pesar de que los comentarios no son cínicos en lo absoluto y pretenden ser informativos, se alcanza a colar un poco de desinformación. Por ejemplo, se sugiere usar «guantes de hule y quizá una mascarilla cubreboca transparente para evitar ser salpicados» al vaciar los contenedores hacia una pila de composta. Si, dicho consejo debería seguirse cuando se haga composta con el material del baño recolectado de una población con problemas de salud conocidos, tales como áreas en las que existan parásitos intestinales endémicos. Pero, en tu caso, ¿cómo se puede considerar lo que acaba de salir de tu cuerpo como algo tan tóxico? ¿Existe la posibilidad de vaciar un contenedor dentro de un compostero sin que su contenido nos salpique en toda la cara? Dentro de la sección del libro que discutía los niveles de temperatura y las técnicas de construcción de composteros se encontraban más exageraciones y desinformación. La advertencia de «enterrar la composta terminada en un hoyo poco profundo o zanja alrededor de las raíces de plantas no comestibles», podría aplicarse en el caso de los residuos sépticos de los baños secos, pero no para la composta. Los autores recomendaban que la composta de humabono fuera compostada una segunda vez en una pila separada o que se le aplicaran microondas para pasteurizarla, ambas sugerencias ridículas.

El acto de compostar humabono es tan radical y revolucionario que aquellos que han pasado su vida tratando de deshacerse de la sustancia en cuestión no pueden ni imaginar el hecho de que dicha materia puede ser reciclada. Resulta irónico que se expusiera la descripción y las ilustraciones de un baño composta sencillo utilizado por un doctor y su familia en el libro anteriormente mencionado (así como en mi Compost Toilet Handbook [Manual del Baño Composta]). El médico declara, «No hay malos olores. Nunca hemos tenido quejas de los vecinos». Su sistema de baño composta también ha sido publicado e ilustrado en internet, junto con una breve descripción que lo resume: «Este simple sistema de baño composta es poco costoso tanto en su construcción como en su operación y al mantenerse adecuadamente, resulta estético e higiénico. Es un complemento perfecto para la jardinería orgánica. En varios sentidos, tiene un mejor desempeño que otros sistemas complicados que cuestan cientos de veces más." A menudo, el conocimiento derivado de la experiencia en la vida real puede ser diametralmente opuesto a las especulaciones de los «expertos».

Y, ¿qué hay de los «agentes de salubridad»? Las autoridades de salubridad pueden dejarse llevar por la desinformación, como aquella expuesta en las afirmaciones precedentes. En base a mi experiencia, las autoridades de salubridad generalmente saben poco, si es que saben algo en lo absoluto, acerca del compostaje. Las autoridades de salubridad que me han contactado están muy interesadas en obtener más información y parecen estar bastante abiertas a la idea de un sistema de reciclaje de humabono natural, de bajo costo y efectivo. Saben que las aguas negras producidas por el ser humano son contaminantes peligrosos, así como un serio problema ambiental y parecen estar sorprendidas e impresionadas al enterarse que dichas aguas residuales pueden ser evitadas por completo. La mayoría de las personas inteligentes están dispuestas y son capaces de expandir su conciencia y cambiar sus actitudes basándose en información nueva. Por lo tanto, si estás usando un baño composta y tienes problemas con cualquier autoridad, les donaré, sin cargo alguno, una copia del *Manual del Humabono* a todo inspector gubernamental o autoridad de salubridad, sin hacer preguntas, a cualquiera que lo pida. Sólo manda un nombre y dirección a la editorial que se encuentra al principio de este libro (los extranjeros recibirán un vínculo para descargar el material).

Los profesionales de la salud y autoridades ambientales bien informados están conscientes que los «desperdicios humanos» representan un dilema ambiental que no desaparecerá por sí mismo. El problema, por lo contrario, es cada vez peor. Se está contaminando demasiada agua a causa de las aguas residuales y descargas de tanques sépticos y debe haber una alternativa constructiva. Cuando las autoridades en salud se enteran del compostaje, se dan cuenta que quizás no existe mejor solución que ésta para el problema de los desperdicios humanos. Puede ser por dicha razón que recibiera una carta del Departamento de Salud y Servicios Humanos de los Estados Unidos expresando su apreciación por una de las ediciones anteriores de este libro y queriendo saber más sobre el compostaje de humabono. La Agencia para la Protección Ambiental de EUA me escribió elogiando este libro y ordenando varias copias. El Departamento para la Protección Ambiental de Pennsylvania nominó mi libro para un premio de medio ambiente y el Consejo de Compostaje de los Estados Unidos me otorgó un premio en educación fundamental. Los fecofóbicos pueden pensar que el compostaje de humabono es peligroso y desagradable. Esperaré pacientemente mientras encuentran una mejor solución al problema de los «desperdicios humanos», pero no aguantaré la respiración mientras espero.

IMPLICACIONES LEGALES

El compostaje de humabono no puede ser legal, ¿o sí? Pues de hecho sí, probablemente lo es, dependiendo de tu situación y a continuación te explicaré por qué. El manejo de desechos está regulado y debería estarlo, debido a que puede ser un riesgo potencial para el ambiente. El manejo y reciclaje de las aguas residuales también están regulados con justa razón. Las aguas negras albergan sustancias peligrosas depositadas en un canal de flujo de desechos. El proceso de compostaje de humabono no implica la eliminación de desechos ni la producción de aguas negras, sino que se trata del reciclaje de material orgánico. Estamos hablando de *compostaje*. Tanto el compostaje de jardín como el compostaje agrícola generalmente están exentos de regulación a excepción de la composta destinada a la venta, aquella transportada fuera de la propiedad en la que se crea o en el caso que las operaciones de compostaje excedan un cierto tamaño. La Fundación Nacional para el Saneamiento no tiene nada que ver con el compostaje. El compostaje no es un sistema de tratamiento de aguas residuales y por lo tanto no está sujeto a las regulaciones que gobiernan dichos sistemas.

Citando una fuente, «El Departamento de Protección Ambiental de los Estados Unidos (DEP, por sus siglas en inglés) ha establecido regulaciones detalladas para la producción y el uso de composta creada a partir de [material orgánico]. Estas regulaciones excluyen a la composta obtenida del compostaje de jardín y las operaciones agrícolas normales. La composta proveniente de dichas actividades está exenta de cualquier regulación únicamente al ser utilizada en la misma propiedad en la que fue compostada, como parte de las operaciones agrícolas. Cualquier composta destinada a la venta debe cumplir con los requisitos de las regulaciones»[8].

Los baños secos que deshidratan y degradan el material orgánico dentro de ellos, produciendo residuos sépticos, están regulados en muchos estados. Un baño composta no degrada el material orgánico, sino que simplemente lo capta. Si el compostaje ocurre en una propiedad privada y el producto no está destinado a la venta, es muy probable que no esté regulado. Si alguien te dice que es ilegal compostar humabono en tu propiedad, pídeles que te muestren la ley o reglamento para que puedas estudiarlo. Probablemente dicho documento no existe.

En cierto momento fui contratado como demandante en una demanda colectiva contra un municipio. La localidad había otorgado un permiso de construcción para una industria contaminante que violaba los reglamentos de uso de suelo. Nuestro caso estuvo en la portada del periódico del condado y las cosas se pusieron feas. Algunos de los demandantes incluso recibieron amenazas de muerte. Un vecino ignorante reportó de forma anónima al Departamento para la Protección Ambiental que estaba desechando residuos tóxicos en mi propiedad. Enviaron a un agente encubierto para llevar a cabo una inspección. Llevó a cabo su investigación sin mi consentimiento y luego entró en mi oficina con su reporte en mano. Después de haberme explicado la razón de su presencia, me dijo que no había encontrado evidencia alguna de cualquier material tóxico y que declararía que la queja no tenía fundamento.

Un par de años más tarde, organicé una junta con el DPE de Pensilvania, en la ciudad de Harrisburg, capital del estado. Creé una presentación de PowerPoint sobre el compostaje de humabono y les expliqué que quería un permiso para recolectar y compostar el humabono de poblaciones mayores tales como salas de espectáculos y centros ambientales. Quería vivir la experiencia y recopilar información. Poseo algunas hectáreas de tierras mineras abandonadas y la composta podría ser procesada dentro de mi propiedad para recuperar dichas tierras. El DPE fue comprensivo y me brindó su apoyo. Me enviaron la aplicación para el permiso algunos días después. Tenía más de 100 páginas y me hubiera tomado más de un mes completarlo, un tiempo del cual no disponía en aquel entonces. Un ingeniero ambiental me ofreció sus servicios para procesar el permiso en mi nombre por la módica cantidad de $35 000 dólares. El proyecto se vino abajo.

Una tarde recibí una llamada telefónica de Patricia Arquette, una actriz de Hollywood, preguntándome si podía ir a Haití para enseñarles a instalar baños composta para las personas que estaban viviendo en campamentos del tamaño de ciudades tras el terremoto; acepté la invitación. Esto fue en 2010 y desde entonces, con la ayuda del grupo de Patricia, GiveLove.org, y en particular de la directriz del programa, Alicia Keesey y Samuel Souza, el instructor de compostaje, he logrado recopilar información sobre operaciones de compostaje de gran escala sin tener que lidiar con las regulaciones de los EUA.

Hace algunos años, cuando acudí a la conferencia del Consejo de Compostaje de los Estados Unidos en Austin, Texas, mientras esperaba la primera plática en el auditorio, entablé una conversación con la mujer que estaba sentada a mi lado. Era una autoridad del departamento de salud de cierto estado que no recuerdo claramente (probablemente Missouri). Le dije que estaba involucrado con el humabono. «He escuchado al respecto», me dijo. «A si, ¿cómo?». «Recibimos una queja sobre alguien que estaba compostando humabono en su jardín en la ciudad. Fuimos a investigar y los propietarios admitieron estar compostando humabono. Dijeron que pararían, así que nos fuimos».

PREGUNTAS FRECUENTES SOBRE LOS BAÑOS COMPOSTA

- **¿Un baño composta debería instalarse adentro o afuera?** Adentro. Resulta mucho más cómodo durante climas fríos y mojados. El contenido de un baño al exterior se congelará en invierno y será muy difícil vaciarlo hacia al compostero. Si mantienes una capa de aserrín sobre el contenido del baño en todo momento, no tendrás ningún olor adentro.

- **¿Se puede dejar sin vaciar el contenedor del baño durante largos periodos de tiempo?** El recipiente del baño se puede dejar sin vaciar durante meses. Simplemente mantén una capa de aserrín u otro material de cobertura sobre su contenido.

- **¿Se compostará el material del baño dentro del contenedor de baño?** No. *No comenzará* a compostarse en el recipiente de baño. No se compostará hasta que lo vacíes dentro de tu pila de composta.

- **¿Qué tan lleno debe estar el recipiente del baño antes de ser vaciado?** Sabrás que es el momento de vaciar tu recipiente cuando te sea necesario cagar parado.

- **¿Por qué no huele mal el baño?** La cantidad adecuada del material de cobertura correcto propiciará un sistema libre de olores. Por lo tanto, un baño de humabono puede ser utilizado casi en cualquier lugar; tanto en una oficina como dentro de una habitación. Si no cubres el contenido, apestará a rayos.

- **¿Mi compostero exterior olerá mal y ocasionará quejas?** Definitivamente. Si no mantienes una capa de material de cobertura sobre una pila de composta activa, esta apestará a rayos y tus vecinos te querrán linchar y con razón. Si detectas olores emanando de tu composta, agrega material de cobertura hasta que el olor pare.

- **¿Por qué no se liberan contaminantes a partir de la pila de composta?** Empieza tu pila de composta sobre una superficie cóncava con una esponja biológica debajo para prevenir lixiviados en las etapas tempranas del compostaje. Una pila de composta caliente estará deseosa de humedad, por lo tanto no liberará líquidos, al menos que caiga un diluvio.

- **¿Se debería separar la pila de composta composta del suelo mediante una capa impermeable para prevenir lixiviados?** No. La interfaz entre la tierra y la composta es importante. Sin embargo, en algunos casos, cuando se composta sobre una superficie impermeable bajo condiciones de mucha humedad, se deberán recolectar todos los lixiviados mediante un recipiente cubierto con material de cobertura y después agregarlos sobre la parte superior de la pila.

- **¿Qué tipo de sello debería de utilizar alrededor de la tapa del asiento de baño?** No necesitas un sello alrededor de la tapa del asiento de baño. Dicho «sello» se crea gracias al material de cobertura que cubre el humabono.

- **¿Puedo usar astillas de madera en mi composta? ¿Qué más?** No utilices astillas de madera ni viruta de madera. Las astillas no sirven; la viruta se composta; pero tomará mucho tiempo y no produce una buena composta. Dichos materiales no resultan ideales en un baño debido a que se necesita una gran cantidad para evitar olores y descompensan la relación de carbono/nitrógeno, haciendo que la composta no se caliente. Utiliza un material más fino en tu baño. Puedes usar paja, hierbas, hojas y recortes de pasto en tu pila de composta. Nunca astillas de madera.

- **Al vaciar el contenido de varios recipientes de baño al mismo tiempo, ¿debería cubrir cada uno por separado con material de cobertura voluminoso para atrapar aire en la pila de composta?** No, el aire está atrapado en el aserrín. Al vaciar varios recipientes de baño al mismo tiempo, simplemente deposítalos dentro de la depresión en el centro de la pila y *después* cubre el material. Un error común es que las personas creen que deben crear una pila en capas para la aireación. De hecho, si añades demasiado material de cobertura en tus capas, la pila puede secarse demasiado y no calentarse en lo absoluto. A pesar de que el oxígeno es necesario para la pila, también debe haber suficiente humedad.

- **¿Qué hay del compostaje de invierno? ¿Puedo agregar material a una pila cubierta por la nieve?** Puedes depositar el material de la composta sobre la nieve. El principal problema en invierno es que el material de cobertura se congela. Así que deberás cubrir tus hojas, aserrín, paja o el material que utilices para que no se congelen. Puedes poner una lona sobre tu pila de aserrín y luego cubrirlo con una capa espesa de paja, por ejemplo. O puedes dejar el aserrín dentro de un barril al interior durante el invierno. Esto funciona bastante bien.

- **¿Puedo simplemente arrojar la materia orgánica sobre la pila?** ¡No! Añade el material orgánico DENTRO de la pila. La *única* excepción es el material de cobertura. Pon el material de cobertura de lado, crea una depresión en el centro de la composta y después añade el material fresco. Con un rastrillo, coloca la composta que habías puesto de lado en el centro y después agrega material de cobertura.

- **¿Un compostero debe tener un lado abierto? ¿No debería estar completamente contenido en un contexto urbano?** No necesitas una abertura en uno de los lados. Alguien me escribió desde Manhattan contándome que habían instalado baños de humabono en una casa comunal y construyeron un compostero de cuatro lados (uno de ellos removible), con una malla pesada en la parte superior para mantener alejada a cualquier criatura que quisiera entrar en él (ratas, zorrillos, serpientes o políticos). Esto me pareció buena idea para un compostero de ciudad (una malla en la base también podría resultar necesaria. Puedes envolver tus composteros en malla de gallinero si los animales son un problema.

PREGUNTAS FRECUENTES SOBRE LOS BAÑOS COMPOSTA

- **¿Dónde guardas tu aserrín? No puedo decidir donde conservarlo.** En mi caso, tengo mucho espacio al exterior, por lo que hago venir un camión lleno de aserrín cada cierto número de años que lo vacía junto a mis composteros. Si no contara con dicha opción, trataría de usar turba de musgo, cuyo empaquetado resulta práctico y puede conservarse al interior; también podría guardar aserrín bajo techo en costales o barriles, así como usar un compostero de tres cámaras y poner el aserrín en el centro.
- **¿Cómo sé si las orillas de la pila de composta se calentarán lo suficiente para eliminar a los patógenos?** Nunca podrás estar absolutamente seguro de que cada parte de tu composta ha estado sujeta a ciertas temperaturas, hagas lo que hagas. Si tienes dudas, déjala añejar durante un año adicional, lleva a cabo un análisis de laboratorio o utiliza la composta en cultivos que no estén destinados a la alimentación.
- **¿Puedo construir mi compostero debajo de mi casa y defecar directamente dentro?** Sí, sin embargo nunca lo he tratado y por lo tanto no puedo garantizarlo. Podrías tener problemas de olores.
- **¿Qué hay de la carne y los productos lácteos en la composta?** Se compostarán. Etiérralos en el centro de la pila y mantenlos cubiertos con material orgánico limpio.
- **¿Qué sucede con los códigos de construcción, los permisos de salubridad y las regulaciones gubernamentales?** Algunos compostadores tienden a pensar que los burócratas del gobierno están en contra de los baños composta, lo cual se trata más de una paranoia que de una realidad. Las soluciones alternativas se están volviendo cada vez más atractivas conforme el problema de las aguas negras empeora. Las agencias gubernamentales están buscando soluciones alternativas que funcionen y están dispuestos a tratar nuevos métodos. Sus preocupaciones son legítimas y el cambio se produce lentamente en el gobierno. Si trabajas de forma cooperativa con las autoridades locales, puede que ambos estén satisfechos al final del día.
- **¿Qué hacer con las ratas y con las moscas en la composta?** Las moscas no serán un problema mientras la pila de composta se mantenga correctamente cubierta. Si tienes un problema de ratas, puede que tengas que envolver tus composteros en malla de gallinero si no puedes deshacerte de ellas. En Haití, la solución a las ratas fueron gatos.
- **¿Puedo utilizar aserrín de maderas suaves en mi composta?** Sí. Asegúrate que no provenga de madera «tratada a presión». El aserrín puede estar húmedo, pero no debe estar mojado. Si utilizas aserrín de cedro, sequoia u otra madera resistente a la putrefacción, asegúrate de que se haya descompuesto correctamente (añejado) a la intemperie antes de usarlo.
- **¿Se pueden usar vigas del ferrocarril para construir composteros?** El alquitrán utilizado para tratar las vigas del tren no es bueno para la composta, así que debes evitar utilizarlas.
- **¿Puedo compostar el excremento de perro?** El excremento de perro, así como la arena para gatos es compostable. También puedes compostar gatos y perros muertos enteros. Si te sientes incómodo, utiliza un compostero separado para compostar el excremento de tus mascotas.
- **¿Qué hacer con los filtros para café y las cenizas del asador?** Los filtros para café así como los restos de café molido pueden ir dentro de la composta. Las bolsas de té también. Respecto a las cenizas del asador, puedes aplicarlas directamente sobre la tierra de tus flores junto con otras cenizas de madera.
- **Si no quiero utilizar humabono en mi composta ahora, ¿podría hacerlo repentinamente en caso de una emergencia municipal?** En caso de una emergencia municipal, sí, podrías empezar a compostar tu humabono inmediatamente, siempre y cuando cuentes con un suministro de material de cobertura limpio (aserrín, hojas, etc.) y con un compostero. Las pilas de composta funcionan mucho mejor cuando se les añade abono y orina, así como otras fuentes de nitrógeno como recortes de pasto y otros residuos verdes. Te darás cuenta que el humabono y la orina mejorarán tu composta significativamente.
- **¿Cuál es la temperatura más elevada que has registrado en tu composta? ¿Puede calentarse demasiado?** Alrededor de 65°C (150°F). Sí, puede calentarse demasiado. Una pila no tan caliente durante un periodo extendido resulta ideal. Hay más probabilidades de que tu composta no se caliente lo suficiente. Esto se debe a la falta de humedad (asegúrate de recolectar y compostar toda la orina), el uso de astillas de madera o viruta (no uses ni *astillas ni viruta*, usa aserrín) o a la aplicación excesiva de material de cobertura en capas (no tienes que crear capas de material de cobertura en la pila; mantén el material sobre ella y alrededor de las orillas; habrá suficiente material que se infiltrará hacia la pila sin que tengas que crear capas).
- **¿Puedes compostar humabono de una gran familia? ¿Resultaría demasiado trabajo?** Una familia de seis a diez personas llenará aproximadamente un recipiente de 19 litros diariamente, dependiendo de la masa corporal de los participantes. Un asunto importante a considerar sería el suministro de material de cobertura, que en este caso también equivaldría a un volumen de 19 litros diarios. Necesitarías varios composteros y espacio para colocarlos.
- **Si quisiera compostar en un terreno inundable, ¿funcionaría mejor una letrina?** No hagas composta en un terreno inundable. No utilices una letrina. Las letrinas son ilegales debido a que generan polución.
- **¿Hay otros diseños de compostero?** Sí, uno de ellos consiste en dos círculos concéntricos de malla, con un relleno de hojas entre ambos para crear los muros. El humabono va en el centro. Otro diseño consiste en un compostero construido enteramente con pacas de paja. Por último, está el diseño construido con tarimas de madera amarradas o atornilladas juntas.
- **¿Recomiendas el uso de cloro como desinfectante?** No. El cloro es un contaminante ambiental. Prueba el peróxido de hidrógeno (agua oxigenada). O simplemente usa agua y jabón.

La miré directamente a los ojos y le dije «¿Era ilegal lo que estaban haciendo?». Ella me miró directamente a los ojos y me dijo «No». Aparentemente los propietarios pensaban que era ilegal, pero nadie les dijo lo contrario. Las personas en EUA asumen que no puedes compostar lo que quieras sobre tu propiedad; no es así, siempre y cuando no generen molestias u otras razones legítimas para que la gente se queje, como olores, ratas o líquidos lixiviándose de la pila hacia una propiedad ajena; todas las anteriores pueden ser fácilmente evitadas.

Otro ejemplo fue el de un hombre que me contactó en el último año para hablarme de su baño composta ubicado en un terreno de casas móviles. La propiedad tenía una prohibición en torno «al compostaje y los baños sin agua». Le informaron que, en su opinión, «sus aguas negras estaban siendo desechadas por medio de una cubeta directamente sobre la superficie de la tierra». Estos eran los cuatro problemas que dicho hombre tenía en su contra: el estigma de la reputación de los «baños de cubeta», la ignorancia total de la autoridad de salud acerca del compostaje, el hecho de estar en propiedad ajena y una incapacidad de comunicar correctamente el funcionamiento de su sitema de baño composta. Por ejemplo, no logró describir su baño como un baño composta y se refirió por error a sus recipientes de baño como «cubetas», invocando la maldición de los baños de cubeta. Su solución fue cambiar su casa rodante a otro lugar.

En Maine, aparentemente es ilegal desechar restos de comida de la cocina a través del hoyo del inodoro en un baño seco comercial, aun si los restos de comida y los materiales del inodoro terminan en el mismo lugar (la cámara de descomposición). Una regulación como ésta no tiene ningún sentido. En Massachusetts, la composta terminada proveniente de baños secos debe ser enterrada bajo 25 centímetros (6 pulgadas) de tierra o recogida o desechada por un operador de tanques sépticos. Esto se debe a que la mayoría de los baños secos no producen composta, como lo expuse anteriormente.

Si estás preocupado por las leyes locales, realiza una búsqued a en línea o acude a la biblioteca y ve qué puedes encontrar acerca de las regulaciones que conciernen al compostaje. O pregunta al condado o agencia estatal, ya que los estatutos, órdenes y regulaciones varían de una localidad a otra. Si no quieres desechar tu humabono sino que en vez quieres compostarlo, puede que tengas que levantarte y defender tus derechos.

Un lector me llamó desde un pequeño estado en Nueva Inglaterra para contarme su historia. El hombre tenía un baño composta en su casa, pero las autoridades municipales locales decidieron que sólo podía utilizar un inodoro sin agua «autorizado», lo cual, en este caso, se trataba de un inodoro de incineración. El hombre no quería un inodoro de incineración porque su baño composta le funcionaba bien y le gustaba hacer y usar su composta. Así que se quejó con las autoridades, asistió a las reuniones de la localidad e hizo un escándalo. Todo en vano. Tras meses de «pelear en contra del ayuntamiento», se dio por vencido y compró un inodoro de incineración «aprobado» muy costoso. Cuando le fue entregado en su casa, pidió a quien lo llevó que lo colocara en el cuarto de almacén, lugar donde permaneció, dentro de su empaque que jamás fue abierto. El hombre continuó usando su inodoro de humabono durante años después de esto. Las autoridades sabían que él había comprado el inodoro «aprobado» y a partir de entonces lo dejaron en paz. Nunca lo utilizó, pero a las autoridades no les importó. Compró el maldito aparato y lo tenía en su casa y eso es lo que querían. Evidentemente estas autoridades locales no estaban emparentadas con Albert Einstein.

Otra historia interesante viene de un hombre en Tennessee. Parece que compró una casa que tenía un sistema de drenaje bastante rudimentario: el escusado despedía los contenidos directamente hacia un arroyo detrás de la casa. El tipo fue lo suficientemente inteligente para saber que esto no era nada bueno, así que instaló un baño composta. Sin embargo, un vecino poco amigable asumió que aún estaba usando el sistema de desecho directo y reportó al hombre a las autoridades. Pero dejemos que les cuente en sus propias palabras:

«Nuestro privado exterior primitivo emplea la rotación de recipientes de veinte litros (cinco galones) que sirven como cagaderos con aserrín, ubicados bajo un "trono". Nuestro sistema es sencillo y se basa principalmente en su libro. Transportamos la popó hacia una pila de composta donde mezclamos el desastre con paja y otros materiales orgánicos. La persona que residía en nuestra cabaña antes de que compráramos la granja usaba un escusado de agua que mandaba todas las aguas negras directamente hacia un arroyo. Un vecino mal informado se quejó con el estado, asumiendo que usábamos el mismo sistema. La gente del estado nos ha visitado varias veces. Fuimos forzados a presentar una aplicación de $100 para obtener un sistema séptico, pero los expertos están de acuerdo con que el terreno montañoso y rocoso donde se sitúa nuestra casa no es apropiado para un sistema séptico convencional, aun si quisiéramos uno. Estaban preocupados por nuestras aguas grises, así como por nuestro privado exterior de compostaje. Mi entendimiento rudimentario de la ley es que el estado aprueba varios sistemas al-

ternativos que son muy complicados y por lo menos tan caros como un sistema séptico tradicional. El simple inodoro de humabono no está incluido y el estado no parece querer que ningún civil transporte su propia mierda desde el área de evacuación hasta un área de descomposición diferente. Los burócratas aprobaron tentativamente un sistema experimental en el cual nuestras aguas residuales alimentarían una especie de humedales hechos por el hombre y accedieron a ayudarnos a diseñar e implementar dicho sistema. Actualmente no contamos con los recursos para hacer esto por nuestra cuenta y seguimos utilizando nuestra letrina de humabono. Los oficiales parecen querer dejarnos en paz siempre y cuando los vecinos no se quejen de nuevo. Así que, este es un resumen de nuestra situación aquí en Tennessee. He leído la mayoría de las leyes estatales en esta materia y, como la mayoría de los textos legales, son virtualmente ilegibles. Hasta donde entiendo, nuestro sistema no está explícitamente vetado, pero tampoco está incluido en la lista de sistemas "aprobados" que componen la gama de dispositivos de alta tecnología, bajo volumen y de producción industrial alternativos a la letrina de pozo a la vieja usanza. Ya llevo tiempo queriendo escribir un artículo sobre nuestra experiencia y tu libro. Desafortunadamente, mis estudios de postgrado en inglés han afectado el ritmo de mi escritura independiente».

En Pennsylvania, la legislatura estatal ha promulgado una ley «alentando el desarrollo de la recuperación de recursos como medio para el manejo de desperdicios sólidos, la conservación de recursos y el suministro de energía». Bajo tal legislación, el término «desecho» se define como «la incineración, tirado, derrame, filtración o depósito de desperdicios sólidos hacia o en la tierra o agua de manera que el desperdicio sólido o un constituyente del desperdicio sólido se introduzca al ambiente, se emita hacia el aire o se descargue hacia las aguas de la mancomunidad»[9]. Legislaciones adicionales han sido promulgadas en Pennsylvania estableciendo que «la reducción y reciclaje de desperdicios son preferibles al procesamiento o desecho de desperdicios municipales» y añade, «la polución es la contaminación del aire, agua, tierra u otros recursos naturales de esta mancomunidad que cree o pueda crear una molestia pública o transformar el aire, agua, tierra u otros recursos naturales en elementos nocivos, perjudiciales o injuriosos para la salud pública, la seguridad o el bienestar…»[10]. Tomando en cuenta el hecho de que el compostaje de humabono involucra la recuperación de un recurso, no requiere desecho de desperdicio alguno y no crea ninguna polución ambiental evidente, resultaría poco probable que alguien que se involucra concienzudamente en dicha actividad fuera molestado excesivamente por cualquiera. No se sorprendan si la mayoría de la gente encuentra tal actividad digna de elogio, porque, de hecho, lo es.

Si no existen regulaciones en torno al compostaje de jardín en tu localidad, entonces puedes estar seguro que cuando estés haciendo tu composta, estarás haciendo un buen trabajo. No es difícil hacerlo bien. El problema más probable que puedes tener serían los malos olores y simplemente se debería al hecho de no estar cubriendo adecuadamente los depósitos con un material de «biofiltro» limpio. Si los mantienes cubiertos, no despedirán olores ofensivos. Es así de simple. La mierda apesta naturalmente para que la gente se vea obligada a cubrirla. Esto hace sentido cuando te pones a pensar en que las bacterias termófilas ya están esperando dentro de las heces a que el abono se deposite en un compostero para que puedan ponerse a trabajar. A veces los simples métodos de la naturaleza son verdaderamente profundos.

¿Qué hay de las moscas? ¿Podrían crear una molestia pública o una amenaza sanitaria? Yo nunca he tenido problemas con moscas en mi composta. Por supuesto, se mantiene material de cobertura limpio sobre la pila de composta en todo momento.

En lo que concierne a las moscas, F. H. King, quien viajó por China, Corea y Japón a principios del siglo XX, cuando el material orgánico, en especial el humabono, era la única fuente de fertilizante, plantea, «Un hecho que no comprendemos en su totalidad es que, a donde quiera que fuésemos, las moscas caseras escaseaban. Nunca habíamos pasado un verano con tan pocas molestias de su parte como el que pasamos en China, Corea y Japón. Si la utilización escrupulosa de los residuos [orgánicos], tan practicada en estos países, reduce la molestia de las moscas y esta amenaza a la salud a tal grado como nuestra experiencia lo sugiere, tenemos aquí una gran ganancia". Agrega, «Hemos destacado la muy pequeña cantidad de moscas observadas durante el curso de nuestro viaje, pero no nos dimos cuenta de su significado hasta que se acercó el fin de nuestra estancia. De hecho, por alguna razón, las moscas fueron más evidentes durante los primeros dos días a bordo del barco de vapor de Yokohama en nuestro viaje de regreso a América, que en cualquier punto anterior de nuestro recorrido»[11].

Si un país entero del tamaño de los Estados Unidos, pero con el doble de población en aquel momento, pudo reciclar todos sus residuos orgánicos sin el beneficio de la electricidad o los automóviles y sin tener problemas de moscas, seguramente nosotros en EUA podríamos reciclar una porción mayor de nuestros propios residuos orgánicos con un éxito similar en la actualidad.

ENTRENAMIENTO BÁSICO PARA LA BACINICA

Los estadounidenses padecen de un retraso en su desarrollo en términos de excreciones humanas. Aquello que ponemos *dentro* de nuestros cuerpos es celebrado como un arte y como una ciencia. Paradójicamente, aquello que *sale* de nuestros cuerpos es ignorado y evitado. Somos cautivos de una actitud perteneciente al siglo XIX, que consiste en creer que nuestras excreciones son materiales de desecho rebosantes de organismos causantes de enfermedades. Nuestra mentalidad colectiva en cuanto al excremento es juvenil en el mejor de los casos. No podemos referirnos a ello sin reírnos como adolescentes, incluso en la radio y la televisión.

Aquellos que están intentando impulsar la ciencia y las aplicaciones prácticas del reciclaje de humabono enfrentan una fuerza opositora por parte del personal regulatorio en EUA y en la mayoría de las culturas del baño de agua. Sin embargo, nosotros, los habitantes del mundo desarrollado, somos quienes poseemos la educación y los recursos para *poder* llevar a cabo las investigaciones y el desarrollo relativos a los sistemas de compostaje de humabono.

El compostaje no solo tiene un impacto positivo en los ecosistemas de la Tierra, sino que también ha demostrado ser sustentable. Cuando la cultura occidental no sea más que una memoria distante en la mentalidad colectiva de la humanidad dentro de miles (¿o cientos?) de años, aquellos humanos que habrán aprendido a sobrevivir en este planeta a largo plazo serán aquellos que habrán aprendido a vivir en harmonía con él. Esto requerirá mucho más que inteligencia o tecnología; requerirá un entendimiento sensible de nuestro lugar en la tela de la vida. Quizás lo que necesitamos es un sentido de humildad y una noción renovada de respeto por las cosas simples.

El verdadero desarrollo requiere del avance balanceado del intelecto humano junto con su componente físico y espiritual. Debemos vincular nuestro conocimiento intelectual con los efectos físicos de nuestro comportamiento y con nuestro entendimiento propio como formas de vida pequeñas, interdependientes e interrelacionadas con respecto a una esfera de existencia mucho más vasta.

Quizás el verdadero desarrollo personal esté en funcionar de manera saludable, pacífica y sostenible, sin malgastar recursos y sin producir contaminación. Y no se trata de dominar la tecnología; se trata de dominarse a sí mismo, una misión aún más difícil pero seguramente una meta que vale el esfuerzo.

Capítulo Quince

Calumnias

Calumnia: Acusación falsa, hecha maliciosamente para causar daño. rae.es

No puedes decir «mierda» en la TV. Resulta inaceptable el enunciar tal termino públicamente al aire debido a que, según la Suprema Corte de EUA, está categorizado como «indecente», lo cual significa que «representa actividades u órganos sexuales o excretorios...». Dicho contenido «indecente» está prohibido en las transmisiones de televisión y radio en los Estados Unidos entre las 6 a.m. y las 10 p.m. Si la Comisión Federal de Comunicaciones se entera que un canal de televisión o estación de radio han violado estas reglas, tiene la autoridad de revocar la licencia de dicha estación o al menos imponerle una multa.

Resulta gracioso que no puedas decir «mierda», pero *si puedes* decir heces, mojón, caca, excremento, materia fecal, estiércol, deposición y abono, términos que significan exactamente lo mismo. El abono es el resultado inevitable del sistema digestivo de cualquier animal. Todo lo que comemos se transforma en mierda. Cuando dejamos de producir mojones, significa que estamos muertos. Benjamin Franklin dijo, «En este mundo nada es seguro más que la muerte y los impuestos». Olvidó mencionar la mierda.

El humabono está siendo víctima de serias calumnias. No puedes decir mierda en la TV o en la radio, pero si puedes decir «asesinato». Puedes decir «violación». Puedes hablar de cortarle la cabeza a alguien y empalarlo por el cuello. Puedes hablar de asesinar a alguien y cocinarlo en el asador. Ninguno de los hechos anteriores es considerado «indecente». Nada de esto es tan ofensivo como la palabra «mierda».

Puedes ver gente siendo asesinada en la TV, día y noche. Mierda, puedes estar en tu dormitorio, con una mano sobre el corazón, ondeando una bandera, mientras observas como una superpotencia bombardea a una pequeña nación devolviéndola a la edad de piedra, siendo transmitido en vivo en la TV como entretenimiento para todo el mundo, mientras que cientos de miles de hombres, mujeres y niños reales están siendo masacrados, en tiempo real. No hay nada de indecente al respecto. De hecho, parece suceder regularmente, acompañado de patrocinios comerciales. Pero de ninguna forma puedes decir *mierda*. La mierda es mala.

Una vez me entrevistaron en el programa de radio de Howard Stern. Puede que hayas escuchado el segmento sobre el «granjero del excremento». Esperaba en mi baño composta la llamada telefónica para la entrevista temprano una mañana, asumiendo que sería la primera persona en ser entrevistada mientras tiraba el miedo en un baño composta. Lamentablemente esto no sucedería. después de mucho tiempo de espera, me llamaron para informarme que me había desplazado del programa un travesti que llegó por sorpresa al programa. Después me reagendar para la semana siguiente.

Cuando finalmente llamaron, yo no estaba en el baño. Respondí a la entrevista de pie, con sus ruidos de pedos de fondo interrumpiéndome y con un falso granjero de lácteos criticándome fuertemente por atreverme a llevar a cabo una práctica tan desagradable como el reciclaje de excremento humano. Cuando finalmente logré hablar, les dije, «¡Su susodicho granjero dice pura *mierda!*». Un coro de fuertes objeciones emanó de entre todo el equipo de producción. «¡No puede decir eso!», exclamaron. Se trataba de una transmisión pública, por lo que censuraron mi comentario. Durante la entrevista en vivo también les informé que había estado compostando humabono durante alrededor de veinte años en aquel entonces y que había usado toda la composta para crecer alimentos. También censuraron esa parte; de igual forma resultaba demasiado desagradable para los oídos tiernos de su auditorio. Después de la entrevista, hubo una suave transición hacia un agradable y saludable segmento sobre sexo anal con enanos. No más pláticas desagradables sobre el reciclaje de troncos. En la actualidad, cuando presento mi currículum, incluyo una nota que dice «corrido del programa de Howard Stern gracias a un travesti», así como «censurado dos veces en el programa de Howard Stern». Pocas personas deben tener eso en su currículum vitae.

Los estadounidenses y los seres humanos en general conciben el excremento humano como «desperdicios» llenos de patógenos. En realidad, no es ni una ni la otra. El humabono es un recurso orgánico rebosante de microorganismos benéficos. Eso es un hecho.

En primera instancia, «desperdiciar» es un verbo. *Desperdiciamos* algo y es entonces que aquello que desperdiciamos se convierte en un sustantivo, «desperdicio». No existe tal cosa como un desperdicio hasta el momento en que algo se desperdicia. Los seres humanos son una especie particular debido a que crean desperdicios de forma continua e intencional, como si fuese normal y anticipado. Pero ¿en dónde más encontramos desperdicios en la naturaleza? La palabra «humabono» quiere decir excremento humano reciclado de forma benéfica al ser alimentado a los microbios. No existe ningún desperdicio en el proceso. Debido a que una idea tal resulta tan radical en nuestro mundo moderno, en especial dentro de las culturas del baño de agua, no había existido una palabra para designar dicho recurso orgánico. Yo tuve que crearla: *Humabono*.

Se espera que el mundo será habitado por diez mil millones de personas para 2050, que necesitarán 20 500 billones de calorías derivadas de los alimentos. ¿Cómo se producirá toda esta comida? Si continuamos produciendo nuestros alimentos de la misma forma en la que lo hacemos hoy, la superficie agrícola tendría que expandirse a 3,2 mil millones de hectáreas (8 mil millones de acres) para 2050, destruyendo potencialmente los bosques y sabanas del mundo, convirtiéndolos en tierras de cultivo. De acuerdo con un reporte del Instituto de Recursos Mundiales de 2018, «El mundo hace frente a un reto sin precedentes. Los rendimientos de cultivos y pasturas deben incrementarse aún más rápido de lo que se logró entre 1961 y 2010 (un periodo que incluyó el uso generalizado de fertilizantes sintéticos y de semillas producidas en laboratorios, así como un incremento del doble del área de riego) para alcanzar la demanda de alimentos y evitar así la eliminación masiva de bosques y sabanas»[1].

El reciclaje de materiales orgánicos para fines agrícolas es indispensable para una agricultura sostenible. Sin embargo, los portavoces de la agricultura sostenible aún permanecen silenciosos respecto al uso del humabono para hacer composta. Los estadounidenses desperdician alrededor de 450 kg (1000 libras) de humabono por persona anualmente, descargándolos por el drenaje y hacia las fosas sépticas a lo largo y ancho del territorio. La mayoría del humabono desperdiciado termina en rellenos sanitarios, junto con todos los demás residuos sólidos que los estadounidenses tiran, los cuales, casualmente, también ascienden a alrededor de 450 kg anuales por persona. Para una población de 330 millones de personas, esto suma aproximadamente 330 millones de toneladas de residuos sólidos que desechamos individualmente cada año, la mitad de las cuales podrían representar un recurso agrícola valioso. De hecho, más del 60 por ciento de la basura sólida municipal es orgánica y por lo tanto compostable. Sin embargo, solo se composta un pequeño porcentaje.

No estoy sugiriendo que se deberían utilizar las aguas negras para la producción de alimentos. La «agricultura de aguas negras», es decir el uso de aguas residuales para la irrigación de cultivos, se practica en muchos países alrededor del mundo, sin embargo, desafortunadamente dicha práctica se caracteriza por la contaminación del suelo, la introducción de químicos tóxicos dentro de la cadena alimenticia, malos olores, microorganismos patogénicos como parásitos, bacterias, hongos y virus, infecciones del ganado, escurrimiento de lixiviados, contaminación de las aguas subterráneas, persistencia de contaminantes orgánicos, contaminación de cultivos, contaminación de aguas superficiales, contaminación por metales pesados y la degradación tanto de la salud pública como del ambiente natural[2].

En las palabras de los científicos, «La irrigación con aguas negras sin tratamiento previo podría representar una amenaza mayor hacia la salud pública (tanto para el ser humano como para el ganado), para la seguridad alimentaria y para la calidad del ambiente. Los suelos pueden ser contaminados con patógenos como resultado de la irrigación con aguas negras. El uso de aguas negras sin tratamiento previo representa una fuente importante de riesgos para la salud y ha sido asociado a enfermedades crónicas gastrointestinales de bajo grado, así como brotes de enfermedades más agudas como el cólera y la tifoidea. Una de las rutas de exposición principales para la población urbana es el consumo de vegetales crudos que fueron regados con aguas negras»[3].

El humabono, en contraparte, cuando se mantiene fuera del drenaje, se recolecta como un recurso y se composta, resulta un valioso recurso agrícola. Al combinar nuestro abono con otros materiales orgánicos como restos de comida, productos de papel y madera, así como residuos de la industria agropecuaria, conseguimos una mezcla que resulta irresistible para los microorganismos benéficos. Sin embargo, los estadounidenses desperdician en promedio medio kilo (una libra) de comida diariamente, que requieren 12 millones de hectáreas (30 millones de acres) de tierras agrícolas anualmente para la producción de alimentos, los cuales son simplemente desperdiciados[4]. En los Estados Unidos solamente se composta un pequeño porcentaje de la comida desechada; el resto se incinera o se entierra en los rellenos sanitarios[5].

¿Parece sabio el depender de los rellenos sanitarios para deshacernos de materiales reciclables? Los rellenos sanitarios se llenan y se tiene que construir otros para reemplazarlos. De hecho, podríamos considerarnos afortunados por el hecho de que los rellenos sanitarios están siendo clausurados de forma tan rápida, debido a que son importantes fuentes de contaminación del agua, la tierra y el aire. Muchos de los rellenos sanitarios clausurados son considerados como lugares peligrosamente contaminados como parte del programa Superfund de la EPA de los Estados Unidos. Un reporte del estado de Florida reveló que las columnas de contaminación de aguas subterráneas provenientes de rellenos sanitarios antiguos, los cuales no contaban con una capa de impermeabilización, pueden alcanzar más de 5,5 kilómetros (3,4 millas) y que 523 suministros de aguas públicos en dicho estado se encuentran dentro de un radio de 1,6 kilómetros (una milla) de dichos rellenos sanitarios, mientras que 2 700 se encuentran a una distancia de 4,8 kilómetros (3 millas)[6]. Sin duda alguna dicha situación debe estarse repitiendo en otros sitios en los Estados Unidos.

La materia orgánica desechada en los rellenos sanitarios también produce grandes cantidades de metano, un gas de importancia en el calentamiento global. «Los rellenos sanitarios para basura sólida municipal son la tercera fuente de emisiones de metano relacionados con la actividad humana en los Estados Unidos, representando aproximadamente 14,1 por ciento de dichas emisiones en 2016», de acuerdo con la EPA de EUA. Añaden que, «El metano es un gas de efecto invernadero potente, entre 28 y 36 veces más eficaz que el CO2 en la captura de calor en la atmósfera, dentro de un periodo de cien años»[7]. Poco a poco nos estamos dando cuenta de que esta tendencia de tiradero tiene que cambiar. No podemos seguir «tirando» recursos útiles en forma de desperdicios enterrándolos en rellenos sanitarios contaminantes y cada vez más costosos.

Si hubiéramos recolectado todo el excremento humano del mundo y lo hubiéramos apilado sobre la superficie arable mundial en 1950, hubiésemos aplicado casi 88 toneladas por kilómetro cuadrado (220 toneladas por milla cuadrada) en aquel entonces que equivalen aproximadamente a 773 kilos por hectárea (690 libras por acre). En 2020, habríamos recolectado tres veces dicha cantidad y para el año 2050, cuatro veces dicha cantidad, debido a que la población mundial está creciendo, pero la superficie cultivable no. De hecho, a nivel mundial el área cultivable está decreciendo de forma constante a medida que el mundo pierde un área del tamaño del estado de Kansas cada año debido a las actividades agrícolas y ganaderas[8]. La creciente población humana mundial produce una cantidad exponencial de materia orgánica valiosa que podría utilizarse para crecer comida y sin embargo está siendo desperdiciada en forma de desechos.

Cada vez que le jalamos al escusado, enviamos entre 19 y 23 litros (5 o 6 galones) de agua contaminada al ambiente[9]. Esto equivaldría a defecar dentro de un garrafón de 20 litros de oficina y después tirarlo sin que nadie pudiera haber tomado agua. Después repetir el mismo gesto cada vez que orinamos. Y hacerlo todos los días, una y otra vez. Multipliquemos esto por 330 millones de personas en los Estados Unidos únicamente. Incluso después de que el agua contaminada ha sido tratada en plantas de tratamiento de aguas negras, sigue estando contaminada con niveles excesivos de nitratos, cloro, fármacos, químicos industriales, detergentes y otros contaminantes. Esta agua «tratada» se descarga directamente hacia el ambiente y termina en los ríos, lagos y en las aguas costeras.

Si no quieres enfermarte debido al agua en la que nadas, no sumerjas la cabeza, al menos que quieras terminar como las personas en la Bahía de Santa Mónica. La gente que nadó en las aguas de esa región que estaban dentro de un radio de 336 metros (400 yardas o cuatro campos de fútbol americano) de un drenaje de agua de lluvias tuvieron un 66 por ciento de probabilidad de desarrollar «enfermedades respiratorias significativas» en los 9 a 14 días posteriores a su exposición al agua[10]. Y, ¿por qué no clorar el agua antes de descargarla? Habitualmente está clorada de antemano, pero las investigaciones han revelado que el cloro parece aumentar la resistencia bacteriana a ciertos antibióticos[11].

Los baños composta están siendo reconocidos a nivel mundial como sistemas de «salubridad adecuada» y están ganando popularidad debido a su costo relativamente bajo, en comparación a los sistemas centralizados dependientes del agua. De hecho, los sistemas de baño composta generan dividendos: la composta, la cual permite que dicho sistema de saneamiento genere una ganancia neta, en vez de representar un drenaje financiero constante. La obsesión con los escusados de descarga de agua a nivel mundial provocan que los problemas de salubridad internacionales se mantengan sin soluciones. Muchos países del mundo no tienen los recursos para pagar métodos de tratamiento de desechos costosos y de alto consumo de agua. Este último recurso simplemente no está disponible en muchos lugares.

El uso de agua en los Estados Unidos creció por un factor de diez entre 1900 y 1990, de 151 mil millones de litros a 1,5 billones de litros diarios (40 mil millones a 409 mil millones de galones)[12]. El Departamento del Interior de los Estados Unidos estima que cada estadounidense utiliza entre 300 y 380 litros (80 y 100 galones) de agua diariamente para uso personal, principalmente en las descargas de los baños[13], o 1 135 litros (300 galones) diarios para la familia promedio, de acuerdo con la EPA[14]. Esto significa seis barriles de 190 litros (50 galones) utilizados diariamente por cada familia en EUA solo para uso doméstico. La cantidad de agua que requerimos en total los estadounidenses, contando aquella utilizada en los productos que consumimos, más el agua de lavado y el agua potable, suman una estratosférica cantidad de 5 924 litros (1 565 galones) por persona cada día[15]. Esta cantidad de agua equivaldría a que cada uno de nosotros le jalara al baño 313 veces al día, una vez cada minuto y medio durante un turno de ocho horas consecutivas.

Al tirar la fertilidad de los suelos por el drenaje aumentamos nuestra dependencia de fertilizantes químicos. Hoy día, la contaminación agrícola provocada por la erosión y la escorrentía de nutrientes debida el uso excesivo o incorrecto de fertilizantes representa la «mayor fuente de esparcimiento de contaminación del agua» en nuestros ríos, lagos y arroyos[16]. Los fertilizantes químicos proveen una dosis rápida de nitrógeno, fósforo y potasio para los suelos empobrecidos. Sin embargo, se estima que entre el 25 y el 85 por ciento del nitrógeno aplicado al suelo y entre el 15 y el 20 por ciento del fósforo y el potasio se pierden en forma de lixiviados, los cuales contaminan las aguas subterráneas[17]. Dicha contaminación se manifiesta en pequeños estanques asfixiados con algas como resultado de un influjo antinatural de nutrientes.

Entre 1950 y 2018, el consumo mundial de fertilizantes artificiales creció de 14 millones de toneladas a 220 millones de toneladas[18]. La contaminación por nitratos derivada del uso excesivo de fertilizantes artificiales representa uno de los problemas de polución del agua más serios tanto en Europa como en Norteamérica. La contaminación del agua por nitratos puede causar cáncer e incluso daño cerebral o la muerte infantil[19]. No obstante, se generan cientos de miles de toneladas de materiales orgánicos compostables en EUA cada año y se entierran en rellenos sanitarios, se incineran o se desechan como desperdicios.

Curiosamente, todos los abonos animales gozan del privilegio de poder ser compostados, como lo están descubriendo los agricultores en la actualidad. Los abonos compostados no generan lixiviados como lo hacen en sus formas crudas. En vez de esto, la composta ayuda a retener los nutrientes en los suelos. Los abonos compostados también reducen las enfermedades en las plantas y permiten un mejor manejo de nutrientes en las granjas. De hecho, 2 toneladas de composta generan mayores beneficios que 5 toneladas de abono[20].

Todo indica hacia el hecho de que la raza humana debe evolucionar inevitablemente. La evolución representa el cambio y el cambio encuentra resistencia en los viejos hábitos que no quieren desaparecer. Los escusados de descarga de agua y los basureros rebosantes representan hábitos bien enraizados que deben ser repensados y reinventados. Si los humanos poseemos la mitad de la inteligencia que creemos poseer, nos daremos cuenta que la naturaleza tiene muchas de las llaves que necesitamos para abrir las puertas de una existencia sostenible y armoniosa sobre este planeta. El compostaje constituye una de esas llaves.

No te preocupes, he visto el miedo en los ojos de los amantes de los escusados de descarga de agua frente a la idea de *tener que usar* un baño composta un día. Nadie te está sugiriendo utilizarlos, sino tan solo que sepas al respecto de su existencia y su funcionamiento. Dicho conocimiento podría resultarte útil un día de estos. Por ejemplo, un abogado de Boston me llamó un día, más o menos diez años antes de escribir estas palabras. Me dijo que quería un baño composta simple como el descrito en este libro, pero que no tenía ni el tiempo ni las herramientas para construirlo. No sé por qué necesitaba uno y no le pregunté. Me preguntó si podía construirle uno. Le dí mi respuesta brusca de cajón, «¡Claro que no, haz tu propio baño!», o algo por el estilo. No tengo el tiempo para construir baños para los demás. Luego me presentó cifras de dinero bastante atractivas que estaba dispuesto a pagar por su baño, lo cual me puso a pensar.

Así que cuando mi hijo regresó a casa de la escuela para las vacaciones de invierno, con seis semanas libres, acompañado por un amigo y ambos querían encontrar trabajo para ganarse unos centavos, tuve una idea. Yo tenía una montaña de madera secada al aire libre y ellos querían trabajo, así que los ocupé a construir Baños Adorables (Loveable Loos fue el nombre original del producto en inglés), los cuales pusimos en venta en línea. Resultó que ciertos estadounidenses de hecho si quieren un baño diseñado para recolectar el material orgánico en vez de deshacerse de él. Después de haber vendido los primeros mil, dejé de contar. ¿Por qué alguien en los Estados Unidos querría uno de estos baños? ¿Quién los estaba comprando? Pues gente de todos los estilos de vida, tal como el abogado, los necesitaban por una u otras razones. Quizás tenían una cochera sin baño integrado, un campamento de caza o un granero o quizás simplemente querían hacer composta. Sin importar las razones, parecía haber una demanda, pequeña, pero había una demanda.

Fue entonces que comencé a visitar países en los que los baños de descarga de agua no estaban disponibles, desde Mongolia hasta el este de África y toda el área comprendida en medio. El hecho de contar con un hoyo en la tierra como baño es un concepto completamente ajeno a aquellas personas que crecieron con baños de descarga de agua. Y sin embargo, las culturas que no cuentan con dichos baños también carecen de alternativas. Hay letrinas de fosa, letrinas mejoradas con ventilación, baños secos de doble cámara y muchas otras opciones, pero ninguna que puedas poner junto a tu cama y ninguna que resulte libre de olores. Cuando le explico a estas personas sobre el compostaje, sobre cómo funciona y sobre cómo puede ser adaptado como sistema de saneamiento, demuestran su interés inmediatamente. Después de haber escuchado mi presentación sobre los baños composta, los habitantes de un pueblo en Tanzania me dijeron que ésta sería la próxima revolución en sus vidas. Un anciano en Mongolia se levantó de entre la multitud sentada en el piso después de una presentación sobre baños composta para su comunidad y me sugirió que las comunidades podrían hacer competencias para ver quién conseguía la mejor composta. Una ciudadana de la tercera edad en Nicaragua que colocó un baño semejante al Inodoro Adorable en su choza de paja, lo describió como un «baño integrado al cuarto», equivalente a aquellos de los hoteles de lujo. Uno de sus vecinos, un soltero octogenario, paró de cavar una letrina de fosa detrás de su cabaña cuando se dio cuenta que podía simplemente colocar un baño composta justo junto a su cama. Abandonó su proyecto, con el hoyo a mitad cabado y construyó en vez un compostero. Las personas que están confinadas a la cama, discapacitadas, ancianas, que carecen de uno de sus miembros e incluso los niños pequeños aprecian mucho el hecho de tener un baño interior. Fueron experiencias como estas las que me hicieron entender cómo los ruidos de pedos en el programa de Steren y otros ridículos que los estadounidenses le dirigen al concepto del baño composta podrían haber sido desafortunados, pero resultaban completamente irrelevantes.

Durante una entrevista que di, el entrevistador me preguntó cómo sacaba los mojones del baño. ¿Usaba una red de pesca? Le respondí que no, que había entrenado a mis hijos para atraparlos como lo harían con el juego de las manzanas, con las manos detrás de la espalda. Luego felicité a la estación por tener características similares a mi empresa. «¿A qué te refieres?», me preguntaron. «Bueno, ambos trabajamos con mierda», les contesté. «Yo hago composta con la mía y ustedes transmiten la suya al aire». Me colgaron el teléfono.

La gente alrededor del mundo que no cuenta con baños toman la idea del compostaje seriamente. Nadie en estos lugares se carcajea ni se avergüenza durante mis presentaciones. Por lo contrario, muchos quedan cautivados. Me dicen que nunca habían escuchado nada parecido y que no sabían que la composta existía, como tampoco sabían que era posible compostar su material del baño. Me ayuda siempre el hecho de decirles que yo he usado personalmente un baño composta en mi casa y que lo he hecho de manera continua durante los últimos cuarenta y tantos años y que durante todo este tiempo he crecido mi comida con la composta resultante. También ayuda el hecho de decirles que he recorrido el largo camino hasta su pueblo o ciudad como voluntario; que no recibo una paga para llegar ahí; que no estoy asociado con ningún gobierno, universidad o negocio; que no estoy vendiendo nada; y que tampoco estoy recibiendo dinero por mis esfuerzos. De acuerdo, me pagan de vez en cuando para enseñar o llevar a cabo entrenamientos o por poner en pie sistemas de baño composta, pero en la mayoría de los casos utilizo los ingresos que generan las ventas de mis libros para financiar mis esfuerzos.

Nunca olvidaré el día que me junté con un grupo de líderes tribales en las montañas de Tanzania, alrededor de 150 hombres y mujeres reunidos en una ladera bajo un enorme árbol comunitario para escuchar mi presentación sobre los baños composta. Algunas personas caminaron 1,5 kilómetros bajo la lluvia para llegar. Después de haberles explicado el funcionamiento del sistema, uno de los hombres se levantó y dijo (a través de un intérprete, claro) «Los queremos, ¿cómo los conseguimos y cuánto cuestan?». Un pensamiento me pasó inmediatamente por la mente: «*[Insertar nombre de billonario], maldito idiota*». Un puñado de personas han acaparado las riquezas equivalentes a las poseídas por la mitad de la raza humana, mientras que 2,3 mil millones de personas no tienen suficiente dinero para un baño. Este es el mundo desafortunado en el que vivimos.

Ciertos grupos mediáticos han demostrado su interés en el humabono. Algunos por curiosidad morbosa, algunos por motivos científicos y otros por razones ambientales. Varios de ellos han recorrido el camino hasta mi humilde cabaña en el bosque, incluyendo equipos de TV y radio, cuatro diferentes equipos de filmación coreanos para documentales transmitidos en Corea del Sur, la BBC filmando una serie ecológica para The Ethical Man (El Hombre Ético), la compañía de construcción de cabañas en los árboles Treehouse Masters, buscando un baño que pudiese ser instalado en una casa en el árbol y Larry the Cable Guy (el Hombre del Cable), filmando unos extraños episodios para el History Channel. A diferencia del programa de Stern, el Cable Guy fue bastante amable, muy gracioso y respetuoso también. Le cociné un asado de venado con papas del jardín y una ensalada de jitomates y comimos sobre la terraza en aquel hermoso día de otoño mientras su equipo filmaba el episodio. De alguna forma, antes de que el episodio terminara, aquellas papas se volvieron «popopapas» y los jitomates se volvieron «cacamates». Hasta ahora no puedo sacarme dichas palabras de la mente. ¿Se trata de una maldición? Probablemente. Debo admitir que adoro los cacamates frescos sobre un pan tostado.

Las bacterias pueden ser bizarras, pero también pueden tener un efecto sobre nuestras vidas, para bien o para mal, pero yo creo que sobre todo para bien. Por ejemplo, una mujer caminaba por las montañas de Grecia hace varios cientos de años, cargando una pequeña bolsa de clavos de hierro para la confección de zapatos. Los estaba llevando, enviada por su padre, hasta un pueblo cercano. Caminando sobre el terreno escarpado y rocoso, se tropezó y dejó caer la bolsa. Varios de los clavos cayeron al piso. Fue entonces que se dio cuenta de algo impresionante, algo que no podía entender. Uno de los clavos estaba atorado en una roca. Cuando levantó la roca, el clavo permaneció pegado a ella. No conseguía hacerlo caer. La roca era magnetita. Había descubierto el magnetismo.

Algunas bacterias son *magnetotácticas*. Poseen organelos llamados *magnetosomas* que contienen cristales magnéticos, imanes fijos que provocan la orientación de las bacterias con el campo magnético de la Tierra. Las bacterias magnetotácticas fueron descubiertas tan solo en 1963. Nadie está seguro a ciencia cierta de la razón por la cual las bacterias se orientan con el campo magnético de la Tierra, pero lo hacen. Miles de millones de años de dichas bacterias subsistiendo en la Tierra, muriendo, asentándose como sedimento, acumulándose en capas, siendo comprimidas en lodo y después en roca y finalmente transformándose en magnetita atrajeron la atención del ser humano.

La joven tomó la roca y se la llevó a su padre para mostrarle el extraño fenómeno. El interés se esparció rápidamente. Las rocas magnéticas estaban siendo recolectadas y diseminadas por todo el mundo. Los científicos más prominentes experimentaron con el magnetismo. Se magnetizaron agujas utilizando dichas rocas para crear las primeras brújulas. eventualmente, los seres humanos se dieron cuenta de que el magnetismo no existe sin la electricidad. Se trata de *electromagnetismo*. El estudio del electromagnetismo resultó en el descubrimiento de las ondas de radio y TV, así como todo lo eléctrico que domina el mundo como lo conocemos hoy en día: nuestras computadoras, celulares, etc; la lista es infinita.

La dama de la historia es ficticia pero los hechos son reales. En teoría, le debemos el mundo como lo conocemos a las humildes bacterias. Un accidente produjo el descubrimiento de los restos geológicos de miles de billones de bacterias y de sus organelos magnéticos que de alguna forma se crearon dentro de ellas[21]. Hoy, nuestras vidas enteras giran alrededor del electromagnetismo.

¿Qué hubiera pasado si el electromagnetismo no hubiera sido descubierto? ¿Dónde estaría la raza humana en el presente? Y una pregunta aún mayor es, ¿qué descubrimientos no hemos logrado ver a pesar de pasar a su lado diariamente? ¿Cuáles son las maravillas naturales que están frente a nuestros ojos y que estamos ciegos ante ellas? Podemos arrancar nuestras caras de la TV, de los celulares y de las pantallas de computadora durante suficiente tiempo para apreciar el mundo que nos rodea? Si nos concentramos lo suficiente, podríamos darnos cuenta que los microbios podrían tener más trucos bajo sus miles de billones de mangas.

EQUIVALENCIAS DE TEMPERATURA

F	C
-40	-40
-30	-34.44
-20	-28.88
-10	-23.33
0	-17.77
5	-15.00
10	-12.22
15	-9.44
20	-6.66
25	-3.88
30	-1.11
35	1.66
40	4.44
45	7.22
50	10.00
55	12.77
60	15.55
65	18.33
70	21.11
75	23.88
80	26.66
85	29.44
90	32.22
95	35.00
98.6	36.99
100	37.77
105	40.55
110	43.33
115	46.11
120	48.88
125	51.66
130	54.44
135	57.22
140	60.00
145	62.77
150	65.55
155	68.33
160	71.11
165	73.88

C	F
0	32.00°
5	41.00°
10	50.00°
15	59.00°
20	68.00°
25	77.00°
30	86.00°
35	95.00°
40	104.00°
45	113.00°
50	122.00°
55	131.00°
60	140.00°
65	149.00°
70	158.00°
75	167.00°
80	176.00°
85	185.00°
90	194.00°
95	203.00°
100	212.00°

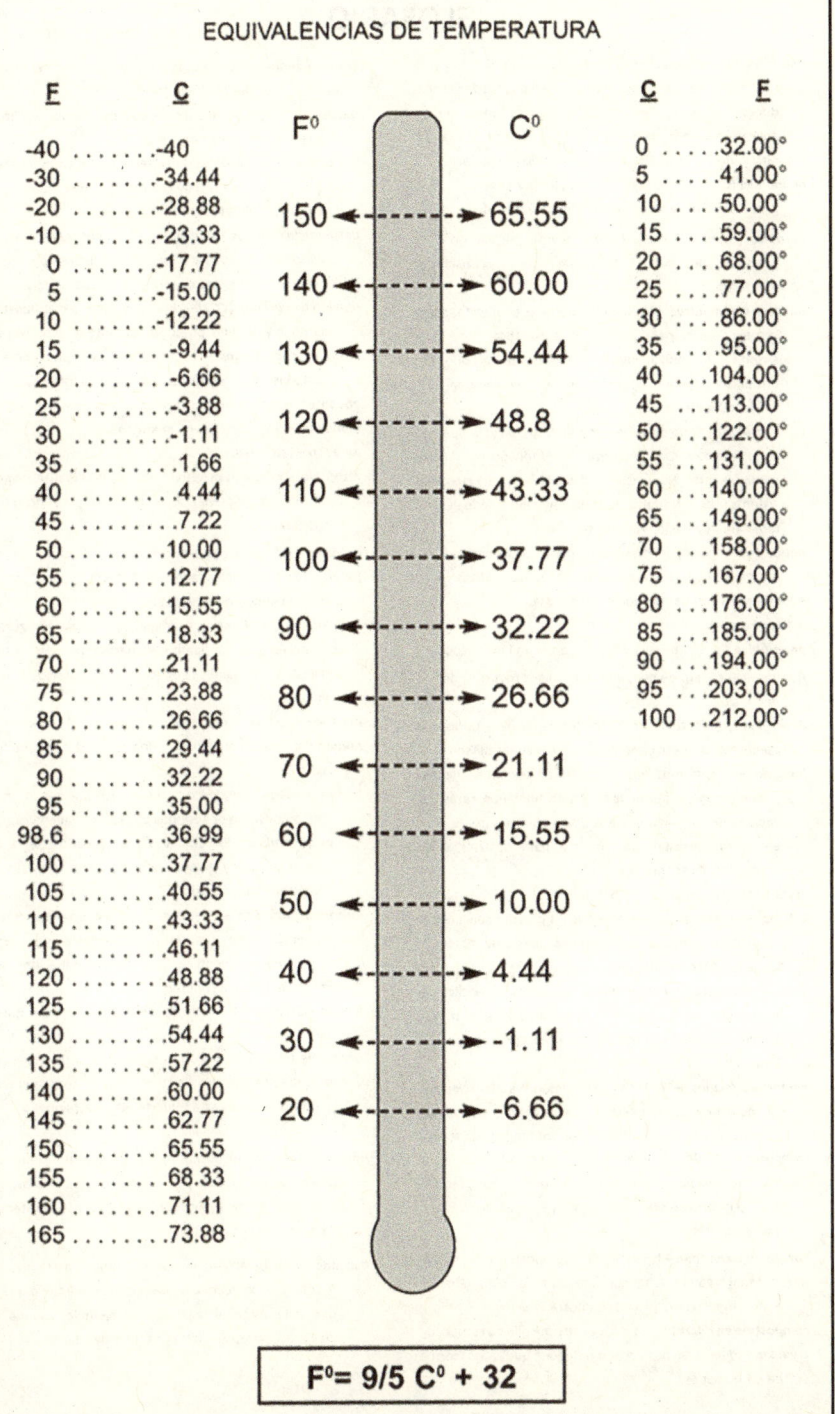

F°	C°
150	65.55
140	60.00
130	54.44
120	48.8
110	43.33
100	37.77
90	32.22
80	26.66
70	21.11
60	15.55
50	10.00
40	4.44
30	-1.11
20	-6.66

$$F° = 9/5\ C° + 32$$

GLOSARIO

abono verde – Vegetación cultivada para ser utilizada como fertilizante para el suelo, ya sea mediante su aplicación directa sobre la tierra, compostándola antes de su aplicación o por medio de la fijación leguminosa del nitrógeno en los nódulos de las raíces de la vegetación.

actinomicetos – Bacterias semejantes a los hongos por su usual producción de micelios ramificados característicos.

aeróbico – Capaz de vivir, crecer u ocurrir únicamente en la presencia de oxígeno libre, tal como las bacterias aeróbicas.

agentes voluminosos – Un ingrediente de la composta, como la paja, usado para mejorar la estructura, porosidad, absorción de líquido, olor y contenido de carbono. Los términos «agente voluminoso» y «enmienda» son intercambiables.

agua residual – Agua desechada como desperdicio, a menudo contaminada con excremento humano u otros contaminantes humanos y descargada hacia cualquier sistema de tratamiento de aguas residuales o directamente hacia el ambiente.

aguas grises – Agua del drenaje del hogar proveniente de los lavabos, tinas y la lavandería (no de los escusados).

aguas negras – Aguas residuales del escusado.

algas – Pequeñas plantas acuáticas.

anaeróbico – Capaz de vivir y crecer donde no hay oxígeno.

Ascaris – Un género de nematodos ascáridos parásitos del ser humano.

Aspergillus fumigatus – Un hongo formador de esporas que puede causar reacciones alérgicas en algunas personas.

bacteria – Organismos microscópicos unicelulares. Algunas pueden causar enfermedades en los humanos; otras son capaces de elevar la temperatura de una pila de residuos en descomposición lo suficiente para destruir a los patógenos del ser humano.

carbonoso – Que contiene carbono.

celulosa – El componente principal de las paredes celulares de las plantas, compuesto de una larga cadena de moléculas de azúcar fuertemente unidas.

ciclo de nutrientes del ser humano – La repetición cíclica del movimiento de nutrientes de la tierra hacia las plantas y animales, hacia los humanos y después de regreso a la tierra.

coliformes fecales – Bacterias generalmente inofensivas que se encuentran en los intestinos de los animales de sangre caliente, usadas como indicador de contaminación fecal.

composta – Material orgánico que mediante el manejo humano pasa por un proceso de descomposición gracias a los organismos aeróbicos, de forma que se desarrolle calor biológico interno.

compostaje continuo – Un sistema de compostaje en el cual el material orgánico se agrega continuamente o diariamente a un compostero o pila de composta.

compostaje en hileras – una larga y estrecha pila de composta.

cryptosporidium – Un protozoario patógeno que causa diarrea en los humanos.

cuotas de manejo – Las cuotas que se cobran para el desecho de los materiales de desperdicio.

curación – Etapa final del compostaje. También llamada añejamiento o maduración.

desperdicio – Una sustancia o material sin un valor inherente o utilidad, o una sustancia o material desechada a pesar de su valor inherente o utilidad.

desperdicios sólidos municipales – Desperdicios sólidos que se originan en los hogares, industrias, negocios, demolición, limpieza de terrenos y construcción.

dióxido de carbono (CO2) – Un gas inorgánico compuesto de carbono y oxígeno, producido durante el compostaje.

drenajes combinados – Aquellos drenajes que recolectan tanto las aguas residuales como el agua de lluvia.

efluente – Aguas residuales fluyendo desde una fuente.

enmienda – Ver «agentes voluminosos».

entérico – Intestinal.

fecofobia – Miedo al material fecal, especialmente respecto al uso del material fecal humano para propósitos agrícolas.

fitotóxico – tóxico para las plantas.

fungi – Plantas simples, a menudo microscópicas, que no tienen pigmento fotosintético.

helminto – Una lombriz o animal con forma de gusano, especialmente las lombrices parasitarias del sistema digestivo humano, tales como las ascárides y los anquilostomos.

higiene – Prácticas sanitarias, limpieza.

humabono – Heces humanas y orina compostados para fines agrícolas.

humus – Material orgánico oscuro y rico que resulta de la descomposición de residuos de plantas y animales.

humus de lombriz – Excremento de lombrices de tierra, que parece oscuro y granulado como tierra y es rico en nutrientes para el suelo.

indicador patógeno – Un patógeno cuya ocurrencia sirve de evidencia para detectar la presencia de ciertas condiciones ambientales, como la contaminación.

K – Símbolo químico del potasio.

letrina – Un inodoro, a menudo destinado al uso de muchas personas.

letrina de hoyo – Un hoyo o fosa en el cual se deposita el excremento humano. Se conoce como inodoro exterior o privado cuando está cubierto por una pequeña construcción.

lignina – Una sustancia que forma las paredes celulares leñosas de las plantas y el «cemento» entre ellas. La lignina se encuentra junto con la celulosa y es resistente a la descomposición biológica.

lixiviado – Cualquier líquido que se drene a partir de una fuente. Con respecto a la composta, es el líquido que se drena del material orgánico, por ejemplo, cuando las lluvias excesivas se infiltran a través de ella.

lodo residual activado – Lodos de aguas residuales tratados al forzar aire a través de ellos para activar a las poblaciones microbianas benéficas que residen en él.

lodos residuales – El sedimento pesado en un drenaje o tanque séptico. También llamados biosólidos.

macroorganismo – Un organismo que, a diferencia de un microörganismo, puede observarse a simple vista, como una lombriz.

mantillo – Material orgánico, tal como hojas o paja, esparcido en la tierra alrededor de las plantas para retener humedad, asfixiar a las hierbas y alimentar a la tierra.

material del jardín – Hojas, recortes de pasto, materiales del huerto, recortes de arbustos y broza. También llamados recortes del jardín.

mesófilo – Microorganismos que prosperan a temperaturas medias (20-37°C o 68-99°F).

metal pesado – Metales como el plomo, mercurio, cadmio, etc., que poseen más de cinco veces el peso del agua. Al concentrarse en el ambiente, pueden presentar riesgos significativos a la salud humana.

micelio – Filamentos de los hongos o hifas.

microorganismo – Un organismo que requiere ser magnificado para poder ser visto por el ojo humano.

N – Símbolo químico para el nitrógeno.

nitratos – Una sal o éster de ácido nítrico, como el nitrato de potasio o el nitrato de sodio, ambos usados como fertilizantes y que aparecen en los suministros de agua como contaminantes.

occidental – Perteneciente al hemisferio oeste (el cual incluye al Continente Americano y Europa) o sus habitantes humanos.

orgánico – Referente a un material procedente de una fuente animal o vegetal, como los residuos en forma de abono o restos de comida; también es un tipo de agricultura que emplea fertilizantes y acondicionadores para a tierra derivados principalmente de fuentes animales o vegetales a diferencia de las fuentes minerales y petroquímicas.

P – Símbolo químico del fósforo.

Patógeno – Un microorganismo causante de enfermedades.

PCB – Bifenilos policlorados, un contaminante ambiental persistente y dominante.

pH – Un símbolo para el grado de acidez o alcalinidad de una solución, cuyo rango de valor va de 1 a 14. Debajo de 7 es ácido, arriba de 7 es alcalino y 7 es neutro.

plaga – Pestes molestas, usualmente pequeñas, como moscas, ratones y ratas.

proporción de C/N – La proporción entre las cantidades de carbono y nitrógeno en un material orgánico.

protozoa – Pequeños animales, en su mayoría microscópicos, unicelulares o formados por un grupo de células más o menos idénticas y que habitan principalmente en el agua. Algunos son patógenos del hombre.

psicrófilos – Microorganismos que prosperan a temperaturas tan bajas como -10°C (14°F), pero óptimamente arriba de los 20°C (68°F).

residuos sépticos – El material orgánico bombeado fuera de los tanques sépticos así como de la mayoría de los baños secos.

schistosoma – Cualquier género de platelmintos que viven como parásitos en los vasos sanguíneos de los mamíferos, incluyendo a los humanos.

séptico – Que causa o resulta de la putrefacción (descomposición maloliente).

shigella – Bacteria en forma de bacilo; algunas especies causan disentería.

separación desde la fuente – La separación del material desechado de acuerdo al tipo específico de material en el lugar donde se generó.

sostenible – Capaz de practicarse indefinidamente sin un impacto negativo significativo sobre el ambiente o sus habitantes.

temperatura ambiente del aire – La temperatura del aire circundante, por ejemplo la temperatura exterior del aire que rodea a la pila de composta.

termófilo – Caracterizado por ser afín a las temperaturas mayores a los 40,5°C (105°F) o por ser capaz de generar temperaturas altas.

tierra nocturna – Excremento humano y orina utilizados como fertilizantes de la tierra.

tonelada métrica – Una medida de masa igual a 1 000 kilogramos o 2 204,62 libras.

turba de musgo – Materia orgánica no descompuesta o ligeramente descompuesta que se origina en condiciones de humedad excesiva como en un pantano.

vector – Una ruta de transmisión de patógenos de una fuente hacia una víctima. Los vectores pueden ser insectos, pájaros, perros, roedores u otras plagas.

vermicultura – La transformación de materia orgánica en abono de lombriz llevada a cabo por las lombrices de tierra.

virus – Cualquier grupo de entidades biológicas submicroscópicas que se multiplican únicamente al conectarse a células vivas.

REFERENCIAS

CAPÍTULO 2: LOS SERES INVISIBLES

1. Blaser, Martin J., MD. (2014). Missing Microbes – How the Overuse of Antibiotics Is Fueling our Modern Plagues [Microbios Ausentes: Cómo el Uso Excesivo de Antibióticos Alimenta a nuestras Plagas Modernas] (p. 21). Henry Holt and Company: Nueva York. También, Michael T. Madigan, John M. Martinko, Kelly S. Bender, Daniel H. Buckley, David A. Stahl, Thomas Brock. (2015). Brock Biology of Microorganisms [Biología de los Microorganismos de Brock], (14a ed, p. 349). Pearson Education Inc.: Reino Unido.
2. Kolter, Roberto, y Stanley Maloy (editores). (2012). Microbes and Evolution: The World that Darwin Never Saw [Microbios y Evolución: EL Mundo que Darwin Nunca Vió]. (p. 28.) ASM Press: Washington, DC.
3. Ibid. p. 31.
4. Ibid. p. 35.
5. Dixon, Bernard. (2009). Animalcules, the Activities, Impacts, and Investigators of Microbes. [Animáculos, las Actividades, Impactos e Investigadores de los Microbios]. (p. 79) ASM Press: Washington, DC.
6. Kolter y Maloy. (p. 73).
7. Dixon. (p. 22).
8. Kolter y Maloy. (p. 13).
9. Blaser. (p. 25).
10. Kolter y Maloy. (p. 45).
11. Blaser. (pp. 5–6).
12. Ibid. (p. 13).
13. Sadowsky, Michael J., y Richard L. Whitman (editores). (2011). The Fecal Bacteria [Las Bacterias Fecales] (p. 43) ASM Press: Washington, DC. También, Katy Califf, Antonio Gonzalez, Rob Knight y J. Gregory Caporaso. (2014). The Human Microbiome: Getting Personal. Microbe [El Microbioma Humano: Un Asunto Personal] (Vol. 9, No. 10, p. 410).

14. Wassenaar, Trudy M. (2012). Bacteria: The Benign, the Bad, and the Beautiful [Bacterias: Las Benignas, las Malas y las Hermosas] (p. 141). Wiley-Blackwell Inc.: Hoboken, NJ.
15. Sadowsky y Whitman. (p. 39).
16. Kolter and Maloy. (p. 28).
17. Wassenaar. (p. 145).
18. Blaser. (p. 23).
19. Sadowsky y Whitman. (p. 295).
20. Ibid. (pp. 4, 18).
21. Blaser. (p. 23).
22. Ibid. (p. 228).
23. Kolter y Maloy. (pp. 177–178).
24. Ibid. (p. 183).
25. Ibid. (p. 194).
26. Ibid. (p. 166).
27. Dixon. (p. 23).

CAPÍTULO 3 : MICROBIOS: ¿AMIGOS O ENEMIGOS?

1. Gaynes, Robert P. (2011). Germ Theory – Medical Pioneers in Infectious Diseases [Teoría de los Gérmenes: Pioneros Médicos en las Enfermedades Infecciosas] (p. 64). ASM Press: Washington, DC.. También, Paul de Kruif. (1926). Microbe Hunters [Cazadores de Microbios] (p. 3). Harcourt Brace & Company: Nueva York. También, Clifford Dobell. (1958). Antony Van Leeuwenhoek and His Little Animals [Antonio Van Leeuwenhoek y Sus Pequeños Animales]. Russell and Russell Inc., Nueva York.
2. Booss, John, Marilyn J. August. (2013). To Catch a Virus [Para Atrapar un Virus (p.5). ASM Press: Washington, DC.
3. Gaynes. (p. 63).
4. Dobell. (p. 19).
5. Dixon, Bernard. (2009). Animalcules: The Activities, Impacts, and Investigators of Microbes [Animáculos, las Actividades, Impactos e Investigadores de los Microbios] (p. 202). ASM Press: Washington, DC..
6. Gaynes. (p. 150).
7. Rosenberg, Charles E. (1962). The Cholera Years [Los Años del Cólera] (pp. 66, 152). University of Chicago Press: Chicago.
8. Ibid. (p. 98).
9. Ibid. (p. 75).
10. Ibid. (p. 152).
11. Ibid. (p. 44).
12. Ibid. p. 193. También, John Snow, MD. (1849, 1855 [2a ed.]). On the Mode of Communication of Cholera [Sobre la Forma de Comunicación del Cólera]. John Churchill: Londres.
13. https://en.wikipedia.org/wiki/John_Snow.
14. Rosenberg. (p. 3).
15. Klein, E., y H. Gibbes. (1885). An Inquiry into the Etiology of Asiatic Cholera [Una Investigación Sobre la Etiología del Cölera Asoiático]. También, John Chapman, MD. (1885). Cholera Curable: a Demonstration of the Causes, Non-contagiousness, and Successful Treatment of the Disease [El Cólera Curable: una Demostración de las Causas, Ausencia de Contagio y Tratamiento Exitoso de la Enfermedad].
16. Dubos, Rene. (1959). Mirage of Health, Utopias, Progress, and Biological Change [Un Espejismo de Salud, Utopías, Progreso y Cambio Biológico] (p. 105). Harper and Brothers: Nueva York.
17. Rosenberg. (p. 184).
18. Gaynes. (p. 300).

CAPÍTULO 4: LA GUERRA CONTRA LOS MICROBIOS

1. Gaynes, Robert P. (2011). Germ Theory — Medical Pioneers in Infectious Diseases [Teoría

de los Gérmenes: Pioneros Médicos en las Enfermedades Infecciosas] (pp. 272–291). ASM Press: Washington, DC.
2. Kolter, Roberto, and Stanley Maloy (editores). (2012). Microbes and Evolution, The World that Darwin Never Saw [Microbios y Evolución: EL Mundo que Darwin Nunca Vió] (p. 46). ASM Press: Washington, DC.
3. Klein, Eili Y., Thomas P. Van Boeckel, Elena M. Martinez, Suraj Pant, Sumanth Gandra, Simon A. Levin, Herman Goossens, y Ramanan Laxminarayan. (2018). Global Increase and Geographic Convergence in Antibiotic Consumption Between 2000 and 2015 [Incremento Global y Convergencia Geográfica en el Consumo de Antibióticos Entre 200 y 2015]. PNAS. 10 de abril de 2018, 115 (15): E3463–E3470.
https://doi.org/10.1073/pnas.1717295115.
4. Blaser, Martin J., MD. (2014). Missing Microbes – How the Overuse of Antibiotics Is Fueling our Modern Plagues [Microbios Ausentes: Cómo el Uso Excesivo de Antibióticos Alimenta a nuestras Plagas Modernas] (p. 233). Henry Holt and Company: Nueva York.
5. Food and Drug Administration (Administración de Alimentos y Medicamentos). 2015 Summary Report on Antimicrobials Sold or Distributed for Use in Food-Producing Animals [Resumen del Reporte sobre Antimicrobianos Vendidos o Distribuidos para su uso en Animales Productores de Alimentos] (2016).
http://www.fda.gov/downloads/ForIndustry/UserFees/AnimalDrugUserFeeActADUFA/UCM534243.pdf.
6. McKenna, Maryn. (7 de septiembre de 2018). The Hidden Link Between Farm Antibiotics and Human Illness [El Vínculo Escondido Entre los Antibióticos Agrícolas y las Enfermedades Humanas]. Wired.
7. Blaser. (pp. 70–71).
8. Centers for Disease Control and Prevention (Centros para el Control y la Prevención de Enfermedades). Outpatient Antibiotic Prescriptions—United States, 2014 [Prescripciones de Antibióticos para Pacientes Ambulatorios: Estados Unidos, 2014].
https://www.cdc.gov/antibiotic-use/community/pdfs/Annual-ReportSummary_2014.pdf.
9. Trends in US Antibiotic Use — New Data Needed to Improve Prescribing, Combat Threat of Antibiotic Resistance [Tendencias en el Uso de Antibióticos de los EUA: Nuevos Datos Necesarios para Mejorar la Prescripción, Combatir la Amenaza de la Resistencia a los Antibióticos]. Issue Brief. 22 de marzo de 2017. PewTrusts.org. También, J. L. Schoeck, C. A. Ruh, J. A. Sellick Jr., M. C. Ott, A. Mattappallil, and K. A. Mergenhagen. (2015). Outpatient Treatment for Upper Respiratory Tract Infections: An Evaluation of Factors Associated with Antibiotic Misuse. Antimicrobial Agents and Chemotherapy [Tratamiento de Infecciones del Tracto Respiratorio Alto para Pacientes Ambulatorios: Una Evaluación de Factores Asociados a la Utilización Incorrecta de Antibióticos, Agentes Antimicrobianos y Quimioterapia]. Doi:10.1128/AAC.00652-15.
10. Blaser. (p. 202).
11. Ibid. (p. 100).
12. Ibid. (p. 85).
13. Kolter y Maloy. (p. 57).
14. Ibid. (p. 60).
15. Ibid. (p. 116).
16. Ibid. (p. 51).
17. Gaynes. (p. 312). También, (lunes 27 de febrero de 2017) The World Health Organization (WHO) has published a list of the 12 bacteria that pose the greatest threat to human health because they are resistant to antibiotics [La Organización Mundial de la Salud (OMS) publicó una lista de las 12 bacterias que representan el mayor riesgo para la salud humana debido a su resistencia a los antibióticos]. The Guardian. También,
http://www.who.int/newsroom/detail/27-02-2017-who-publishes-list-of-bacteria-for-which-new-antibiotics-areurgently-needed.
18. https://www.cdc.gov/drugresistance/index.html
[https://www.cdc.gov/drugresistance/threat-report-2013/pdf/ar-threats-2013-508.pdf].
19. Blaser. (p. 85).
20. Gaynes. (p. 315).

21. James, John T., PhD. (2013). A New, Evidence-based Estimate of Patient Harms Associated with Hospital Care [Un Nuevo Estimado Basado en Evidencia sobre los Daños a Pacientes Asociados con los Cuidados Hospitalarios]. Journal of Patient Safety [Seminario de Seguridad para Pacientes]. septiembre de 2013, Vol. 9, No. 3. pp. 122–128. https://www.hopkinsmedicine.org/news/media/releases/study_suggests_medical_errors_now_third_leading_cause_of_death_in_the_us.
22. Sadowsky, Michael J., y Richard L. Whitman (editores). (2011). The Fecal Bacteria [Bacterias Fecales] (p. 55). ASM Press: Washington, DC.
23. Blaser. Just read the entire book [Solo Lea el Libro Entero]. También, Shannon Weiman. (2014). Bugs as Drugs: Bacteria as Therapeutics against Diseases [Bichos y Medicamentos: Las Bacterias como Métodos Terapéuticos contra Enfermedades]. Microbe [Microbio], Vol. 9 (No. 11, noviembre de 2014), p. 437. (en respecto a la osteoporosis y las condiciones autoinmunes) . También, H. Zhang, X. Liao, J. B. Sparks, y X. M. Luo. (2014). Dynamics of Gut Microbiota in Autoimmune Lupus [Dinámica de la Microbiota Intestinal en el Lupus Autoinmune]. Applied and Environmental Microbiology Online [Microbiología Aplicada y Ambiental en Línea]. 10.1128/AEM.02676-14.
24. Blaser. p. 190.
25. Potera, Carol. (2014). Probiotic Heals Leaky Guts in Mice, Improving Autism-Like Symptoms [Los Probióticos Curan la Permeabilidad Aumentada del Intestino en Ratones, Mejorando los Síntomas Relacionados con el Autismo]. Microbe, Vol. 9, No. 4, 2014.
26. Blaser. (p. 190).
27. Ibid. (p. 10).
28. https://www.nbcnews.com/health/health-news/america-s-obesity-epidemic-reachesrecor d-high-new-report-says-n810231.
29. Sadowsky y Whitman. (p. 49).
30. Ibid. (p. 48).
31. Blaser. (p. 134).
32. Ibid. (p. 26).
33. Ibid. (p. 93).
34. Ibid. (p. 236).
35. Ibid. (p. 29).
36. Sadowsky y Whitman. (p. 50).
37. Ibid. (p. 81).
38. Blaser. (pp. 212–213). También, Sadowsky y Whitman. (p. 50).

CAPÍTULO 5: TERMÓFILOS

1. Morita, Richard Y. (1975). Psychrophilic Bacteria [Bacterias Psicrofílicas] . Bacteriological Reviews [Reseñas Bacteriológicas], junio de 1975, Vol. 39, No. 2, pp. 144-167. American Society for Microbiology. Department of Microbiology and School of Oceanography: Oregon State University, Corvallis, Oregon [Sociedad Estadounidense de Microbiología. Departamento de Microbiología y Escuela de Estudios Oceanográficos: Universidad del Estado de Oregon, Corvallis, Oregon]. (p. 144).
2. Zeigler, Daniel R. (2014). The Geobacillus Paradox: Why Is a Thermophilic Bacterial Genus so Prevalent on a Mesophilic Planet? [La PAradoja de los Geobacillus: ¿Por Qué un Género de Termófilos Tiene Tanta Prevalencia en un Mundo Mesófilo]. Microbiology [Microbiología]. 160, 1–11. p. 1. También, Michael T. Madigan, John M. Martinko, Kelly S. Bender, Daniel H. Buckley, David A. Stahl, Thomas Brock. (2015). Brock Biology of Microorganisms [Biología de los Microorganismos de Brock], (14a ed), (p. 160). Pearson Education Inc.: Reino Unido.
3. Rogers, L. A., D. Sc., y W. C. Frazier, Ph. D. (1930). Significance of Thermophilic Bacteria in Pasteurized Milk. American Journal of Public Health [Importancia de las Bacterias Termófilas en la Leche Pasteurizada]. The Nation's Health [La Salud Nacional], Vol. XII, No.8., agosto de 1930. p. 816.
4. Zeigler. (p. 1).
5. Ibid. (p. 1).

6. Ibid. (p. 2).
7. Morrison, Lethe E., y Fred W. Tanner. (1921). Studies on Thermophilic Bacteria: Aerobic Thermophilic Bacteria from Water [Estudios Sobre Bacterias Termófilas: Bacterias Termófilas del Agua]. Departamento de Bacteriología, Universidad de Illinois Urbana. 26 de noviembre de 1921. (p. 343).
8. Ibid. (p. 344).
9. Zeigler. (pp. 2, 7).
10. Madigan, Martinko, Bender, Buckley, Stahl, Brock. (p. 55).
11. Zeigler. (p. 7).
12. Saggu, Gagandeep Singh, Shilpi Kaushik, y Kanchan Soni. (2012). Study and Characterization of Thermophilic Bacteria [Estudio y Caracterización de las Bacterias Termófilas], (p. 17). Lambert Academic Publishing. También, Madigan, Martinko, Bender, Buckley, Stahl, Brock. (p. 350). También, Nicholas Wade. (1996). Universal Ancestor [El Ancestro Universal]. The New York Times, como se vió en el Pittsburgh Post-Gazette, lunes 26 de agosto de 1996. p. A-8.
13. Zeigler. (pp. 5-6). También, Brent G. Christner. (2012). Cloudy with a Chance of Microbes [Nublado con Posibilidades de Microbios]. Microbe. febrero de 2012. p. 70. También, Pierre Amato. (2012). Clouds Provide Atmospheric Oases for Microbes [Las Nubes Proveen Oasis Atmosféricos para los Microbios]. Microbe. Vol. 7, No. 3, marzo de 2012. p. 119.

CAPÍTULO 6: INMERSOS EN LA CACA

1. Rodale, J. I. (1946). Pay Dirt [Paga Tierra] (p. vi). Devon-Adair Co.: Nueva York.
2. King, F. H. (1911). Farmers of Forty Centuries [Granjeros de Cuarenta Siglos]. Rodale Press: Emmaus, PA.
3. Ibid. (pp. 193, 196-197).
4. Winblad, Uno, Mayling Simpson-Hébert, Paul Calvert, Peter Morgan, Arno Rosemarin, Ron Sawyer, Jun Xiao. (2004). Ecological Sanitation. 2004, revised edition [Salubridad Ecológica, 2004, edición revisada] (pp. 73-74). Instituto del Ambiente de Estocolmo: Estocolmo.
5. King. (p. 194).
6. Ibid. (p. 10).
7. Ibid. (p. 19).
8. Ibid. (p. 199).
9. White, A. D. (1955). The Warfare of Science with Theology [La Guerra de la Ciencia contra la Teología] (pp. 68, 70). George Braziller: Nueva York.
10. Ibid. (p. 69).
11. Ibid. (p. 71).
12. Ibid. (p. 73).
13. Ibid. (pp. 76-77).
14. Ibid. (p. 84).
15. Ibid. (p. 85).
16. Reyburn, Wallace. (1989). Flushed with Pride — The Story of Thomas Crapper [Jalado con Orgullo: La Historia de Thomas Carper] (pp. 24-25). Pavilion Books Limited: Londres.
17. Seaman, L. C. B. (1973). Victorian England [La Inglaterra Victoriana] (pp. 48-56). Methuan & Co.: Londres.
18. Shuval, Hillel I., Charles G. Gunnerson, DeAnne S. Julius. (1981). Night-soil Composting [Compostaje de Tierra Nocturna]. Appropriate Technology for Water Supply and Sanitation [Tecnología Apropiada para el Aprovisionamiento de Agua y el Saneamiento]; Vol. 10. Washington, DC: Banco Mundial.
http://documents.worldbank.org/curated/en/145651468764132414/Nightsoil-composting.
19. Winblad, Uno, y Wen Kilama. (1985). Sanitation Without Water [Saneamiento Sin Agua] (p. 12). Macmillan Education Ltd.: Londres y Basingstoke.
20. Edmonds, Richard Louis. (1994). Patterns of China's Lost Harmony — A Survey of the Country's Environmental Degradation and Protection [Patrones de la Armonía Perdida de China: Un Estudio Sobre la Degradación y la Protección Ambientales del País] (pp. 9, 132,

137, 142, 146, 156). Routledge: Londres y Nueva York.
21. Harris, Briony. China Cut Fertilizer Use and Still Increased Crop Yields. This Is How They Did It [China Redujo el Uso de Fertilizantes e Incrementó los Rendimientos de Cultivos. Así es Como lo Hicieron] (2018). Foro Económico Mundial. https://www.weforum.org/agenda/2018/03/thisis-how-china-cut-fertilizer-use-and-boosted-crop-yields/.
22. Kahrl, F., L. Yunju, D. Roland-Holst, X. Jianchu, y D. Zilberman. 2010. Toward Sustainable Use of Nitrogen Fertilizers in China [Hacia el Uso Sostenible de los Fertilizantes a Base de Nitrógeno en China]. ARE Update 14(2):5-7. Fundación Giannini de Economía Agrícola de la Universidad de California.
23. National Academy of Sciences Global Health and Education Foundation [Fundación de Salud y Educación Globales de la Academia Nacional de Ciencias], 2007. Pollution in China [Contaminación en China].
24. Webber, Prof. Michael. (2017). Tackling China's Water Pollution [Abordando la Contaminación del Agua en China]. Governance Water Quality [Gobernanza de la Calidad del Agua]. 9 de octubre de 2017. Universidad de Melbourne, Australia. http://www.globalwaterforum.org/2017/10/09/tackling-chinas-water-pollution/
25. Deng Tingting. (2017). In China, the Water You Drink Is as Dangerous as the Air You Breathe [En China, el Agua que Bebes es tan Peligrosa Como el Aire que Respiras]. https://www.theguardian.com/global-developmentprofessionalsnetwork/2017/jun/02/china-water-dangerous-pollution-greenpeace.
26. Hoitink, Harry A. J. et al. (1997). Suppression of Root and Foliar Diseases Induced by Composts [Supresión de Enfermedades Radiculares y Foliares Inducida por la Composta] (p. 97), como se vió en el Registro de Recuperación Orgánica y Tratamiento Biológico de 1997, Stentiford, E. I. (ed.). Conferencia Internacional, Harrogate, Reino Unido. 3–5 de septiembre de 1997.
27. Pokharel, Krishna, y Preetika Rana. Troubled Waters [Aguas Turbulentas]. The Wall Street Journal, 21-22 de octubre de 2017. p. C1.
28. 78% of sewage generated in India remains untreated [78% del drenaje generado en India permanece sin ser tratado] (Análisis y reportaje por parte del Centro para la Ciencia y el Ambiente y la revista Down To Earth que revela como las ciudades en India se deshacen de sus excretas de manera insegura). Escrito por el equipo de DTE. Última actualización: miércoles 6 de abril de 2016. https://www.downtoearth.org.in/news/waste/-78-of-sewage-generated-in-india-remains-untreated--53444.
29. 37,000 Million Litres of Sewage Flows into Rivers Daily [37 000 Millones de Litros de Aguas Negras Fluyen Hacia los Ríos Diariamente]. http://timesofindia.indiatimes.com/articleshow/46657415.cms.
30. Chaturvedi, Anurag. Water & Sanitation — Fixing India's Sewage Problem [Agua y Salubridad: Remediando el Problema de Aguas Negras de la India]. Universidad de Stanford. https://ssir.org/articles/entry/fixing_indias_sewage_problem.
31. Wastewater treatment facilities in the United States process approximately 34 billion gallons of wastewater every day [Las instalaciones de tratamiento de aguas residuales en los Estados Unidos procesan alrededor de 34 mil millones de galones de aguas negras diariamente]. https://www.epa.gov/nutrientpollution/sources-andsolutions-wastewater.
32. https://www.americanrivers.org/threats-solutions/clean-water/sewage-pollution/.
33. https://www.theatlantic.com/technology/archive/2015/09/americas-sewage-crisis-publichealth/405541/.
34. Drayna, Patrick, Sandra L. McLellan, Pippa Simpson, Shun-Hwa Li, y Marc H. Gorelick. Association between Rainfall and Pediatric Emergency Department Visits for Acute Gastrointestinal Illness [Asociación Entre las Precipitaciones Pluviales y las Visitas al Departamento de Urgencias Pediátricas para Casos de Enfermedades Gastrointestinales Agudas] (2010). https://doi.org/10.1289/ehp.0901671.
35. Pandey, Kundan. Shit, it's Profitable [La Mierda, es Redituable] (2015). Última Actualización: jueves 11 de junio de 2015. https://www.downtoearth.org.in/coverage/shit-its-profitable-47389.

CAPÍTULO 7: UN DÍA EN LA VIDA DE UN MOJÓN

1. Executive Summary: Sustainable Development Goal 6 Synthesis Report 2018 on Water and Sanitation [Resúmen Ejecutivo: Reporte Sintetizado del Objetivo 6 de Desarrollo Sostenible sobre Agua y Saneamiento]. Naciones Unidas (2018).
2. Moeller, Dade W. (2005). Environmental Health [Salud Ambiental], 3a edición (pp. 189–190). Harvard University Press: Cambridge, MA.
3. Onsite Wastewater Treatment Systems Manual [Manual de Sistemas de Tratamiento de Aguas Residuales In Situ]. EPA/625/R-00/008, febrero de 2002. Oficina de Aguas y Oficina de Investigación y Desarrollo de la Agencia de Protección Ambiental de EUA: Washington, DC.
4. Manci, K. Septic Tank — Soil Absorption Systems [Tanque Séptico: Sistemas de Absorción a base de Tierra], Ficha Técnica de Ingeniería Agrícola SW-44. Penn State College of Agriculture Cooperative Extension, University Park, PA.
5. Manci, K. Mound Systems for Wastewater Treatment [Sistema de Montículos para el Tratamiento de Aguas Residuales]. SW-43. Penn State College of Agriculture Cooperative Extension, University Park, PA.
6. Stewart, John G. (1990). Drinking Water Hazards: How to Know if There Are Toxic Chemicals in Your Water and What to Do if There Are [Peligros del Agua Potable: ¿Cómo Saber si el Agua Contiene Químicos Tóxicos y Qué Hacer si los Hay?] (pp. 177–178). Envirographics: Hiram, OH.
7. Ibid. (pp. 177–178).
8. Mohamed, R.. (2009). Why Households in the United States Do Not Maintain Their Septic Systems and Why State-Led Regulations Are Necessary: Explanations from Public Goods Theory [Por Qué los Hogares en los Estados Unidos no le dan Mantenimiento a sus Sistemas Sépticos y Por Qué los Reglamentos Estatales Son Necesarios: Explicaciones desde la Teoría de los Bienes Públicos]. Int. J. Sus. Dev. Plann. Vol. 4, No. 2 (2009). pp. 41–55.
9. Stewart. (pp. 177–178).
10. Environment Reporter [Reportero Ambiental] (pp. 2441–244) 2/28/2/92. The Bureau of National Affairs, Inc., Washington, DC.
11. EPA de los EUA. (2016). Clean Watersheds Needs Survey 2012 — Report to Congress [Las Cuencas Limpias Requieren Vigilancia: Reporte al Congreso].
12. EPA de los EUA. (2002). The Clean Water and Drinking Water Infrastructure Gap Analysis [Análisis de la Brecha en la Infraestructura para el Agua Limpia y Agua Potable].
13. Center for Sustainable Systems (Centro para Sistemas Sostenibles). (2018). US Wastewater Treatment Factsheet [Ficha Técnica del Tratamiento de Aguas Negras en EUA]. Pub. No. CSS04-14. agosto de 2018. Universidad de Michigan: Ann Arbor.
14. Failure to Act — The Economic Impact of Current Investment Trends in Water and Wastewater Treatment Infrastructure [Inacción: El Impacto Económico de las Tendencias Actuales de Inversión en Infraestructura para el Tratamiento de Agua y Aguas Residuales]. (2013). Sociedad Americana de Ingenieros Civiles.
15. Agencia de Protección de los Estados Unidos (EPA). 2018. National Summary of State Information: Assessed Waters of United States [Resumen Nacional de Información de Estado: Aguas Evaluadas en los Estados Unidos].
16. Gray, N. F. (1990). Activated Sludge Theory and Practice [Teoría y Práctica de los Lodos Residuales Activados] (p. 125). Oxford University Press: Nueva York.
17. https://www.epa.gov/biosolids/frequent-questions-about-biosolids. También, Timothy E. Seiple, Andre M. Coleman, Richard L. Skaggs. (2017). Municipal Wastewater Sludge as a Sustainable Bioresource in the United States [Lodos de Aguas Residuales Municipales como un Recurso Sostenible en los Estados Unidos]. Journal of Environmental Management [Jornal de Manejo Ambiental] (No. 197). pp. 673–680.
18. A National Biosolids Regulation, Quality, End Use, and Disposal Survey Final Report [Reporte Final del Sondeo Nacional sobre Regulaciones, Calidad, Utilización Final y Desecho de Biosólidos]. 20 de julio de 2007. Northeast Biosolids and Residual Association: Tamworth, NH.
19. http://www.nyc.gov/html/dep/html/wastewater/biohome.shtml.

20. 2017 Potable Reuse Compendium [Compendio de Reutilización de Agua Potable 2017]. EPA de Estados Unidos.
21. Comunicado de Prensa (2013). UN: Rising Reuse of Wastewater in Forecast but World Lacks Data on "Massive Potential Resource" [NA: Se Estima una Alza en la Reutilización de Aguas Residuales pero el Mundo Carece de Información Sobre dicho «Recurso Potencial Masivo»]. Universidad de las Naciones Unidas: Tokyo. https://unu.edu/media-relations/releases/rising-reuse-of-wastewater-in-forecast-butworld-lacks-data.html.
22. Wastewater Report 2018: The Reuse Opportunity [Reporte de Aguas Residuales de 2018: La Oportunidad de la Reutilización] Asociación Internacional del Agua.
23. PNUMA 2016. A Snapshot of the World's Water Quality: Towards a Global Assessment [Un Vistazo a la Calidad del Agua del Mundo: Hacia una Evaluación Global]. Programa de las Naciones Unidas para el Medio Ambiente: Nairobi, Kenya. (162 pp).
24. 2017 Potable Reuse Compendium [Compendio de Reutilización de Agua Potable 2017]. EPA de Estados Unidos.
25. https://www.washingtonpost.com/news/wonk/wp/2015/01/26/youre-going-to-have-tospare-more-than-a-square-toilet-paper-is-shrinking.
26. https://www.betterplanetpaper.com/selah/Paper-Awareness.
27. Pickford, John (1995). Low-Cost Sanitation—A Survey of Practical Experience [Saneamiento de Bajo Costo: Una Encuesta de Experiencia Práctica]. IT Publications: Londres. (p. 96).
28. EPA de Estados Unidos (1996). Wastewater Treatment: Alternatives to Septic Systems (Guidance Document) [Tratamiento de Aguas Negras: Alternativas a los Sistemas Sépticos (Documento Guía)]. EPA/909-K-96-001. Agencia de Protección Ambiental de los Estados Unidos. Región 9, Programa de Agua Potable (W-6-3). (p. 16–19). También, EPA de los Estados Unidos. (1987). It's Your Choice—A Guidebook for Local Officials on Small Community Wastewater Management Options [Es Nuestra Elección: Una Guía para las Autoridades Locales sobre Opciones para el Manejo de Aguas Residuales de Pequeñas Comunidades]. EPA 430/9-87-006. Agencia de Protección Ambiental de los EU, Oficina de Control de Polución Municipal (WH-595), División de Instalaciones Municipales: Washington, DC. (p. 55).
29. Manahan, S. E. (1990). Hazardous Waste Chemistry, Toxicology and Treatment [Química, Toxicología y Tratamiento de residuos Peligrosos]. Lewis Publishers, Inc.: Chelsea, MI. (p. 131).
30. Bitton, Gabriel. (1994). Wastewater Microbiology [Microbiología de las Aguas Residuales]. Wiley-Liss, Inc.: Nueva York. (p. 120).
31. Ibid. (pp. 148–149).
32. Baumann, Marty. USA Today. 2 de febrero de 1994, p. 1A, 4A. USA Today: Arlington, VA.
33. The Perils of Chlorine [Los Peligros del Cloro]. Audubon Magazine, 93:30–2, Nov/Dec 1991.
34. Liptak, B. G. (1991). Municipal Waste Disposal in the 1990s [Desecho de Desperdicios Municipales en la década de 1990]. Chilton Book Co.: Radnor, PA. (pp. 196–198).
35. Bitton. (p. 312).
36. Ibid. (p. 121).
37. Environment Reporter [Reportero Ambiental]. 7/10/92. (p. 767). También, https://waterandhealth.org/safe-drinkingwater/drinking-water/chlorine-in-tap-water-is-safe-to-drink/
38. Bitton. (p. 121).
39. Buzzworm. marzo/abril 1993. (p. 17).
40. Environment Reporter [Reportero Ambiental]. 7/10/92. (p. 767).
41. Burke, W. K. (marzo/abril 1992) A Prophet of Eden [Un Profeta del Edén]. Buzzworm. Vol. IV, No. 2. pp. 18–19.
42. Environment Reporter [Reportero Ambiental]. 8/7/92. (p. 1152).
43. Ibid. 5/15/92. (p. 319).
44. Bitton. (p. 352).
45. Environment Reporter [Reportero Ambiental]. 3/6/92, (p. 2474), y 1/17/92, (p. 2145).
46. Ibid. 1/3/92. (p. 2109).
47. Ibid. 11/1/91, (p. 1657), y 9/27/96, (p. 1212).
48. Rybczynski, W. et al. (1982). Appropriate Technology for Water Supply and Sanitation—

Low Cost Technology Options for Sanitation, A State of the Art Review and Annotated Bibliography. [Tecnología Apropiada para el Aprovisionamiento de Agua y el Saneamiento: Tecnología de Bajo Costo para el Saneamiento, Un Reporte de Última Generación con Bibliografía Comentada] Banco Mundial. (p. 124).
49. Ibid. p. 125.
50. Damsker, M. (febrero de 1992). Sludge Beats Lead [Los Lodos Residuales vencen al Plomo]. Organic Gardening. Vol. 39, No. 2. p. 19.
51. Contacto JCH Environmental Engineering, Inc., 2730 Remington Court, Missoula, MT 59801. Ph: 406-721-1164.
52. EPA de los Estados Unidos. (1989). Summary Report: In-Vessel Composting of Municipal Wastewater Sludge [Reporte Resumido: Compostaje Contenido de Lodos Residuales Municipales]. EPA/625/8-89/016. Centro para la Investigación Ambiental: Cincinnati, OH. (pp. 20, 161).
53. Sterritt, Robert M. (1988). Microbiology for Environmental and Public Health Engineers [Microbiología para Ingenieros Ambientales y en Salud Pública]. E. & F. N. Spon Ltd.: Nueva York. (p. 160).
54. Venkatesan, Arjun K., Hansa Y. Done y Rolf U. Halden. (2014). United States National Sewage Sludge Repository at Arizona State University — A New Resource and Research Tool for Environmental Scientists, Engineers, and Epidemiologists [Almacén Nacional de Lodos Residuales de los Estados Unidos en la Universidad Estatal de Arizona: Un Nuevo Recurso y Herramienta de Investigación para Científicos Ambientales, Ingenieros y Epidemiólogos]. Environ Sci Pollut Res Int. 2015 Feb.; 22(3): (pp. 1577–1586).
55. Fahm, L. A. (1980). The Waste of Nations [Los Desechos de las Naciones]. Allanheld, Osmun & Co.: Montclair, NJ. (p. 61).
56. Shuval, Hillel I., Charles G. Gunnerson, DeAnne S. Julius. (1981). Night-soil Composting [Compostaje de Tierra Nocturna]. Appropriate Technology for Water Supply and Sanitation [Tecnología Apropiada para el Abastecimiento de Agua y la Salubridad]; Vol. 10. Washington, DC: Banco Mundial. (p. 5).
http://documents.worldbank.org/curated/en/145651468764132414/Night-soil-composting.
57. Bitton. (pp. 166, 352).
58. Sterritt. (pp. 242, 251–252).
59. Radtke, T. M., y G. L. Gist. (sept/oct de 1989). Wastewater Sludge Disposal: Antibiotic Resistant Bacteria May Pose Health Hazard [Desecho de Lodos Residuales: Las Bacterias Resistentes a los Antibióticos Pueden representar un Riesgo para la Salud]. Journal of Environmental Health [Revista de Salud Ambiental], Vol 52, No.2, pp. 102–105. También Venkatesan, Done, y Halden. (pp. 1577–1586).
60. Environment Reporter [Reportero Ambiental]. 11/1/91. (p. 1653).
61. Fahm. (p. xxiv).
62. Ibid. (p. 40).
63. Shuval et al.
64. Progress on Drinking Water, Sanitation and Hygiene: 2017 Update and SDG Baselines [Progreso en Agua Potable, Salubridad e Higiene: Actualización de 2017 y Bases de las Metas de Desarrollo Sostenible]. Fondo de las Naciones Unidas para la Infancia (UNICEF), Organización Mundial de la Salud (OMS). julio de 2017. (p. 29).
65. Poor Sanitation Cost Global Economy US$223 Billion in 2015 [La Falta de Salubridad le Costó $223 000 millones de dólares a la Economía Mundial en 1015]. agosto de 24, 2016. LIXIL Corporation.
66. https://www.nrdc.org/stories/water-pollution-everything-you-need-know.

CAPÍTULO 8: COMPOSTA

1. Comunicado de Prensa, 27 de febrero de 2018. Contacto: Frank Franciosi, 1-301-897-2715; ffranciosi@compostingcouncil.org. USCC Efforts Result in New Compost Definition Approval by Regulators' Group, Changes Reduce Confusion, Differentiate Compost from Other Products [Los Esfuerzos del Concejo del Compostaje de los Estados Unidos Resultan en la Aprobación de una Nueva Definición para la Composta por Parte de un Grupo

de Legisladores, los Cambios Reducen la Confusión, Diferenciar la Composta de Otros Productos].
2. Barnum, H. L. (1831). Family receipts, or Practical guide for the husbandman and housewife: containing a great variety of valuable recipes, relating to agriculture, gardening, brewery, cookery, dairy, confectionary, diseases, farriery, ingrafting, and the various branches of rural and domestic economy. To which is added a plain, concise, method of keeping farmer's accounts, with forms of notes of hand, bills, receipts, &c. &c. [Recetas familiares o Guía práctica para el hombre y la mujer de la casa: contiene una gran variedad de valiosas recetas en relación a la agricultura, jardinería, elaboración de bebidas, cocina, lácteos, elaboración de postres, enfermedades, herrería, injertos y la multitud de ramas de la economía rural y doméstica. A la cual se añade un método simple y conciso para llevar cuentas en una granja, con formularios de pagarés, facturas, recibos, etc, etc]. Publicado por A. B. ROFF: Cincinnati.
3. Carpenter, George W. (George Washington), 1802–1860. Essays on some of the most important articles of the materia medica: comprising a full account of all the new proximate principles, and the popular medicines lately introduced in practice, detailing the formulas for their preparation, their habitudes and peculiarities, doses and modes of administration: with remarks on the most eligible form of their exhibition: to which is added a catalogue of medicines, surgical instruments, &c, &c : adapted for a physician at the outset of his practice, with the doses and effects attached to each medicine, &c, &c. [Ensayos sobre algunos de los artículos más importantes de la materia médica: comprendiendo un recuento completo de los nuevos remedios y las medicinas populares recientemente introducidas en la práctica, detallando las fórmulas para su preparación, sus hábitos y particularidades, dosis y modos de administración: con comentarios sobre su forma de exhibición más adecuada: a lo cual se añade un catálogo de medicamentos, instrumentos quirúrgicos, etc., etc. adaptado para los consultorios médicos, con una lista de la posología y los efectos adjunta a cada medicamento, etc., etc.]. segunda edición. (pp. 42–43).
4. Tabor, Stephen J. W., MD. (1851). Nicotian Geoponics [Cultivo del Tabaco]. Shelburne Falls, MA. Comunicado hacia el Boston Medical and Surgical Journal. p. 236.
5. Report of a special committee to the Board of Health of the City of Detroit, suggesting measures for the prevention of Asiatic cholera: and the promotion of the public health: also, containing a plan and operations of a city dispensary [Reporte de un comité especial para la Junta de Salud de la Ciudad de Detroit, sugiriendo medidas para la prevención del cólera asiático: y la promoción de la salud pública: también se incluye un plan de operaciones de un dispensario para la ciudad]. (1865) Detroit (Mich.). Junta de Salud. Walker, Barns & Co., City Printers.
6. King, F. H. (1911). Farmers of Forty Centuries [Granjeros de Cuarenta Siglos]. Rodale Press: Emmaus, PA. (p. 251).
7. https://en.wikipedia.org/wiki/Fermentation.
8. Sidder, Aaron. (2016). The Green, Brown, and Beautiful Story of Compost [La Bella Historia Verde y Café de la Composta]. National Geographic Society, National Geographic Partners, LLC.
9. Mehl, Jessica, Josephine Kaiser, Daniel Hurtado, Daragh A. Gibson, Ricardo Izurieta y James R. Mihelcic. (2011). Pathogen destruction and solids decomposition in composting latrines: study of fundamental mechanisms and user operation in rural Panama [Destrucción de patógenos y descomposición de sólidos en letrinas de compostaje: estudio de mecanismos fundamentales y operación del usuario en el Panamá rural]. Journal of Water and Health [Revista de Agua y Salud], 09.1.
10. King. (p. 116).
11. Ibid. (pp. 212–213).
12. Ibid. (p. 251).
13. Howard, Sir Albert. (1945). The Soil and Health: A Study of Organic Agriculture [El Suelo y la Salud: Un Estudio sobre la Agricultura Orgánica]. Schocken Books: Nueva York. (p. 11 (introducción)).
14. Ibid. (p. 41).
15. Howard, Albert y Yeshwant Wad. (1931). The Waste Products of Agriculture [Los Productos

de Desecho de la Agricultura]. Oxford University Press: Londres. (pp. 47–48).
16. Ibid. (p. 52).
17. Ibid. (p. 50).
18. Ibid. (p. 53).
19. Ibid. (p. 53).
20. Ibid. (pp. 54–55).
21. Rodale, J. I. (1946). Pay Dirt [Paga Tierra] (p. vi). Devon-Adair Co.: Nueva York. (pp. 32–33).
22. Shuval, Hillel I., Charles G. Gunnerson, DeAnne S. Julius. (1981). Night-soil Composting [Compostaje de Tierra Nocturna]. Appropriate Technology for Water Supply and Sanitation [Tecnología Apropiada para el Abastecimiento de Agua y la Salubridad]; Vol. 10. Washington, DC: Banco Mundial. (p. 2).
http://documents.worldbank.org/curated/en/145651468764132414/Night-soil-composting.
23. Ibid.
24. Ibid. p. ii.

CAPÍTULO 9: EL MECANISMO DE LA COMPOSTA

1. Bem, R. (1978). Everyone's Guide to Home Composting [Guía de Compostaje para Todo el Mundo]. Van Nostrand Reinhold Co.: Nueva York. (p. 4).
2. Haug, Roger T. (1993). The Practical Handbook of Compost Engineering [Manual Práctico de Ingeniería del Compostaje]. CRC Press, Inc.: Boca Raton, FL. (p. 2).
3. Cannon, Charles A. (1997). Life Cycle Analysis and Sustainability Moving Beyond the Three R's — Reduce, Reuse, and Recycle — to P2R2 — Preserve, Purify, Restore and Remediate [Análisis del Ciclo de Vida y Sustentabilidad Evolucionando de las 3 R's (Reduce, Reusa y Recicla) hacia P2R2 (Preserva, Purifica, Restaura y Remedia)]. Como se vió en la Conferencia Internacional de Recuperación Orgánica y Procedimientos de Tratamiento Biológicos de 1997, E. I. Stentiford (Ed.). Harrogate, Reino Unido. 3 al 5 de septiembre de 1997. (p. 253). Disponible de Stuart Brown, National Compost Development Association [Asociación Nacional del Desarrollo de la Composta], PO Box 4, Grassington, North Yorkshire, BD23 5UR UK (stuartbrown@compuserve.com).
4. Howard, Sir Albert. (1943). An Agricultural Testament [Un Testamento Agrícola]. Oxford University Press: Nueva York.
5. Bhamidimarri, R. (1988). Alternative Waste Treatment Systems [Sistemas Alternativos de Tratamiento de Desechos]. Elsevier Applied Science Publishers LTD.: Essex, Reino Unido. (p. 129).
6. Rynk, Robert, ed. (1992). On-Farm Composting Handbook [Manual del Compostaje en la Granja]. Northeast Regional Agricultural Engineering Service [Servicio de Ingeniería Agrícola Regional del Noreste]. Ph: (607) 255-7654. (p. 12).
7. Haug. (p. 2).
8. Palmisano, Anna C. y Morton A. Barlaz (Eds.). (1996). Microbiology of Solid Waste [Microbiología de los Desechos Sólidos]. CRC Press, Inc.: Boca Raton, FL. (p. 129).
9. Howard. (p. 48).
10. Ingham, Elaine. (junio de 1998). Anaerobic Bacteria and Compost Tea [Bacterias Anaeróbicas y Té de Composta]. Biocycle. The JG Press, Inc.: Emmaus, PA. p. 86.
11. Stoner, C. H. (ed.). (1977). Goodbye to the Flush Toilet [Adiós al Baño de Descarga de Agua]. Rodale Press: Emmaus, PA. (p. 46).
12. Rodale, J. I. et al. (Eds.). (1960). The Complete Book of Composting [El Libro Completo del Compostaje]. Rodale Books Inc.: Emmaus, PA. (pp. 646–647).
13. Gotaas, Harold B. (1956). Composting — Sanitary Disposal and Reclamation of Organic Wastes [Compostaje: Eliminación Sanitaria y Reclamación de los Desechos Orgánicos]. Organización Mundial de la Salud, Serie de monografías No. 31. Ginebra. (p. 39).
14. What You Should Know About CCA-Pressure Treated Wood for Decks, Playgrounds, and Picnic Tables [Lo Que Usted Debería Saber Sobre la Madera Tratada con CCA para Plataformas, Módulos de Juego para Niños y Mesas de Picnic] (2011). Comisión para la Seguridad de los Productos de EUA.
15. Mixing Browns and Greens for Backyard Success [Mezclando Cafés y Verdes para el Éxito

del Jardín]. Biocycle, Journal of Composting and Recycling, enero de 1998 (Regional Roundup). JG Press, Inc.: Emmaus, PA. p. 20.
16. Lynch, J. M., and N. L. Poole (Eds.). (1979). Microbial Ecology: A Conceptual Approach [Ecología Microbiana: Un Acercamiento Conceptual]. Blackwell Scientific Publications: Londres. (p. 238).
17. Sterritt, Robert M. (1988). Microbiology for Environmental and Public Health Engineers [Microbiología para Ingenieros Ambientales y en Salud Pública]. E. & F. N. Spon Ltd.: Nueva York. (p. 53).
18. Palmisano y Barlaz. (pp. 124, 125, 129, 133).
19. Ingham, Elaine. (diciembre de 1998). Replacing Methyl Bromide with Compost [Reemplazando el Metilbromuro con Composta]. Biocycle, Journal of Composting and Recycling. JG Press, Inc.: Emmaus, PA. p. 80.
20. Curry, Dr. Robin (1977). Composting of Source Separated Domestic Organic Waste by Mechanically Turned Open Air Windrowing [Compostaje de Residuos Domésticos Separados al Origen Mediante Hileras de Compostaje Mecánicamente Volteadas al Aire Libre]. Como se vió en la Conferencia Internacional de Recuperación Orgánica y Procedimientos de Tratamientos Biológicos de 1997, E. I. Stentiford (Ed.). Harrogate, Reino Unido. 3 a 5 de septiembre de 1997. (p. 184).
21. Wiley B. Beauford y Westerberg Stephen C. (1ro de diciembre de 1969). Survival of Human Pathogens in Composted Sewage [Supervivencia de Patógenos del Ser Humano en Aguas Negras Compostadas]. Applied Microbiology, 18(6):994-1001.
22. Gotaas, Harold B. (1956). Composting — Sanitary Disposal and Reclamation of Organic Wastes [Compostaje: Eliminación Sanitaria y Reclamación de los Desechos Orgánicos]. Organización Mundial de la Salud, Serie de monografías No. 31. Ginebra. (p. 20).
23. Curry. (p. 183).
24. Palmisano y Barlaz. (p. 169).
25. Ibid. (pp. 121, 124, 134).
26. Rodale. (p. 702).
27. Curry. (p. 183).
28. Brock, Thomas D. (1986). Thermophiles — General, Molecular, and Applied Biology [Termófilos: Biología general, Molecular y Aplicada]. John Wiley and Sons: Hoboken, NJ. (p.244).
29. Rynk, Robert, ed. (1992). On-Farm Composting Handbook [Manual del Compostaje en la Granja]. Northeast Regional Agricultural Engineering Service [Servicio de Ingeniería Agrícola Regional del Noreste]. Ph: (607) 255-7654. (p. 13).
30. Shuval, Hillel I., Charles G. Gunnerson, DeAnne S. Julius. (1981). Night-soil Composting [Compostaje de Tierra Nocturna]. Appropriate Technology for Water Supply and Sanitation [Tecnología Apropiada para el Abastecimiento de Agua y la Salubridad]; Vol. 10. Washington, DC: Banco Mundial. (p. 10). http://documents.worldbank.org/curated/en/145651468764132414/Night-soil-composting.
31. Biocycle. November 1998. p. 18.
32. Departamento de Agricultura de los Estados Unidos (USDA). Composting with Worms [Compostando con Lombrices]. https://www.nrcs.usda.gov/wps/portal/nrcs/detail/national/newsroom/features/?cid=nrcs143_023541.
33. Biocycle, Journal of Composting and Recycling. noviembre de 1998. JG Press, Inc.: Emmaus, PA. p. 18.

CHAPTER 10: MILAGROS DE LA COMPOSTA

1. EPA de los Estados Unidos. (1998). An Analysis of Composting as an Environmental Remediation Technology [Un Análisis del Compostaje Como Tecnología de Remediación Ambiental]. EPA530-B-98-001, marzo de 1998.
2. Haug, Roger T. (1993). The Practical Handbook of Compost Engineering [Manual Práctico de Ingeniería del Compostaje]. CRC Press, Inc.: Boca Raton, FL. (p. 9).
3. EPA de los Estados Unidos. (octubre de 1997). Innovative Uses of Compost — Bioremedia-

tion and Pollution Prevention [Aplicaciones Innovadoras de la Composta: Biorremediación y Prevención de la Contaminación]. EPA530-F-97-042.
4. Logan, W. B. (9/08/1991). Rot Is Hot [Lo Podrido es lo de Hoy]. New York Times Magazine. Vol. 140, No. 4871. p. 46.
5. Compost Fungi Used to Recover Wastepaper [Hongos de le Composta Utilizados para Recuperar Papel de Desecho]. Biocycle, Journal of Composting and Recycling. mayo de 1998. JG Press, Inc.: Emmaus, PA. p. 6.
6. Young, Lily Y. y Carl E. Cerniglia (Eds.). (1995). Microbial Transformation and Degradation of Toxic Organic Chemicals [Transformación Microbiana y Degradación de Químicos Orgánicos Tóxicos]. Wiley-Liss, Inc.: Nueva York. (pp. 408 y 461 y Tabla 12.5).
7. Palmisano, Anna C. y Morton A. Barlaz (Eds.). (1996). Microbiology of Solid Waste [Microbiología de los Desechos Sólidos]. CRC Press, Inc.: Boca Raton, FL. (p. 127).
8. Logan. (p. 46).
9. Lubke, Sigfried. (1989). Entrevista: All Things Considered in the Wake of the Chernobyl Nuclear Accident [Recuento de las Secuelas del Accidente Nuclear de Chernobyl]. Acres EUA. diciembre de 1989. (p. 20).
10. EPA de los Estados Unidos. An Analysis of Composting [Un Análisis del Compostaje]. EPA530-B-98-001.
11. Cannon, Charles A. (1997). Life Cycle Analysis and Sustainability Moving Beyond the Three R's — Reduce, Reuse, and Recycle — to P2R2 — Preserve, Purify, Restore and Remediate [Análisis del Ciclo de Vida y Sustentabilidad Evolucionando de las 3 R's (Reduce, Reusa y Recicla) hacia P2R2 (Preserva, Purifica, Restaura y Remedia)]. Como se vió en la Conferencia Internacional de Recuperación Orgánica y Procedimientos de Tratamiento Biológicos de 1997, E. I. Stentiford (Ed.). Harrogate, Reino Unido. 3 al 5 de septiembre de 1997. (p. 254). También, Doug Schonberner. (septiembre de 1998). Reclaiming Contaminated Soils. [Recuperando Tierras Contaminadas]. Bio-Cycle, 39(9):36-38. También, Dave Block (septiembre de 1998). Composting Breaks Down Explosives [El Compostaje Degrada los Explosivos]. BioCycle. pp. 36–40.
12. Block, Dave (diciembre de 1998). Degrading PCB's Through Composting [Degradando PCB's a través del Compostaje]. Biocycle, Journal of Composting and Recycling. JG Press, Inc.: Emmaus, PA. pp. 45–48.
13. EPA de los Estados Unidos. An Analysis of Composting [Un Análisis del Compostaje]. EPA530-B-98-001.
14. Concejo de Compostaje de los Estados Unidos. Persistent Herbicide FAQ [Preguntas Frecuentes Sobre la Persistencia de Herbicidas]. https://compostingcouncil.org/persistent-herbicide-faq/.
15. EPA de los Estados Unidos. Innovative Uses of Compost [Usos Innovadores de la Composta]. EPA530-F-97-042.
16. Ibid.
17. Rynk, Robert, ed. (1992). On-Farm Composting Handbook [Manual del Compostaje en la Granja]. Northeast Regional Agricultural Engineering Service [Servicio de Ingeniería Agrícola Regional del Noreste]. Ph: (607) 255-7654. (p. 83).
18. Hoitink, Harry A. J. et al. (1997). Suppression of Root and Foliar Diseases Induced by Composts [Supresión de Enfermedades Radiculares y Foliares Inducida por la Composta] (p. 95), como se vió en el Registro de Recuperación Orgánica y Tratamiento Biológico de 1997, Stentiford, E. I. (ed.). Conferencia Internacional, Harrogate, Reino Unido. 3–5 de septiembre de 1997.
19. EPA de los Estados Unidos (octubre de 1997). Innovative Uses of Compost — Disease Control for Plants and Animals. [Usos Innovadores de la Composta: Control de Enfermedades en Plantas y Animales]. EPA530-F-97-044.
20. EPA de los Estados Unidos. An Analysis of Composting [Un Análisis del Compostaje]. EPA530-B-98-001.
21. Logan. p.46.
22. EPA de los Estados Unidos. An Analysis of Composting [Un Análisis del Compostaje]. EPA530-B-98-001.
23. Trankner, Andreas y William Brinton. (fecha desconocida). Compost Practices for Control

of Grape Powdery Mildew (Uncinula necator) [Prácticas de la Composta para el Control del Mildiu de la Vid (Uncinula necator)]. Woods End Institute: Mt. Vernon, ME.
24. Cita de Elaine Ingham como la reportó Karin Grobe. (enero de 1998). Fine-Tuning the Soil Web [Afinando los Detalles de la Red de la Tierra]. Biocycle, Journal of Composting and Recycling. p. 46. JG Press, Inc.: Emmaus, PA.
25. Wichuk, Kristine M., et al. (verano de 2011). Composting Effect on Three Fungal Pathogens Affecting Elm Trees in Edmonton, Alberta [Efectos del Compostaje en Tres Patógenos Fúngicos que Afectan a los Olmos de Edmonton, Alberta]. Compost Science and Utilization.
26. Larney, Francis J., y Kelly T. Turkington. (otoño de 2009). Fate of Fusarium graminearum and Other Fusarium Species during Composting of Beef Cattle Feedlot Manure [Destino del Fusarium Graminearum y otras Especies de Fusarium Durante el Compostaje de Abono de Reses]. Compost Science and Utilization. p. 247.
27. Sides, S. (ago/sept de 1991). Compost [Composta]. Mother Earth News, No. 127, p. 50.
28. EPA de los Estados Unidos. Innovative Uses of Compost [Usos Innovadores de la Composta]. EPA530-F-97-044.
29. (octubre de 1998). Biocycle, Journal of Composting and Recycling. p. 26. JG Press, Inc.: Emmaus, PA.
30. EPA de los Estados Unidos. Innovative Uses of Compost [Usos Innovadores de la Composta]. EPA530-F-97-044.
31. Brodie, Herbert L. y Lewis E. Carr. (1997). Composting Animal Mortality [Compostando Cadáveres Animales]. Como se vió en el Registro de Recuperación Orgánica y Tratamiento Biológico de 1997, Stentiford, E. I. (ed.). Conferencia Internacional, Harrogate, Reino Unido. 3–5 de septiembre de 1997. pp. 155–159.
32. McKay, Bart. (mayo de 1998). Com-Postal-Ing in Texas [Compostaje de Correo]. Biocycle, Journal of Composting and Recycling. JG Press, Inc.: Emmaus, PA. pp. 44–46.
33. (mayo/junio de 1992) Garbage: The Practical Journal for the Environment [Basura: El Diario Práctico para el Ambiente]. Old House Journal Corp.: Gloucester, MA. p. 66.
34. Logan.
35. Erik Neumann. (2016). Can Compost Recycle Our Drugs? [¿La Composta Puede Reciclar Nuestros Medicamentos?] https://civileats.com/2016/06/01/can-compost-recycle-our-drugs/.
36. (junio de 2011) Drugs in the Water [Medicamentos en el Agua]. Harvard Health Letter. https://www.health.harvard.edu/newsletter_article/drugs-in-the-water.
37. Kolpin, Dana, Edward Furlong, Michael Meyer, E. Michael Thurman, Steven Zaugg, Larry Barber y Herbert Buxton. (2002). Pharmaceuticals, Hormones, and Other Organic Wastewater Contaminants in U.S. Streams, 1999-2000: A National Reconnaissance [Fármacos, Hormonas y Otros Contaminantes Orgánicos de las Aguas Residuales en los Arroyos de los Estados Unidos, 1999-2000: Un Reconocimiento Nacional]. Investigación publicada por el equipo del Servicio geológico de los Estados Unidos (USGS). (p. 68).
38. Drugs in the Water [Medicamentos en el Agua]. Harvard Health Letter.
39. EPA de los Estados Unidos. 2013 Biosolids Biennial Review [Análisis Bianual de Biosólidos de 2013]. Análisis Bianua, título 40 del Código de Regulaciones Federales, Parte 503. Como lo requiere el Acta del Agua Limpia, sección 405(d)(2)(C).
40. Golet, Eva M., Adrian Strehler, Alfredo C. Alder y Walter Giger. (2002). Determination of Fluoroquinolone Antibacterial Agents in Sewage Sludge and Sludge-Treated Soil Using Accelerated Solvent Extraction Followed by Solid-Phase Extraction [Determinación de Agentes antibacteriales de Fluoroquinolonas en Lodos Residuales y Tierras Tratadas con Lodos Residuales Utilizando el Método de Extracción de Solvente Acelerado Seguido de la Extracción de Fase Sólida]. Instituto Federal para las Ciencias Ambientales y Tecnología de Suiza (EAWAG) e Instituto Federal de tecnología de Zurich (ETH): Dubendorf, Suiza.
41. Monteirol, Sara C. y Alistair B. A. Boxal. (diciembre de 2009). Environmental Toxicology and Chemistry, Vol. 28, No. 12. pp. 2546–2554. http://onlinelibrary.wiley.com/doi/10.1897/08-657.1/full.
42. Kinney, Chad A., Edward T. Furlong, Steven D. Zaugg, Mark R. Burkhardt, Stephen L. Werner, Jeffery D. Cahill y Gretchen R. Jorgensen. (2006). Survey of Organic Wastewater

Contaminants in Biosolids Destined for Land Application. [Evaluación de Contaminantes Orgánicos de las Aguas Residuales en Biosólidos destinados a la Aplicación sobre la Tierra]. Departamento de Química, Eastern Washington University, Cheney, WA. También, Laboratorio Nacional para la Calidad del Agua, Servicio Geológico de los EUA, Denver, CO. Environ. Sci. Technol., 2006, 40 (23), pp. 7207–7215. DOI: 10.1021/es0603406.
43. Ibid.
44. T. F. Guerin. (2001). Co-composting of pharmaceutical wastes in soil [Co-compostaje de desechos farmacéuticos en la tierra]. Shell Engineering Pty Ltd: Granville, NSW, Australia.
45. Lukic, Borislava. Composting of organic waste for enhanced bioremediation of PAHs contaminated soils [Compostaje de materia orgánica para potenciar la biorremediación de tierras contaminadas con HAPs] (2016). Materials. Université Paris-Est.
46. (mayo de 2008) Antibiotic Degradation during Manure Composting [Degradación de Antibióticos durante el Compostaje de Abonos]. Journal of Environmental Quality. DOI: 10.2134/jeq2007.0399. Fuente: PubMed.
47. Ramaswamy, Jayashree, Shiv O. Prasher, Ramanbhai M. Patel, Syed A. Hussain, Suzelle F. Barrington. (2009). The effect of composting on the degradation of a veterinary pharmaceutical [El efecto del compostaje en la degradación de un fármaco veterinario]. https://doi.org/10.1016/j.biortech.2009.10.089.
48. Arikan, O. A., L. J. Sikora, W. W. Mulbry III, S. U. Khan, G. D. Foster. (2005). Composting rapidly reduces levels of extractable oxytetracycline in manure from therapeutically treated beef calves [El compostaje reduce rápidamente los niveles de oxitetraciclina extraíble en el abono proveniente de becerros tratados de forma terapéutica]. Bioresource Technology. 98:169-175.
49. Cessna, Allan J., Francis J. Larney, Sandra L. Kuchta, Xiying Hao, Toby Entz, Edward Topp, y Tim A. McAllister. (2010). Veterinary Antimicrobials in Feedlot Manure: Dissipation during Composting and Effects on Composting Processes [Antimicrobianos Veterinarios en Abonos de Ganado de Engorda: Disipación durante el Compostaje y Efectos en los Procesos de Compostaje]. J. Environ. Qual. 40:188–198 (2011). doi:10.2134/jeq2010.0079.
50. Kim, K. R., G. Owens, Y. S. Ok, W. K. Park, D. B. Lee, S. I. Kwond. (2010). Decline in extractable antibiotics in manure-based composts during composting [Reducción en antibióticos extraíbles durante el compostaje en compostas basadas en abonos]. Waste Manag. enero de 2012; 32(1):110-6. doi: 10.1016/j.wasman.2011.07.026. Pub en línea 23 de agosto de 2011.
51. Wu, X., Y. Wei, J. Zheng, X. Zhao, W. Zhong. (mayo de 2011). The Behavior of Tetracyclines and their Degradation Products during Swine Manure Composting [El Comportamiento de las Tetraciclinas y sus Productos de Degradación durante el Compostaje de Abono de Cerdos]. Bioresour Technol. 102(10):5924–5931. doi: 10.1016/j.biortech.2011.03.007. Pub en línea 9 de marzo de 2011.
52. Wanga, Yin Quan, Jin Lin Zhangb, Frank Schuchardtc, Yan Wanga. (septiembre de 2014). Degradation of morphine in opium poppy processing waste composting [Degradación de la morfina en el compostaje de desechos de amapola para opio]. Bioresour Technol. 168:235-9. doi:10.1016/j.biortech.2014.02.019. Pub. en línea 17 de febrero de 2014.
53. Hakk H., F. Millner, G. Larsen. (20 de abril de 2005). Decrease in Water-Soluble 17Beta-Estradiol and Testosterone in Composted Poultry Manure with Time. [Reducción de 17Beta-Estradiol Hidrosoluble y Testosterona en Abono Compostado de Gallinas con el Tiempo]. J Environ Qual. 34(3):943-50. Impreso mayo/junio de 2005.
54. Ciamillo, Sarah, Gregory Peck, Rebecca K. Splan, C. A. Shea Porr. (2014). Impact of Composting on Drug Residues in Large Animal Mortality [Impacto del Compostaje sobre los Residuos de Fármacos en Cadáveres de Animales Grandes]. Comunicación y Mercadotecnia, Colegio de Agricultura y Ciencias de la Vida, Instituto Politécnico y Universidad Estatal de Virginia: Blacksburg, VA.
55. Winker, Martina. (2009). Pharmaceutical Residues in Urine and Potential Risks related to Usage as Fertiliser in Agriculture [Residuos de Fármacos en la Orina y Riesgos Potenciales Asociados a su Utilización como Fertilizante en la Agricultura]. Technische Universität Hamburg: Alemania.
56. Wu, Chenxi, Alison L. Spongberg, Jason D. Witter, Min Fang, y Kevin P. Czajkowski (2010). Uptake of Pharmaceutical and Personal Care Products by Soybean Plants from Soils Ap-

plied with Biosolids and Irrigated with Contaminated Water [Absorción de Productos Farmacológicos y de Cuidado Personal por parte de las Plantas de Soya en Suelos que Recibieron Aplicaciones de Biosólidos y Fueron Irrigados con Agua Contaminada]. Departamento de Ciencias Ambientales y Departamento de Geografía y Planeamiento, Universidad de Toledo: Toledo, OH. http://pubs.acs.org/doi/abs/10.1021/es1011115.
57. Kumar, K., S. C. Gupta, S. K. Baidoo, Y. Chandera, y C. J. Rosena. (12 de octubre de 2005). Antibiotic Uptake by Plants from Soil Fertilized with Animal Manure [Absorción de Antibióticos por Plantas Crecidas en Suelos Fertilizados con Abonos Animales]. J Environ Qual. 34(6):2082–2085. Impreso noviembre/diciembre de 2005.
58. Lillenberg, Merike, Koit Herodes, Karin Kipper, y Lembit Nei. (2009). Plant Uptake of some Pharmaceuticals from Fertilized Soils [Absorción de Algunos Fármacos por parte de Plantas en Suelos Fertilizados]. Departamento de Ciencias de los Alimentos e Higiene, Universidad de Ciencias de la Vida de Estonia: Tartu, Estonia. Registro de la Conferencia Internacional Sobre Ciencias Ambientales y Tecnología de 2009: Bangkok, Tailandia. 23–25 de abril de 2010.
59. Haiba, Egge, Merike Lillenberg, Karin Kipper, Alar Astover, Koit Herodes, Mari Ivask, Annely Kuu, Sandra Victoria Litvin, y Lembit Nei. (2013). Fluoroquinolones and sulfonamides in sewage sludge compost and their uptake from soil into food plants [Fluoroquinolonas y sulfonamidas en la composta de lodos de drenaje y su absorción a partir de la tierra por parte de plantas para la alimentación] . Colegio de Tartu, Universidad Tecnológica de Tallinn: Tartu, Estonia.
60. Frank Carini/equipo de noticias de ecoRI. 2012. Chemo Drugs Pose Serious Public Health Risks [Los Medicamentos de la Quimioterapia Suponen Problemas Serios para la Salud Pública].
61. Ramaswamy, J., S. O. Prasher, R. M. Patel, S. A. Hussain, S. F. Barrington. (2009). The effect of composting on the degradation of a veterinary pharmaceutical [El efecto del compostaje en la degradación de un fármaco veterinario]. Bioresource Technology, Vol. 101, No. 7. pp. 2294–2299. DOI: 10.1016/j.biortech.2009.10.089.
62. EPA de los Estados Unidos. An Analysis of Composting [Un Análisis del Compostaje]. EPA530-B-98-001.
63. EPA de los Estados Unidos. Innovative Uses of Compost [Usos Innovadores de la Composta]. EPA530-F-97-042.
64. Cannon. (p. 253).
65. Pinamonti, F., G. Stringari, F. Gasperi, G. Zorzi. (1997). The Use of Compost: Its Effects on Heavy Metal Levels in Soil and Plants [Utilización de la Composta: Efectos sobre los Niveles de Metales Pesados en el Suelo y en las Plantas]. https://doi.org/10.1016/S0921-3449(97)00032-3.
66. Montemurro, F., M. Charfeddine, M. Maiorana, y G. Convertini. (2013). Compost Use in Agriculture: The Fate of Heavy Metals in Soil and Fodder Crop Plants [Uso de la Composta en la Agricultura: El Destino de los Metales Pesados en el Suelo y los Cultivos para el Ganado]. (pp. 47–54.) https://doi.org/10.1080/1065657X.2010.10736933.
67. Mei Huang, Yi Zhu, Zhongwu Li, Bin Huang, Ninglin Luo, Chun Liu, Guangming Zeng. (2016). Compost as a Soil Amendment to Remediate Heavy Metal-Contaminated Agricultural Soil: Mechanisms, Efficacy, Problems, and Strategies [La Composta como Enmienda para el Suelo para Remediar Tierras Agrícolas Contaminadas con Metales Pesados: Mecanismos, Eficacia, Problemas y Estrategias]. Water Air Soil Pollut. 227: 359 DOI 10.1007/s11270-016-3068-8
68. Ibid.
69. Khan, T. F., M. W. Ullah, y S. M. I. Huq. (2016). Heavy Metal Contents of Different Wastes Used for Compost [Contenido de Metales Pesados de Diferentes Desperdicios Usados en la Composta]. Journal of Minerals and Materials Characterization and Engineering [Revista de Minerales y Caracterización de Materiales e Ingeniería]. pp. 241–249. http://dx.doi.org/10.4236/jmmce.2016.43022.
70. Van der Wurff, A. W. G., J. G. Fuchs, M. Raviv, A. J. Termorshuizen. (Eds.). (2016). Handbook for Composting and Compost Use in Organic Horticulture [Manual para el Compostaje y el Uso de Composta en la Horticultura Orgánica]. www.biogreenhouse.org.

CAPÍTULO 11: MITOS SOBRE LA COMPOSTA

1. Rodale, J. I. et al. (Eds.). (1960). The Complete Book of Composting [El Libro Completo del Compostaje]. Rodale Books Inc.: Emmaus, PA. (p. 932).
2. Smalley, Curtis. (enero de 1998). Hard Earned Lessons on Odor Management [Lecciones Costosas sobre el Manejo de Olores]. Biocycle, Journal of Composting and Recycling. JG Press, Inc.: Emmaus, PA. p. 59.
3. Brinton, William F., Jr. (1997). Sustainability of Modern Composting — Intensification Versus Cost and Quality [Sustentabilidad del Compostaje Moderno: Intensificación Versus Costo y Calidad]. Woods End Institute: Mt. Vernon, ME.
4. Ibid.
5. Michel, F. C., Jr. (2002). Effects of Turning and Feedstocks on Yard Trimmings Composting [Efectos del Volteado y Materias Primas en el Compostaje de Recortes del Jardín]. BioCycle. 43(9):46.
6. Palmisano, Anna C., and Morton A. Barlaz (Eds.). (1996). Microbiology of Solid Waste [Microbiología de los Desperdicios Sólidos]. CRC Press, Inc.: Boca Raton, FL. (p. 170).
7. Harrison, Ellen Z. (2007). Compost Facilities: Off-Site Air Emissions and Health [Instalaciones de Compostaje: Emisiones Exteriores en el Aire y Salud]. Cornell Waste Management Institute [Instituto de Manejo de Desechos de Cornell]: Ithaca, NY. http://cwmi.css.cornell.edu/compostairemissions.pdf.
8. Ibid.
9. Ibid.
10. (enero de 1998). Researchers Study Composting in the Cold [Investigadores Estudian el Compostaje en Climas Fríos]. Biocycle, Journal of Composting and Recycling. JG Press, Inc.: Emmaus, PA. p. 24 (Reunión Regional).
11. Gotaas, Harold B. (1956). Composting — Sanitary Disposal and Reclamation of Organic Wastes [Compostaje: Eliminación Sanitaria y Reclamación de los Desechos Orgánicos]. Organización Mundial de la Salud, Serie de monografías No. 31. Ginebra. (p. 77).
12. Epstein, Eliot. (1997). The Science of Composting [La Ciencia del Compostaje]. Technomic Publishing Company Inc.: Lancaster, PA.
13. Haug, Roger T. (1993). The Practical Handbook of Compost Engineering [Manual Práctico de Ingeniería del Compostaje]. CRC Press, Inc.: Boca Raton, FL. (pp. 342–343).
14. Pengxiang Xu y Ji Li. (2017). Effects of Microbial Inoculant on Physical and Chemical Properties in Pig Manure Composting [Efectos de un Inoculante Microbiano en las Propiedades Físicas y Químicas en el Compostaje de Abono de Cerdos]. Compost Science and Utilization, Vol. 25, No. S1. pp. S37–S42.
15. Howard, Sir Albert. (1943). An Agricultural Testament [Un Testamento Agrícola]. Oxford University Press: Nueva York. (p. 44). También, Rodale, J. I. (1946). Pay Dirt [Paga Tierra] The Devon-Adair Co.: Nueva York.
16. Rodale, J. I. et al. (Eds.). Complete Book of Composting [El Libro Completo del Compostaje]. (p. 658).
17. Regan, Raymond W. (octubre de 1998). Approaching 50 years of Compost Research [Acercándose a 50 años de Investigaciones sobre la Composta]. Biocycle, Journal of Composting and Recycling. JG Press, Inc.: Emmaus, PA. p. 82.
18. Poncavage, J., y J. Jesiolowski. (marzo de 1991). Mix Up a Compost and a Lime [Mezcla una Composta y un Limón]. Organic Gardening. Vol. 38, No. 3. p. 18.
19. Gotaas. (p. 93).
20. EPA de los Estados Unidos. Composting at Home [Compostando en Casa]. https://www.epa.gov/recycle/composting-home.
21. Palmisano y Barlaz (Eds.). (p. 132).
23. Kamal, Abu et al. (2017). Effect of Treated Wood on Biosolids Composting [Efetos de la Madera Tratada en el Compostaje de Biosólidos]. Compost Science and Utilization. Vol. 25, No. 3. pp. 178–193.
24. (Octubre de 2016). Composting of Creosote Treated Wood Evaluated [Evaluación del Compostaje de Madera Tratada con Creosota]. Biocycle. p. 11.

CAPÍTULO 12: BAÑOS COMPOSTA Y BAÑOS SECOS

1. Guidelines on Sanitation and Health [Lineamientos sobre Salubridad y Salud]. (2018). Organización Mundial de la Salud: Ginebra. Licencia: CC BY-NC-SA 3.0 IGO.
2. Ibid.
3. The Human Right to Water and Sanitation Media Brief [Informe en Medios Sobre el Derecho Humano al Agua y el Saneamiento]. (2010). UNDP. Human Development Report 2006. Beyond Scarcity: Power, poverty and the global water crisis [PNUD. Reporte Sobre Desarrollo Humano de 2006. Más Allá de la Precariedad: Poder, pobreza y la crisis global del agua]. Naciones Unidas.
4. Guidance on How to Access the Oral Cholera Vaccine (OCV) from the ICG Emergency Stockpile [Orientación sobre Cómo Acceder a la Vacuna Oral Contra el Cólera de las Reservas de Emergencia del Grupo de Coordinación Internacional de la OMS] ICG 9/13/2013.
5. Water Efficiency Technology Fact Sheet — Composting Toilets [Ficha Técnica Sobre la Tecnología de Eficiencia del Agua: Baños Composta] (1999). Agencia de Protección Ambiental de los Estados Unidos, Oficina de Aguas, Washington, DC. EPA 832-F-99-066.
6. Andreev, N., M. Rontaltep, B. Boincean, y P. N. L. Lens. (2017). Treatment of Source Separated Human Feces via Lactic Acid Fermentation Combined with Thermophilic Composting [Tratamiento de Heces Humanas Separadas al Origen a través de la Fermentación del Ácido Láctico Combinada con el Compostaje Termófilo]. Compost Science and Utilization, Vol. 25, No. 4. pp. 220–230.
7. Alexander, P. D. (2007). Effect of Turning and Vessel Type on Compost Temperature and Composition in Backyard (Amateur) Composting [Efecto del Volteado y Compostaje Contenido en la Temperatura y la Composición de la Composta en el Compostaje de Jardín (Aficionado)]. Compost Science and Utilization, Vol.15, No. 3. pp. 167–175.
8. Enferadi, K. M., R. C. Cooper, S. C. Goranson, A. W. Olivieri, J. H. Poorbaugh, M. Walker, y B. A. Wilson. (septiembre de 1986). Field Investigation of Biological Toilet Systems and Grey Water Treatment [Investigación de Campo Sobre Sistemas de Baños Biológicos y Tratamiento de Aguas Grises]. Agencia para la Protección Ambiental de los Estados Unidos, Laboratorio de Investigación sobre la Ingeniería del Agua: Cincinnati, OH. EPA/600/S2-86/069.
9. To Municipal Authorities, Boards of Health, and Others. How to Prevent the Fouling of Water Sources and thus Obtain Pure Water Free of Cost, Avoiding Typhoid Fever, Diphtheria, Cholera, Dysentery, And Other Preventable Diseases [Para las Autoridades, Juntas de Salud y Otros. Cómo Prevenir la Contaminación de los Suministros de Agua y así Obtener Agua Pura y Gratuita, Evitando la Fiebre Tifoidea, Difteria, Cólera, Disentería y Otras Enfermedades Prevenibles]. (1888). The Sanitary Fertilizer Company of the United States [Compañía de Fertilizantes Sanitarios de los Estados Unidos]: Philadelphia.
10. Moule, Henry. (1866). National Health and Wealth Instead of Disease, Nuisance, Expense, and Waste Caused by Cess-Poole and Water Drainage [Salud y Riqueza Nacionales en vez de Enfermedades, Molestias, Gastos y Desperdicios Causados por las Fosas Sépticas y los Drenajes]. (p. 5-6). Publicado por la compañía del cajón de tierra de Moule: Patent Earth Closet Company Limited, Londres, 29 Bedford Street, Strand.
11. To Municipal Authorities, Boards of Health, and Others. How to Prevent the Fouling of Water Sources and thus Obtain Pure Water Free of Cost, Avoiding Typhoid Fever, Diphtheria, Cholera, Dysentery, And Other Preventable Diseases [Para las Autoridades, Juntas de Salud y Otros. Cómo Prevenir la Contaminación de los Suministros de Agua y así Obtener Agua Pura y Gratuita, Evitando la Fiebre Tifoidea, Difteria, Cólera, Disentería y Otras Enfermedades Prevenibles]. (1888). The Sanitary Fertilizer Company of the United States [Compañía de Fertilizantes Sanitarios de los Estados Unidos]: Philadelphia.
12. Ibid.
13. Waring, George E., Jr. (1870). Earth-Closets and Earth Sewage Including: The Earth System (Details). The Dry-Earth System for Cities. The Manure Question and Towns. Sewage and Cesspool Diseases. The Details of Earth Sewage. The Philosophy of the Earth System [Cajones de Tierra y Drenajes de Tierra Incluyendo: El Sistema de Tierra (Detalles). El Sistema de Tierra Seca para Ciudades. La Cuestión del Abono y los Pueblos. Enfermedades del

Drenaje y las Fosas Sépticas. Los Detalles del Drenaje de Tierra. La Filosofía del Sistema de Tierra]. The Tribune Association: Nueva York.
14. Ibid.
15. Ibid.
16. Ibid.
17. Ibid.
18. Ibid.
19. Ibid.
20. Reeder, M. M. (1998). The radiological and ultrasound evaluation of ascariasis of the gastrointestinal, biliary, and respiratory tracts [Elavuación radiológica y con ultrasonido de la ascariasis de los tractos gastrointestinal, biliar y respiratorio]. Semin Roentgenol, 33:57.
21. Guidelines on Sanitation and Health [Lineamientos Sobre Saneamiento y Salud].
22. Abbott, Rich. (primavera de 2004). Skaneateles Lake Watershed Composting Toilet Project [Proyecto de Baños Composta de la Cuenca del Lago Skaneateles]. Small Flows Quarterly, Vol. 5, No. 2.
23. Rybczynski, W. et al. (1982). Appropriate Technology for Water Supply and Sanitation — Low Cost Technology Options for Sanitation, A State of the Art Review and Annotated Bibliography. [Tecnología Apropiada para el Aprovisionamiento de Agua y el Saneamiento: Tecnología de Bajo Costo para el Saneamiento, Un Reporte de Última Generación con Bibliografía Comentada] Banco Mundial. Departamento de Transportes y Agua: Washington, D.C.
24. McGarry, Michael G., y Jill Stainforth (Eds.). (1978). Compost, Fertilizer, and Biogas Production from Human and Farm Wastes in the People's Republic of China [Producción de Composta, Fertilizante y Biogás a partir de Desperdicios Humanos y Agrícolas en la República Popular de China]. Centro Internacional de Investigación para el Desarrollo: Ottawa, Canadá. (pp. 9, 10, 29, 32).
25. Ibid.
26. Winblad, Uno, y Wen Kilama. (1985). Sanitation Without Water [Saneamiento Sin Agua]. Macmillan Education Ltd.: Londres y Basingstoke. (pp. 20–21).
27. Winblad, Uno (Ed.). (1998). Ecological Sanitation [Saneamiento Ecológico]. Agencia Sueca de Cooperación para el Desarrollo Internacional: Stockholm. (p. 25).
28. Clivus Multrum Maintenance Manual [Manual de Mantenimiento del Clivus Multrum]. Clivus Multrum Inc. Lawrence, Mass.
29. Pickford, John. (1995). Low-Cost Sanitation [Saneamiento de Bajo Costo]. Intermediate Technology Publications: Londres. (p. 68).
30. Garbage [Basura], Feb/Mar 1993, p. 35.
31. Composting Toilet Systems [Sistemas de Baño Composta], Apartado postal 1928 (o 1211 Bergen Rd.), Newport, WA 99156, teléfono: (509) 447-3708; Fax: (509) 447-3753.

CAPÍTULO 13: LOMBRICES Y ENFERMEDADES

1. Kristof, Nicholas D. (Domingo 24 de septiembre de 1995). Japanese Is Too Polite for Words [El Japonés es Demasiado Correcto para las Palabras]. Pittsburgh Post Gazette. p. B-8.
2. Beeby, John. (1995). The Tao of Pooh (Future Fertility) [El Tao de Pooh (Ahora titulado Fertilidad del Futuro)]. Ecology Action of the Midpeninsula: Willits, CA. (Aviso legal y pp. 64–65).
3. Ibid. (pp. 11–12).
4. Barlow, Ronald S. (1992). The Vanishing American Outhouse [El Baño Exterior Americano en Extinción]. Windmill Publishing Co.: El Cajón, CA. (p. 2).
5. Warren, George M. (1922, revisado 1928). Sewage and Sewerage of Farm Homes [Aguas Negras y Drenajes de Casas de Granja]. Departamento de Agricultura de los Estados Unidos, Boletín Granjero No. 1227. Como se vio en Ronald S. Barlow. (1992). The Vanishing American Outhouse [El Baño Exterior Americano en Extinción]. Windmill Publishing Co.: El Cajón, CA. (pp. 107–110).
6. Shuval, Hillel I. et al. (1981). Appropriate Technology for Water Supply and Sanitation — Night Soil Composting [Tecnología Apropiada para el Suministro y el Saneamiento del

Agua: Compostaje de Tierra Nocturna]. Banco Internacional para la Reconstrucción y el Desarrollo (Banco Mundial): Washington, DC. p. 8.
7. Tompkins, P., y C. Boyd. (1989). Secrets of the Soil [Secretos de la Tierra]. Harper and Row: Nueva York. (pp. 94–95).
8. Howard, Sir Albert. (1947). The Soil and Health: A Study of Organic Agriculture [La Tierra y la Salud: Un Estudio de la Agricultura Orgánica]. Schocken: Nueva York. (pp. 37–38).
9. Ibid. (p. 173) (en la edición de 2011 de la Oxford City Press).
10. Ibid. (174) (en la edición de 2011 de la Oxford City Press).
11. Feachem et al. (1980). Appropriate Technology for Water Supply and Sanitation [Tecnologías Apropiadas para el Suministro y la Salubridad del Agua]. Banco Mundial, Director de Información y Asuntos Públicos: Washington, DC.
12. Sterritt, Robert M. (1988). Microbiology for Environmental and Public Health Engineers [Microbiología para Ingenieros Ambientales y en Salud Pública]. E. & F. N. Spon Ltd.: Nueva York. (p. 238).
13. Jervis, N. (mayo de 1990). Waste Not, Want Not [No Desperdiciaras, No Desearas]. Natural History. p. 73.
14. Winblad, Uno (Ed.). (1998). Ecological Sanitation [Saneamiento Ecológico]. Agencia Sueca de Cooperación para el Desarrollo Internacional: Estocolmo. (p. 75).
15. Sterritt. (pp. 59–60).
16. Palmisano, Anna C. and Morton A. Barlaz (Eds.). (1996). Microbiology of Solid Waste [Microbiología de los Desperdicios Sólidos]. CRC Press, Inc.: Boca Raton, FL. (p. 159).
17. Gotaas, Harold B. (1956). Composting — Sanitary Disposal and Reclamation of Organic Wastes [Compostaje: Eliminación Sanitaria y Reclamación de los Desechos Orgánicos]. Organización Mundial de la Salud, Serie de monografías No. 31. Ginebra. (p. 20).
18. Sopper, W. E. y L. T. Kardos (Eds.). (1973). Recycling Treated Municipal Wastewater and Sludge Through Forest and Cropland [Reciclaje de Aguas Negras y Lodos Residuales Municipales en los Bosques y Tierras de Cultivo]. Universidad Estatal de Pennsylvania: University Park, PA. (pp. 248–251).
19. Ibid. (pp. 251–252).
20. Shuval et al. (p. 4).
21. Sterritt. (p. 252).
22. Cheng, Thomas C. (1973). General Parasitology [Parasitología General]. Academic Press, Inc.: Nueva York. (p. 645).
23. Shuval et al. (p.6).
24. Feachem et al.
25. Ibid.
26. Olson, O. W. (1974). Animal Parasites — Their Life Cycles and Ecology [Parásitos de los Animales: Sus Ciclos de Vida y su Ecología]. University Park Press: Baltimore, MD. (pp. 451–452).
27. Crook, James. (1985). Water Reuse in California [Reutilización del Agua en California]. Journal of the American Waterworks Association [Revista de la Asociación Americana de Plantas de Tratamiento de Agua], Vol. 77, no. 7. Como se vió en van der Leeden et al., The Water Encyclopedia [La Enciclopedia del Agua] (1990). Lewis Publishers: Chelsea, MI.
28. Boyd, R. F., y B. G. Hoerl. (1977). Basic Medical Microbiology [Microbiología Médica Básica]. Little, Brown and Co.:Boston. (p. 494).
29. Cheng. (p. 645).
30. Sterritt. (pp. 244–245).
31. https://www.health.ny.gov/environmental/water/drinking/coliform_bacteria.htm.
32. Pokharel, Krishna, y Preetika Rana. (21-22 de octubre de 2017). Troubled Waters [Aguas Turbulentas]. The Wall Street Journal. p. C1.
33. Epstein, Elliot. (septiembre de 1998). Pathogenic Health Aspects of Land Application [Aspectos Patógenos para la Salud de la Aplicación en la Tierra]. Biocycle. The JG Press, Inc.: Emmaus, PA. p. 64.
34. Solomon, Ethan B., et al. (enero de 2002). Transmission of Escherichia coli 0157:H7 from Contaminated Manure and Irrigation Water to Lettuce Plant Tissue and Its Subsequent Internalization [Transmisión de Escherichia coli 0157:H7 desde Abono y Agua de Riego

Contaminados hacia Tejido Vegetal en Lechugas y su Subsecuente Internalización]. Applied and Environmental Microbiology. Amer. Soc. for Microbiology [Sociedad Americana de Microbiología]. pp. 397–400.
35. Shuval et al. (p. 5).
36. Feachem, et al. (1980). (p. 231-236).
37. Franceys, R. et al. (1992). A Guide to the Development of On-Site Sanitation [Guía para el Desarrollo de Salubridad In-situ]. Organización Mundial de la Salud: Ginebra. (p. 212).
38. Schoenfeld, M., y M. Bennett. (1992). Water Quality Analysis of Wolf Creek [Análisis de la Calidad del Agua en Wolf Creek] (manuscrito no publicado). Universidad de Slippery Rock, Curso de Ecología Aplicada, PREE, Semestre de Otoño (Prof. P. Johnson), Slippery Rock, PA.
39. EPA de los Estados Unidos. Biosolids Technology Fact Sheet, Use of Composting for Biosolids Management [Ficha Técnica de Tecnologías en Biosólidos, Uso del Compostaje para el Manejo de Biosólidos]. EPA/832-F-02-024. (2002).
40. EPA de los Estados Unidos. Environmental Regulations and Technology, Control of Pathogens and Vector Attraction in Sewage Sludge, (Including Domestic Septage) [Regulaciones y Tecnología Ambientales, Control de Patógenos y Vectores de Atracción en Lodos Residuales, (Incluyendo Residuos Sépticos Domésticos)]. Bajo la norma federal 40 CFR, Parte 503. EPA/625/R-92/013. (2003).
41. Ibid.
42. Ibid.
43. Pomeranz, V. E., y D. Schultz. (1972). The Mother's and Father's Medical Encyclopedia [La Enciclopedia Médica de las Madres y los Padres]. The New American Library, Inc.: Nueva York. (p. 627).
44. Chandler, A. C., y C. P. Read. (1961). Introduction to Parasitology [Introducción a la Parasitología]. John Wiley and Sons, Inc.: Nueva York.
45. Brown, H. W., y F. A. Neva. (1983). Basic Clinical Parasitology [Parasitología Clínica Básica]. Appleton-Century-Crofts: Norwalk, CT. (pp. 128–131). También, la destrucción de Oxiuros mediante el compostaje mencionado en Gotas (p. 20).
46. Ibid. (119–129).
47. Ibid.
48. Ibid.
49. Haug, Roger T. (1993). The Practical Handbook of Compost Engineering [Manual Práctico de Ingeniería del Compostaje]. CRC Press, Inc.: Boca Raton, FL. (p. 141).
50. Shuval. (p. 4).
51. Franceys, R. et al. (p. 214).
52. Shuval. (p. 7).

CAPÍTULO 14: EL TAO DE LA COMPOSTA

1. https://en.wikipedia.org/wiki/Tao.
2. Pan, Tian-Hao, et al. (2017). Comparison of Cassava Distillery Residues and Straw as Bulking Agents for Full-scale Sewage Sludge Composting [Comparación de los Residuos de la Destilación de Yuca y la Paja como Agentes Voluminosos para el Compostaje a Gran Escala de Lodos Residuales]. Compost Science and Utilization. Vol. 25, No. 1. pp. 1–12.
3. LaMotte Chemical Products Co., Chestertown, MD 21620.
4. Rodale, J. I. et al. (1960). The Complete Book of Composting [El Libro Completo del Compostaje]. Rodale Books: Emmaus, PA. (p. 650).
5. Kitto, Dick. (1988). Composting: The Organic Natural Way [Compostaje: La Forma Orgánica y Natural]. Thorsons Publishers Ltd.: Wellingborough, Reino Unido. (p. 103).
6. Actualización No. 3 del Foro del Mundo de los Baños Composta (World of Composting Toilets Forum), Lunes 2 de noviembre de 1998.
7. Del Porto, David, y Carol Steinfeld. (1999). The Composting Toilet System Book — editor's draft [El Libro del Sistema de Baño Composta (borrador del editor)]. Center for Ecological Pollution Prevention [Centro para la Prevención de la Contaminación Ecológica]
8. Olexa, M. T. y Rebecca L. Trudeau. (1994). How is the Use of Compost Regulated? [¿Cómo

se Regula el Uso de la Composta?] Universidad de Florida, Servicio de Extensión Cooperativa de Florida, Documento No. SS-FRE-19.
9. Ley de Manejo de Desperdicios Sólidos de Pennsylvania, Título 35, Capítulo 29A.
10. Ley del Estado de Pennsylvania sobre la Planeación, Reciclaje y Reducción de los Residuos Municipales (1988), Título 53, Capítulo 17A.
11. King, F. H. (1911). Farmers of Forty Centuries [Granjeros de Cuarenta Siglos]. Rodale Press: Emmaus, PA. (pp. 78, 202).

CAPÍTULO 15: CALUMNIAS

1. Searchinger, Tim et al. (2018). World Resources Report — Creating a Sustainable Food Future — A Menu of Solutions to Feed Nearly 10 Billion People by 2050 [Reporte sobre los Recursos Mundiales: Creando un Futuro de Alimentación Sostenible: Un Menú de soluciones para Alimentar a Casi 10 Mil MIllones de Habitantes en 2050]. Resumen del Reporte, diciembre de 2018. Instituto de Recursos Mundiales.
2. Saber, Mohammed, Hussein Fawzy Abouziena, Essam Mohamed Hoballah, Wafaa Mohamed Haggag, y Alaa El-Din Mohamed Zaghloul. (2016). Sewage Farming: Benefits and Adverse Effects [Agricultura con Aguas Residuales: beneficios y Efectos Adversos]. Research Journal of Pharmaceutical, Biological and Chemical Sciences [Revista de Investigación de Ciencias Farmacéuticas, Biológicas y Químicas].
3. Ibid.
4. Conrad, Z., M. T. Niles, D. A. Neher, E. D. Roy, N. E. Tichenor, L. Jahns. (2018). Relationship between food waste, diet quality, and environmental sustainability [Relación entre el desperdicio de alimentos, la calidad de la dieta y la sostenibilidad ambiental]. PLoS ONE. 13(4): e0195405. https://doi.org/10.1371/journal.pone.0195405.
5. EPA de los Estados Unidos (mayo de 1998). Characterization of Municipal Solid Waste in the United States: 1997 Update [Caracterización de los Desperdicios Sólidos Municipales de los Estados Unidos: Actualización de 1997. Reporte # EPA530-R-98-007. Agencia para la Protección Ambiental de los Estados Unidos: Washington, DC. (pp. 29, 45).
6. State of the World 1998 [El Estado del Mundo de 1998]. (pp. 101, 166).
7. Basic Information about Landfill Gas [Inofrmación Básica sobre Gases de los Rellenos Sanitarios]. Landfill Methane Outreach Program (LMOP) [Programa de Difusión sobre el Metano en los rellenos Sanitarios]. https://www.epa.gov/lmop/basic-information-about-landfill-gas.
8. Fundación de Recursos Mundiales. (abril de 1998). Warmer Bulletin Information Sheet — Landfill [Boletín de Información sobre el Calentamiento: Rellenos Sanitarios].
9. Golden, Jack, et al. (1979). The Environmental Impact Data Book [Libro de Datos sobre los Impactos Ambientales]. Ann Arbor Science Publishers, Inc.: Ann Arbor, MI. (p. 495).
10. National Resources Defense Council [Consejo Nacional para la Defensa de los Recursos]. (1997). Bulletin: Stop Polluted Runoff — 11 Actions to Clean up Our Waters [Boletín: Paremos las Escorrentías Contaminadas: 11 Acciones para Limpiar Nuestras Aguas]. http://www.nrdc.org/nrdcpn/fppubl.html.
11. Bitton, Gabriel. (1994). Wastewater Microbiology [Microbiología de las Aguas Residuales]. Wiley-Liss, Inc.: Nueva York. (p. 86).
12. Solley, Wayne B., et al. (1990). Estimated Water Use in the United States in 1990 [Uso de Agua Estimado en los EUA en 1990]. Circular del Servicio Geológico de los Estados Unidos 1081, Tabla 31. Servicio Geológico de los Estados Unidos: Denver, CO. (p. 65).
13. Departamento del Interior de EUA, Servicio Geológico de los Estados Unidos. http://water.usgs.gov/edu/qahome-percapita.html.
14. https://www.epa.gov/watersense/how-we-use-water#Daily%20Life.
15. National Resources Defense Council [Consejo Nacional para la Defensa de los Recursos, NRDC por sus siglas en inglés]. (24 de diciembre de 1996). Population and Consumption at NRDC: US Population Scorecard [Población y Consumo en NRDC: Planilla de Resultados de los EUA]. Consejo Nacional para la Defensa de los Recursos: Washington, DC.
16. State of the World 1998 [El Estado del Mundo de 1998]. Worldwatch Institute. W. W. Norton and Company, Nueva York. (p. 100).

17. Sides, S. (agosto/septiembre de 1991). Compost [Composta]. Mother Earth News, No. 127. p. 50.
18. World Fertilizer Trends and Outlook to 2018 [Tendencias en el Uso de Fertilizantes a Nivel Mundial y Perspectivas hacia 2018]. (2015). Organización para la Alimentación y la Agricultura de las Naciones Unidas (FAO): Roma. (p. 8).
19. Vital Signs 1998 [Signos Vitales 1998]. Worldwatch Institute. 1400 16th St. NW, Ste. 430, Washington, DC 20036. (p. 132).
20. Cannon, Charles A. (1997). Life Cycle Analysis and Sustainability Moving Beyond the Three R's — Reduce, Reuse, and Recycle — to P2R2 — Preserve, Purify, Restore and Remediate [Análisis del Ciclo de Vida y Sustentabilidad Evolucionando de las 3 R's (Reduce, Reusa y Recicla) hacia P2R2 (Preserva, Purifica, Restaura y Remedia)]. Como se vió en la Conferencia Internacional de Recuperación Orgánica y Procedimientos de Tratamiento Biológicos de 1997, E. I. Stentiford (Ed.). Harrogate, Reino Unido. 3 al 5 de septiembre de 1997. (pp. 252–253). Disponible de Stuart Brown, National Compost Development Association [Asociación Nacional del Desarrollo de la Composta], PO Box 4, Grassington, North Yorkshire, BD23 5UR UK (stuartbrown@compuserve.com).
21. Livingston, James D. (1996). Driving Force — The Natural Magic of Magnets [Fuerza Conductora: La Magia Natural de los Imanes]. Harvard University Press. (p. 42-45). Además: Veraschuur, Gerrit L. (1993). Hidden Attraction — The Mystery and History of Magnetism [Atracción Oculta: El Misterio y la Historia del Magnetismo]. Oxford University Press. (p. 180). Además: Wei Lin, Jinhua Li, y Yongxin Pan. (febrero de 2012). Newly Isolated but Uncultivated Magnetotactic Bacterium of the Phylum Nitrospirae from Beijing, China [Nuevas Bacterias Magnetotácticas del Phylum Nitrospirae, Aisladas pero sin Cultivar, en Pekin, China]. Applied and Environmental Microbiology, Vol. 78, No. 3. p. 668. Además: Lefevre, Christopher T. et. al. (junio de 2010). Moderately Thermophilic Magnetotactic Bacteria from Hot Springs in Nevada [Bacterias Magnetotácticas Moderadamente Termófilas provenientes de Aguas Termales en Nevada]. Applied and Environmental Microbiology, Vol. 76, No. 11. p. 3740

ÍNDICE

0157:H7 191, 297

A

A. braziliense 203
A. caninum 203
AAPFCO 72
abducciones 5
abono
  animales 90
  comparaciones 91
  de gallina 88, 90, 91, 242, 292
  de mascotas 114
  de perro 115
  verde 276
absorción de medicamentos 122
    por parte de las plantas 62, 83, 124, 292
ácaros 109
aceites 115, 137, 138,
  usado para motor 65
acidez 136, 137, 168,
ácidos 86, 95, 117, 132, 133
  grasos volátiles 132, 133
acolchado 72, 214,
actinomicetos 96, 97, 99, 101, 104, 133, 139, 276
aderezo para ensaladas 138
aireación 58, 61, 77, 78, 128, 130-133, 229
aeróbico 74, 77, 120, 130, 137, 225, 276
África 9, 46, 50, 59, 60, 80, 129, 135, 144, 160, 161, 169, 197, 269
agente voluminoso 276
agricultura 35, 36, 38, 44, 45, 69, 71, 74, 76, 77, 103, 123, 126, 164, 175, 177-179, 233, 243, 263, 264
agua de la Tierra 59, 60, 169
agua(s)
  biofiltros para 108, 109
  composta de lodos residuales 125, 201
  contaminación del 45, 46, 56, 70, 121, 142, 151, 152, 191, 258, 265, 267
  contaminación por 106, 125, 126, 241, 264
  costeras contamina das 70
  de la llave tratada 63
  de lavado para el baño 235
  de desecho 53, 197
  de lluvia 15, 51, 53, 56, 85, 87, 109, 233, 243
  eliminación de 81
  enfermedades asociadas 70
  en la agricultura 264, 298
  escorrentía 267
  grises 85, 257, 276
  limpia 70, 144, 152, 197
  lodos residuales de 118, 201
  minimizar las 69
  montículos de arena para 53
  negras 42, 43, 45, 46, 51, 53-56, 58-60, 67, 68, 70, 100, 117, 118, 124, 129, 142, 152, 163, 165, 175, 176, 178, 185, 188, 196, 197, 251, 252, 256, 257, 264, 266, 276
  para irrigación 124, 264
  peligrosa 60, 178
  plantas de purificación del 55, 117
  planta de tratamiento de 53, 55, 64, 185, 188, 197
  residual 276
  sin tratamiento 45, 46, 264
  sin tratar 55
  subterráneas 37, 51, 54, 55, 65, 117, 195, 264, 265
  sucia 20, 70, 92, 175
  termales 30
  tratadas 46, 59, 60, 61, 197, 199
  tuberías de 51, 56, 154
  uso domestico de 58
  utilización 58
aire contaminado 20
aireación mecánica 128
aislar la composta 245
alcoholes 86, 132, 133
aldehídos 132, 133
Alemania 40, 122, 188
alergias 22, 24, 122, 132
Alexander, Ron 72
algas 30, 44, 61, 120, 199, 267, 276
alimentación central 229, 232, 237
alimentos 24-26, 40, 65, 80, 81, 83, 102, 103, 122, 128, 129, 141, 143, 144, 160, 164, 169, 172, 174, 175, 177, 191, 201, 206, 209, 211, 241, 246, 262-264
Almacén de Armas de Haw thorne 107
ambiente 31, 37, 54, 56, 61, 63, 64, 68, 76, 80, 96, 100, 102, 103, 112, 117-119, 125, 130, 142, 149, 164, 174, 179, 183, 189, 194, 205-207, 222, 225, 242, 244, 246, 251, 258, 264, 266
amoniaco 64, 88, 132, 133, 137
amiba 185
amputados 142
anaeróbico 72, 75, 76, 78, 80, 168, 276
analgésicos 117
análisis de heces 189, 205, 206
análisis de laboratorio de huevos y parásitos 192
ancestro común 31
ancianos 142, 144
Ancylostoma duodenale 203
Andes 30
anemia 205
animálculos 15, 278, 279
animales muertos 30, 31, 84, 86, 112, 113, 114, 129, 138,
anquilostomas 203, 206, **203**
antibióticos 21-26, 67, 98, 101, 102, 116-120, 122, 123, 126, 214
  abonos contaminados 122, 123
  abuso 22, 26
  bacterias resistentes 21, 23, 24, 26, 120
  genes resistentes
  humanos infecciones resis tentes 21
  intoxicación 26
  orales 22
  prescripción 22
  primer 25
  resistencia 22, 23
anticoagulantes 117
añejamiento 94, 195, 225, 233, 237

antracnosis 109
antidepresivos 117
antígenos 132, 133
ano 10, 26, 202, 203
arbustos 102, 163, 214, 215, 219, 232
Argentina 169
Arizona 128, 164, 206, 286
Arquette, Patricia, title page, 253
arroz 75, 86, 137
  cáscaras de 217, 219
arseniato de cobre cromado 89
arsénico 89, 140
ascariasis 295
ascárides 67, 80, 160, 168, 175, 185, 188, 189, 191, 192, 193, 197, **206**, 208
  huevos de 204
ascarídidos
  huevos 67, 80, 160, 168, 188, 189, 191, 192, 193, 197, 206, 208
ascaris 276
aserrín 81, 86, 88, 93, 106, 108, 113, 120, 140, 144, 160, 161, 163, 173, 214, 217, 218, 219, 242, 244, 257
baño de 247
  de aserradero 89
  descomposicion de 91
  de maderas duras 241
Asia 37, 44, 50, 59, 60, 80, 160, 165, 166, 197
asiáticos 35, 38, 39, 41, 43, 165
asma 22, 24, 25
Aspergillus fumigatus 132, 276
Associated Press 33
astillas de madera 29, 219
atmósfera 13, 17, 34, 43, 63, 265
Australia 9, 283, 291
autismo 24, 281
autoridades sanitarias 162, 194
azúcar 11, 25, 248
  bagazo de caña de 86, 130, 209, 218

B

Bacillus stearothermophilus 29, 100

bacilos 19
  en forma de coma 19
bacteria (bacterianos)16, 17, 19, 21, 24, 29, 67, 99, 106, 185, 276, 278, 279, 280, 281, 282, 286, 288, 297, 299
  bioluminiscentes 13
  coliformes 45, 191, 192
  de la boca 10
  en forma de barra 29
  en las heces 181
  en la tierra 192
  en los lodos residuales 67, 117, 118, 119, 136
  indicadoras 191, 193
  mesófilas 29, 31, 71, 93, 101, 106
  supervivencia en tierra 187
bacteriología 19, 281
bacteriófagos 10
Bacteroides fragilis 24
Bahía de Buttermilk 54
Bahía de Chesapeake 54
Bahía de Santa Mónica 266
balance de C y N 87, 217
Banco Mundial 69, 102, 166, 197, 245, 282, 285, 286, 287, 289, 295, 296
Bangladesh 126
baños 3, 54, 130, 142, 144, 146, 147, 150, 152, 154, 160, 162, 163, 164, 168, 173, 247, 256, 267, 268-270
  biológicos 146, 147, 148, 149, 295
  de agua
  de cubeta 159
  de incineración 257
  de las personas pensantes 224
  doble camara Vietnamita 167
  ejercito de EUA (1940) 159
  exterior 165
  papel de 2, 42, 61, 92, 146, 207, 222, 223, 233, 241
  portable 165
  químicos 35, 43-46, 54, 62, 63, 64, 65, 68, 83, 97, 247, 264, 266, 267
  sobre el compostero 223
  tipos 141
  baños composta 3, 9, 72, 75, 108, 124, 129, **141**, 146, 147, 148, 149, 150, 152,

161, 162, 164, 165, 199, 218, 221, 246, 247, 248, 253, 266
  construye un baño **226-227**
  en Mongolia 231
  en Haiti 230
  en Nicaragua 230
  en una carcel 220
  en Uganda 219, 231
  instrucciones 220
  Preguntas Frecuentes 254-255
  resumen del 236
baños secos 75, 122, **141**, 146, 147, 148, 149, 150, 163, 165, 168, 169, 194, 199, 249, 250, 252, 256
  comerciales 169, 170, 194, 199
  de doble cámara 168, 197, 269
barbitúricos 121
barro 81, 156
Base Aérea de Seymour Johnson 107
Base Naval de Submarinos 107
basura 31, 35, 39, 74, 77, 84, 116, 126, 129, 135, 138, 216, 264, 265, 291, 296
  orgánica municipal 264, 265
  sólida 264
Bavaria 40
BBC 271
bebés 22, 25, 64, 92, 113, 283
  nacidos en hospitales 22
  recién nacidos 22
biocarbón 72
BioCycle 115, 288-291, 293, 294
biodinámico 174
biodiversidad 100-102, 104, 111, 207, 209
biofiltro 89, 109, 110, 113, 128, 157, 163, 219, 222, 232, 259
  de fase de vapor 109, 110
Biolet 170
bioma 11
Biosun 170
biopesticidas 112,
biosólidos 57, 58, 59, 117, 118, 122, 140, 199, 201, 284, 291, 292, 294, 297
  de clase A 126, 201
Birmingham 151, 152

bolsas de plástico compostables 232, 236
Botswana 169
Brasil 129
British Royal Commission 151
bromuro de metilo 111
brote de cólera de 1854 19
brujas 7, 40, 41, 140
brújula 272

C

C/N 277
C. diff 24, 26
Cable Guy 271
caca de perro 114, 115
cacamates 271
cadáveres animales 81, 113, 201, 233, 291
cadmio 65, 115, 124, 125, 126
cafeína 117
cafés/verdes 89, 92, 288
cagar en una cubeta 161, 213
cajones de tierra 155, 159
cal 59, **136**, 137, 218, 240
 la pila de composta 136
California 5, 116, 143, 148, 161, 209, 219, 283, 297
calomelano 17
calor 9, 29, 42, 72, 80, 83, 93, 94, 97, 98, 100, 101, 127, 133, 147, 150, 156, 207, 217, 218, 265
 biológico interno 71
 de la composta 71
calumnia 261
cama de cultivo sumergida 66
cámara 43, 44, 147, 148, 156, 168, 197, 256, 269
 doble Vietnamita 167
cambio climático 11, 162, 214, 245
campamentos 165, 253
campo magnético de la Tierra 271
Canadá 3, 135, 295
canal de parto 25, 26
cáncer 24, 62, 63, 89, 116, 119, 123, 124, 132, 177, 178, 267
 de la vejiga 63
 rectal 63
cancerígenos 63, 119
Candida albicans 100
capeado 229
carbamazepina 117, 118, 122

carbofuran 105
carbón 87-89, 105, 113, 140, 156
 desperdicios de la gasificación 105
Carbono y Nitrógeno **87**, 88, 217
 proporcion de 90
carbonoso 89, 195, 276
Caribe 48
carne 21, 113, 137, 138, 164
Carousel 170
carrera de relevos microbiana 31
cartón 81, 92, 223
 tubos de 92
cáscaras 137, 138, 164, 219
 de cítricos 137, 138
catástrofes 162
caucho 140
CCA, madera tratada 89, 288
celiaca, enfermedad 24
celulosa 218, 276
 vegetal 13
cenizas 73, 76, 88, 107, 144, 156, 168, 218, 240
 del asador 255
 de madera 74, 77, 78, 136, 140, 240
Centros para el Control y la Prevención de Enfermedades 25 , 280
cervecería 237, 244
cerveza 16, 86, 233, 237, 244, 245
cesárea 25
cesio 106, 107
cetonas 132, 133
Chernobil 106
China 35, 36, 38, 44, 45, 74, 76, 80, 135, 136, 157, 160, 165, 166, 173, 182, 189, 219, 259, 282, 283, 295, 299
chino 2, 37, 38, 76, 165, 166, 173, 211
 lenguaje 173
cianobacterias 30
ciclo de los nutrientes 174, 211, **212**, 246, 276
ciclofosfamida 123
ciencia de la microbiología 16
científicos 7, 9, 10, 15, 21, 23, 29, 30, 38, 43, 97, 111, 116, 137, 139, 148, 149, 176, 183, 246, 264, 270, 272, 286

cinturón verde 182
Ciudad del Cabo 161
CL2 62
clima errático 214
climas fríos 133, 192, 232, 293
Clivus 169, 170, 296
clopiralida 107, 108
clorados 63, 107
cloramina 64
cloro 60, **61**-64, 106, 197, 225, 255, 266, 285
cloroformo 54, 62, 63
clorofenoles 106
clortetraciclina 119, 120, 122
cloruro de sodio 63
Clostridium difficile 24
CO2 213, 265
coagulación 60
cobertura carbonosa 43, 86, 195, 218
cobre 89, 124-126, 140
cochinillas 94
colémbolos 109
cólera 17, 19, 39, 42, 43, 151, 152, 175, 264, 279, 287, 294, 295
 bacteria 19
 epidemias 20, 43, 152
coliformes 45, 191, 192
 densidad 182
 fecales 45, 276
 tiempo de supervivencia 182
colon 24, 25, 29, 178
colonia 41, 111, 117
Comisión Federal de Comunicaciones 261
Compañía de Fertilizantes Sanitarios 151, 295
competencia microbiológica 95
Complete Book of Composting 87, 288, 293, 294, 298
Compost Toilet Handbook 4, 250
composta 276
 animales enfermos 112
 beneficios de la 82
 bioaerosoles 132, 133
 biofiltro 89, 109, 113, 128, 219, 222, 232, 259
 biorremediación 107, 289, 291
 biosólidos 58, 117, 118, 122, 140, 199, 201, 284, 291, 292, 294, 297

casa 76
ciencia 75, 80, 101, 135
Ciencia y Utilización 75
congelada 87
curso de entrenamiento 128
de desperdicios municipales 258, 285
de diseño 112
definición de 72
demasiado caliente 97, 101
descongelación 244
descuidada 194, 195
ejercito de EUA 1940 79
fases **93**, 95, 96, 104
filtros 64, 109
filtros de agua de lluvia 109
fosas 74, 75, 77, 78, 80
frecuencia de volteado 127
inoculantes **135**
inmadura 237
laboratorio de pruebas 102
letrinas 75
mal manejada 85
microbios en la 99, 115
miedos 241, 248
mitos 34, **127**
monitoreo **241** 244
montones 74, 76, 78
olores 51, 78, 84, 86, 89,108, 113, 114, 128-130, 132, 133, 143, 154, 156, 163, 164, 168, 169, 195, 214, 216, 218, 219, 222-224, 237, 240, 246, 247, 250, 256, 259, 264, 269
parece demasiado mojada 235
por capas 108
pilas 30, 33, 39, 71, 73, 83-87, 94, 96, 98, 103, 105, 106, 114, 127-133, 135, 136, 139, 149, 150, 194, 195, 209, 218, 219, 228, 233, 237, 241, 242, 248
residuos de pesticidas 108
sin molestar 173
sin voltear 96, 127, 129-133
té 80, 111, 137, 138
temperaturas 29-32, 71, 75, 80, 94, 96-98, 100-103, 106, 112, 119, 147, 149, 185, 189, 194, 199, 205-209, 242, 243, 245, 248
termómetros 73, 229, 242
trabajadores 81, 132, 133, 142, 217

un perro entero 114
volteado de (costo) 134
compostadores municipales 94
compostaje
asiático 35, 38, 39, 41, 43, 165
contenido 74, 86
continuo 41, 81, 93, 276
baños de 248
de desperdicios 142, 179, 211, 217, 232, 258
el arte del 217
en hileras 276
de cadáveres animales 81, 113, 201, 233
por lotes 93, 94, 197
supervivencia de patógenos 192, 193, 197, 207, 211
compostador de jardín
compostero
area central 234
bajo la casa 224
base de tierra 234
construir un 238-239
corte transversal 234
curación 234, 235
de alambre 114, 162, 233
de tarimas 162
lleno 234
sobre el suelo 74, 156
termometro 234
compuestos antimicrobianos 101
metales pesados en la composta 66, 126
concreto 44, 51, 144, 228
condiciones insalubres 19, 163
conejillo de indias 65
confinadas a la cama 269
conjuntivitis 70
consciencia 35
Consejo de Compostaje de los Estados Unidos 71, 251, 253
construye un baño **226-227**
consumo global de fertilizantes 44
contaminado
madera 89
contaminantes
de las aguas negras 121
de los arroyos 175, 177, 191
control del exceso de calor 101
Corea 36, 38, 47, 259

del Sur 2, 271
guerra de 47
Coreano, equipo de filmación mantequilla 271
Cornell 39, 67, 68, 132
correo 81
no deseado 115
Crapper, Thomas 51
crema agria 137, 138
creosota 140, 294
Creta 51
cromo 89, 115, 125, 126, 140
cryptosporidium 276
CTS (baño seco) 170
cuatro fases (composta) 93
cuatro requerimientos (baños composta) 218
cubetas 86, 131, 138, 162, 223, 225, 235, 236, 246, 248, 249
baño 245, 256
de aguas negras sin tratamiento 45, 46
maldición 256
para pañales 92
volteado 131
cubrir la composta 84, 232
cucharadita de tierra nativa 97
cuclillas 43, 144
curada 234, 235
cerda 48
cuenco bajo la pila de composta 237
cuerno de tinta 41
culturas del baño de descarga de agua 151
cuotas de manejo 276
curación 276
curado 93-95, 103, 104, 225, 237

D

Dacaiyuan 182
Dallas-Ft. Worth, TX 115
dao 211
DDT 63, 65
defecación al aire libre **48**, 50, 141, 162
defecar sobre la tierra 215
degradación de químicos tóxicos 105-107,
Delft, Holanda 15
Deli 45
Departamento de Agricultura de los Estados Unidos

35, 36, 175, 179
Departamento de la Defensa 56, 107
Depósito del Ejército de Hawthorne 107
Depósito del Ejército de Umatilla 107
depresión en la tierra 237
derrames de petróleo 66
descargar 1 tonelada de humabono 68
descargas eléctricas 17
desechable 92
deshidratación 32, 43, 87, 89, 147, 150
desierto 31
desinfectantes 54, 118, 206
desperdicios 35-37, 59, 68, 69, 84, 105, 144, 149, 163, 165, 178, 179, 211, 232, 248, 263, 265, 267, 276
  eliminación de 217
  estabilización de 197
  humanos 68, 142, 164, 173, 175, 176, 251
  municipales 258
  sólidas municipales 276
Desperdicios de las Naciones 69
destilerías de yuca 219
detergentes 117, 118, 266
diabetes 24
diarrea 17, 19, 46, 142, 152, 175
dicamba (herbicida) 106
diésel 105, 106
difenhidramina 122
digestor biológico mexicano 48
Dios 17, 39, 127,
dióxido de carbono 93, 107, 108, 276
dioxinas 63
directorios telefónicos 116
discapacitadas 269
disentería 19, 154, 175, 185, 295
diversidad microbiana máxima 101
doble cámara vietnamita 167, 168
doctores 17, 24, 174
dosis mínima infecciosa 102
Dow AgroSciences 108
drenajes 39, 46, 54, 55, 65, 67, 151, 152, 154, 156,

163, 295, 296
combinados 56, 276
dudas e inquietudes 115
Dupont 108

E

E. coli 21, 23, 93, 102, 131, 191, 192
E. coli 0157:H7 191
ecosistema 11, 35, 260
efluente 59, 60, 126, 142, 152, 197, 276
Eisenia fetida 103
ejército de los EUA 87, 107
  composta de 1940 79
  Cuerpo de Ingenieros del electromagnetismo 272
Elvis 105
emergencia 215, 233, 294
emisiones 44, 59, 132, 265, 293
  de compuestos orgánicos 109, 133
  volátiles (COV) 133
Encefalopatía Espongiforme Bovina EEB 210
encogimiento de la composta 232
Encyclopedia of Organic Gardening 115
endosporas 31
endotoxinas 132, 133
enemas de humo de tabaco 17
enfermedad 17, 19, 22, 24, 39-41, 43, 74, 80, 102, 109, 111, 112, 151, 152, 154, 174, 176, 177, 183, 201, 279
  celiaca 24
  de Crohn 24
  de la sudoración excesiva 39
  de las plantas 109
  de las vacas locas 201
  de reflujo 24
  del reblandecimiento de los tallos 111
  endémicas 233
  gastrointestinal aguda 264
  genes resistentes 23, 67, 109
enmienda 276, 293
Entamoeba histolytica 185
entérico 276
  virus 67, 208

Enterobius vermicularis 202
enterovirus 186
  supervivencia en tierra 186
Envirolet 170
EPA de los EUA 46, 54-56, 58, 62-64, 70, 89, 117, 138, 140, 146, 148, 199, 201, 265, 283-285, 289-291, 293-295, 297-299
epidemia 25, 116, 175, 176
  de cólera 17, 43, 152
  de infestación ascárides 188
error médico 23
Escherichia coli 191, 297
escusado 44, 47, 51, 116, 123, 141, 142, 151, 152, 154, 156, 161, 213-215, 218, 222, 223, 257, 266
  de Agua Oval 153
  de descarga de agua 1884 153
  de descarga (invención) 151
espacios de aire en la tierra 83
espacios intersticiales de aire 128
esponja biológica 228, 232, 234, 235, 237
esporas 29-32, 132
estabilización con cal 59, 136
Estados Unidos 3, 21-25, 30, 35-37, 46, 50, 51, 54, 55, 62-65, 68, 71, 77, 103, 107, 116, 118-120, 135, 138, 141, 142, 146, 160, 164, 175-177, 179, 189, 199, 201, 206, 241, 251-253, 259, 261, 264-268
Estadounidenses 3, 25, 37, 46, 47, 54, 61, 70, 142, 260, 262-264, 267-269
estanques
  de oxidación 61
  de estabilizacion 196
esteroides 117, 118
estiércol 37, 78, 177, 261
estimuladores de crecimiento 112
estómago 13, 17, 46
estreptococos 29
estreptomicina 24
estricnina 17
etapa de maduración 94, 136
Ethical Man 271
EUA 35, 37, 62, 64, 65, 72, 87, 103

Europa 38-41, 126, 245, 267
 ancestros 39
exceso de humedad 83, 85, 168
excremento humano 20, 30, 35, 37, 41, 43, 46, 51, 68, 80, 142, 148, 157, 160, 164-166, 169, 171, 173, 174, 176, 179, 193, 194, 216, 217, 262, 263, 265
excreta 19, 34, 106, 117, 120, 122, 124, 141, 144, 160, 185, 192, 209
 producción promedio 36
explosivos 105, 107, 290
extraterrestres 5-7

F

Fahm, Lattee 69
fallas en el suministro eléctrico 214
fármacos 26, 46, 97, 116,
 en la composta 116, 117-119, 121-123, 214, 266, 91, 292
 en la orina 122, 292
Farmers of Forty Centuries 74, 75, 282, 287, 298
Farr, Dr. 152
fase de enfriamiento 93, 94
Feachem 179, 197, 199, 207, 209, 296, 297
fecha de prohibición 135
fecofobia **164**, 165, 171, 174, 176, 276
fenilbutazona 121
fermentación 16, 74, 77, 154, 294
fertilizantes 44, 109, 137, 151, 263, 282, 283, 295, 299
 minerales 36
 nombres de marcas 68
 químicos 35, 46, 83, 124, 140, 267
festivales de música 165
fibratos 117
fiebre de la cárcel 39, 41
Filipinas 160, 169
Finlandia 3, 164
fitoplancton 13
fitotóxica 78, 276
filtro para café 255
 para el exceso de líquidos 228

Flatt, Hugh, 247
Fleming, Alexander 21
floculación 60
Florida 54, 265, 298
fluoroquinolonas 118, 123, 291, 292
fluoxetina 118, 122
fosa 53, 55, 56, 74, 76-78, 86, 144, 246, 247, 269
fosas sépticas **51**, 52-54, 55, 63, 146, 152, 154, 196 **197**, 263, 295
 etapa de sedimentación 58
 líquidos para limpieza de 54
 químicos en las 54
 transmision de patogenos de 196
fósforo 37, 44, 64, 83, 115, 240, 267
fotosíntesis 13,
fragancias 117, 118
Franklin, Benjamin 261
freón 106
Fuerte Riley 107
Fundación Nacional para el Saneamiento 252
fungi 276
fungicidas 111
Fusarium 111, 112, 290

G

Gaia 13
galaxolide 117
Galileo 7
gases 13, 84, 108, 154, 299
 de efecto invernadero 44, 59, 64
 del calentamiento global 265
gasolina 105
gatos 114, 139, 203
 arena para 138
 heces de 138
geisers calientes 30
Geobacillus 29, 281
germinar una semilla 96
Gibson, T. Dr. 243
Gilgit 83, 177
Girdlock 4
GiveLove.org 230, 253
glucanos 132, 133
Gotaas 127, 185, 288, 289, 294, 296
granjero del excremento 262
grasas 138, 139, 164
Grandes Lagos 56
Grecia 271

Grupo de Investigación del Interés Público de EUA 65
Guerra Contra los Microbios 20, **21**, 22
Guerra Contra la Mierda 20

H

haciendas de té en India 80
Haití 3, 129, 130, 209, 253
Hamlet 73
HAPs 119, 291
Hartmannella-Naegleria 185
helmintos 60, 61, 75, 80, 183, 189, 276
hepatitis 45, 70, 182, 185
herbicidas 105, 108, 290
 persistentes 108
Hermanas de la Humildad 33
Hermiston, Oregon 107
hidrocarburos aromáticos pol icíclicos 119, 291
hierbas 7, 72, 73, 86, 87-89, 93, 112, 113, 128, 137, 139, 166, 199, 214, 218, 222, 228, 232, 242, 247
higiene 39, 40, 41, 46, 166, 168, 208, 276, 286, 292
hileras, composta en 43, 84, 112, 120, 130-132, 201, 288
Himalayas 177
Hindues 157
History Channel 271
histolytica 186
Hoitink, Harry 111, 283, 290
hojas 13, 29, 73, 81, 86-89, 108, 111, 129, 137, 139, 164, 177, 199, 215, 218, 222, 228, 232, 242
hongos 11, 13, 58, 64, 94, 96, 97, 99, 101, 104, 106, 107, 111, 132, 133, 264, 289
Hopei 165
hormigas 13, 71
Howard, Sir Albert 76, 83, 85, 128, 136, 177, 257, 287, 288, 294, 296
huesos 92, 113, 115, 137, 138, 140, 164
huevos 67, 80, 86, 100, 138, 160, 161, 168, 175, 185, 188, 189, 191-193, 197, 199, 202, 203, 205-208, 240
humabono 2, 5, 19, 26, 27,

33-39, 43-47, 68-70, 73, 74, 80, 81, 84, 85, 88, 89, 92, 93, 97, 100, 114, 116, 126, 138, 139, 150, 164-166, 168, 171-177, 179, 182, 183, 189, 191, 192, 194, 195, 206, 207, 209, 211, 213-218, 225, 228, 229, 232, 233, 237, 240-243, 245-253, 256-264, 270, 276
  agronutrientes del 204
  composicion del 91
  produccion mundial 204
humanas 10, 11, 39, 121, 166, 183, 260, 280, 294
humedad 81, 83-86, 89, 92, 104, 113, 128, 135, 139, 149, 168, 192, 193, 217-219, 224, 233
humedales 258
  construidos 66, **64**
humildad 33, 34, 260
humus 34, 71, 76, 87, 106, 107, 146, 177, 276
  de lombriz 276
Hunzas 83, **176**, 177, 179

I

imanes 271, 299
impedimento reproductivo 62, 119
inactivación total de patógenos 100, 101
incineración 43, 45, 64, 107, 149, 257, 258
indecente 261, 262
India 3, 45, 46, 76, 80, 83, 128, 135, 160, 192, 283
Indiana 55
indicador patógeno 276
indios 41, 46
Indore, proceso 76-78, 80, 128
infecciones de los riñones 65
infecciones respiratorias 70
infestación de moscas de la fruta 223
Inglaterra 39, 41-43, 80, 85, 151, 152, 256, 282
inmersión en agua fría 17
inmersos en la caca **33**
inoculantes 77, 135
  bacterianos 77
inodoro 1, 3, 43, 72, 86, 92, 114, 142, 154, 155, 156,

157, 174, 175, 189, 191, 206, 207, 242-244, 246, 247, 256-258, 269
insectos 17, 81, 117, 149, 214, 248
  repelentes 117
insecticidas 105
Instituto de Recursos Mundiales 263, 298
intestinos 11, 13, 24, 113, 144, 188, 191
invernaderos 111, 122
invierno 38, 114, 138, 154, 176, 205, 232, 241-243, 245, 254, 268
Irlanda 106
  del Norte 30
irrigación con aguas negras 264
Islandia, suelos de 30
Israel 2
Italia 40
ivermectina 121

J

jabón 225, 235
Japón 36, 38, 43, 160, 259
Jesus 33
jitomates 271
Johns Hopkins 24
judios 40, 41
Junta de Salud de la Ciudad de Detroit 74, 287
Junta General de Salud 42

K

K 276
Kansas 107, 266
Keesey, Alisa 253
Kenya 3, 285
King, F.H. Dr. 36-38, 43, 74-76, 127, 259, 282, 287, 298
Koch, Robert 19
Kosher, alimentos 40
Kioto, Japón 43

L

LaMotte, kits de análisis 240, 298
Laboratorio de Woods End 116, 290, 293
lactobacilos 25, 29

Lago Skaneateles 162, 163, 295
Lagos Finger 162
Laguna de Indian River 54
lagunas 61, 197
Larry the Cable Guy 271
larvas 160, 203, 205, 206, 228
latas de aerosol 108
lavado 236, 267
  de cubetas 235, 248
  de manos 24, 98, 243
leche 22, 25, 29, 86, 137, 138, 175, 281
  de vaca 22
lechuga 65, 66, 108, 123, 176, 192, 193, 297
Leeuwenhoek 15, 16, 73, 279
legales **251**
leguminosas 38, 157
letrinas 219, 276
  de cubeta 159, 245-247
  de doble fosa 246, 247
  de fosa 269
  de hoyo 276
  en las escuelas 3
  en tierra humeda 50
  en tierra seca 49
  mejoradas con ventilación 269
  privado sanitario 1945 145
levaduras 11
Ley de la Salud Pública 42
leyes 55, 256, 258
lignina 94, 276
lípidos 138, 139
lluvias 46, 78, 85, 109, 205, 266
  torrenciales 233
lixiviados 85, 146, **233**, 235, 237, 264, 267, 268, 276
lodos residuales 50, 58, 59, **64-68**, 101, 117-119, 122, 125, 136, 140, 144, **192-193**, 197, 199, 201, 219, 277, 284-286, 291, 296-298, 301, 302
  activado 277
  compostados 137
lombrices 33, 64, 72, 100, **103**, 113, 126, **171**, 179, 182, 183, 185, 192, 193, 197, 203, 206, 207, 240, 289
  cajas para las 103
  compostaje con 103
  contenedores para 103
  de tierra 94, 104, 112, 199

digestión de las 103
en las heces 184
huevos de 67, 80, 160, 168, 185, 188, 189, 191-193, 197, 199, 206-208, 240
intestinales 80, 199
muerte de los huevos de 189, 195
parasíticas 185, 188, 189
patogénicas 185, 189
rojas 72, 103
tiempos de supervivencia 190
Londres 15, 41, 152, 156
Long Island 54
Luisiana 54, 107
Lovable Loo (Baños Adorables) 268
Lubke, Sigfried 106, 107
Lumbricus rubellus 103
lupus 24

M

macroorganismo 228, 277
madera tratada a presión 89
Madre Naturaleza 13, 31, 71, 97, 218,
Madre Tierra 13, 31, 32, 83,
magnetismo 271, 272, 299
magnetita 271
magnetosomas 271
magnetotácticas, bacterias 271, 299
Maine 116, 256,
mamíferos 11, 13
manteca 137, 138
mantequilla de cacahuate 137, 138
mantillo 83, 277
mantos freáticos 55
mapaches 114, 139, 248
Mar Medfcterraneo 30
marchitamiento fúngico 111
marchitez bacteriana (Phytophthora) 109
Marruecos 3
Massachusetts 54, 256
materia médica 73
material de cobertura **86**, 234
  cape de 234
  colchón 229,
  envoltura 229, 232
materiales
  del jardín 87, 88, 132, 164, 217, 277
  prohibidos 137, 139

voluminosos 86, 93, 128, 222
mayonesa 137, 138
mazorcas de maíz 92, 113
McCarrison 177
medicamentos 22, 23, 25, 26, 118, 122-124
  de prescripción 116
  para el corazón 117
membrana mucosa 132
mercurio 17, 65, 126
mesófilo 29, 31, 71, 93, 101, 104, 106, 119, 146, 277
  bacterias 29
  fase 93
metabolitos de detergentes 117
metales pesados 54, 64-66, 109, **124**-126, 140, 264, 277, 293
metano 59, 265, 299
metacualona 119
México 48, 168
mezcla de C/N
micelios 97, 277
micobacterias 185
microartrópodos 109
microbioma 11, 19, 22, 25, 26, 278
  intestinal disfuncional 24
  personal 24
microbios 9-11, 13, **15**, 17, 20-27, 29, 31, 33, 34, 58, 64, 67, 70, 71, 73, 85, 87, 95, 96, 108, 109, 115, 129, 135, 138, 140, 142, 166, 172, 216-218, 228, 237, 263, 272, 278-280, 282
  descritos en 1887
  dibujos de 1750 8
  El Eliminador de 18
  La Guerra Contra de 21
micrografía electrónica 12
microbiota 13, 22, 24-26, 281
  intestinal 13
microorganismos 9,11, 16, 17, 62, 63, 67, 72-74, 83, 85, 87-89, 93, 94, 96-98, 100-103, 105-108, 109, 111, 112, 119, 124, 125, 127, 133, 136, 146, 152, 164, 171, 207, 208, 211, 217, 228, 243, 263, 264, 277, 278, 281
  con forma de barra productores 29

de esporas 29
no caminan 85, 237
microscopio 7, 15, 16
Milán 40
minas de oro 30
Minnesota 54
Miquel 30
Missouri 253
mitos sobre la composta **127**
moho 132, 133
Moises 157
Mojón, un dia en la Vida **47**
Mongolia 3, 231, 269
monitoreo de la temp. **241**
monja 33, 34
morfina 17, 120, 292
moscas 6, 42, 43, 50,77, 78, 84, 87, 113, 127-130, 142, 162, 163, 168, 175, 183, 195, 215, 216, 219, 223, 224, 237, 245, 246, 249, 255, 259
mosquitos 50, 195, 199
Moule 154, 156, 157, 160, 295
Mozambique 3, 129, 221
mujeres embarazadas 64
multitud 5-7, 149, 179, 269, 286
mutación genética 67

N

N 277
Naciones Unidas 59, 143, 283-286, 294, 299
Nano-Toilet 142
naproxen 118
nariz 89, 114, 169, 224
National Geographic 75, 287,
nativos americanos 41
Nebraska 54
Necator americanus 203
nemátodos 58, 97, 104
  parásitos 112
Nevada 107, 206, 299
New Hampshire 55
New York Times 173, 282, 289
Niagara Long Hopper 153
Nicaragua 3, 230, 269
Niger 46
nitratos 54, 65, 83, 197, 266, 267, 277
nitrógeno 37, 38, 44, 54, 64, 73, 77, 78, 83, 87-89, 92, 95, 113, 131, 132,

137, 139, 166, 217, 218,
  240, 246, 267, 283
pérdida de 78, 90
Nueva Escocia, Canadá 135
Nueva Inglaterra 41, 256
Nueva York 19, 68, 202, 213
  Ciudad de biosólidos 59
Nueva York, Estado de 108,
  162, 163
Nueva Zelanda 135, 148
nutrientes 35, 37-39, 73, 83,
  94, 131, 156, 166, 174,
  183, 211, 240, 246, 267,
  268
  ciclo de los **212**
  de liberación lenta 81
  escorrentía 267

O

obesidad 24, 25
occidental 35, 36, 38, 43,
  176, 260, 277
océanos 13, 30, 37, 43
Océano Atlántico 32
Océano Pacífico 32
Ohio 54, 193
oídio 111
olores 51, 78, 84, 86, 89, 108,
  113, 114, 128-130, 132,
  133, 143, 154, 156, 163,
  164, 168, 169, 195, 214,
  216, 218, 219, 222-224,
  237, 240, 246, 247, 250,
  256, 259, 264, 269, 293
organelos magnéticos 272
orgánica(s)
  agricultura 76, 126, 287, 296
  contaminación 60
  granjas de lácteos 26
  jardinería 74, 115, 127, 128,
    250
  pérdida de materia 77, 78,
    88, 131, 137
orgánico(s) 277
  ácidos 86, 95
  contaminantes del agua 266
  material 30, 31, 65, 71, 73,
    76, 84, 86, 88, 89, 93,
    94, 101-103, 108, 109,
    113, 135, 138, 139, 142,
    143, 146-148, 168, 179,
    199, 213, 217, 225, 229,
    232, 237, 252, 259, 268
organismos microscópicos 7,
  9, 222
Organización Mundial de la

Salud 23, 70, 80, 141,
  143, 162, 179, 245,
organoclorados 63
orillas 42, 56, 77, 209, 229
orina 43, 77, 81, 85, 88, 89
  92, 122, 123, 141, 143,
  144, 146, 147, 149, 150,
  156, 163, 166, 168, 173-
  175, 177, 182, 183, 193,
  210, 216, 222, 231, 241,
  246, 247, 249, 292
baños con desviación de
  147
desviación 141,147, 150
patógenos en la 180
separación 144, 146, 147,
  149, 150, 166, 173
osos 114
osteoporosis 24, 281
OVNIs 5
óxido nitroso 59
oxígeno 13, 58, 62, 71, 74,
  75, 86, 93, 95, 104, 127,
  128, 130-133, 217, 222,
  245
  atmosférico 13
  niveles 130, 131, 133
  bacterias productoras de 13
oxitetraciclina 119, 120, 291
oxiuros 175, 202, 203, 297
ozono 17, 60, 63,

P

P 277
paja 75, 76, 81, 85-89, 93,
  113, 114, 128, 130, 133,
  139, 144, 173, 194, 199,
  209, 222, 228, 229, 232,
  233, 242, 244, 247, 249,
  257, 269, 298
Paquistán 177
palma de la mano (bacterias)
  11
pañales 92, 206, 207, 211
Papa de la Caca 33
Papa Inocencio VIII 40
papel periódico 115
parásitos 67, 112, 147, 157,
  160, 175, 188, 195, 202,
  240, 241, 264, 297
  huevos de 188, 195
  intestinales 55, 157, 160,
    207, 241, 250
París 39
Parlamento 42
parto natural 25

Pasteur, Luis 16
pasteurizada, leche 29
pasto 53, 81, 86-89, 108, 129,
  139, 164, 194, 215,
  228, 232, 247
invasor 137
pasturas fertilizadas con
  lodos residuales 201
patente de composta 111
patogénicos 75, 179, 197,
  264
  hongos 264
patógenos 19, 23, 24, 31, 37,
  39, 55, 59, 60, 65, 67,
  70, 72, 73-75, 80, 94,
  98, 100, 102, 103, 104,
  109, 112, 127, 141, 164,
  166, 168, **179**, 183, 185,
  188, 195, 197, 201, 206,
  207, 216, 233, 243, 247-
  249, 263, 264, 277
  contaminación 59
  destrucción 95, 199, 207,
    208, 209, 249
  dosis mínima infecciosa
    102, 180
  eliminación 97, 127, 147,
    148, 202, 208, 243
  en cultivos **192**
  en la orina 180
  en las heces 181
  en la tierra **192**, 211
  fúngicos de las plantas 111
  indicadores **189**,
  microscópicos 17
  muerte de 207, 208, 209
  muerta termica 202
  persistencia 102, **192**
  planetarios 34
  supervivencia
    en lodos **193**
    compostaje or tierra 200
  supervivientes
    residuales 193
  temp. de eliminacion 202
  transmisión a través de
    baños **194**, 198, 199
    composta 198
    estanques de estabiliza
      cion 196
    fosas septicas 196
    plantas de tratamiento
      196
PCBs 63, 65, 105, 107, 277
peces 13, 30, 60, 62, 64
  migratorios 62
pediatra 22

Pekín 45, 299
penicilina 21, 24, 67
Pennsylvania 205, 217, 239, 251, 258
perfumes 117
periódicos 115, 116
perros 48, 84,113-115, 129, 138, 139, 203, 215, 225, 236, 248, 255
Peste Negra 39, 40
pesticidas 54, 83, 108, 109, 112, 117, 118, 124
pestilencias 39-41
petróleo 66, 106
  hidrocarburos 105
  productos del 117
  solventes a base de 115
pH 59, 83,136, 137, **139**, 192, 240, 277
  ejemplo de cambio 138
  para el insomnio 139
Phytophthora 111, 109
Phoenix, baño 170
Picloram 108
piel 10, 11, 34, 94, 117, 132, 133, 176, 192, 203
pigmentos 115
pila
  al aire libre 84, 128, 129, 147
  estática 201, 209
plaga 39, 40, 87, 152, 237, 277, 278, 280
Planta de Municiones del Ejército del Estado de Luisiana 107
planta de trat. de aguas negras 43, **55**, 60, 67, 185, 266
plantas
  absorben medicamentos 122
  acuáticas 66
  de tallos maderosos 86
  enfermas 109, 137, 138
plásticos 45, 140, 173
plastificantes 118
plomo 66, 115, 124, 125, 126, 140, 285
  en la pintura 140
  tierra contaminada con 125
Plymouth, Colonia de 41
Plymouth, Pa. 176
polen 132, 133
poliovirus 183, 187, 193
  supervivencia en tierra 187
popopapas 271

Portland, Oregon 108
potasio 37, 240, 267
pozos petroleros 30
Premio Nobel de Medicina 21
Príncipe Alberto 42
priones 210
prisiones 41, 154, 162
privados 154, 168, 174, 192
  con tierra seca (1922) 158
  de cubeta 161
  de cubeta con tierra seca 156
  exteriores 195
  secos 141, 169, 199
probenecid 119
Prochlorococcus 13
producción de amapola 120
producto nacional bruto 37
productos
  de pan 137
  lácteos 113, 138
Productos de Desecho de la Agricultura 77, 287
proporción de C/N
protectores solares 117
protestante 40
protozoarios 11, 46, 55, 58, 60, 61, 64, 97, 100, 183, **185**, 192, 193, 197, 277
  en las heces 182
  quistes 185, 192, 193
  supervivencia en tierra 186
psicrófilas 29, 277
puercos 113, 120
Puerto Rico 206
pulgas 39
putrefacción 51, 86, 109, 111, 151
Pythium 109, 111

Q

Qué No se Debe Compostar 137
queso 137, 138
quintillón 9, 10

R

radiación nuclear 66
radioactiva, contaminación 107
radiactivo (cesio) 106
ratas 39, 125, 127, 129, 139, 183, 237, 248, 249, 255, 256

RDX 107
reciclaje de agronutrientes 35
recipientes de 19 litros 222, 223, 225, 235,
recortes del jardín 293
recortes de pasto 81, 108, 128, 232
regar la composta 85
reglamentos 146, 252, 284
regulaciones 255
reinventar el baño 142
relación C/N 87, 89, 90, 92
rellenos sanitarios 35, 43, 45, 50, 59, 66, 68, 81, 135, 142, 211, 263, 265, 267, 299
represas químicas 62
resfriados 22
residuos
  de la cocina 89, 103, 241, 256
  sépticos 146, 147, 175, 199, 201, 250, 252, 277, 297
  solidos municipales 213
resistencia 22, 39, 61, 107, 109, 111, 188
  a los antibióticos 23, 67, 119, 123, 266, 268, 280
  a múltiples medicamentos 26
  sistémica adquirida 109
respiratorio
  infecciones 133
  síntomas 132, 133
restos
  de comida 81, 84-86, 89, 103, 113, 137, 146, 147, 164, 177, 216 , 218, 223, 241, 256, 264
retardantes de fuego 117, 118
retos de la salud pública 23
revolver la composta 96, 127
Rey Minos de Creta 51
Rhizoctonia 111
Rio Connecticut 55
Río Huangpu 45
Río Lea 152
ríos 37, 46, 56, 62, 124, 151, 152, 266, 267, 283
  asiáticos 45, 59
  africanos 59
  latinoamericanos 59, 60
Rockland, condado de, NY 108
Rodale, J.I. 115, 136, 282, 287, 288, 293, 294, 298
Rodale, Robert 127, 128,

ropa de algodón 81
ruibarbo, hojas de 137
Rybczynski 165, 166, 245, 247, 285, 295

S

sal de mesa 63
salinomicina 120, 124,
salmonela 67
salud pública 42, 43, 64, 74, 173, 258, 264, 286-288, 292, 296
soluciónes salinas 17
San Abraham 40
saneamiento 3, 40, 41, 43, 70, 100, 141, 142, 157, 163, 245, 246, 247, 252, 266, 269, 282, 283, 285, 294-296
  ecológico 163-166
  en Inglaterra 42
  en la composta 98, 199, 246, 247
  trabajadores de la 81, 132, 133, 142, 217
Santa Silvia 40
Satanás 39, 40
Scharff, J.W. Dr. 80
schistosoma 277
secado 89, 161, 166, 205
secreto de la prevención de olores 86
segregación de orina 141, 144, 146, 147, 149, 150, 168
Segunda Guerra Mundial 21
semillas de hierbas 72, 104, 232
separación desde la fuente 277
séptico 277
seres invisibles 6, 7, **9**, 10, 17, 22, 33, 213
Servicio Geológico de EUA 117
sistemas sépticos 52, 53, 54, 55, 123, 284, 285
  fallas 54, 55
Shakespeare 73
Shang, Dinastía 35
Shanghai 37
Shantung, Provincia de 166
Shigella 185, 277
simbiótica 13, 34, 211
sintéticos 54, 142
  fertilizantes 263

fungicidas 111
Singapur 80
sistema
  anual 96
  comun de lagunas 57
  de tierra seca 154-156, 295
  de tres contenedores 238-239
  digestivo 10, 172, 202, 261
sistemas de aguas públicos 117
sistemas de filtración biológica 108
Snow, John Dr. 17, 42
Sociedad Americana contra el Cáncer 123
Sociedad Real 15,
solar aquatics, sistemas 64
solsticio de verano 232
Sonnerat, Pierre 30
sorgo, bagazo de 219
sostenible 140, 260, 263, 268, 277, 283, 284, 286, 298
  agricultura 38
Souza, Samuel 253
Sr. Hedges 152
Sr. Mojón 46, 47
Steiner, Rudolf Dr. 174
Stern, Howard 262, 271
suciedad 39, 42, 151, 174
Sudáfrica 9, 80, 135, 161
suelo cóncavo 232
suelos 30, 34, 35, 53, 65, 67, 76, 80, 83, 109, 111, 117-119, 122-126, 267, 268
  contaminados 122, 126, 264
  estériles 111
sulfacloropiridazina 119
sulfametazina 118, 120
sulfonamida 120, 123
sulfuro
  remedios a base de 17
suministro público de agua 63, 161, 176, 179, 191, 245
Sun-mar 170
superbichos 21
Superfund 265
Suprema Corte de los Estados Unidos 55, 261
Sven Linden 170
Syracuse, Nueva York 162

T

Taenia de la vaca 67
Taenia saginata 67
Támesis, Río 42, 156
tarimas 230
Tanzania 3, 169, 269, 270
Tao de la Composta 98, 103, 114, 130, **211**
tapetes de lana 81
tarimas 84, 129, 162, 225, 228, 229, 233, 249
té, bolsas de 137, 138
temperatura
  ambiente 96, 277
  conversiones de 275
Tennessee 257, 258
teológico, razonamiento 39
tercera causa de mortalidad 24
termitas 13
termómetro 29, 73, 95, 96, 104, 222, 229, 234, 241-243
termófilos **29**-32, 71, 72, 94, 97, 101, 104, 242, 277
  primeras investigaciones 28
termofílicos(as)
  actinomicetos 97, 139
  bacterias 29, 30, 94, 97, 98, 135, 259, 281, 282
  esporas 29-32
  fase 93, 94, 119, 249
  hongos 97
terpenos 132, 133
terreno de casas móviles 256
terrenos inundables 255
tésis de graduación 1
Tester, Cecil 137
tetraciclina 22, 120
tetracloruro de carbono 63
Tianjin 45
tiempo de retención 199, 207, 249
tiempo-temperatura 209
tierra
  base de 154, 228, 234, 237, 247, 284
  cajón de **151**, 156, 157, 160, 207, 218, 295
  como agente desodorante 154
  día de la 33
  fertilizada con lodos residuales 65
  fondo del compostero 113
  interfaz con la composta 228

pH de la 192, 240
nitrógeno en la 73, 95
nocturna 35, 37, 38, 43,80,
    143, 152, 164, 168, 182,
    245, 277, 282
    nutrientes en la 35
tifoidea 39, 151, 154, 175,
    176, 185, 193, 264, 295
tilosina 120, 122
TNT 105, 107
toallas
  menstruales 92, 138
  sanitarias 92
Tokyo 173
tonalide 117
tonelada métrica 277
toneladas diarias de excremento humano 46, 59, 68
Tories 42
tormentas de arena 31
tortura 40
tóxicos 116, 119, 124, 125,
    132, 154, 253
  contaminantes 65
  desperdicios 211, 232
  químicos 54, 63-65, 68, 87,
    105-107, 118, 214, 264,
    284, 289
tracto intestinal 10, 11, 93
traducciones 2
transferencia genética 67
trapos 81
trasplante de microbiota fecal
    26
travesti 262
Treehouse Masters 271
tres reglas de la salubridad
    de Jenkins 157
triazina 105
tricloroetileno 54, 106
Trichuris trichiura 205
triclocarbán 122
triclosán 117, 122
tricocéfalos **205**, 206
trituradora 29, 135, 219
troncos 105
troposfera 30, 31
tuberculosis 175, 185, 193
turba, 81, 86, 106, 108, 162
  de musgo 277

U

UDDT 147
Uganda 3, 219, 231
ultravioleta 32, 60
Un Testamento Agrícola 76

Uncinula necator 111, 290
UNICEF 70
Universidad de Agricultura de
    Edimburgo y Escocia del Este
    243
Universidad de CA, Berkeley
    143
Universidad de Slippery Rock
    1
Universidad del Estado de
    Michigan 101, 107
uranio 106
USCC 71, 72
uso agrícola de lodos activados 58
uvas 111

V

vagina 25, 26
Vanderbilt, George 51
vector 20, 80, 98, 201, 277
verdes 86, 89, 92, 122, 218
vermicompostaje 103
vermicultura 72, **103**, 277
Vibrio cholerae 17
Vibrio comma 19
vidrio 15, 51, 140, 172
vientre materno 34
Vietnam 167, 168
VIH **201**
vino 15, 33, 86,
Virginia 54, 59
virus 10, 13, 22, 46, 54, 55,
    60, 100, 117, 132, 133,
    183, 185, 192, 193, 197,
    201, 208, 264, 277
viruta de madera 219
volteado 131
  de la pila 84, 85, 96, 127,
    129, 131, 132, 134
volumen 113, 146, 225, 258,
    161, 169
  de agua 235
  de material en el baño 147
  pequeño de material de
    composta 147
vómito 17, 19, 86, 123
voto de humildad 34

W

Wad Y. D. 77
Ward, Barbara 68
Waring, George E. Jr., 155
Westerberg 100, 289

White, Andrew 39, 40
Wiley 100
Wyoming 206

Y

Yamuna, Río 45, 192
yogurt 138
Yucatán, Península de 48

Z

zarigüeyas 114
zinc 125, 126
zoológicos, abonos de 115
zooplancton 61
zone de descarga 60
zona de seguridad 204
  de tiempo y temp. 208

Sobre el Autor

El autor, Joseph Jenkins, comenzó a compostar en 1975 en el noreste de Pensilvania, EE.UU., y continúa haciéndolo hasta la fecha. Empezó a usar baños composta en 1976. Tiene tres baños composta en su casa y ninguno con fosa séptica. Ha utilizado su composta en sus propios huertos durante 49 años al momento de esta publicación (2025).

Jenkins ha viajado extensamente para enseñar a la gente cómo construir y utilizar sistemas de baño composta. Además de Estados Unidos y Canadá, sus viajes de composta lo han llevado a lugares como Asia, África, Europa y Centroamérica.

Este libro comenzó como una tesis de posgrado (Maestría en Ciencias de Sistemas Sostenibles), pero se convirtió en un libro popular y fue autoeditado en 1995. Desde entonces, cuatro ediciones han sido publicadas, se ha traducido a varios idiomas y se ha publicado en varios continentes, en lugares tan variados como India, Corea, China, Japón, Israel, Finlandia, Noruega, Québec, Bulgaria, Países Bajos y Portugal. También se han traducido extractos al camboyano, alemán, húngaro, italiano, mongol, ruso, esloveno y vietnamita. Esta es la primera traducción completa al español (de México) de la cuarta edición. Puede encontrar más información sobre el autor en JosephJenkins.com.

Sobre el Traductor

Francisco Rubio Michaus, traductor de la cuarta edición del Manual del Humabono (The Humanure Handbook) se dedica a la traducción de textos con impacto social. Debutó su carrera como traductor después de haber leído The Humanure Handbook y haber sido profundamente transformado por la idea de compostar el excremento humano, lo que lo llevó a traducir de forma voluntaria la segunda edición de este libro en 2012, con la autorización del autor, Joseph Jenkins, para su publicación en línea. Inspirado por esta experiencia, posteriormente estudió traducción en la Universidad de Toronto.

Francisco ha construido, utilizado y compartido las técnicas de compostaje descritas en este libro desde hace 13 años. Cada año da conferencias sobre el compostaje de humabono en un festival dedicado a los saberes ancestrales en Quebec, Canadá, (su lugar de residencia). También es encargado de la gestión de los baños composta qué sirven a alrededor de 500 personas en el mismo evento.